“十四五”国家重点出版物出版规划项目

中国大气污染成因、控制技术与集成示范丛书
丛书主编⊙郝吉明　张远航　刘文清

大气污染监测预警预报技术

Air pollution monitoring, modelling and forecasting

主　编：刘　诚

副主编：孙友文　李　歆　王炜罡　张天舒
谢品华　桂华侨　安俊岭

中国环境出版集团・北京

图书在版编目（CIP）数据

大气污染监测预警预报技术 / 刘诚主编 ； 孙友文等副主编. -- 北京 : 中国环境出版集团, 2024. 10. (中国大气污染成因、控制技术与集成示范丛书 / 郝吉明, 张远航, 刘文清主编). -- ISBN 978-7-5111-5997-7

Ⅰ. X51

中国国家版本馆CIP数据核字第2024Y8J304号

责任编辑 曹　玮

装帧设计 光大印艺

出版发行 中国环境出版集团

（100062 北京市东城区广渠门内大街 16 号）

网　　址：http://www.cesp.com.cn

电子邮箱：bjgl@cesp.com.cn

联系电话：010-67112765（编辑管理部）

010-67113412（第二分社）

发行热线：010-67125803，010-67113405（传真）

印　　刷 北京中献拓方科技发展有限公司

经　　销 各地新华书店

版　　次 2024 年 10 月第 1 版

印　　次 2024 年 10 月第 1 次印刷

开　　本 787 × 1092　1/16

印　　张 22.75

字　　数 500千字

定　　价 198.00元

丛书编委会

本书编委会

丛书序

在“十四五”规划和碳达峰碳中和目标背景下，持续改善大气环境质量成为党中央和人民群众的重大关切。经“十三五”国家重点研发计划“大气污染成因与控制技术研究”重点专项（以下简称大气重点专项）的全链条系统布局与创新，大气污染监测技术和设备取得了新突破，雾霾形成的复杂机制取得了新认识，定量解析了大气污染的急、慢性健康风险，突破了非电行业超低排放和柴/汽油车满足国Ⅵ标准的核心技术，完善了空气质量管理的支撑技术与制度建设，实现了重点区域大气污染联防联控技术的落地与升级，集成建立了区域空气质量调控与决策支持平台，有效支撑了大气污染精细化防治和重大活动空气质量保障。

一是臭氧（O_3）和细颗粒物（$PM_{2.5}$）污染立体监测技术和成因机制研究取得引领性重大突破。构建了面向污染来源反演、污染演变表征和污染成因诊断的多技术、多平台、多尺度和多目标“天—空—地—海”一体化立体监测技术体系，在京津冀及周边地区、长三角、珠三角、汾渭平原等城市群以及沿海区域开展了立体监测示范；研发的立体观测新技术和新装备已实现成果转化，初步解决了同类大气污染探测仪器完全依赖进口、被国际垄断的难题。研究发现，秋冬季$PM_{2.5}$污染和夏季O_3污染均是高排放、大气强氧化性和不利气象条件耦合的结果，研究确定了重污染触发、化学生成、传输及消散各阶段中排放、气象和化学等因子的相对贡献，以及双向反馈对重污染形成的重要作用。建立了国际领先的大气污染源动态排放清单，指出“十四五”期间 $PM_{2.5}$ 和 O_3 协同控制的关键是包括氮氧化物（NO_x）和挥发性有机物（VOCs）在内的多污染物协同减排。

二是非电行业和移动源污染控制技术取得重大突破，形成了国际高水平的污染控制技术体系。面向钢铁、焦化、水泥、玻璃、陶瓷等非电行业建设了多套示范工程，率先实现了钢铁、焦化、水泥、玻璃、陶瓷等重点行业烟气超低排放。若干项主要技术成果入选《国家先进污染防治技术目录》及“一带一路”建设典型案例。基于高炉炉料结构优化的源头和过程硫硝减排技术及应用的研究成果整体上达到国际领先水平，引领了非电行业多污染物深度治理技术和产业的进步；在柴油车和船舶的柴油机污染排放控制技术领域已达到国际先进水平；自主研发的船舶脱硫系统已走向国际市场，市场占有率为国内第一。

三是在重点区域基本建成区域空气质量调控与决策支持平台，显著提升了大气污染防治科学化、精细化水平，有效支撑了重大活动空气质量保障。促进京津冀及周边地区、长三角、珠三角、汾渭平原等重点地区相关省（市）在联合会商、资源共享、重点行业管控、联合执法检查、严格环境准入、强化应急联动等多个方面加强合作，开展了秋冬季 $PM_{2.5}$ 和夏季 O_3 污染联防联控实践，实现了空气质量明显改善、$PM_{2.5}$ 重污染天数显著下降、O_3 污染态势初步遏制。以区域多污染物精细化动态源清单、多目标多尺度空气质量预报业务化系统及大气污染防治综合决策支持平台为核心的区域联防联控集成技术在全国重点地区推广应用，推动并支撑了空气质量管理模式从总量减排转向质量达标和风险防控的科学化、精准化、法治化转变。各重点地区均已构建快速、准确、高效的空气质量调控技术体系，提高了区域空气质量管理和重污染天气联合应对的有效性，为蓝天保卫战的完美收官提供了有力的科技支撑。

为紧密衔接国家重大科学研究成果，充分体现大气重点专项的示范和引领作用，巩固和深化项目阶段性意义，总结和升华项目标志性成果，大气重点专项总体专家组、大气重点专项集成项目工作团队、中国 21 世纪议程管理中心和中国环境出版集团紧密合作，策划了“中国大气污染成因、控制技术与集成示范丛书”，及时向社会出版发行一套反映我国大气污染防治领域高水平、新进展、重大突破的学术专著，并作为“十三五”时期大气污染防治研究成果的展示窗口供全社会参考。

丛书编写过程得到了大气重点专项框架下各项目负责人和科研骨干的大力支持，在此一并表示感谢！

前言

我国大气污染防治已进入攻坚阶段，大气环境保护科技发展面临保护公众健康和应对全球气候变化的双重压力，亟须构建适合国情的大气复合污染防治新理论、新方法和新技术，以基础研究的重大突破引领防治技术研发的方向，以坚实的科技体系支撑大气污染综合防治和大气环境管理决策能力的提升。因此，科技部于2015年制定了“十三五”国家重点研发计划“大气污染成因与控制技术研究”重点专项（以下简称大气专项）实施方案，围绕雾霾和光化学烟雾形成机制、大气污染对人群健康的影响、监测预报预警技术、污染源全过程控制技术、空气质量改善管理支持技术、大气污染联防联控技术示范等六大任务方向部署了系列研究项目，取得了丰硕的研究成果，为大气污染防治和发展节能环保产业提供了科技支撑。

本书对大气专项上述六大任务中“监测预报预警技术”指南方向的总体研究进展和标志性研究成果进行了总结提炼和集成分析，基于“监测预报预警技术”方向系列研究项目的项目任务书、年度报告、中期报告、科技报告、业绩自评价报告和项目成果等材料开展了多尺度、多平台、多技术监测手段和多模式系统的对比研究，总结提炼了“天—空—地—海”一体化监测技术、大气自由基和纳米颗粒物高灵敏监测新技术、突发大气污染事故应急预警评估技术、污染源超低排放在线监测新技术和耦合模型预报技术等标志性成果，构建了集污染来源反演、污染演变表征和污染成因诊断于一体的立体监测预警预报技术体系。并在此研究基础上，提出了中长期大气环境监测预警预报技术发展战略。

本书以总共七章的篇幅对大气污染监测预报预警技术进行总体阐述。相关编写人员的具体分工如下：刘诚和孙友文负责制定大纲、协调统筹和全书主要观点审定：李歆、胡仁志、何圣贵、陆思华、楼晟荣、陆克定、秦敏、刘清宇等编写了第 1 章；王炜罡、郑军、赵军、王东滨、叶安培、王琳、刘明元，陈岩等编写了第 2 章；张天舒、郑海涛、罗涛、宋小全、程雪玲、邵士勇、陶邦一、陈兵、刘浩然、黄侃、汪冰冰、程寅、云龙等编写了第 3 章；谢品华、郎建垒、李昂、李磊、康凌、段俊、秦敏、童晶晶、李金香、徐晋、张之栋、毛书帅、韩昕等编写了第 4 章；桂华侨、王焕钦、周纪彤、余同柱、李雪、凌强、危红媛、谭国斌、李磊、何莹、杨义新、王计广、费习宏等编写了第 5 章；安俊岭、陈琦、庄炳亮、张平文、吴其重、徐勤武等编写了第 6 章；刘诚、孙友文、桂华侨、杨婷等编写了第 7 章。

目录

第 1 章　大气自由基高灵敏探测技术 …… 1

1.1　引言 …… 1

1.2　基于 LIF 的大气 RO_x 自由基在线测量设备 …… 3

1.3　基于 LIF 的 OH 总反应性在线测量设备 …… 11

1.4　基于 CRDS 的大气 NO_3 自由基与 N_2O_5 在线测量设备 …… 16

1.5　基于 CEAS 的大气 NO_3 自由基和 N_2O_5 在线测量设备 …… 21

1.6　基于 CEAS 的大气 HONO 在线测量设备 …… 23

1.7　基于 CEAS 的大气 HCHO、CHOCHO 和 CH_3COCHO 在线测量设备 …… 27

1.8　基于 CIMS 的大气 HCHO、CHOCHO 和 CH_3COCHO 在线测量设备 …… 33

1.9　大气自由基及活性前体物在线测量技术外场观测平台的实际应用 …… 36

参考文献 …… 51

第 2 章　纳米颗粒物化学组分和粒径分布在线测量技术 …… 54

2.1　纳米颗粒物 …… 54

2.2　关键前体物化学组分在线测量方法 …… 56

2.3　纳米颗粒物粒径分布及化学组分检测方法 …… 70

2.4　纳米颗粒物物化特性研究 …… 82

2.5　展望 …… 87

参考文献 …… 88

第3章 海洋大气边界层探测技术 …… 103
3.1 海洋大气边界层探测技术的国内外研究现状 …… 103
3.2 我国海洋大气边界层探测技术主要进展 …… 106
3.3 渤海、南海等海域技术应用示范 …… 141

第4章 突发大气污染事故应急预警评估技术 …… 177
4.1 突发大气污染事故排放规律与源强估算技术研究 …… 177
4.2 突发大气污染事故立体监测平台研发及应用 …… 194
4.3 突发大气污染事故风险快速预警模型开发与集成及事故溯源技术 …… 220
4.4 应急预警动态管理与决策平台研发与示范应用 …… 236
参考文献 …… 253

第5章 移动污染源排放快速在线监测技术 …… 255
5.1 研究背景 …… 255
5.2 移动源排放在线监测技术研究进展 …… 257
5.3 综合应用示范研究 …… 274
5.4 发展与展望 …… 281
参考文献 …… 281

第6章 全耦合空气质量预报技术 …… 284
6.1 全耦合空气质量预报模式系统简介 …… 284
6.2 Fluidity-Atmosphere 发展 …… 285
6.3 关键模块研发 …… 293
6.4 全耦合空气质量预报模式系统发展及示范应用 …… 310
参考文献 …… 318

第7章 大气环境监测技术发展战略 …… 322
7.1 总体发展战略 …… 322
7.2 发展建议 …… 323

第 1 章 大气自由基高灵敏探测技术

1.1 引言

目前，以雾霾和臭氧（O_3）污染为特征的大气复合污染已成为制约我国经济与社会发展的重要问题。大气复合污染形成的关键步骤是天然源和人为源排放的一次污染物在大气中的二次转化，其核心是各种大气氧化过程。羟基（OH）自由基作为最重要的大气氧化剂，贡献了全球大气氧化能力的 80% 以上[1]。O_3 和气态亚硝酸（HONO）的光解是大气 OH 自由基的主要初级来源。一次排放的挥发性有机物（VOCs）和一氧化碳（CO）被 OH 自由基氧化降解，生成烷基过氧（RO_2）自由基和氢过氧（HO_2）自由基。RO_2 自由基与一氧化氮（NO）反应或者经单分子反应生成 HO_2 自由基。HO_2 自由基与 NO 的反应导致了 OH 自由基的循环再生。以 VOCs、NO 为燃料，以 RO_x（OH、HO_2、RO_2）自由基相互转化为核心的循环链式反应，一方面，维持了大气的氧化能力，促进了一次污染物的降解；另一方面，使 NO 被转化为二氧化氮（NO_2），后者进一步参与光化学反应生成 O_3，同时，生成大量含氧有机物，这些有机物经系列转化对二次有机气溶胶（SOA）的生成产生贡献，从而导致了二次污染的形成（图 1-1）。可见，厘清大气 RO_x 自由基的循环再生机制是解释大气复合污染成因的关键。

目前，围绕大气 RO_x 自由基循环机制的研究，主要采用闭合实验的研究方法。通过将实测的 RO_x 自由基浓度、OH 自由基总反应性（k_{OH}）与模型模拟结果进行比较，检验模型所用化学机理是否能在不同大气条件下合理描述 RO_x 自由基的收支及浓度变化。国内外开展了若干次自由基综合观测（图 1-2），

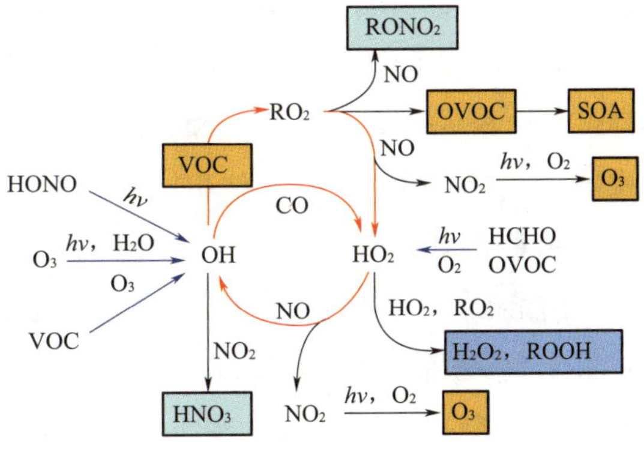

图 1-1　经典大气化学机制框架图[2]

但结果显示，现有机理可能无法准确描述实际大气自由基化学行为，当前大气化学机理的研究仍存在不足。特别是在低 NO_x 区间和高 NO_x 区间分别观测到的模型难以解释的高浓度 OH 自由基和高浓度 HO_2 自由基[3-8]。值得注意的是，已有的大气自由基化学体系是基于发达国家的大气化学环境建立的，可能并不适用于我国多前体物共存、高大气氧化性的复合污染条件。因此，使用已有的研究成果和经验来解决我国的问题时，需要在我国典型地区开展大气 RO_x 自由基的闭合实验，检验机理的适用性及其适用范围。

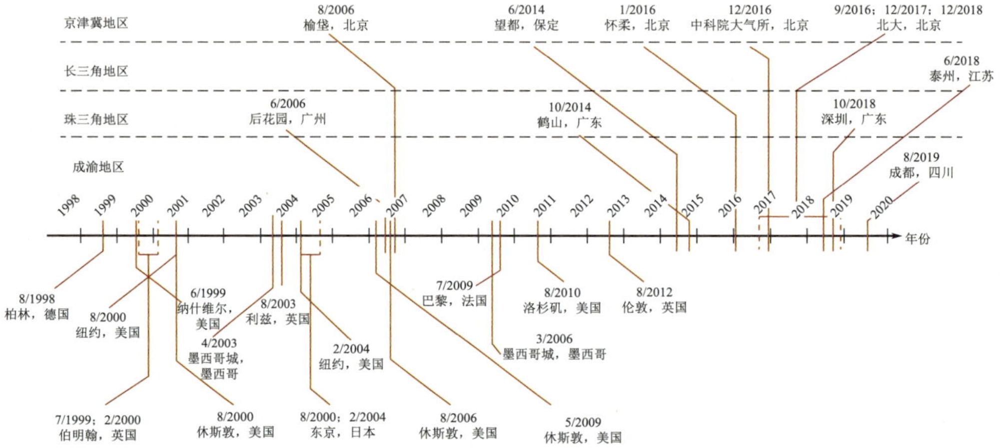

图 1-2　国内外重要大气自由基综合观测实验

我国在大气自由基外场观测领域的研究相比国外起步晚，在“十三五”初期仍处于探索阶段，大气自由基外场观测长期依赖国外技术，缺乏具有自主知识产权的在线设备。因此，建立适合我国国情的大气自由基外场观测技术，是国内大气污染研究领域的极大需求与技术挑战。

为此，在表 1-1 中所列的各项自由基及活性前体物的外场测量技术中，“十三五”期间，综合考虑灵敏度、选择性、抗干扰能力、同步测量能力等因素，分别选择了激光诱导荧光（LIF）、腔衰荡/腔增强吸收光谱（CRDS/CEAS）、化学离子化质谱（CIMS）技术开展针对 RO_x 自由基、NO_3 自由基、自由基活性前体物高精准在线测量技术的研发，预期建成基于相关技术的自由基及活性前体物的在线测量设备，性能指标均达到国际先进水平，最终形成以严格质控为保障的贯通自由基“浓度-来源-去除速率”的精细化综合观测系统，填补了国内相关技术空白，通过开展外场观测应用示范，推动实现由自由基化学研究的全面开展带动的对大气复合污染成因的精细认知，并促进国际自由基化学理论创新的提升。

表 1-1　大气自由基及活性前体物外场观测技术现状

测量技术	检测限					时间分辨率/s	代表性文献
	OH 自由基/ $\times10^5$ cm^{-3}	HO_2/RO_2 自由基/ $\times10^6$ cm^{-3}	k_{OH}/ s^{-1}	NO_3/ $\times10^{-12}$	前体物/ $\times10^{-12}$		
差分吸收光谱（DOAS）	15	—	—	5	100～1 000	60～300	[9-12]
激光诱导荧光（LIF）	2～8	2.5～25	1～2	—	15～20	60	[13-16]
光腔衰荡光谱（CRDS）	—	—	—	0.5～1	—	1	[17-18]
腔增强吸收光谱（CEAS）	—	—	—	0.5～2	50～100	1～60	[18-19]
化学离子化质谱（CIMS）	1.5～3.5	1～30	—	12	10～200	1	[20-23]
可调二极管激光（TDLAS）	—	—	—	—	40～300	60	[24]
湿化学法	—	—	—	—	5～100	120～300	[25-27]

1.2　基于 LIF 的大气 RO_x 自由基在线测量设备

RO_x 自由基是对流层大气中重要的氧化剂，其主导的一次污染物快速氧化过程是城市地区二次污染形成的核心驱动力。氢氧自由基可引发人类活动或自然界排放到大气中的绝大多数痕量气体的氧化，决定着大多数痕量气体的大气化学寿命，同时在痕量气体的氧化过程中将一次污染物转化为二次污染物［如 O_3 和二次有机气溶胶（SOA）等］，最终对人体健康、植被和气候造成严重影响。因此，自由基浓度水平是大气氧化性和自净能力的重要指标。依托 LIF 技术，我国科研团队研制了具有自主知识产权的大气 RO_x 自由基激光诱导荧光探测系统（简称“RO_x-LIF 系统”），在 60 s 时间分辨率下在线测量 OH、HO_2 和 RO_2 自由基的检测限分别为 3.8×10^5 cm^{-3}、2.1×10^6 cm^{-3} 和 2.5×10^5 cm^{-3}，不确定性分别为 10%、12% 和 15%。RO_x-LIF 系统曾在长三角、珠三角、成渝等地开展了多次大气氧化性综合外场观测实验，获取了高质量的 RO_x 自由基浓度序列和变化规律，完善了我国京津冀、珠三角、长三角和成渝地区四大典型城市群的自由基数据集，为大气污染精细化防控提供了关键技术和科学支撑。

1.2.1 RO_x 自由基的主流测量技术

由于 OH 自由基浓度极低（日间平均浓度：$10^6\ cm^{-3}$）且寿命极短（平均寿命：10 ms），其外场测量十分困难。当前 LIF、DOAS 和 CIMS 是较为常用/先进的技术手段。虽然 DOAS 作为基准性测量技术，具有不需要标定的优点，但移动性较差，而且容易受其他痕量气体的干扰（如 SO_2），因此并不适用于外场观测。相较于 LIF 技术，CIMS 测量技术灵敏度较高，其 5 min 平均检测限可达到 $10^5\ cm^{-3}$ 量级。但 CIMS 会受到 NO_x 干扰，在污染地区的测量误差较大，更适用于清洁大气条件下自由基的测量。表 1-2 总结了 3 种自由基测量技术的原理，优、缺点和适用条件。

表 1-2　大气 OH 自由基测量技术综合比较

测量技术	原理	优点	缺点	适用条件
LIF	308 nm 脉冲激光激发 OH 自由基，检测共振荧光强度，低压设计延长荧光寿命	灵敏度高，选择性好，原位测量	需要标定，低压设计可能引入干扰	复杂大气
CIMS	使用同位标记的 $^{34}SO_2$ 滴定大气 OH 自由基，用质谱检测 $H_2{}^{34}SO_4$	灵敏度极高，选择性好，原位测量，检测限低	需要标定，使用同位素 ^{34}S，流动管停留时间稍长	清洁大气
DOAS	基于朗伯-比尔吸收定律和 308 nm 左右的强离散型线性吸收光谱来判断自由基浓度	无须标定，开放测量无壁损失，准确度高	平均浓度而并非原位测量，解谱困难且费时，灵敏度不高	烟雾箱

由表 1-2 可知，LIF 技术是较为理想的 OH 自由基测量方法，适用于我国复合大气污染条件，具有高探测灵敏度、响应时间快、误差范围小等优点。同时，LIF 技术也可以实现 HO_2 和 RO_2 自由基的测量，其原理是运用化学转化法将 HO_2 和 RO_2 自由基转化为 OH 自由基，通过 OH 自由基浓度反推出对应的 HO_2 和 RO_2 自由基浓度。我国科研团队独立研发了一套基于 LIF 技术的大气 OH、HO_2 和 RO_2 自由基探测系统，实现了大气 RO_x 自由基的高精度在线测量。

1.2.2 大气 RO_x 自由基在线测量系统的设计与搭建

1.2.2.1 自由基测量原理与系统结构

RO_x-LIF 系统测量 OH 自由基的基本原理是利用一束激光将荧光腔内的 OH 自由基由基态跃迁至激发态，稍后测量激发态 OH 自由基由于电子弛豫发出的荧光。

LIF 技术因其灵敏度高、选择性强，而且属于直接测量方法，已经成为使用最为广泛的 OH 自由基测量技术。HO_2 和 RO_2 自由基的测量则先通过其与 NO 的反应转化为 OH 自由基，间接实现 HO_2 和 RO_2 自由基的测量。

RO_x-LIF 系统的基本结构如图 1-3 所示。高重频 YAG 激光器泵浦高重频可调谐染料激光器，倍频产生 308 nm 激光作为光源，激发低压下的 OH 自由基产生荧光，通过高灵敏微通道板光电倍增管（PMT）测量荧光信号；进一步通过 OH 自由基标准源标定系统灵敏度，获得 OH 自由基浓度。针对 HO_2 和 RO_2 自由基难以直接测量的特点，“十三五”期间，我国科研团队开展了 HO_2 和 RO_2 自由基定量转化装置的研发，建立了定量转化的标定方法，解决了化学转化过程中其他自由基反应的干扰问题，最终实现 LIF 技术对 HO_2 和 RO_2 自由基的高灵敏度在线测量。

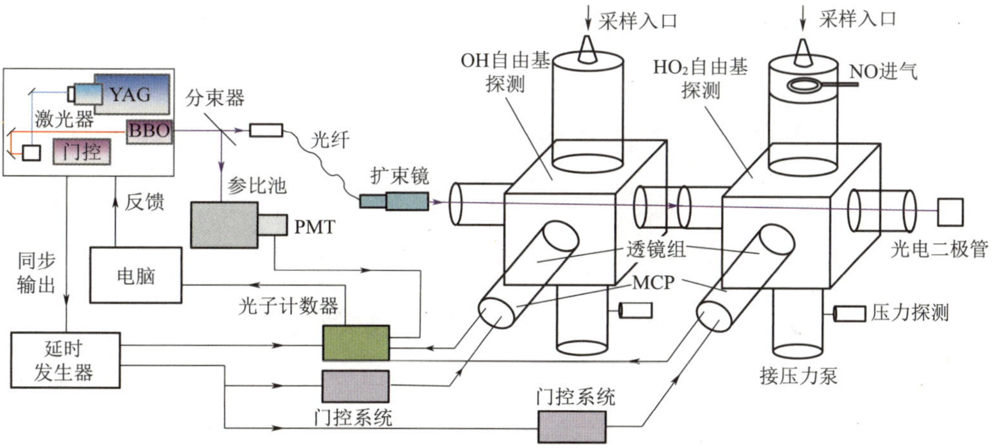

图 1-3　RO_x-LIF 系统示意图

1.2.2.2　大气 OH 自由基测量系统

OH 自由基测量系统是 RO_x-LIF 系统的基础，而激光模块和荧光探测模块则是测量系统的关键组成部分。由于 OH 自由基荧光激发线宽较窄（<1.5 pm），需要的 308 nm 激光器必须要具有线宽窄、波长和能量稳定的特点；同时，OH 自由基浓度较低，产生的荧光信号强度极弱，因而激光器需要具备高重频的能力，通过累积短时间内多次产生的荧光信号来提高信噪比和探测能力。基于对激光重频、功率、脉宽、线宽、波长稳定性等方面的需求，确定了激光模块的组成方案和关键技术参数。采用高重频 YAG 激光器（1～10 kHz）倍频输出的 532 nm 激光泵浦高重频可调谐染料激光器输出 616 nm 激光，再通过 BBO 晶体倍频产生 308 nm 的激发光，激光器及光路示意图如图 1-4 所示。

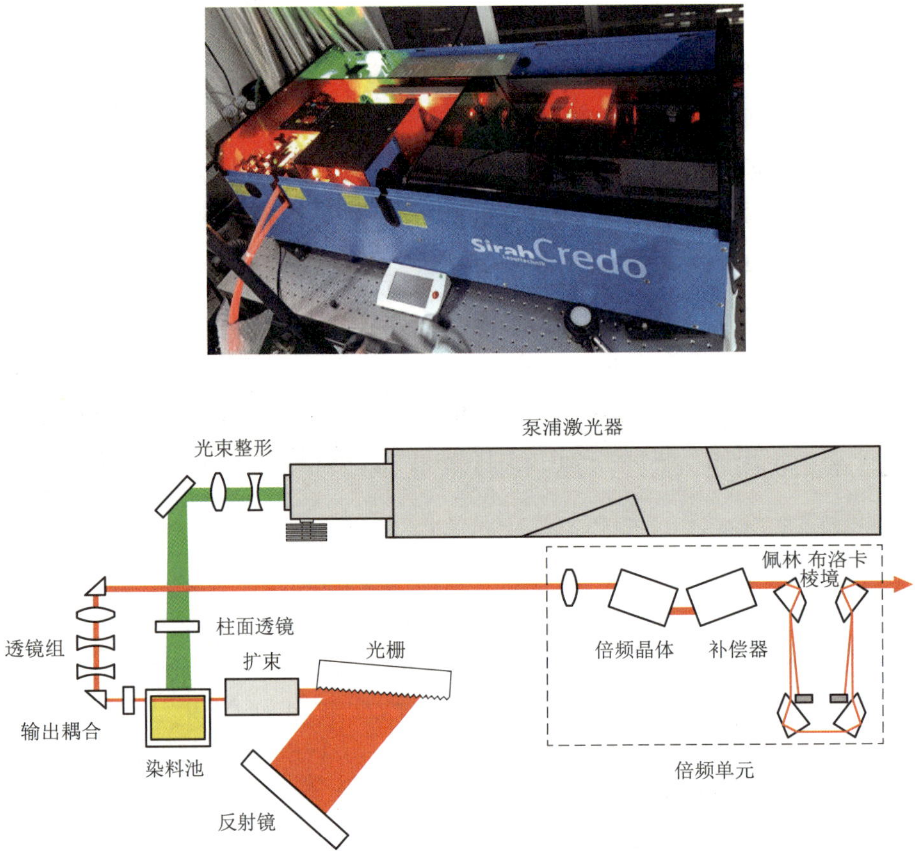

图 1-4　激光模块所采用的 308 nm 激光器及其光路示意图

荧光探测模块的主体为如图 1-5 所示的荧光池，主要功能包括 OH 自由基的采样、荧光的激发、荧光探测等，具体包括荧光反应单元（荧光池）、气轴、激光轴和荧光检测轴。荧光池是一个近似正方体的铝块腔体，气轴、激光轴、荧光检测轴相交于腔体中心点。单元腔体内部进行阳极化染黑处理以减少杂散光，各轴部件与腔体相连。

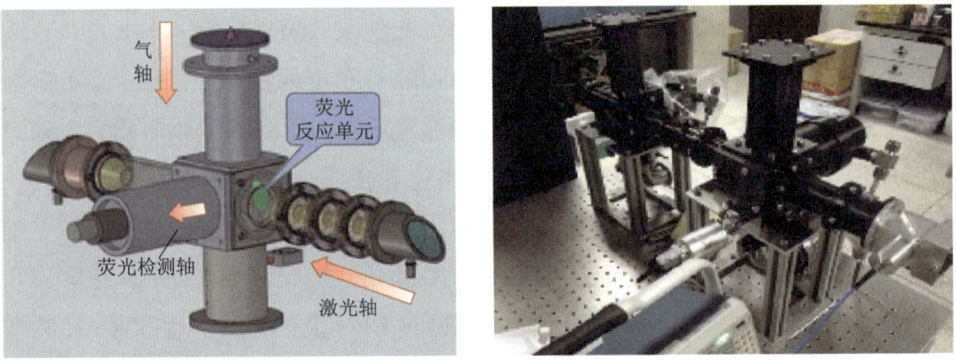

图 1-5　荧光池设计图及实物图

荧光池内部为用于高效采集荧光信号的光学系统，主要由透镜组、凹面反射镜及滤光片组成，如图 1-6 所示。采用 2 片透镜将激光光柱中激发的发散荧光变成平行光；通过窄带滤光片，避免太阳光的影响；再通过 2 片透镜进一步聚焦到探测器表面。整个荧光收集系统需要解决两个问题，分别是如何提高收集效率以及如何避免同波长的激光杂散光的影响。为了增加荧光收集效率，探测器的另一边安装了一面紫外增强的反射镜。透镜镜片全部镀有 308 nm 紫外增透膜，具有较大的通光口径，能收集较大范围内的荧光信号。

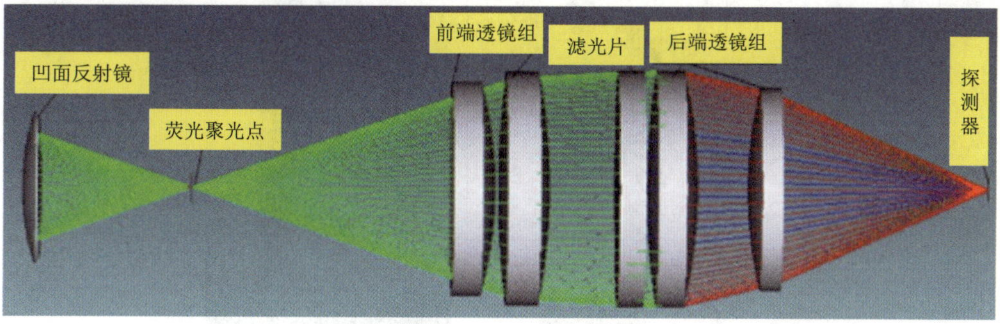

图 1-6 荧光采集系统

1.2.2.3 大气 HO_2 自由基测量系统

利用 LIF 技术测量 HO_2 自由基的核心是 HO_2 自由基的定量转化。HO_2 自由基定量转化装置如图 1-7（左）所示，通过针孔注射将 NO 气体注入主气流中，使其充分混合，使样气中的 HO_2 自由基转化为 OH 自由基来探测其浓度。在进气口下端设计有 N_2 保护气入口，保证入口气流稳定。在已有对 OH 自由基准确测量的基础上，为实现 HO_x 自由基的同步探测，采用多腔联立、同步激发的方式，利用高度共轴的设计，将 OH 与 HO_2 腔整体集成，如图 1-7（右）所示。

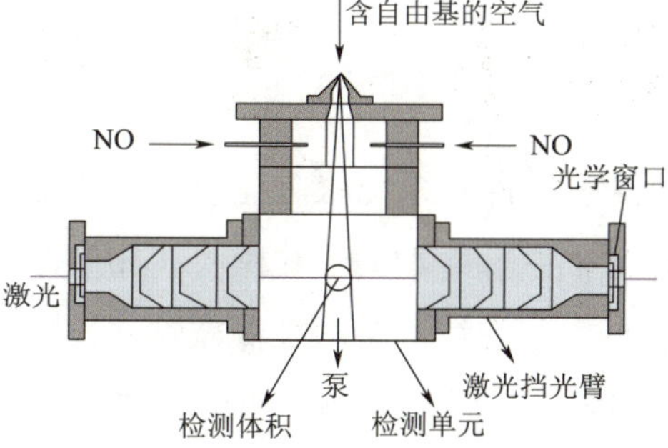

图 1-7 HO_2 自由基定量转化装置与双腔荧光池

1.2.2.4　大气 RO_2 自由基测量系统

与 HO_2 自由基测量类似，RO_2 自由基的测量同样需要定量转化装置，如图 1-8 所示。而与 HO_2 自由基定量转化装置不同之处在于，RO_2 与 NO 反应转化为 OH 自由基之后，会再与 CO 反应将 OH 自由基全部转化为 HO_2 自由基，以防止活性较高的 OH 自由基在管内损耗过大。生成的 HO_2 自由基随后进入与转化装置耦合的荧光检测轴，与 NO 反应转化为 OH 自由基后进行探测。

图 1-8　RO_2 自由基定量转化装置设计图与实物图

1.2.2.5　标定系统

LIF 技术并非绝对测量技术，需要利用如图 1-9 所述的标定装置产生已知浓度的 OH、HO_2 和 RO_2 自由基来进行标定。由于 RO_x-LIF 系统参数如荧光搜集效率、探测器的量子产率、OH 自由基采样损耗以及环境温湿度的变化都会引起系统灵敏度的改变，所以在外场观测时需要对系统灵敏度进行定期标定，每 1～2 天进行一次标定。

1.2.2.6　数据采集软件与系统集成

为满足大气 RO_x 自由基实时在线观测的需求，针对系统状态监控、参比池波长修正、标定模块、数据采集及处理等部分，“十三五”期间，我国科研团队基于 Labview 编程环境，设计开发了一套大气 RO_x 自由基在线测量的控制软件。该软件可实现 OH、HO_2、RO_2 及 $R(OH)O_2$ 自由基的采集、转化、测量时序等系统参数的同步控制，同步开展 3 个测量单元的 OH 自由基荧光探测。图 1-10 为软件的集成效果图。

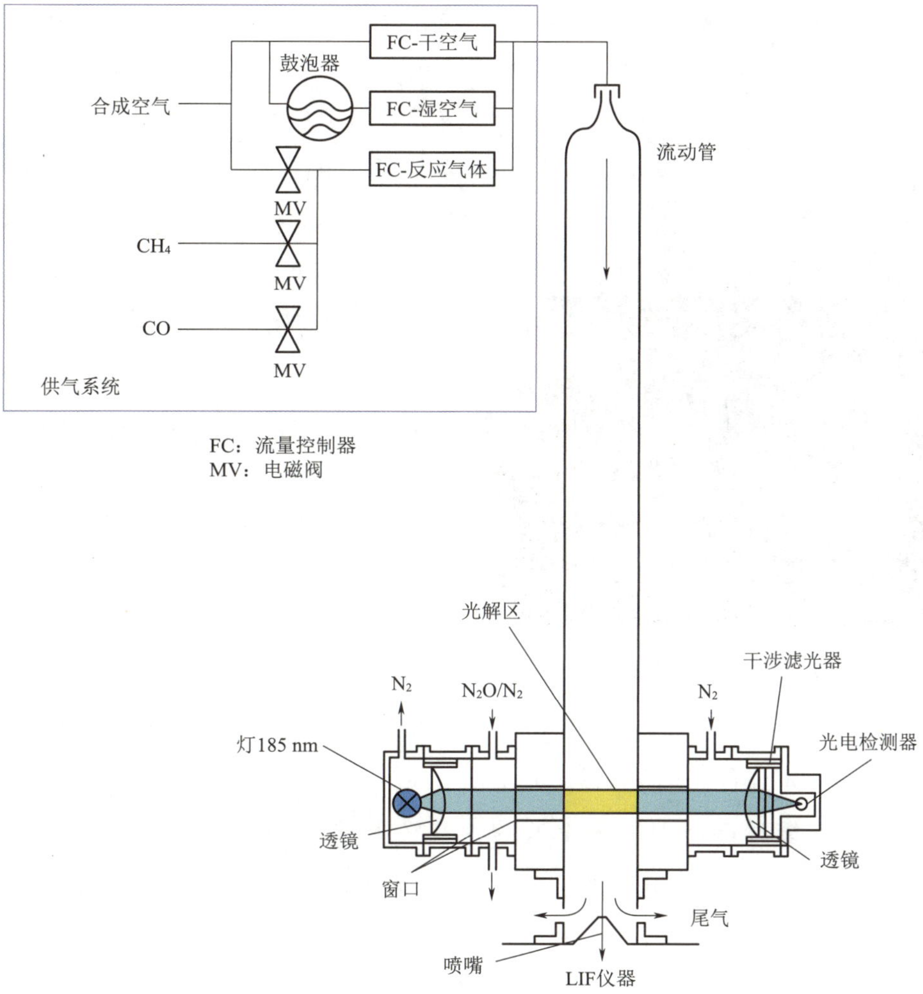

图 1-9　RO_x 定量发生装置示意图

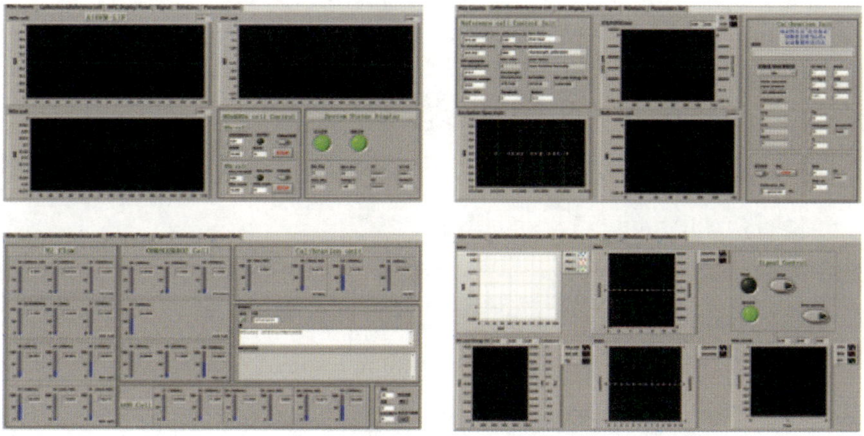

图 1-10　RO_x-LIF 系统控制与数据处理软件界面

对激光模块、探测模块、数据采集模块、流量控制模块、软件控制模块、标定模块等一系列硬件与软件模块进行集成及优化，进一步建立针对多通道同步探测的标定、背景校正、灵敏度计算、浓度反演等环节的数据分析流程，实现 OH、HO_2、RO_2 及 $R(OH)O_2$ 自由基的采集、转化、测量时序等系统参数的同步控制，最终形成如图 1-11 所示的 RO_x-LIF 系统。

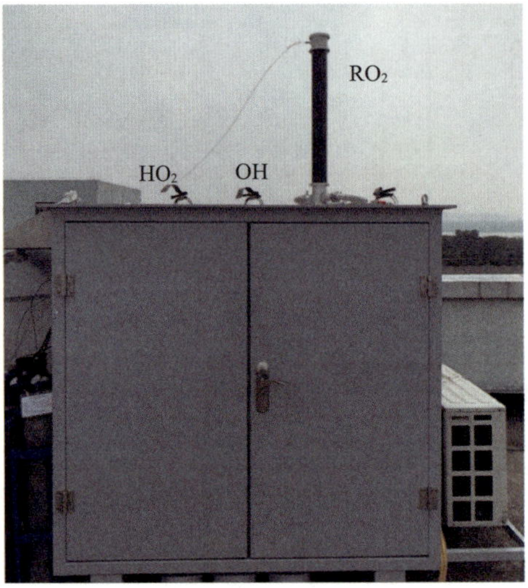

图 1-11　RO_x-LIF 系统的实物图

1.2.3　RO_x-LIF 系统的性能表征

利用图 1-9 所示的标定装置进行标定实验，获得 OH、HO_2 和 RO_2 检测限分别为 3.8×10^5 cm^{-3}、2.1×10^6 cm^{-3} 和 2.3×10^6 cm^{-3}的 RO_x-LIF 检测系统。图 1-12 为 RO_2 标定实验的结果，相关系数 R^2 为 0.99。综合标定装置、配气误差、光子技术误差等因素，根据误差传递公式，明确了 RO_x-LIF 系统对 OH、HO_2 和 RO_2 自由基检测的不确定性分别为 10%、12% 和 15%。RO_x-LIF 系统的性能可能会随外场测量条件改变而变化，因此需要在外场观测期间多次标定。

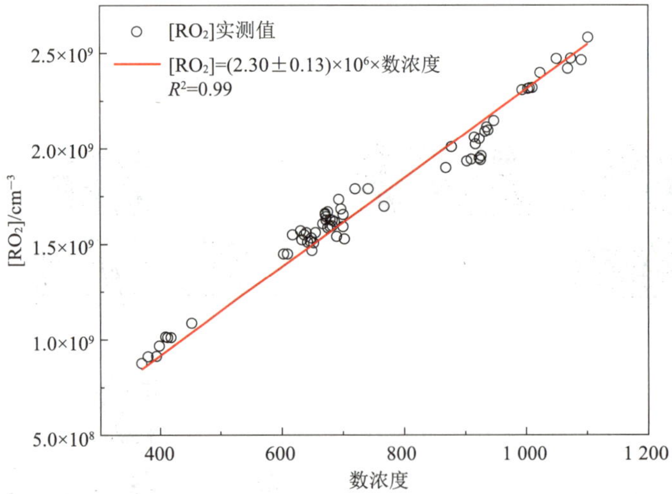

图 1-12　自由基标定装置在外场实际大气条件下进行的 RO_2 标定结果

1.3　基于 LIF 的 OH 总反应性在线测量设备

OH 自由基作为对流层大气中重要的氧化物质，控制着绝大多数痕量气体的寿命，同时参与 O_3 和 SOA 等二次污染物的生成。因此，明确 OH 自由基的源和汇是理解对流层大气反应化学机制的关键。OH 自由基具有高活性，其反应物种类繁多、数量巨大，目前能够精确测量的物种仅有百余种，这使得 OH 自由基的去除途径仍然无法完全且准确地被量化，由此发展出 k_{OH} 的概念和测量技术[25]。我国科研团队基于激光诱导荧光技术，设计和搭建了一套可直接测量 OH 总反应性的在线设备，在时间分辨率为 60 s 时，检测限约为 1.2 s^{-1}、测量误差为±10%。该 OH 总反应性在线测量设备多次在外场综合观测实验应用，获得珠三角、成渝地区、长三角等多个重点区域大气氧化性关键数据。

1.3.1　OH 总反应性的测量技术

k_{OH} 被定义为大气中所有能与 OH 自由基反应的活性物质的浓度及其与 OH 自由基的反应速率常数乘积的加和，是大气中各活性物质与 OH 自由基发生反应能力的综合量度。其计算公式为式（1-1）。

$$k_{OH} = k_{OH+CO}[CO] + k_{OH+NO}[NO] + k_{OH+NO_2}[NO_2] + k_{OH+SO_2}[SO_2] + k_{OH+VOC_i}[VOC_i] + \cdots = \tau_{OH}^{-1} \tag{1-1}$$

目前，应用较为广泛的 k_{OH} 测量技术分为三类。第一类方法为直接测量法，即通过测量人为产生 OH 自由基随时间的衰减直接测得 OH 总反应性，具体有移动注射-激光诱导荧光法（TOHLM-LIF）和闪光光解-激光诱导荧光法（LP-LIF）；第二类方法为相对反应活性法（CRM），通过测量某类参比物质在空气中的浓度变化间接测得 OH 总反应性；第三类方法为化学离子质谱法（CIMS），将 OH 自由基浓度滴定为可由 CIMS 检测的 H_2SO_4 浓度，进而计算得到 OH 总反应性。

TOHLM 和 CRM 均会受到 HO_2 自由基干扰，在高 NO 条件下误差较大，不适用于我国复杂大气污染条件；而 CIMS 可通过丙烷进行二次滴定来避免 NO 以及 HO_2 自由基干扰，但其检测范围较窄，主要应用于清洁地区的外场观测。在我国高 NO、高 OH 总反应性的环境条件下，LP-LIF 是较为理想的 k_{OH} 测量技术。我国科研团队基于激光诱导荧光技术，采用 LP-LIF，设计和搭建了国内首套 OH 自由基总反应性的在线测量系统。

1.3.2 OH 总反应性测量系统的设计与搭建

1.3.2.1 OH 总反应性测量原理与仪器结构

LP-LIF 法的测量原理是通过光解 O_3 的方式人为发生高浓度的 OH 自由基，使用激光诱导荧光技术检测 OH 自由基在实际大气中的浓度变化，对衰减曲线进行拟合即可获得 k_{OH} 值。图 1-13 为搭建的 OH 自由基总反应性在线测量装置，主要由光路系统、气路系统和荧光检测系统组成。

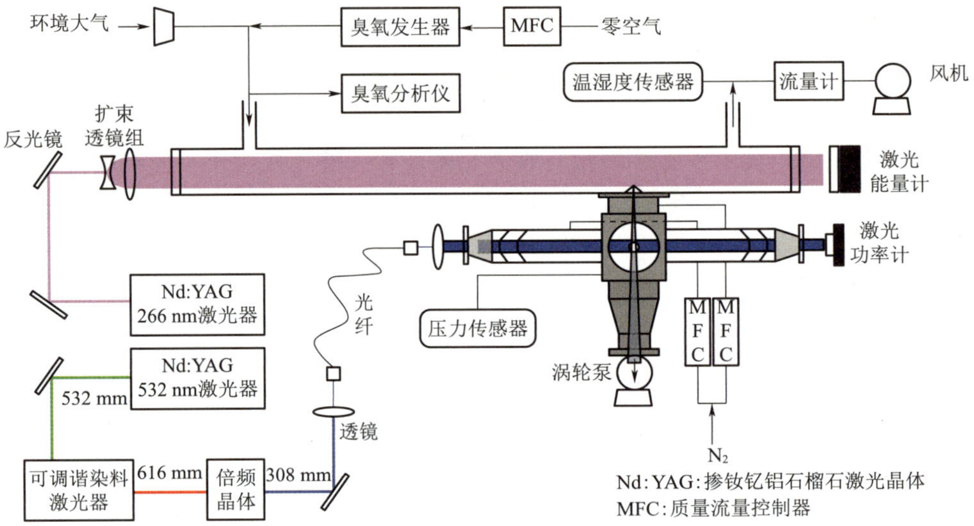

图 1-13 OH 自由基总反应性在线测量装置的结构示意图

1.3.2.2 光路系统

如图 1-13 所示，装置中涉及两台激光器，一台为波长 266 nm 的紫外激光器（简称光解激光器），用于光解 O_3、产生 OH 自由基；另一台为波长 532 nm 的紫外激光器（简称 LIF 激光器），用于激光诱导荧光系统的激发。两路激光分别引入流动管与 OH 自由基荧光检测腔，并使用能量计和功率计实时监测其能量。

光解激光器是一台闪灯光源、调 Q 四倍频的 Nd:YAG 激光器，在 266 nm 波长下可提供能量最大为 20 mJ 的激光脉冲。激光器内闪光光源的频率恒定在 15 Hz，而调 Q 四倍频的频率则通常设定为 1 Hz，以保证激光体的稳定，从而获得良好的激光脉冲稳定性。如图 1-13 所示，激光脉冲在离开激光器后，经过两次反射再通过一组扩束透镜后，光解激光脉冲沿流动管中心轴线通过，直径为 30 mm，其能量可由流动管末端的激光能量计测定。

LIF 激光器则与 RO_x-LIF 系统所用的激光器相同，由 532 nm 的高频倍频 Nd:YAG

激光器、可调谐染料激光器、倍频晶体等组成，最终得到最大能量为 200 mW、激光脉冲长度仅为 20 ns 的 308 nm 激光。经过反射后，308 nm 的激光束被引入荧光检测室遮光臂的一端，穿过数个遮光环后，在检测室的中心与样品气流相交。相交后，激光束于检测室另一侧的遮光臂射出。在遮光臂末端装有激光功率计，可实时测量 308 nm 激光束的能量，通常情况下，激光能量为 10～30 mW。

1.3.2.3　气路系统

气路系统中的主体为一根铝制的流动管，其表面进行了阳极发黑处理，以增强化学惰性，减少激光反射影响。流动管中气体的流速通过流动管尾部的质量流量控制器（MFC）与真空泵控制，管内的压强为常压。如图 1-14 所示，混合着 O_3 和水汽的环境空气被匀速采入流动管后，流经约 50 cm 到达荧光检测室顶部的采样嘴。一部分气体通过锥形采样嘴进入荧光室进行检测，剩余气体经过采样嘴后 10 cm 到达流动管出口。在出口组件中安装有压力传感器与温湿度传感器，实时测量管内气体的压力、温度与相对湿度。

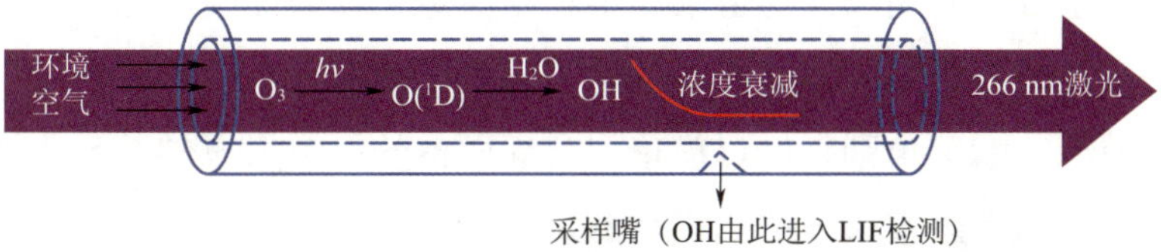

图 1-14　流动管气流示意图

1.3.2.4　荧光检测系统

如图 1-15 所示，荧光检测系统的主体是一个边长为 100 mm 的铝制立方体，在 3 个方向上都有直径为 70 mm 的穿孔。整个荧光腔部件都进行了阳极氧化处理，以减少激光散射的影响。荧光腔内的压强由一台真空泵控制，压强保持在 3.5～4 mbar（1 mbar＝100 Pa）。

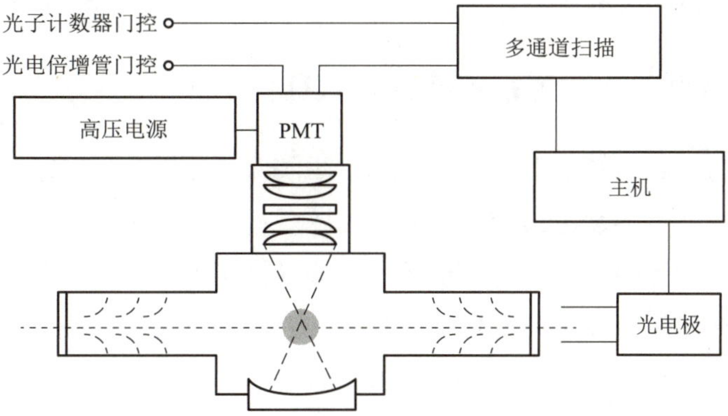

图 1-15　荧光检测腔结构示意图

在荧光检测室内部，样品气体流经锥形采样嘴后，在巨大压力差的作用下，竖直通过检测室的中心。308 nm 的激光束沿水平方向穿过遮光臂的中心，在荧光检测室的中心与样品气体相交。在检测室的前后方向装配有光学系统以及 PMT 测量荧光信号。为防止激光散射光的影响，PMT 安装有门控开关，并通过时序控制进行信号采集。

1.3.2.5 数据采集软件

OH 反应活性分析仪通过自行编写的 Python 程序进行控制，整个操作界面如图 1-16 所示。环境参数的控制面板中，左侧的两栏分别对光子计数卡（PMS）和时序控制卡（DDG）进行初始化参数的设定以及启动的控制；控制面板的右侧则分别显示温湿度、压强和流量等各类实验条件的实时数值，这些数值同时被写入文件进行存储，以便后期分析。在总反应性测定面板中，左侧两栏可以设定 PMS 和 DDG 的控制参数，DDG 中涉及每一通道的启动时间和持续时间，PMS 中则包括每个光子计数时间、通道数以及累加次数等，通过对输入阈值进行调整可以获得较好的信号值，光子计数时间以及通道数的乘积则决定了每条曲线的测量时间，再乘以累积次数则是最终测得衰减曲线所需的时间。此面板的右上角实时展示了每条衰减曲线的测量情况，右下角则是经过简单拟合后所得的一个大概的总反应性展示，左下角窗口则用来执行激发谱线的扫描功能。

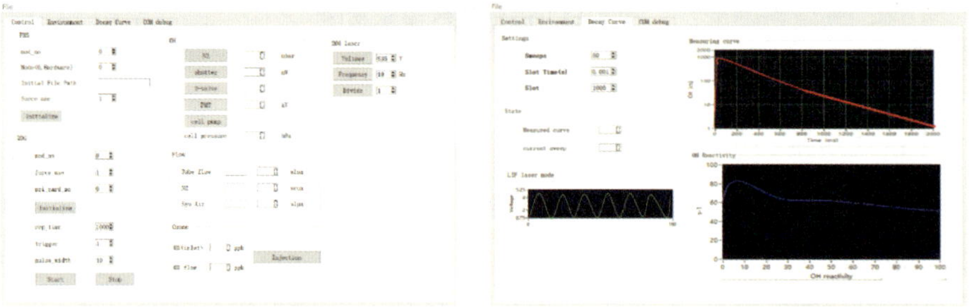

图 1-16　OH 总反应性测定装置操作界面（左：环境参数控制面板；右：总反应性测定面板）

1.3.3 OH 总反应性测量系统的性能表征

OH 自由基总反应性通过对曲线衰减速率的拟合而获得，与绝对浓度无关，因此在表征装置性能时无须考虑校准曲线的问题。一般情况下，通过零空气实验确定仪器的背景值和检测限，通过与其他单一组分气体实验确定仪器的准确度。通过零空气实验测定误差确定该装置的检测限为 1.2 s^{-1}。

选择 CO 和 NO 作为测试仪器性能的标准气体，通过相关计算分析对该装置进行表征。根据不同 CO 浓度下衰减曲线的特征，建立了普适的拟合方法，并通过上述拟合方法对 CO、NO 中的总反应性测量结果进行了拟合，所得的测量值与对应的浓度梯度间存在一定线性关系，其斜率便是 OH 反应速率常数。图 1-17 为实验汇总的标准曲线，横轴为计算得到的标准值，纵轴为分析仪测量值，所有的总反应性测定过程在含有 CO 或 NO 的合成空气中完成。该标准曲线在 1～50 s^{-1} 总反应性范围之间的斜率为 0.99，R^2 为 1.00，可以满足环境大气 OH 自由基总反应性的测量。

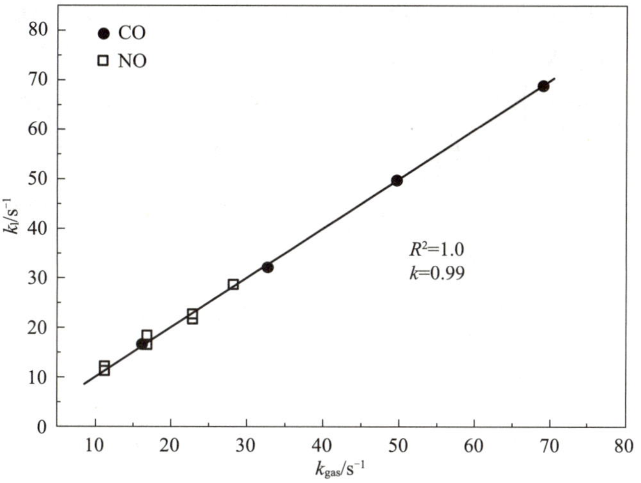

图 1-17　总反应性测定装置标准曲线

OH 自由基总反应性装置的测量误差如图 1-18 所示。所有数据的平均相对标准偏差是±2.7%，其 3 倍值（±8.1%）可认为是仪器的测量误差。考虑到标准气体浓度的不确定性（标称±2%），OH 自由基总反应性测量设备的误差在 10% 以内。

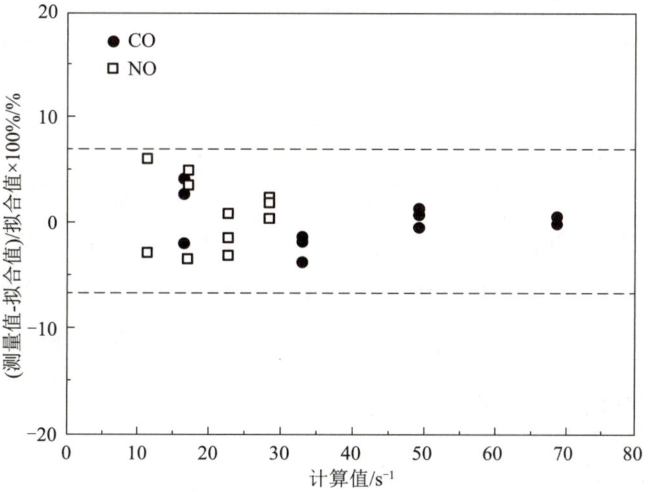

图 1-18　总反应性测定装置测量误差

1.4 基于 CRDS 的大气 NO_3 自由基与 N_2O_5 在线测量设备

日间 OH 自由基作为大气中最重要的氧化剂，主导了气态物质的去除。而在夜间由于缺少光照，光解产生 OH 自由基的反应终止，O_3 与 NO_2 反应生成的 NO_3 自由基成为夜间自由基化学的核心，NO_3 自由基与 N_2O_5 之间存在快速的化学平衡。因此，实现 NO_3 自由基和 N_2O_5 浓度的准确测量是研究夜间大气化学的关键。我国科研团队开展了 NO_3/N_2O_5 双腔式腔衰荡探测技术研究，研制了 NO_3/N_2O_5 腔衰荡探测系统，实现了大气 NO_3 自由基和 N_2O_5 的高灵敏探测，检测限分别为 0.8×10^{-12} 和 1.4×10^{-12}，时间分辨率为 2.5 s。该设备曾多次参加长三角、成渝等地区的综合外场观测实验，实现了夜间不同大气环境下 NO_3 自由基和 N_2O_5 的实时在线同步测量，明确了浓度分布及变化特征。

1.4.1 大气 NO_3 自由基与 N_2O_5 的测量技术

随着 NO_3 自由基和 N_2O_5 测量技术和仪器的发展，越来越多的技术/方法如 DOAS、LIF、基质隔离电子顺磁共振光谱（MI-ESR）技术、CEAS 和 CRDS 等被应用到 NO_3 自由基或 N_2O_5 的实际外场观测。

DOAS 是最早应用于 NO_3 自由基测量的技术，但不能同步测量 N_2O_5；另外，DOAS 对 NO_3 自由基的测量也会受到外界环境的干扰。在我国高颗粒物浓度的大气条件下，DOAS 检测限易受到大气能见度的影响。LIF 具有高灵敏度、高时间分辨率和选择性好等特点，基于 LIF 开展 NO_3 自由基和 N_2O_5 的测量也越来越多，但由于 LIF 开展外场观测需要进行频繁的标定，其在 NO_3/N_2O_5 的外场应用仍受到限制，主要用于测量 N_2O_5，对 NO_3 自由基的测量难度较大。MI-ESR 技术为离线测量方法，该方法的缺点是时间分辨率低，一般每个样品采集时间都需要 30 min，无法实时在线完成对自由基的测量。

作为测量 NO_3 自由基和 N_2O_5 的主要技术之一，CRDS 和 CEAS 具有灵敏度高、系统结构相对简单、稳定易操作等优点。我国科研团队分别基于腔衰荡和腔增强光谱技术，研发了两套大气 NO_3 自由基和 N_2O_5 探测系统（分别简称 NO_3/N_2O_5-CRDS 系统和 NO_3/N_2O_5-CEAS 系统），实现了大气 NO_3 自由基和 N_2O_5 的高精度在线测量。

1.4.2 大气 NO_3/N_2O_5-CRDS 系统的设计与搭建

1.4.2.1 CRDS 测量原理与仪器结构

CRDS 作为一种高精度、高灵敏度的测量方法，常被应用于检测微量气体浓度。在 NO_3/N_2O_5-CRDS 系统中，利用 NO_3 自由基在 662 nm 波长处有强吸收的特性，采用中心波长为 662 nm 的脉冲激光器作为光源，对 NO_3 自由基进行激发，从而获得 NO_3 的吸收。N_2O_5 的测量主要基于 N_2O_5 和 NO_3 之间的热平衡，通过将 N_2O_5 高温热解成 NO_3 来间接实现对 N_2O_5 的测量。

图 1-19 为 NO_3 自由基和 N_2O_5 双腔式腔衰荡实时探测系统示意图。用于测量 NO_3 自由基的 CRDS 系统主要由激光器、光学谐振腔、光隔离器、光电倍增管、滤波片等组成。在 NO_3 腔衰荡系统的基础上，研发了大气 N_2O_5 的加热腔装置，实现了对夜间大气 NO_3 和 N_2O_5 的同步测量。

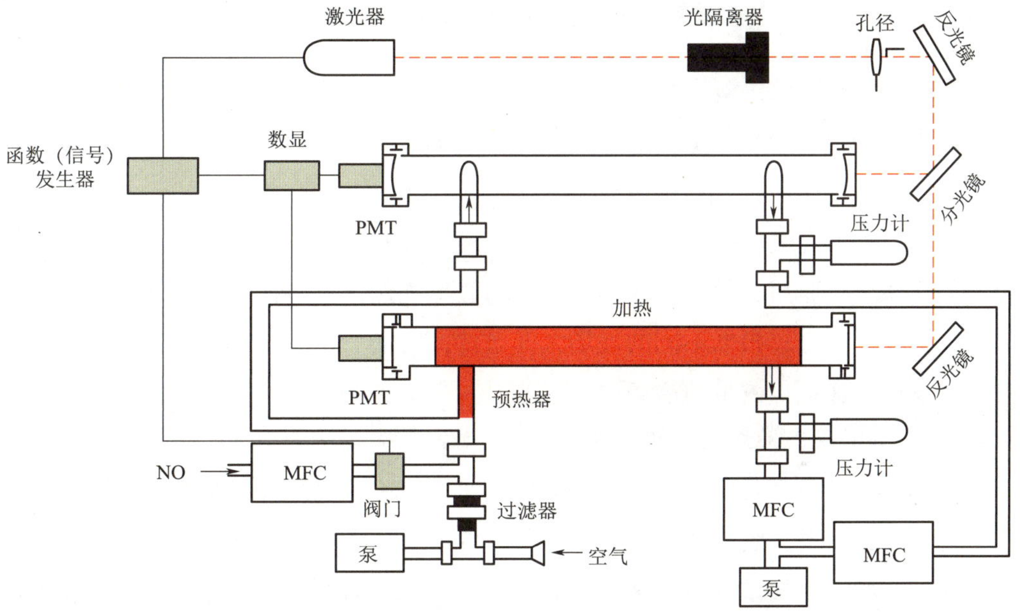

图 1-19　NO_3 自由基和 N_2O_5 双腔式腔衰荡实时探测系统示意图

1.4.2.2　光学谐振腔和探测模块

针对 NO_3 自由基和 N_2O_5 浓度低、活性高、易损耗的特点，我国科研团队采用小型的二极管激光器作为光源，自主研发了低损耗、高反射率的衰荡腔（图 1-20），既减少 NO_3 自由基在光腔中的壁碰撞损耗，又通过高反镜提高了腔内吸收光程，增加了衰荡时间，实现了光源与衰荡腔高效耦合、提升系统探测能力。

从高精密光学腔后腔镜透射出来的光经由探测器接收信号。由于镜片吸收、损耗等因素，透射光十分微弱。考虑到这些因素，探测模块采用红光敏感 PMT 和放大器来接收透射光并将微弱信号放大。同时选用高频数据采集卡（采样频率最高 2.5 MHz），以满足即时采集和快速响应的设备需求。

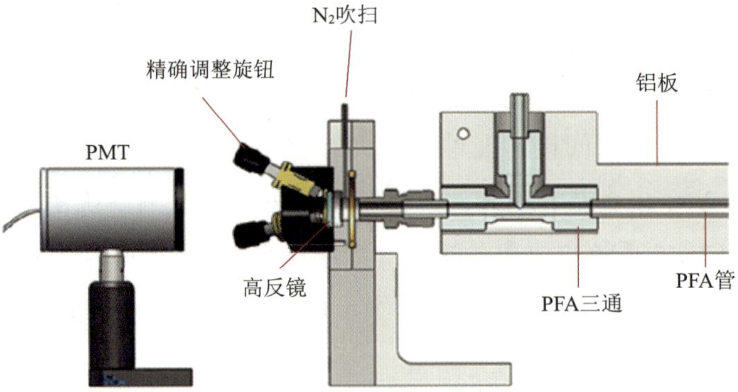

图 1-20　衰荡腔设计图

1.4.2.3　N_2O_5 高效热解模块

因为 N_2O_5 的测量是通过将其完全热解为 NO_3 来进行的，故热解过程需保证 N_2O_5 完全热解，但也要保证腔内温度的均一性以防止 NO_3 损耗。本系统选择低功率的加热器件及高灵敏的控制器，提高温度的控制精度，有效提高系统的稳定性。进行多次条件实验后，设计了预加热装置与腔体加热两部分来实现 N_2O_5 的完全热解。在高反腔部分，根据不同的外场大气条件，确定了合适的控制温度条件，减少热解逆反应，保证了测量的准确性。

1.4.2.4　数据采集模块与系统集成

采用低噪声及高响应速率的数据转换电路、快速的数据采集系统以及相应的信号处理软件，实现系统的控制、信号采集、浓度反演和实时显示。通过 Labview 程序控制的采集卡采集数据，将采集的数据进行平均处理后通过拟合得到衰荡时间，最后获得 NO_3 自由基和 N_2O_5 的浓度。

Labview 数据处理界面如图 1-21 所示。程序主要有以下五部分内容：①采集参数设置包括物理参数（采样频率、采集波形次数、采样点数）、衰荡信号平均次数、拟合设置及文件保存路径；②获得的原始波形；③原始波形经累加平均后获得的衰荡曲线；④经单指数拟合后得到的拟合波形以及衰荡曲线经拟合后得到的衰荡时间；⑤实时在线显示测量得到的 NO_3 浓度。该 CRDS 实时在线探测 NO_3 自由基系统可以实现自动判断本底的加入、NO_3 自由基浓度在线监测以及数据处理保存的功能。

为使装置方便应用于多种移动平台进行测量，最终将二极管激光器光源、衰荡腔、探测单元及气路系统集成为一套基于 CRDS 同步测量 NO_3 自由基和 N_2O_5 的小型、高灵敏实时探测系统，集成的实物图如图 1-22 所示。

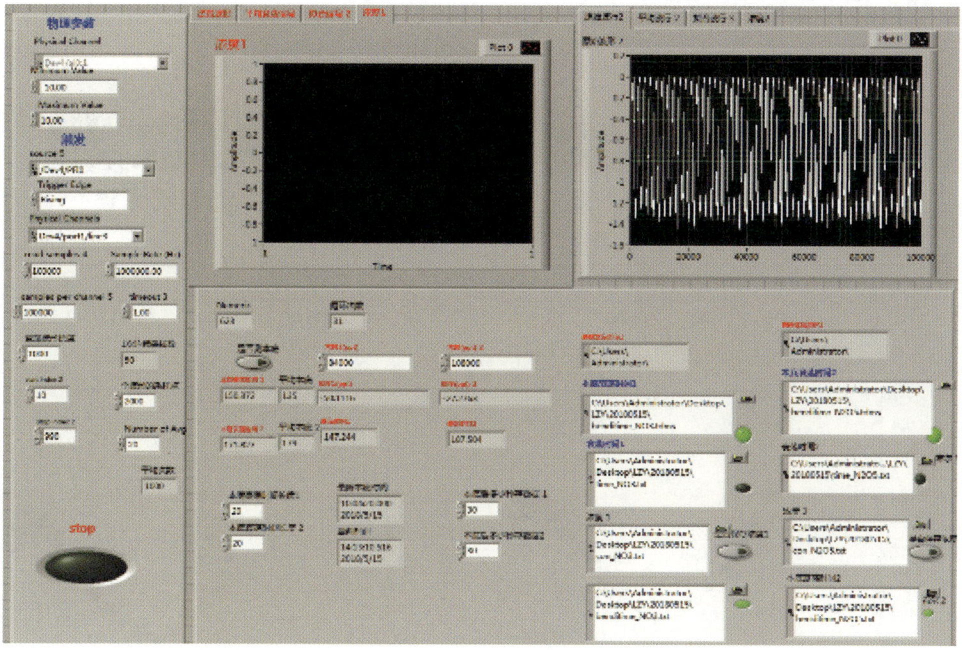

图 1-21　NO_3/N_2O_5-CRDS 系统的数据处理界面

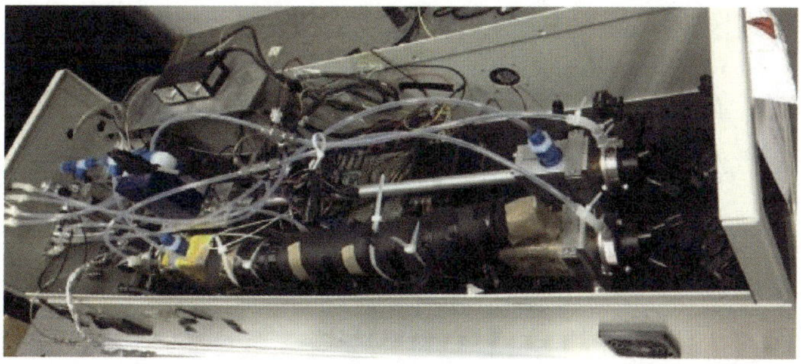

图 1-22　NO_3/N_2O_5-CRDS 系统的集成实物图

1.4.3　NO_3/N_2O_5-CRDS 系统的性能表征

NO_3/N_2O_5-CRDS 系统在外场环境中白天测量的 NO_3 和 N_2O_5 浓度的背景信号及 Allan 方差分析结果如图 1-23 所示，NO_3 和 N_2O_5 的检测限分别为 0.8×10^{-12} 和 1.4×10^{-12}（1σ，2.5s）。Allan 方差分析表明，系统的时间分辨率为 30 s 时，NO_3 和 N_2O_5 达到最优检测限，分别为 0.4×10^{-12} 和 0.6×10^{-12}。通过一系列性能测试与对比实验，获得了设备的本地衰荡时间、有效腔长等技术参数，并利用 Allan 方差估算在 2.5 s 的时间分辨率下，NO_3 和 N_2O_5 的检测限分别为 0.8×10^{-12} 和 1.4×10^{-12}。

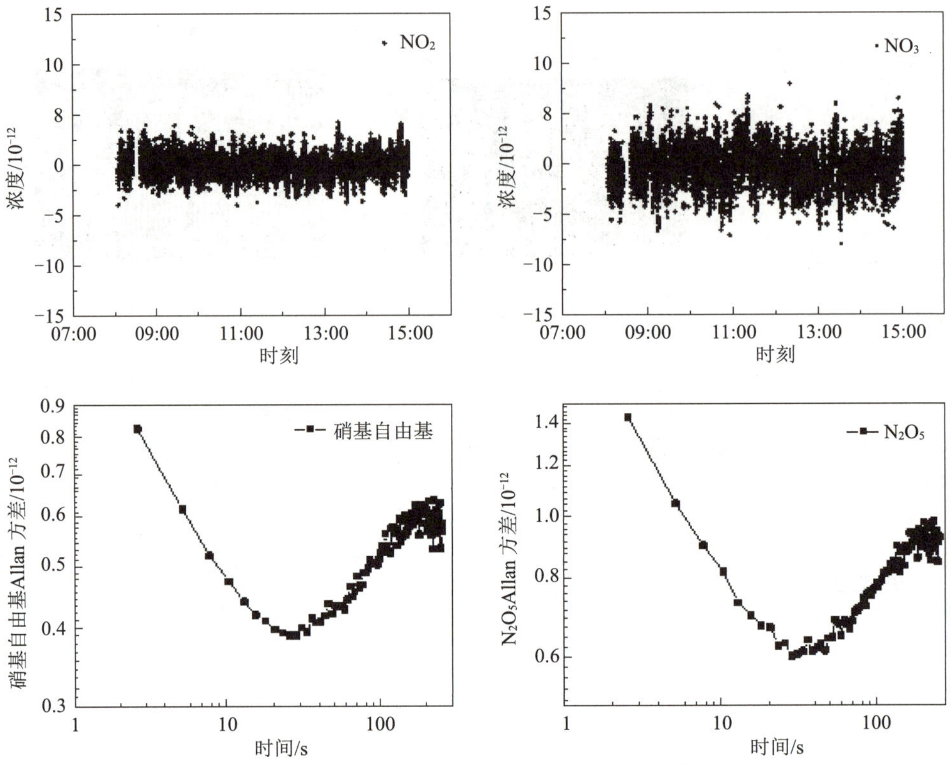

图 1-23　NO_3、N_2O_5 浓度序列及 Allan 方差分析

为了验证 NO_3/N_2O_5-CRDS 系统的准确度和稳定性，将其与 NO_3/N_2O_5-CEAS 系统在北京怀柔、江苏常州等地区开展外场观测对比。对北京怀柔地区冬季测量的 N_2O_5 数据进行分析发现，CRDS 系统和 CEAS 系统的测量结果具有很好的一致性（图 1-24），相关系数 R^2 达 0.97，从整体上看，两套系统响应非常一致。

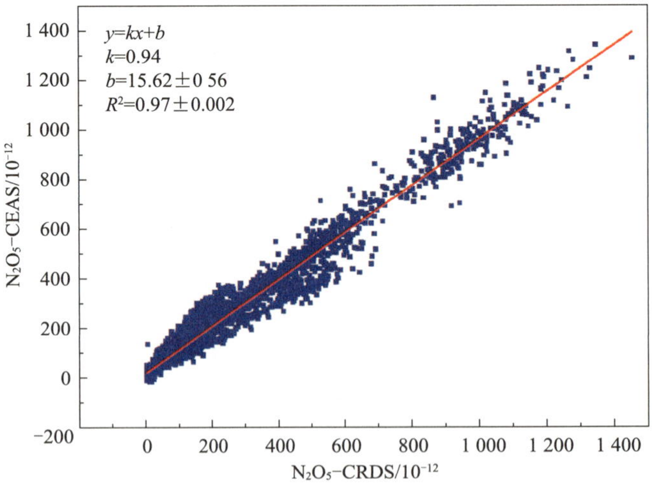

图 1-24　CEAS 系统和 CRDS 系统测量的 N_2O_5 整体相关性分析（北京怀柔）

1.5　基于 CEAS 的大气 NO_3 自由基和 N_2O_5 在线测量设备

CEAS 和 CRDS 均为目前运用较为普遍的 NO_3 自由基和 N_2O_5 测量技术。在研制基于 CRDS 技术的 NO_3 自由基与 N_2O_5 在线测量设备的同时，我国科研团队基于 CEAS 技术也自主设计和搭建了 NO_3 和 N_2O_5 在线测量系统（NO_3/N_2O_5-CEAS 系统）。在时间分辨率为 1 s 时，NO_3 自由基和 N_2O_5 的检测限分别为 2.4×10^{-12} 和 2.7×10^{-12}，不确定性分别为 15% 和 12%。该设备参与多次综合外场观测实验，并与 NO_3/N_2O_5-CRDS 系统进行技术比对，均实现了对 NO_3 自由基和 N_2O_5 的准确探测。

1.5.1　大气 NO_3/N_2O_5-CEAS 系统的设计与搭建

1.5.1.1　CEAS 测量原理与系统结构

CEAS 技术是由 CRDS 演变而来。CEAS 技术通过测量光源经光学腔内有无吸收气体后的光强变化来反演待测气体的浓度。CEAS 与 CRDS 测量原理的不同之处在于，CRDS 技术测量的是 NO_3 自由基和 N_2O_5 的衰荡时间，而 CEAS 技术测量的是光学谐振腔的透射光强。CEAS 具有装置简单、灵敏度高、操作简便、响应快、稳定性好等优点。图 1-25 为 NO_3/N_2O_5-CEAS 系统的结构图，该系统主要包括光源、光学腔体和光谱仪三部分。

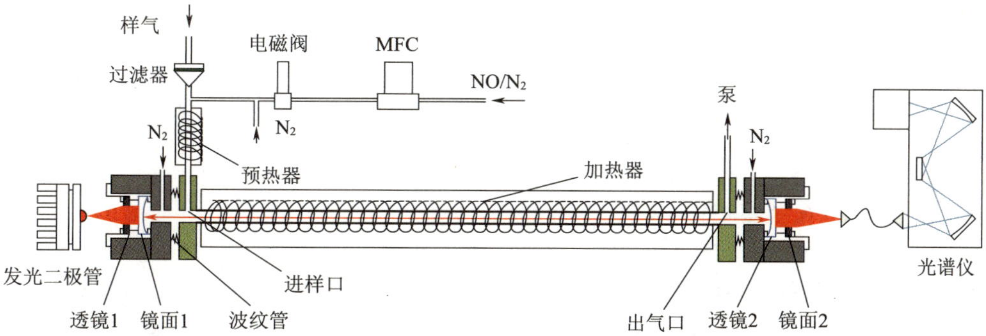

图 1-25　NO_3/N_2O_5-CEAS 系统结构

1.5.1.2　光路与气路系统

CEAS 的光路系统采用高功率单色 LED 红光光源，并用于自制的 TEC 制冷控制装置对 LED 进行温控以确保光源系统的稳定性。光源发生的红光进入由一组对立的高反镜片构成的光学耦合腔，再通过一片透镜（内置在腔架内部）收光，汇聚光采用光纤进行收集并传输至光谱仪进行检测。

气路系统则包括气溶胶过滤、采样管、加热系统、吹扫以及反射率标定系统、NO 滴定系统、温湿度检测和泵，其中与样品气体接触的部分基本采用 PFA 材质，以减小 N_2O_5 的壁效应。样品气体首先会通过 PFA 滤膜进行过滤，除去颗粒物，再通过 PFA 采样管进入光学腔检测。在测量 N_2O_5 时，会在采样管的后端进行预加热，将 N_2O_5 完全分解为 NO_3，随后进行检测。

1.5.1.3 数据处理流程

基于实验室实验对吸收截面、反射率以及有效腔长等参数的定量是后续数据处理的基础，获取上述参数之后，NO_3/N_2O_5-CEAS 系统的数据处理流程如图 1-26 所示。

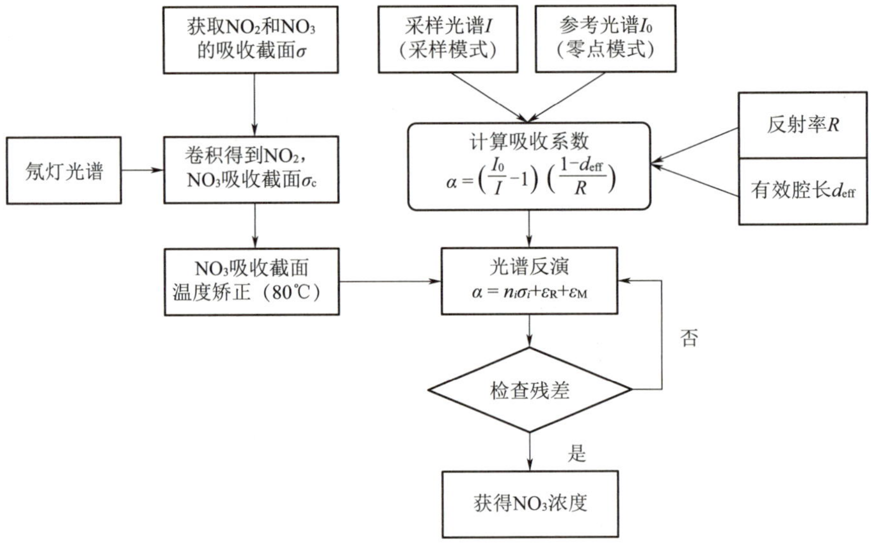

图 1-26 数据处理流程

1.5.2 NO_3/N_2O_5-CEAS 系统的性能表征

采用标准方差和 Allan 方差方法对仪器检测限和稳定性进行表征。在实验室条件下，得到 1 s 积分时间内 NO_3 的检测限为 2.4×10^{-12}，N_2O_5 的检测限为 2.7×10^{-12}。在 30 s 积分时间内，NO_3 的检测限还可以优化到 1.6×10^{-12}。NO_3 和 N_2O_5 测量的不确定性分别为 15% 和 12%。

表 1-3 总结了现有的应用于外场观测的全部 CEAS 和 CRDS 测量系统。通过对比可以发现，大部分基于腔技术的 NO_3 和 N_2O_5 测量系统能够在 60 s 积分时间内达到 $(1\sim3)\times10^{-12}$ 的检测限，且不确定性控制在 25% 以内。基于大部分地区的 NO_3 和 N_2O_5 浓度水平，CEAS 和 CRDS 系统均能满足其测量需求。

表 1-3　已应用于 NO_3 和 N_2O_5 在外场测量的 CEAS 以及 CRDS 仪器检测限和不确定性汇总

来源/参考文献	方法	NO_3		N_2O_5	
		LOD	不确定性	LOD	不确定性
北京大学	CEAS	2.4×10^{-12}(1 s)	19%	2.7×10^{-12}(1 s)	22% ~36%
[19]	CEAS	1.1×10^{-12}(1 s)	11%	2.4×10^{-12}(1 s)	14%
[26]	CEAS	1×10^{-12}(100 s)			
[27]	CRDS	2×10^{-12}(5 s)	14%	2×10^{-12}(5 s)	13%
[28]	CRDS	1.5×10^{-12}(100 s)			
[17]	CRDS	0.2×10^{-12}(1 s)	25%	0.5×10^{-12}(1 s)	20% ~40%
[29]	CRDS	3.2×10^{-12}(10 s)	8%		

1.6　基于 CEAS 的大气 HONO 在线测量设备

气态亚硝酸（HONO）是大气 OH 自由基的来源之一，在污染严重的地区，其对 OH 自由基生成的贡献可达 50% 以上。因此，对大气 HONO 浓度的观测是理解大气自由基化学的重要一环。我国科研团队基于 CEAS 成功研制出了具有自主知识产权的用于大气 HONO 测量的宽带腔增强吸收光谱系统（简称 HONO-BBCEAS 系统），实现了大气 HONO 的高灵敏度（检测限≤100×10^{-12}）、高时间分辨率（时间分辨率≤60 s）的准确定量（相对误差小于 15%），并在成都新津和厦门开展了大气 HONO 的连续观测，进行了大气 HONO 测量的对比与验证实验，获取多个地区实际大气 HONO 的准确浓度分布与变化特征。

1.6.1　大气 HONO 的测量技术

HONO 的测量技术主要包括光谱法和湿化学法。光谱法通常利用 HONO 气体分子的直接吸收特性，如 DOAS、宽带腔增强吸收光谱技术（BBCEAS）、CRDS、CIMS 及 LIF 等；湿化学法主要通过将大气中的 HONO 吸收进入溶液，然后通过一系列化学反应进行转化后检测。通常来讲，湿化学法的检测灵敏度相对较高，但在采样和转换过程中，可能会遇到较大的干扰。

与国内长期使用的湿化学法相比，我国科研团队选用了基于 HONO 分子特征光谱吸收的 BBCEAS。该技术是近些年快速发展的一种光学测量方法，是一种直接测量技术，具有无须预处理、可同时测量多种痕量气体、不受天气和环境影响等优点。BBCEAS 技术能更好地实现对自由基关键前体物 HONO 的高选择性和高时间分辨率在线测量，为准确测算大气自由基的来源提供技术支撑。

1.6.2 HONO-BBCEAS 系统的设计与搭建

1.6.2.1 BBCEAS 测量原理与系统结构

CEAS 技术是基于测量光源经光学腔内有无吸收气体后的光强变化来反演待测气体的浓度。BBCEAS 技术则是结合了 DOAS 技术和 CEAS 技术的优点，极大地增加了等效吸收光程，具有较高的信噪比。

BBCEAS 系统主要由 LED 光源及其组件、光学增强腔、光谱仪以及信号采集与处理系统组成，见图 1-27。光源发出的光经过透镜汇聚耦合进入腔体内，经过多次反射，出射光经过透镜汇聚并被光谱仪接收。已知增强腔体的长度以及反射率随波长的变化曲线，根据光源的发射谱与腔体的反射率波长分布曲线得到原始谱线，通过处理测量到的谱线与原始谱线得到气体吸收谱线，通过与数据库中的气体标准吸收截面进行拟合反演出 HONO 和 NO_2 的浓度信息。

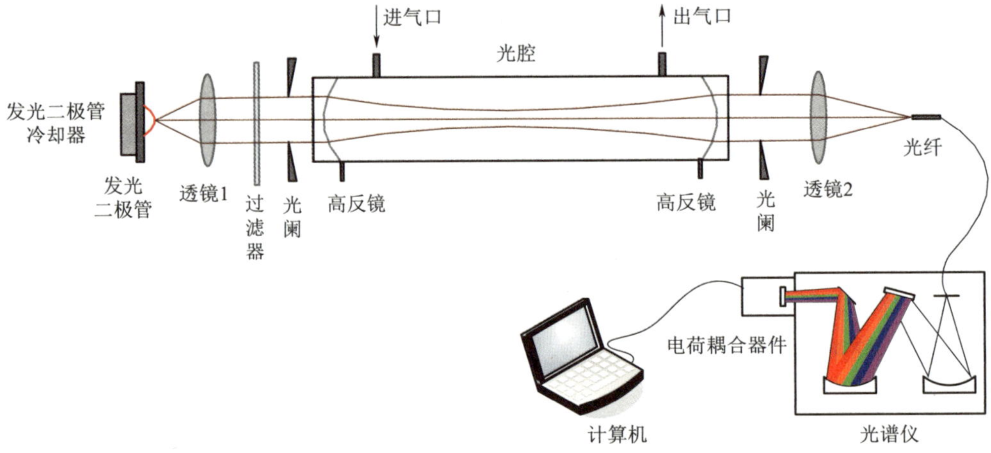

图 1-27 BBCEAS 系统装置示意图

1.6.2.2 光学增强腔与气路模块

HONO 在近紫外波段主要的吸收峰的位置为 354 nm 和 368 nm，而目前高功率 LED 的最短波长为 365 nm，故选取中心波长 365 nm 的高功率近紫外 LED 作为 HONO 测量的光源，其半峰全宽约为 13 nm，电功率为 5 W 左右。

光学增强腔两端的高反镜选择是关键技术之一，需综合考虑有效光程和出射光强度等因素。考虑到仪器尺寸以及 HONO 气体在大气中的含量，设计的腔体长度为 50～70 cm，选择反射率优于 0.999 7 的镜片来组成光学增强腔，见图 1-28。

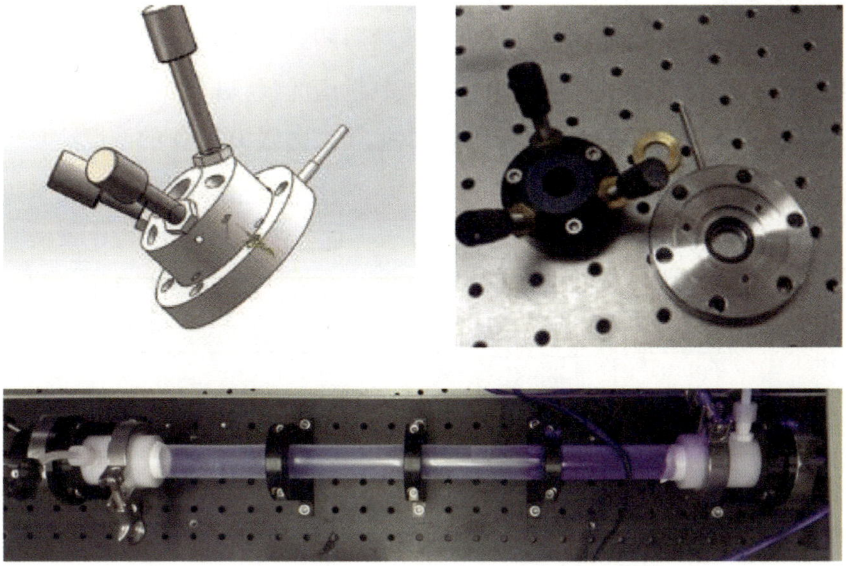

图 1-28　BBCEAS 系统所使用的光强增强腔

其气路系统与 NO_3/N_2O_5-CEAS 系统基本一致，主要由采样泵、样气过滤装置组成。此外，为实现 HONO 的高效采样，采用如图 1-29 所示的大流量旁路采样气流设计，以减少气体在采样管内的停留时间。

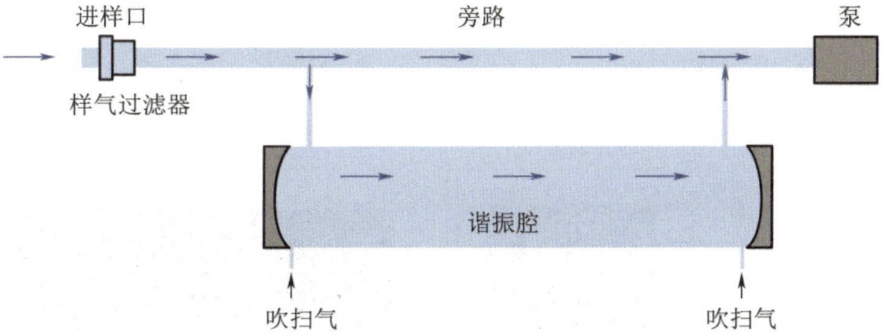

图 1-29　大流量旁路采样气流设计

1.6.2.3　检测模块与光学反演流程

光纤光谱仪采用对称式 Czerny-Turner 光学结构设计，既可避免额外的吸收和散射产生的杂散光，又可减小谱仪体积。探测器采用 1 024 单元线阵紫外敏感型硅 CCD。从腔中透射出的光强经过透镜汇聚耦合进入光纤经过光纤传输至光谱仪，经过光栅分光后被探测器接收。

大气 HONO 的 CEAS 在线测量设备的反演算法基于朗伯-比尔吸收定律，通过测量光源信号经光学腔内有无气体吸收的光辐射变化和准确的镜面反射率曲线计算待测气体的浓度。反演计算流程如图 1-30 所示，设备运行稳定后，通过测量氮气谱、氦气谱，可获得高反镜的镜片反射率，然后测量灯谱后，可通过采样泵采样进行实际大气谱的测量，通过计算可以获得该测量谱的吸收系数 α，最后将吸收系数与待测气体吸收截面进行最小二乘拟合可以计算出大气 HONO 的浓度。

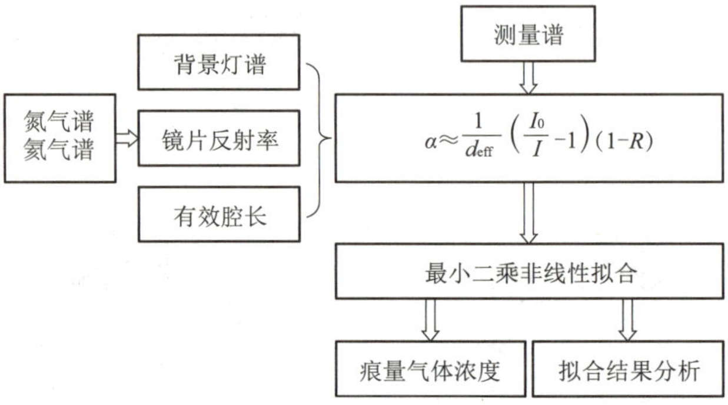

图 1-30　大气 HONO 的 CEAS 在线测量设备反演计算流程

1.6.2.4　数据处理软件与系统集成

为实现大气 HONO 的 CEAS 在线测量设备的高自动化运行，并能够自动计算 HONO 和 NO_2 浓度，采用 Labview 语言编写了 CEAS 系统控制软件。该软件能实现质量流量计的控制、光谱的采集与保存以及实时浓度的反演，图 1-31 为软件操作界面。

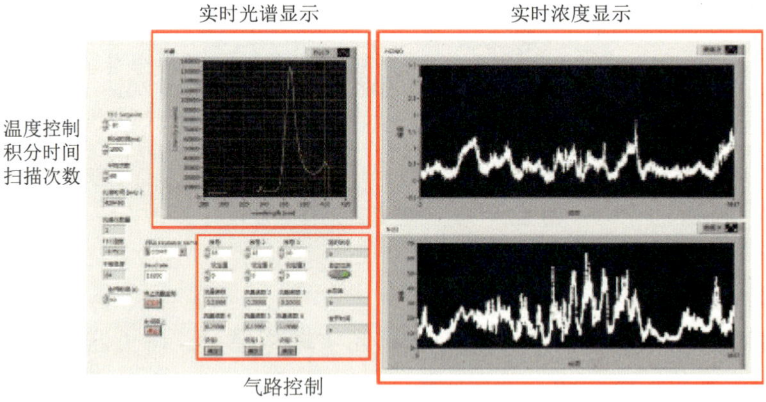

图 1-31　大气 HONO 的 CEAS 在线测量设备控制软件

最终将 LED 光源系统、光学增强腔、光谱仪和信号采集与处理系统集成为一套基于 CEAS 的大气 HONO 实时在线测量系统，集成的实物图如图 1-32 所示。

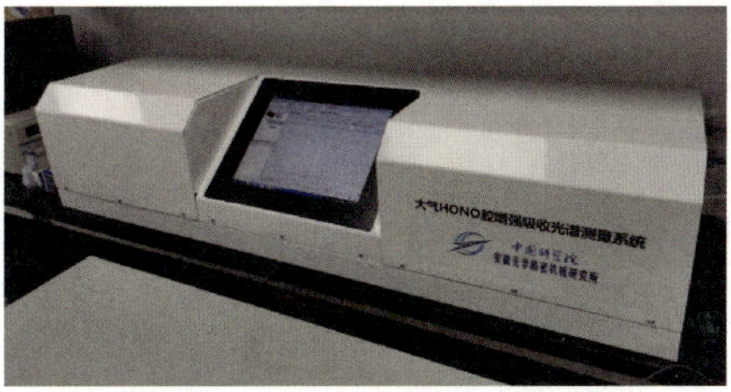

图 1-32　HONO-BBCEAS 实物图

1.6.3　HONO-BBCEAS 系统的性能表征

采用 Allan 方差方法对仪器检测限和系统的稳定性进行表征。从图 1-33 中可以看到，在 60 s 积分时间情况下，HONO 的检测灵敏度约为 54×10^{-12}，优于 100×10^{-12}。综合考虑标准参考截面的误差为 5%，镜片反射率标定的误差为 5%，拟合误差为 5%，有效腔长修正的误差为 3%，气压测量的误差为 1%，$\Delta I/I_0$ 误差为 1%，采样损耗标定的误差为 0.5%，则根据误差分析，大气 HONO 在线测量的 CEAS 系统的系统误差约为 9%，达到设计要求。

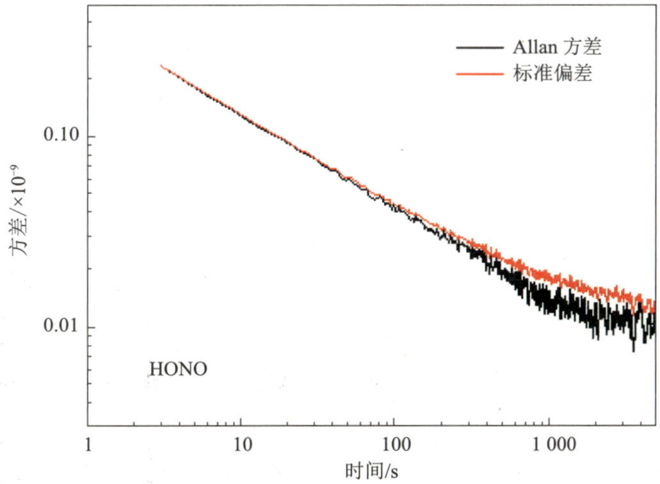

图 1-33　HONO 的 Allan 方差和标准偏差随平均时间的变化曲线

1.7　基于 CEAS 的大气 HCHO、CHOCHO 和 CH_3COCHO 在线测量设备

以 $PM_{2.5}$ 和 O_3 污染为特征的大气复合污染已成为制约我国经济与社会发展的

重要问题。以甲醛（HCHO）、乙二醛（CHOCHO，GLY）和甲基乙二醛（CH_3COCHO，MGLY）为代表的含氧挥发性有机物（OVOCs）在大气化学反应中扮演了重要角色，GLY 和 MGLY 作为大气中典型的氧化中间态物质，研究其来源及去除过程，分析其在大气复合污染中的作用，有助于从中间态物质的角度来分析大气污染的形成机制，服务于大气污染防治措施的制定。我国科研团队自主研发了用于测量 HCHO、GLY 和 MGLY 的两套 CEAS 系统，在 60 s 的时间分辨率内对 GLY 和 MGLY 的测量精度分别约为 35×10^{-12} 和 90×10^{-12}，测量结果的不确定度为 ±8% 和±15%；HCHO-CEAS 系统在 60 s 的时间分辨率下的测量精度约为 95×10^{-12}，测量结果的不确定度约为±8%。目前，我国自主研发的两套 CEAS 系统已成功应用于国内举行的多次外场观测，可在无人值守的情况下，稳定、自动、连续运行，并积累了大量 HCHO、GLY 和 MGLY 的同步测量数据，为后续的科学分析提供技术支持。

1.7.1 大气 HCHO、GLY、MGLY 的测量技术

目前，用于测量大气中 HCHO、GLY 和 MGLY 浓度的技术按照测量原理可以分为湿化学法、质谱法和光谱法三大类。其中湿化学法虽然检测限低，但是时间分辨率较差；质谱法在测量 3 种醛类时，会受到相对湿度以及同分异构体的干扰。用于测量 3 种醛类的光谱技术种类繁多，目前只有 LIP、DOAS、CEAS 能够应用于 3 种醛类的外场浓度测量。

综合考虑时间分辨率、仪器搭建与维护成本、系统检测限等因素，CEAS 技术是实现对 HCHO、GLY 和 MGLY 浓度定量的最佳选择。但由于反演 GLY 和 MGLY 浓度的光谱范围内含有 NO_2 的特征吸收，故准确评估 NO_2 对 GLY 和 MGLY 浓度的干扰是 CEAS 准确测量的关键技术问题。此外，HCHO 的特征吸收主要集中在紫外波段，但现有的光谱仪在紫外波段量子产率低、LED 光源强度弱、有效光程低等问题限制了 CEAS 在 HCHO 测量的应用。目前我国已重点突破上述技术难点，实现了基于 CEAS 的大气 HCHO、GLY 和 MGLY 的在线测量。

1.7.2 HCHO、GLY&MGLY-CEAS 系统的设计与搭建

基于前文提出的 CEAS 技术原理，我国研究团队提出了利用非相干宽带强增强吸收光谱系统测量 HCHO、GLY 和 MGLY。在硬件方面，设计稳定性好、功率高的光源模块，搭建重现性好、机械稳定性和光学稳定性高的光腔模块，调研选购精度高、灵敏度高的检测模块。根据拟测量的物质特点，有针对性地设计 NO_2 光解模块等外加部件，提升系统的抗干扰能力。在软件方面，基于 Python 编写用于实现

硬件控制的软件，使系统在无人值守的情况下能自动连续地运行。此外，整合已有的光谱反演程序的算法与程序包，通过程序实现“原始光谱数据—吸收系数数据—浓度数据”的快速浓度反演体系。

1.7.2.1 光源模块

根据 GLY 和 MGLY 特征吸收截面的波长范围，以商品化的单色 LED 灯珠作为光源模块的核心，其中心波长为 445 nm，半高全宽为 18 nm。针对目前 HCHO 在紫外波段内光源强度弱、半高全宽窄的技术难点，我国科研团队自主设计并搭建了如图 1-34 所示的光源模块。该模块采用两个单色 LED 作为 CEAS 的光源，中心波长分别为 325 nm 和 340 nm，半高全宽分别为 12 nm 和 10 nm。利用 Y 形光纤束的分束端将两个 LED 发出的光进行耦合，最终在 Y 形光纤的合束端形成如图 1-34 所示的辐射光谱，有效涵盖甲醛吸收截面在 325～355 nm 的 5 个特征吸收峰，从而提升光谱拟合的准确性。

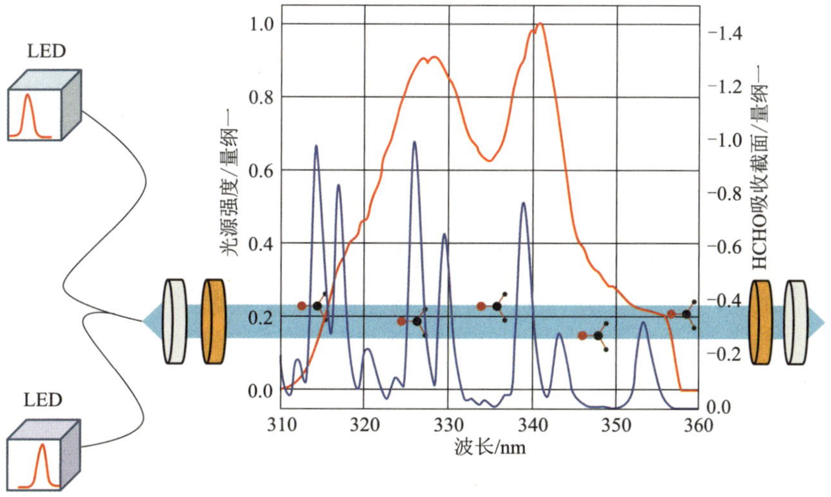

图 1-34 HCHO CEAS 光源模块

1.7.2.2 光学谐振腔

光学谐振腔是 CEAS 系统的核心组件，必须同时具备高光学耦合效率、高稳定性和长光程的特点，以实现对弱吸收物质的高灵敏度测量。我国研究团队研发了如图 1-35 所示的光学谐振腔：由铝合金笼板和轴承构成的笼式结构作为光学谐振腔的载体，从左至右划分为入射光耦合部分、PTFE 光腔和出射光耦合部分。

光源模块发出的光首先经由入射光耦合部分引入，通过消色差透镜实现对入射光的准直，然后进入由一对高反射率镜片构成的光学谐振腔中。入射光在两片高反射率镜片之间多次反射后穿过光腔进入出射光耦合部分，最终引入检测模块进行检测。

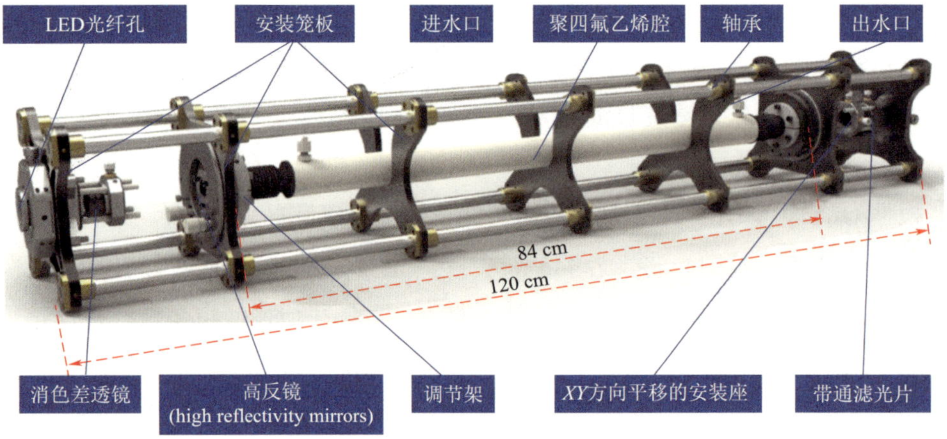

图 1-35 CEAS 光腔模块

1.7.2.3 NO_2 光解模块

由于反演 GLY 和 MGLY 浓度的光谱拟合范围内含有明显的 NO_2 吸收结构，加上 NO_2 的环境浓度往往要明显高于 GLY 和 MGLY，因此 NO_2 会对 GLY & MGLY CEAS 的光谱拟合效果产生影响。如图 1-36（a）所示，在外场观测某一天的测量结果中，NO_2 浓度与光谱拟合残差（RMS）呈明显的同步变化关系，二者的相关性（R^2）可达 0.949。

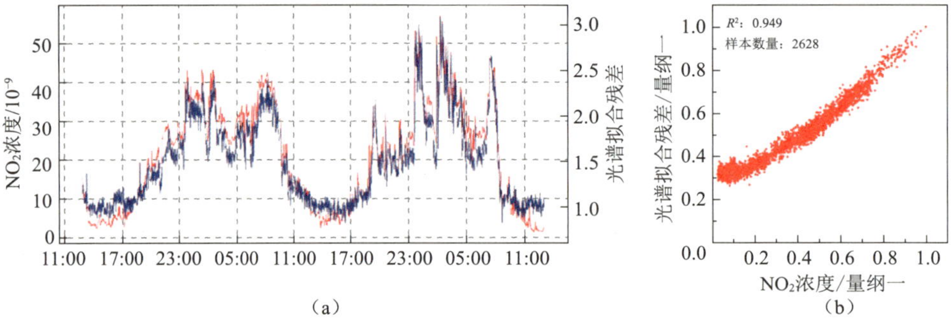

图 1-36 NO_2 与光谱拟合残差的关系

为削弱 NO_2 对 GLY 和 MGLY 测量结果的影响，在系统采样管前方耦合一个自主研发的 NO_2 光解去除装置（NO_2 photolytic Convertor，NPC）。NPC 由光解池、功率控制器和温度控制器三部分组成。其中，光解池是一个长度为 60.0 mm 的石英管，其外径为 18.0 mm，内径为 13.4 mm。当系统以 2 L · min^{-1}的流速运行时，气体在光解池内的停留时间为 0.25 s。光解池的 LED 中心波长为 395 nm，典型辐照度为 2 000 mW · cm^{-2}。图 1-37 为 NPC 对 MGLY 测量浓度影响情况，可以发现 NPC 工作会显著降低 NO_2 浓度而不会明显影响 MGLY 的测量。

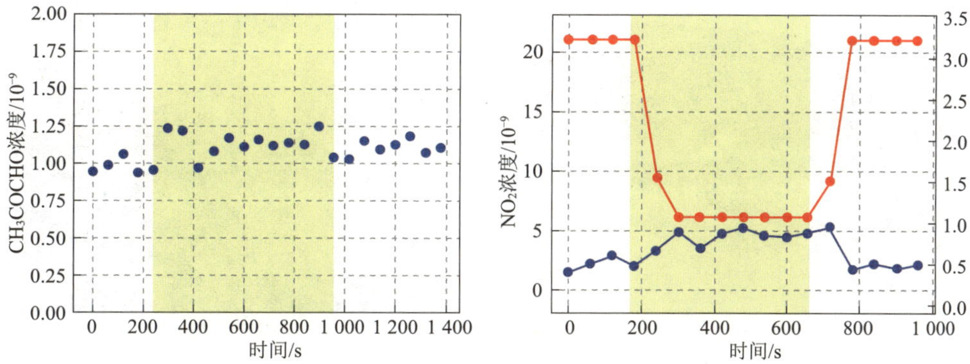

（a）MGLY标气　　（b）MGLY与NO_2混合标气

图 1-37　NPC 对 MGLY 标气和 MGLY 与 NO_2 混合标气的影响

1.7.2.4　数据处理软件与系统软件

我国研究团队基于 Python 编写了检测模块控制软件（图 1-38），通过该软件可以实现对气体流量计、电磁阀等硬件的控制，同时可以对光谱仪的积分时间、测量模式等参数进行设置，还可以同步显示光谱仪的测量结果。此外，基于 Python 对光谱拟合程序进行整合，可以实现对目标物种浓度的快速反演。

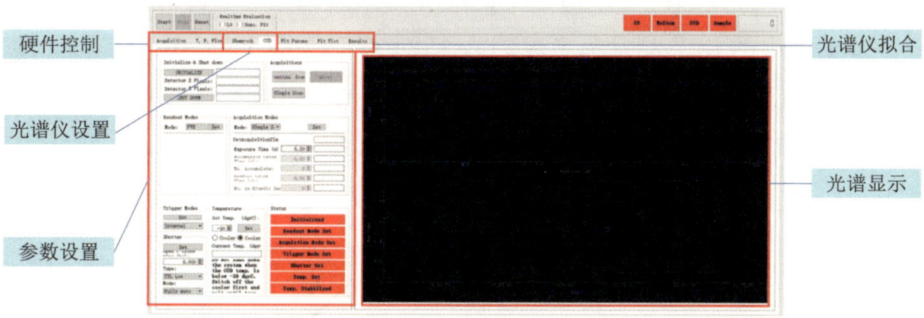

图 1-38　检测模块控制软件

在完成了对光源模块、光腔模块、检测模块的设计与加工的基础上，搭建了如图 1-39（a）所示的 CEAS 第一代样机，整个机柜采用铝型材作为骨架，以玻璃纤维板作为壁板，在保证机柜机械强度的同时减轻了系统质量。光源模块、光腔模块和检测模块通过减震垫固定在机柜上，有效降低周围环境的振动对系统产生的影响，提升系统的稳定性。样机顶部带有快卸维护口盖，便于系统的安装与维护；样机两侧带有把手，底部带有脚轮，在系统集成好之后，便于移动与运输。

在第一代样机的基础上，将光腔模块与气路控制进行分离，并对模块内部的元件进行了优化与重排，以质量轻、强度高的碳纤维板代替铝合金，搭建了第二代样机［图 1-39（b）］，与第一代样机相比，系统体积缩小了 1/3，质量减轻了 1/2。

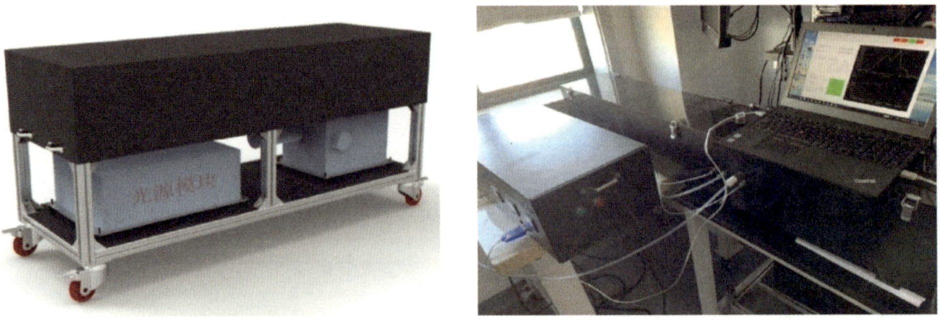

（a）CEAS第一代样机　　（b）CEAS第二代样机

图 1-39　CEAS 第一代样机和第二代样机

1.7.3　HCHO、GLY & MGLY-CEAS 系统的性能表征

如前文所述，CEAS 系统的测量精度可以通过计算 Allan 方差来进行估算。从图 1-40（a）的 Allan 方差结果可以看出，当积分时间小于 90 s 时，可以通过增加积分时间来提升测量 GLY 浓度的灵敏度。当积分时间接近 90 s 时，系统测量 GLY 的灵敏度到达最佳。当积分时间大于 90 s 时，由于光源信号的漂移，GLY 的 Allan 方差会随着积分时间的增加而变大，在 60 s 的时间分辨率下，由 Allan 方差估算出的 GLY 测量灵敏度约为 35×10^{-12}。MGLY 的 Allan 方差实验结果［图 1-40（b）］则表明，系统对 MGLY 浓度反演的灵敏度会随着积分时间的增加而持续提升。在 60 s 的时间分辨率下，由 Allan 方差估算出的 MGLY 测量灵敏度约为 90×10^{-12}。

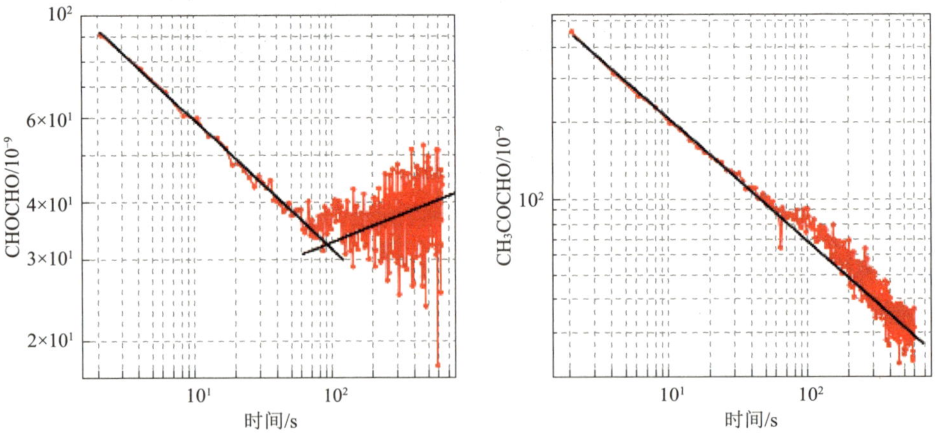

（a）GLY　　（b）MGLY

图 1-40　GLY 和 MGLY Allan 方差实验结果

根据高斯误差传递公式，可以利用气体吸收截面、反射率、有效腔长系数以及

温度压力的不确定性对系统测量结果的不确定性进行估算。“十三五”期间，我国自主研发的 GLY & MGLY-CEAS 系统的反射率不确定性为 5%，有效腔长系数的不确定性为 4.5%，温度和压力的不确定度为 0.5%。文献中记录的 GLY 和 MGLY 气体吸收截面的不确定性依次为 5% 和 14%。综上估算出的 GLY 和 MGLY 测量结果的不确定度依次为±8% 和±15%。

参照估算 GLY & MGLY-CEAS 系统测量灵敏度与误差的方法，在实验室内对 HCHO CEAS 样机进行了性能测试。结果显示，在 60 s 的积分时间内，HCHO 的测量灵敏度约为 95×10^{-12}，不确定度为±8%。

1.8　基于 CIMS 的大气 HCHO、CHOCHO 和 CH_3COCHO 在线测量设备

为了合理量化 HCHO、GLY 和 MGLY 等 OVOCs 前体物对大气自由基的生成贡献，除了搭建基于 CEAS 技术的 HCHO、GLY 与 MGLY 测量系统，我国研究团队还基于化学电离质谱法，开发了电子贴附电离技术、采用磁控溅射源代替传统的空心阴极放电源，更好地实现了对 GLY 与 MGLY 以及 HCHO 的高选择性和高灵敏度在线测量。CIMS 设备在 60 s 下对 GLY 与 MGLY 的检测限分别为 17×10^{-12} 与 15×10^{-12}，不确定性为 10%；对 HCHO 的检测限达到 80×10^{-12}，不确定性为 15%。两套离子源耦合与同一套质谱，实现了 HCHO、GLY 与 MGLY 的外场检测，并在不同地区获取 3 种醛类的质谱检测数据，为后续的大气化学模型分析提供科学技术支持。

1.8.1　基于 CIMS 的大气 HCHO、GLY、MGLY 测量技术

目前，针对 HCHO、GLY 和 MGLY 的质谱检测研究相对有限，主要集中在质子转移反应质谱（PTR-MS）中。但现有的商用 PTR-MS 在 HCHO、GLY 和 MGLY 检测方面存在较多缺陷（如离子碎裂，受其他物种干扰、灵敏度受湿度影响等）。我国研究团队开发出新型离子化方案，设计了一套高分辨率、高准确度、高灵敏度的化学电离质谱，实现大气 HCHO、GLY 和 MGLY 的痕量检测。主要从离子源模块、离子反应模块、质谱模块与气体纯化与配置模块展开了研究与优化。

1.8.1.1　离子源模块

实现 HCHO、GLY 和 MGLY 高效电离的关键在于寻找合适的电离源。研究团队在设备研制过程中尝试了以过渡金属产生一系列的试剂离子，发现低能电子可与电子亲和能较大的 GLY 与 MGLY 反应，无碎裂地将二者电离为 GLY^- 与 $MGLY^-$（图 1-41）。

该反应对二醛类物质具有特异性，可有效减少质量相近的其他有机物的干扰。鉴于此，我国研究团队最终建立了一套电子贴附电离源实现 GLY 与 MGLY 的检测。

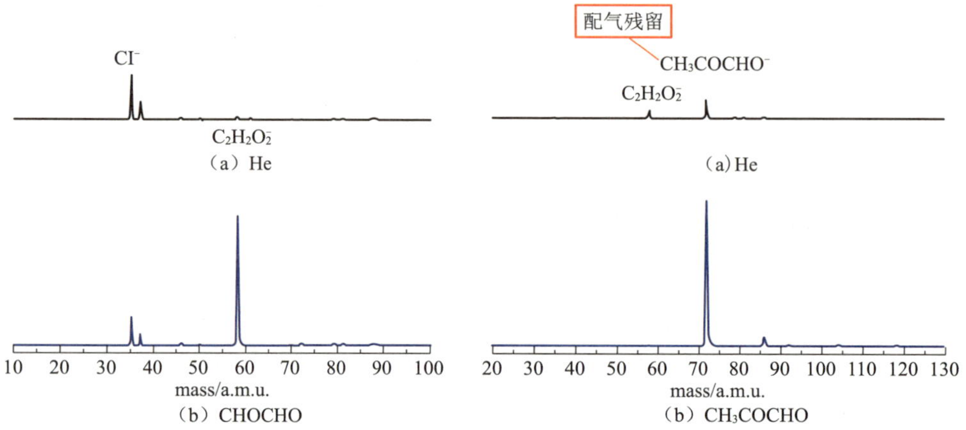

图 1-41　电子贴附电离 GLY 与 MGLY

为实现甲醛的检测，使用了磁控溅射源代替空心阴极等传统的放电源，产生水合质子（H_3O^+）将甲醛电离，如图 1-42 所示。

1.8.1.2　分子离子反应腔

为实现待测醛类分子的充分电离，需要增加反应区域的气压与反应时间。研究团队在设备研制过程中设计并搭建了一套离子迁移管—离子漏斗装置（图 1-43）。迁移管是由一组不锈钢环形电极组成。离子漏斗由 47 片不锈钢电极组成，这些电极的内径从 25 mm 线性递减至 2. 0 mm。反应气经迁移管入口连续进入，H_3O^+或低能电子在反应器内与 HCHO、GLY 或 MGLY 反应，生成的产物离子经离子漏斗聚焦后进入质谱模块进行检测。

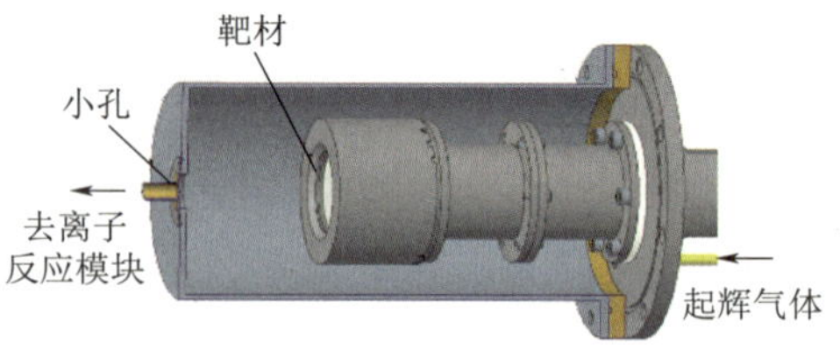

图 1-42　磁控溅射离子源

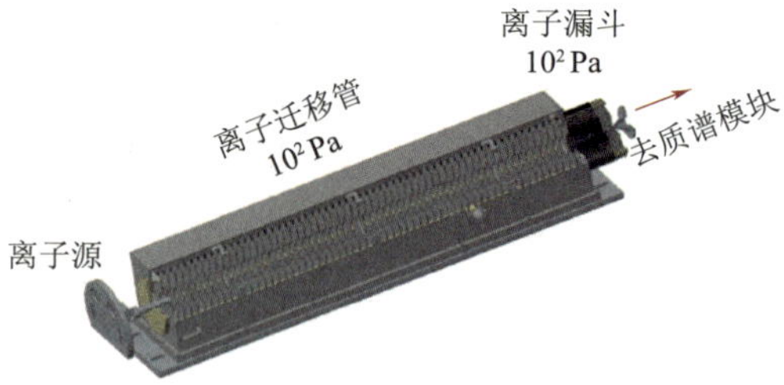

图 1-43　离子反应装置示意图

1.8.1.3　气体的纯化与配置模块

由于 GLY 与 MGLY 无市售纯品，为了得到浓度确定的标准样品，需对其水溶液进行纯化。根据参考文献中的技术方案，研究团队自行研制了一套提纯装置，实现了 GLY 与 MGLY 的纯化。另外，为了由纯样品配制浓度<1×10^{-6} 的 GLY 与 MGLY 标准

样品，并减少 GLY 与 MGLY 的壁损失，我国研究团队设计并配备了一套配气装置（图 1-44）。该装置的阀门、管路与连接均使用全氟塑料，以减少醛类的吸附损失。

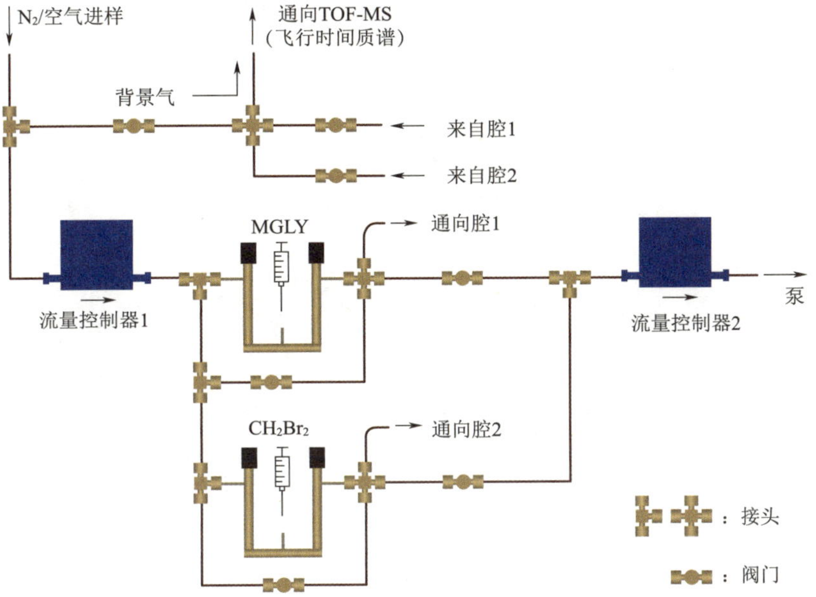

图 1-44　制备气体样品的配气系统

1.8.1.4　系统集成

在以上各模块研制成功的基础上，为适应测试需求，搭建了小型化质谱样机。质谱样机的结构如图 1-45 所示，由小型化的离子源与离子迁移管、离子漏斗及离子阱质谱组成，真空腔体与配套的激光器、电源等整体架设在一个铝合金型材搭建的机柜上。样机底部配有脚轮便于搬运。

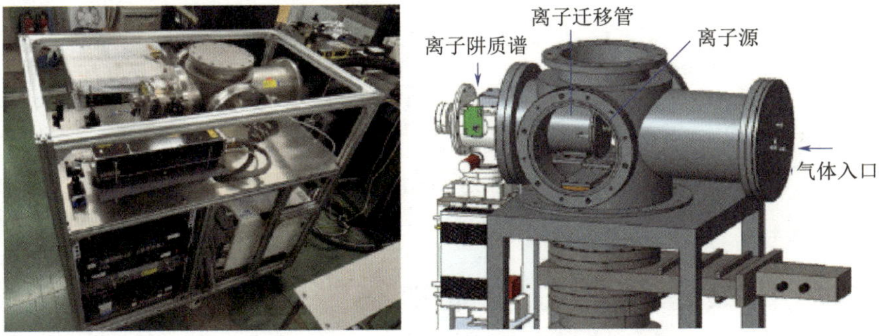

图 1-45　质谱样机及结构示意图

1.8.2　HCHO、GLY & MGLY-CIMS 系统的性能表征

利用研制的 CIMS 装置建立了 GLY 和 MGLY 的标准曲线（图 1-46），并获得仪

器的检测限。在 60 s 时间分辨率下，GLY 的检测限为（17±1）×10^{-12}，这是首次报道采用质谱法实现对 GLY 的高灵敏度检测；MGLY 的检测限为（15±1）×10^{-12}，不确定性为 10%。利用搭建的磁控溅射电离源建立了甲醛的标准曲线，计算得 HCHO 的检测限为（80±2）×10^{-12}，不确定性为 15%。

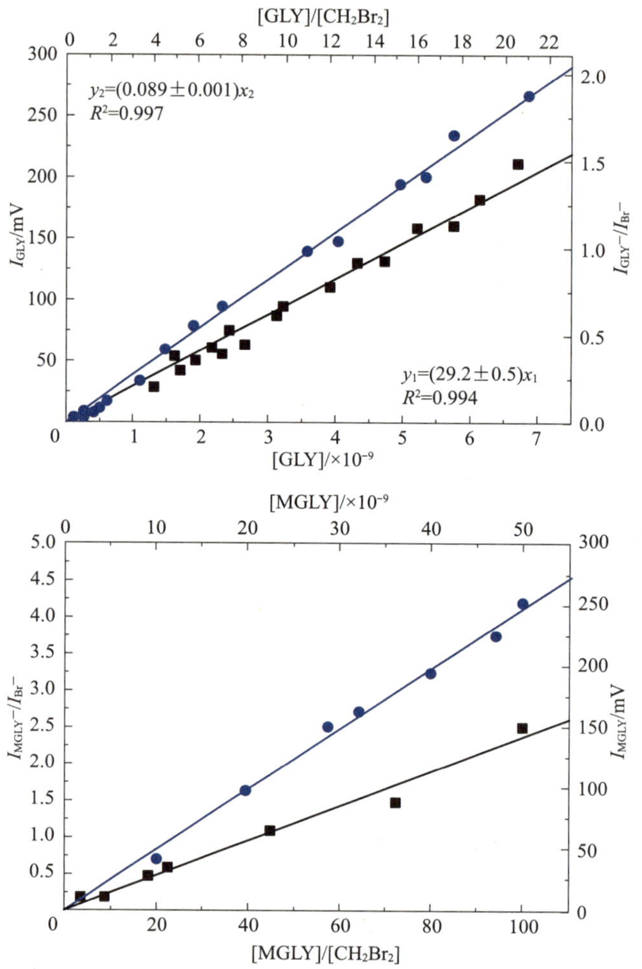

图 1-46　GLY 与 MGLY 的标准曲线

1.9　大气自由基及活性前体物在线测量技术外场观测平台的实际应用

1.9.1　大气自由基外场综合观测的闭合实验架构

以实现对大气自由基及活性前体物多技术、多参数的在线同步监测为指导，以突破关键测量技术为基础，以建立关键质控技术和方案为保障，我国科研团队最终建立了一套具有自主知识产权的大气自由基及活性前体物综合观测平台，并在我国京津冀、长三角、珠三角和成渝地区等系统性地开展了自由基闭合实验分析。

相较之前开展的大气自由基综合观测实验，本次实验完善了自由基化学反应循环链条上关键物种的同步高精准外场观测，如图 1-47 所示。同时，结合基于浓度的闭合实验与基于反应速率的闭合实验结果，对典型城市群的自由基浓度实测值与模拟值、自由基生成速率和去除速率进行比对，完成了中国四大典型城市群典型光化学污染季下大气氧化性的整体绘图，为我国复合型大气污染治理提供科学和理论支撑。

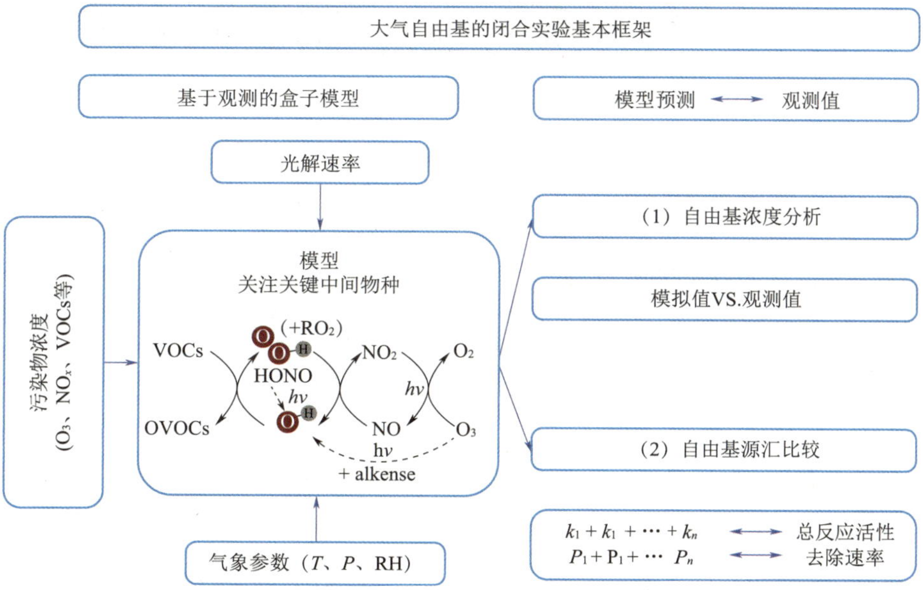

图 1-47　大气自由基外场综合观测的闭合实验架构

1.9.2　大气自由基外场综合观测平台

以完善自由基外场观测闭合实验架构、提升实验精度为出发点，通过在测量效能和信息化方面的高度集成设计，实现各在线测量设备在测量准确度、选择性、时间分辨率等方面的相互匹配，建成了如图 1-48 所示的精细化外场综合观测平台。观测平台由 5 个方舱分层搭建，其中 3 个辅助方舱置于底层，LIF 方舱、CEAS 方舱架高呈双层空间布局。

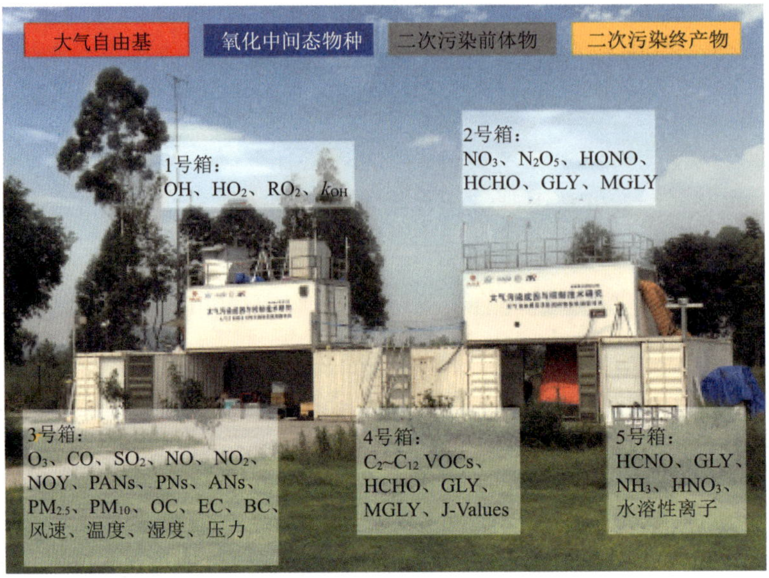

图 1-48　集装箱外观及其观测参数示意图

1.9.3　大气自由基外场综合观测系统的示范应用

1.9.3.1　综合观测站点的基本情况

观测点位设置于成都市新津区郊区，北纬 30.41°，东经 103.85°。该观测站点的设置主要考虑到该地具有成都平原典型污染特征及传输特征，且四周空旷无明显人为污染源，是开展大气自由基及其前体物加强观测的代表性观测站点。本次在线综合外场观测选择典型夏季污染时段（2019 年 8 月 1 日—9 月 15 日）。观测期间捕捉到一个完整的臭氧污染过程，持续时间为 8 月 9—18 日。观测站点共采用 5 个在线观测集装箱开展加强观测，分别对大气自由基浓度及总反应活性、自由基初级来源参数、二次污染前体物及二次污染产物等进行多技术、多参数同步在线监测并实现不同测量技术之间的结果比对分析。

1.9.3.2　气象数据与常规气体污染物的观测

观测过程中平均气温为（25.7±5.2）℃，平均相对湿度为（67.9±21.7）%，平均风速为（1.9±1.2）$m \cdot s^{-1}$，主要风向为东风（图 1-49）。气温最高值普遍出现在 13:00—14:00，最高气温为 38.1 ℃，最低值多出现在凌晨，最低气温为 16.1 ℃。8 月 9—18 日，温度相对较高；8 月 18 日，伴随降雨过程，温度下降明显，昼夜温差比较小；8 月 23—30 日，以晴天为主，日均温度变化不明显；8 月 31 日后，降雨较为频繁，温度骤然降低，之后气温逐渐回升，直至观测结束。相对湿度最大值同样出现在凌晨，为 90%；相对湿度最低值多出现在中午，为 4%。8 月 10—18 日，平均相对湿度较低，其余时间段都较高。风速最大值为 11.4 $m \cdot s^{-1}$，最小值为 0 $m \cdot s^{-1}$，观测时期，该站点平均风速较低。总体而言，站点在观测期间处于高温静风天气。

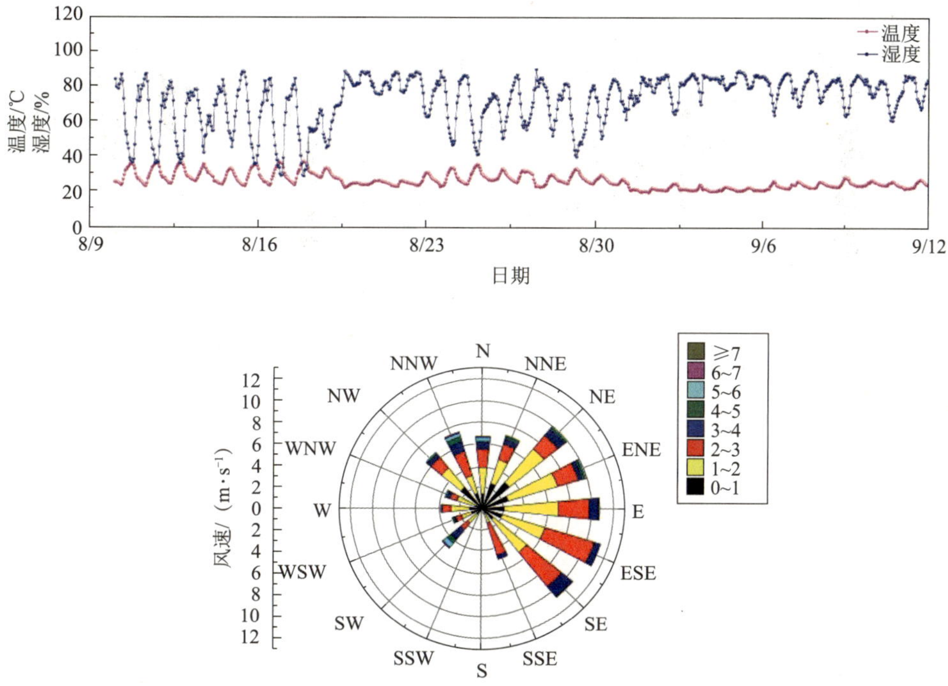

图 1-49　观测期间温度湿度时间序列及风玫瑰图

图 1-50 展示了新津站点在观测期间 O^1D 及 NO_2 的光解速率常数（J_{O^1D}，J_{NO_2}）的时间序列，间接反映了观测日内太阳辐射的强度。光解速率在 8 月 8—18 日，8 月 22—29 日白天出现较高值，峰值多出现在 12:00—14:00。J_{O^1D} 最大值为 3.22×10^{-5} s^{-1}，出现在 8 月 9 日 14 时；J_{NO_2} 最大值为 0.010 1 s^{-1}，出现在 9 月 10 日 14:00。8 月 18 日前，两种物质的光解速率常数较大，日间 J_{O^1D} 及 J_{NO_2} 能分别维持在 2×10^{-5} s^{-1} 和 7×10^{-3} s^{-1} 以上，与 O_3 污染过程出现的时间节点一致。进入 9 月以后，由于阴天和降雨等天气状况，光解速率常数有明显下降。

如图 1-51 所示，观测期间 O_3 浓度呈现成都市典型的日浓度变化曲线，O_3 浓度在日出后逐渐升高，中午达全天峰值浓度 53×10^{-9}，22:00 后 O_3 浓度进入平台期，在低浓度水平稳定波动。O_3 小时浓度最高多出现在 13:00 左右，O_3 小时最低浓度多出现在凌晨 2:00—3:00。观测期间 O_3 日最大 8 小时滑动平均浓度均值为 55.8×10^{-9}，全过程 O_3 日最大 8 小时滑动平均浓度最大值出现在 8 月 17 日，为

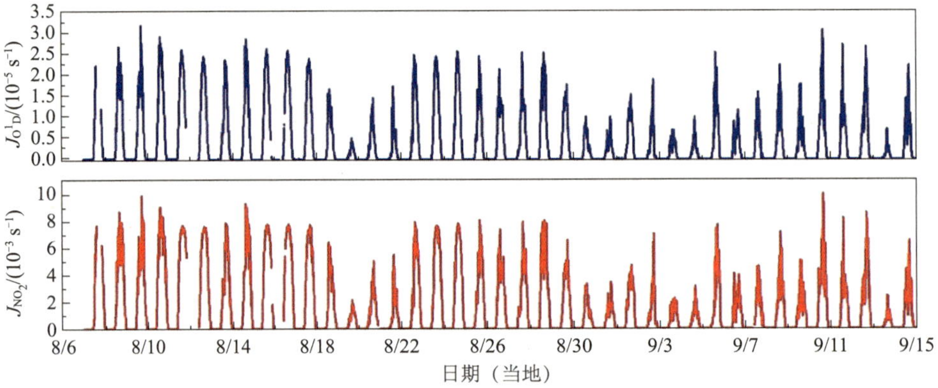

图 1-50　观测期间光解速率常数时间序列

97.8×10^{-9}，最小值出现在 9 月 3 日，为 16.8×10^{-9}。全过程 O_3 浓度超标天数为 10 天，集中在 8 月中旬和下旬。

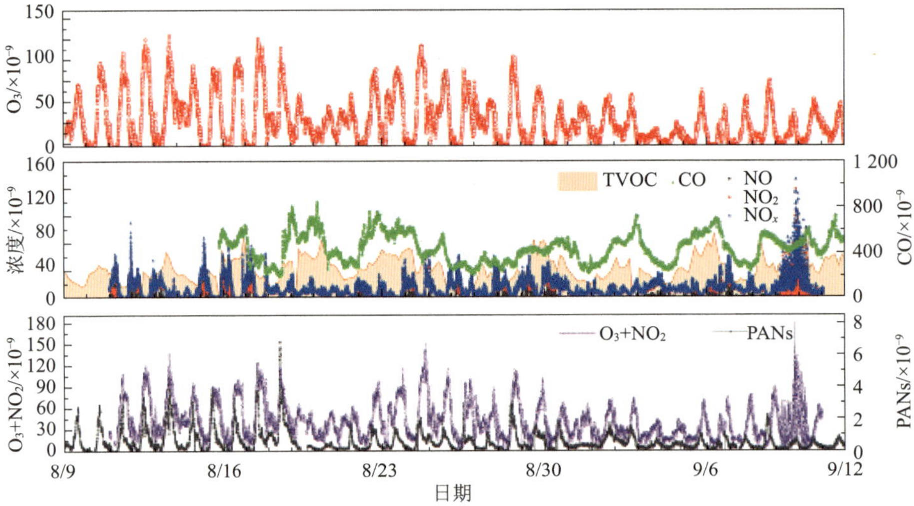

图 1-51　常规气体污染物浓度时间序列

观测期间 CO、NO、NO_2、NO_x、TVOC 的全过程平均值分别是 418.9×10^{-9}、3.5×10^{-9}、12.2×10^{-9}、14.9×10^{-9} 和 31.3×10^{-9}。NO、NO_2、NO_x 的浓度日变化趋势较为接近，其浓度在早晨 4—6 时达到最大值，浓度起伏变化较大，日出后浓度逐渐降低，下午降到最低，夜间逐渐升高。新津站点 CO 与 TVOCs（图 1-52）浓度变化趋势基本相似，说明 CO 和大部分 VOCs 具有同源性，VOCs 的排放可能与机动车尾气及其他不完全燃烧过程有关。CO 和 TVOCs 浓度多在上午 9—10 时达到最大值，但 VOCs 也存在夜晚达到峰值的情况。

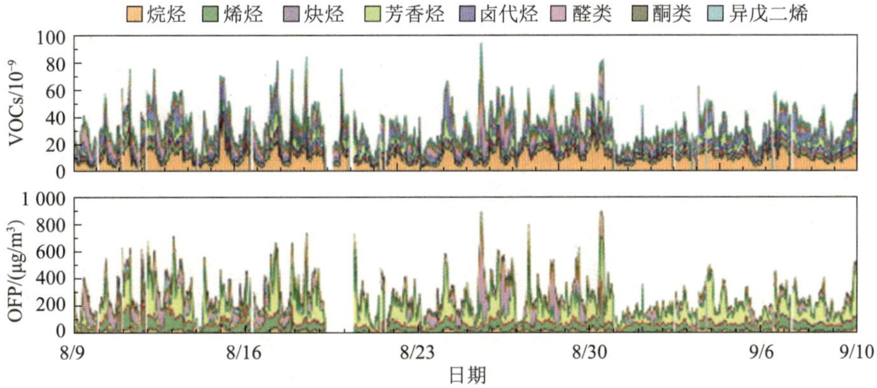

图 1-52　VOCs 浓度及 OFP 时间序列

观测期间新津站点 VOCs 平均浓度为 31.3×10^{-9}，浓度是（$7.9\sim91.2$）$\times10^{-9}$。其中，烷烃、烯烃、炔烃、芳香烃、卤代烃、醛类、酮类和异戊二烯的平均浓度分别为 9.5×10^{-9}、2.8×10^{-9}、2.1×10^{-9}、4.0×10^{-9}、4.9×10^{-9}、3.5×10^{-9}、4.4×10^{-9} 和 0.5×10^{-9}，占比分别为 30.07%、8.95%、6.58%、12.59%、15.37%、10.99%、13.91% 和 1.54%。VOCs 总浓度于 8 月 25 日 14：00 达到峰值；从日变化看，VOCs 浓度在中午往往由于 OVOCs 浓度的上升导致整体浓度升高，但在夜间卤代烃浓度有所升高，推测由工业排放所致。从浓度贡献来看，烷烃和 OVOC 浓度较高，对浓度贡献最大的组分为甲醛、乙醛、丙酮、二氯甲烷、乙烷、丙烷、乙烯、乙炔、正丁烷、异戊烷。二氯甲烷、丙酮主要来源为溶剂使用和有机加工业，推测站点受工业排放影响较大，此外丙酮还受到天然源排放的影响；乙烷、丙烷、异戊烷等表明站点同时受到机动车尾气的影响。

1.9.3.3　大气自由基的污染特征

（1）OH、HO_2 和 k_{OH} 观测结果分析

观测期间新津站点 OH、HO_2 自由基共同测量的时间段为 2019 年 8 月 10—25 日，测量值的时间序列如图 1-53 所示。除 8 月 19—22 日阴雨天外，观测期间新津站点 OH 和 HO_2 浓度测量值日峰值变化为（$12\sim20$）$\times10^6$ cm^{-3} 和（$7\sim17$）$\times10^8$ cm^{-3}。由于图 1-54 所展示的时间段内均处于 O_3 日最大 8 小时浓度即将或已经超过二级浓度限值的状态，因此每天的 OH 自由基峰值浓度均高达 10^7 cm^{-3}。

此外，在本次观测期间，采用 LIF 技术对 k_{OH} 进行了较为系统的测量，测量值 $10\sim30$ s^{-1}。从 k_{OH} 日变化来看，本次观测期间 k_{OH} 呈现出早高峰，此高峰与早高峰期间局地交通源排放的 NO_x 较多有关。

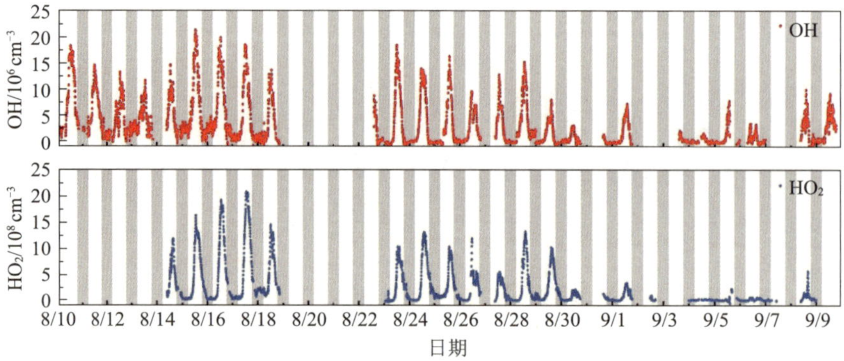

图 1-53　新津观测期间 OH、HO_2 浓度测量结果

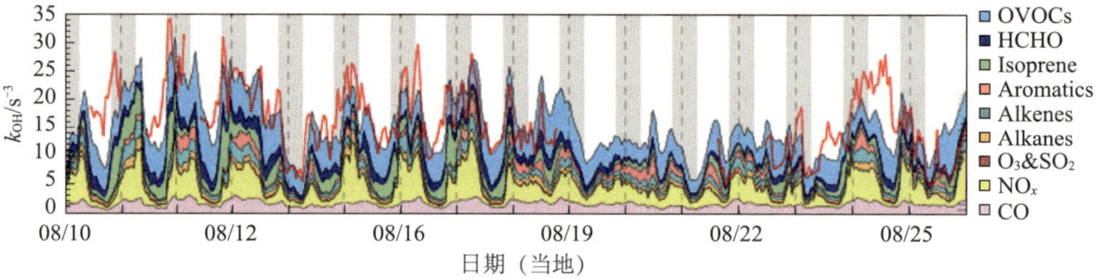

图 1-54　观测期间k_{OH} 测量结果（红线），堆叠部分为基于 RACM 模型的模拟情况

（2）RO_2 观测结果分析

本次新津站点观测实现了 RO_2 的连续在线测量。如图 1-55 所示，本次观测时段为 2019 年 8 月 26 日—9 月 13 日，共 18 天，期间多为阵雨天气，无明显污染过程。测量结果表明，成都新津站点夏季的 RO_2 浓度水平平均在 10^8 cm^{-3}，与 HO_2 浓度水平相近。RO_2 最主要的来源为 VOCs 与 OH 反应，RO_2 浓度在每天午后达到峰值，观测期间最高值达到 5×10^8 cm^{-3}。

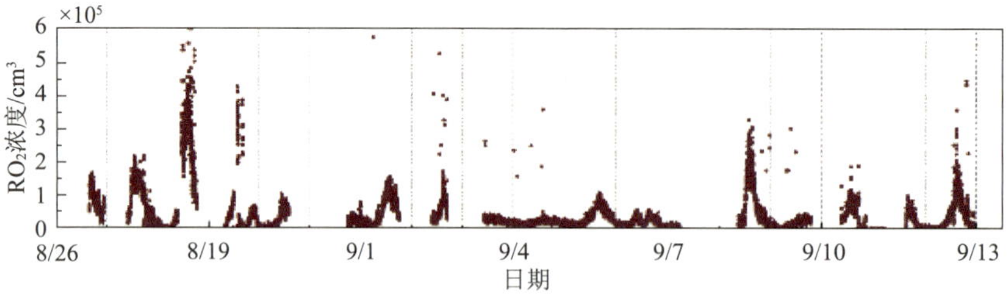

图 1-55　新津站点 RO_2 时序（8 月 26 日—9 月 13 日）

本次观测还实现了在线分类检测长链烷烃、烯烃、芳香烃衍生的 RO_2 自由基，如图 1-56 所示。本次观测中，所检测到的总 RO_2 自由基中，绝大多数都是由长链烷烃、烯烃以及芳香烃衍生的 RO_2，这些有机物与其他有机物相比具有更高的反应活性，且在当地的 VOCs 种类构成中占有较高的比重。

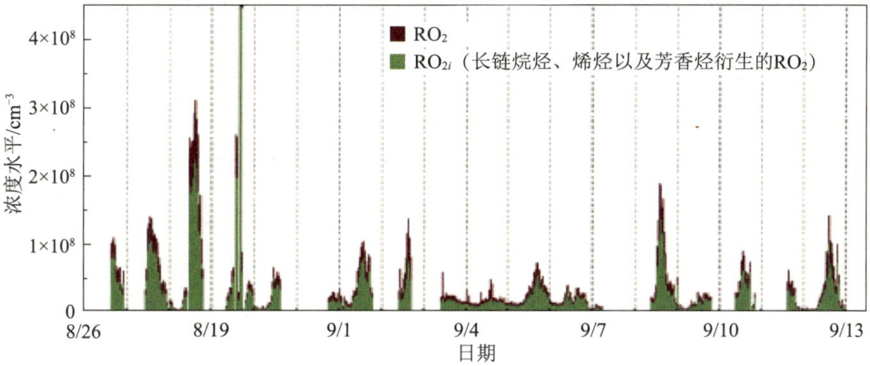

图 1-56 新津站点 RO_2 和长链烷烃、烯烃以及芳香烃衍生的 RO_2

(3) NO_3 和 N_2O_5 观测结果分析

如图 1-57 所示，2019 年 8 月 9 日—9 月 13 日，N_2O_5 整体浓度偏低，平均浓度仅为 4.3×10^{-12}，最高可达 180.2×10^{-12}。由于当地较高的相对湿度（平均相对湿度 72.4%）导致 N_2O_5 去除途径较大，难以形成积累。其中 O_3 平均浓度 29.1×10^{-9}，NO_2 平均浓度 11.5×10^{-9}，前半夜的 NO_3 生成速率平均可接近 $2\times10^{-9}\ h^{-1}$，属于较高水平，这也促成了 N_2O_5 浓度倾向于在前半夜达到高值的日均变化模式。

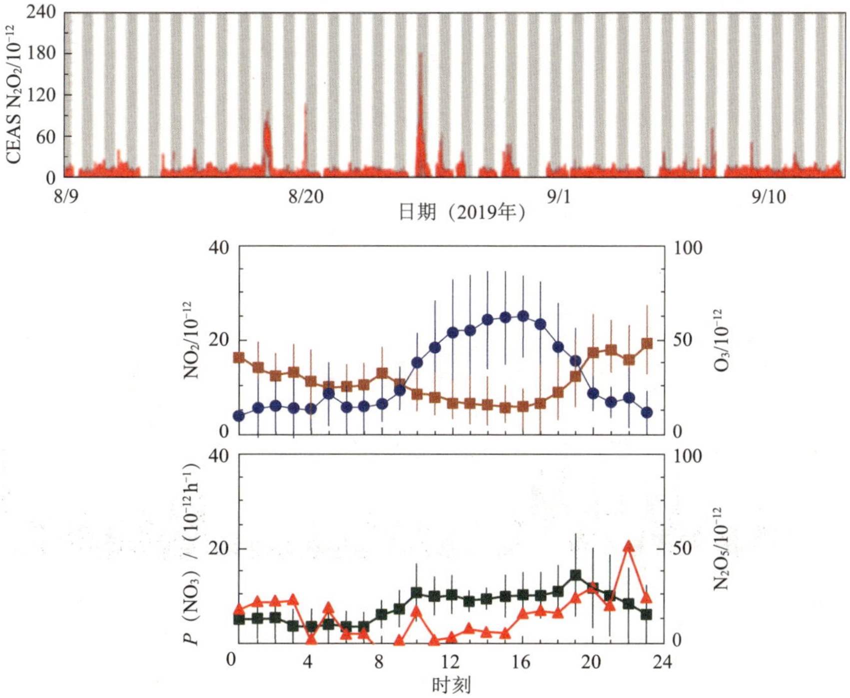

图 1-57 新津观测期间 N_2O_5 浓度时间序列及其与前体物、NO_3 生成速率的平均日变化

1.9.3.4 大气活性前体物的污染特征

（1）大气 HONO 观测结果分析

整个观测期间，HONO 浓度时序如图 1-58 所示，其浓度均值为 $(0.875\pm0.65)\times10^{-9}$，日间平均浓度为 $(0.588\pm0.45)\times10^{-9}$，夜间平均浓度为 $(1.104\pm0.69)\times10^{-9}$。8 月 9—18 日，新津站点经历了严重的臭氧污染过程，其间 HONO 晚间峰值要较非污染过程高出 1～2 倍，主要由于夜间高浓度 NO_x 为 HONO 的生成提供条件。

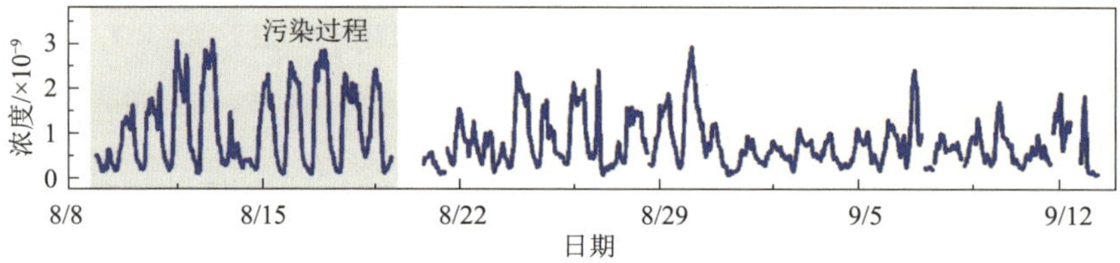

图 1-58　2019 年 8—9 月新津站点 HONO 浓度时序

（2）大气 GLY 和 MGLY 观测结果

2019 年 8 月 17 日—9 月 15 日的观测结果如图 1-59 所示，乙二醛和甲基乙二醛的浓度呈现明显的日变化，每天日出后开始升高，通常在 13：00 前后达到最高值。甲基乙二醛峰值出现在污染过程末段的 8 月 18 日，峰值浓度超过 2×10^{-9}。其余时间内甲基乙二醛的日最大浓度通常可达到 1×10^{-9} 左右，降雨天气（8 月 30 日—9 月 6 日、9 月 10—15 日）的最大峰值浓度约为 500×10^{-12}。甲基乙二醛的夜间浓度通常达到仪器检测限附近（$<100\times10^{-12}$）。

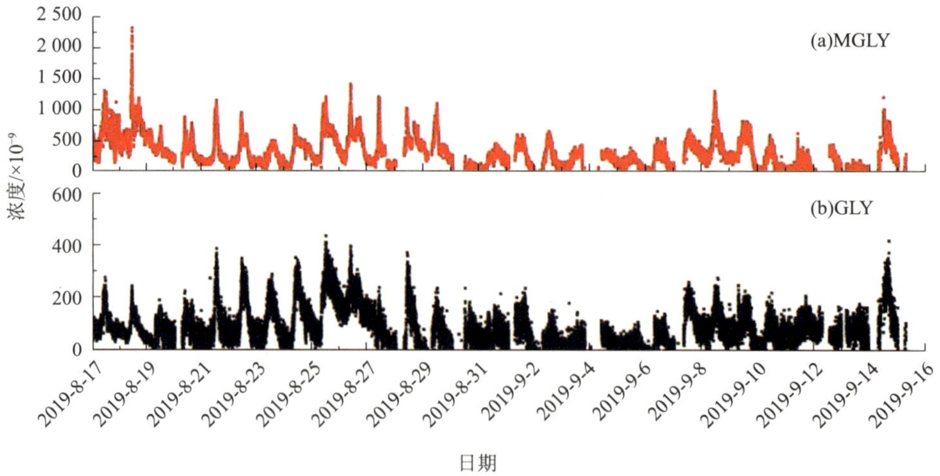

图 1-59　新津观测期间甲基乙二醛与乙二醛的浓度时序

乙二醛的日变化趋势同甲基乙二醛相似，每日峰值出现在 13：00 左右，最大浓度超过 300×10^{-12}。降雨天气下，乙二醛的浓度日变化不明显，均处于仪器检测限附近。乙二醛的夜间浓度均低于仪器检测限。

1.9.4　大气自由基综合观测实验的集成分析

1.9.4.1　大气 OH 自由基闭合实验分析

由于以往大气自由基综合观测实验主要进行基于浓度的、面向结果的闭合实验分析，缺乏对关键过程的捕捉和表达。项目根据新津站点观测期间的自由基及活性前体物的测量结果，开展面向过程的闭合实验分析。本节主要针对 OH 自由基闭合实验进行分析，以对对流层自由基化学进行更为深入的研究。

观测期间，日间（6：30—19：45）OH 自由基生成速率和去除速率的平均日变化廓线如图 1-60（a）所示，最大值均出现于中午左右，分别为 18.5×10^{-9} h^{-1} 和 23.5×10^{-9} h^{-1}。从自由基生成通道来看，再生通道为 OH 日间主要生成途径，再生通道和初级生成通道分别占日间 OH 总生成速率的 76% 和 24%。再生通道主要由 HO_2 与 NO 反应主导（占 OH 总生成的 73%），初级生成通道主要由 HONO 光解（占 OH 总生成的 15%）和 O_3 光解（占 OH 总生成的 8%）组成。

从图 1-60（a）的 OH 生成速率和去除速率比对来看，OH 生成速率与去除速率在 10：00 之前能够很好地吻合，但 10：00 之后低 NO 区间内 OH 已知来源已无法与更大的去除速率相匹配，如图 1-60（b）所示。OH 生成速率和去除速率之间的最大差异为 9.5×10^{-9} h^{-1}，出现于 14：00 左右，此时 OH 初级来源速率和再生速率分别为 3.8×10^{-9} h^{-1} 和 8.8×10^{-9} h^{-1}。由于 k_{OH} 实测值的约束，OH 的去除速率代表其总去除速率，而 OH 生成速率为已知来源的加和得到，因此去除速率与生成速率之间的差值代表 OH 自由基额外的缺失来源。因此在成都观测中，通过面向过程的 OH 闭合实验分析说明 10：00 以后低 NO 条件下存在一个额外的 OH 未知来源，高值可达 9.5×10^{-9} h^{-1}，与此时的自由基已知来源大致相等，说明该未知来源对自由基化学的重要性。OH 缺失源的存在也曾出现于我国多次夏季外场观测中。

以上面向过程的 OH 闭合实验分析说明了 OH 自由基浓度的低估是由低 NO 环境下 OH 自由基未知来源的缺失所导致的，这一结论为对流层自由基化学机制的后续探究提供了关键支持。

1.9.4.2　低 NO 区间自由基化学

NO 在自由基链传递和链终止过程中扮演重要角色，分别起着维持大气氧化性

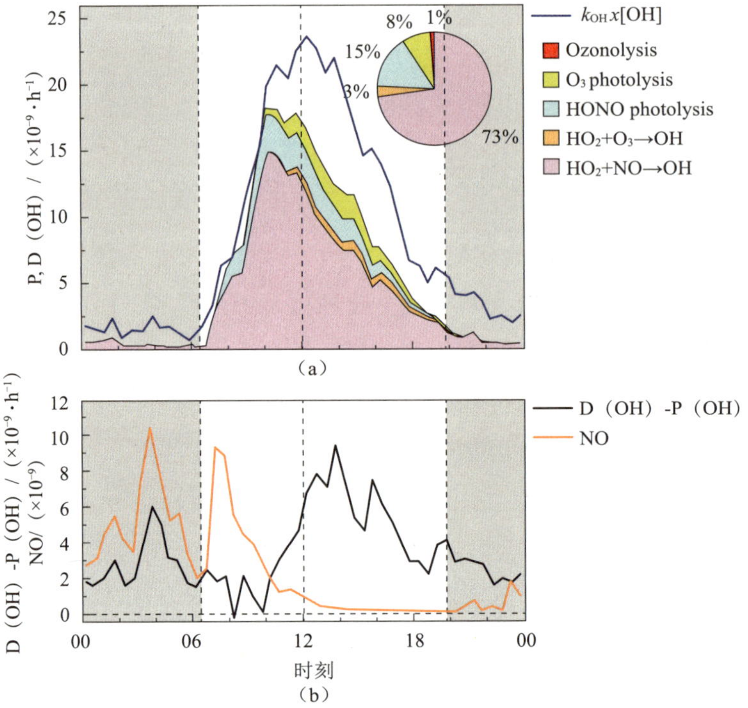

图 1-60　面向过程的 OH 自由基闭合实验分析

注：(a) 蓝色实线代表 OH 去除速率，不同颜色累计图代表已知的不同 OH 来源过程，饼图表示日间（06：30—19：45）OH 各来源通道在总生成速率中的贡献占比；(b) 黑色实线表示 OH 去除速率与生成速率的差值，黄色实线表示 NO 浓度。

和压制自由基浓度的作用。经典大气化学机制认为，OH 自由基主要来源为初级来源和再生来源，初级来源以与 NO 相关性较小的 HONO 光解和 O_3 光解为主，而再生来源以 HO_2 与 NO 反应再生 OH 为主导。因此在低 NO 区间内，经典大气化学机制认为 OH 浓度随 NO 浓度的降低而逐渐降低。

闭合实验分析结果表明，在新津站点观测中，低 NO 条件下模型显著低估 OH 自由基实测值，原因是在低 NO 条件下存在 OH 自由基额外的未知来源。这里引入非传统再生机制，即物质 X 可将 RO_2 转化为 HO_2 自由基，继而将 HO_2 自由基最终转化为 OH 自由基，因此对 HO_2 自由基模拟值没有明显影响。物质 X 与 NO 的作用类似，但由于没有 NO_2 的生成，因此该机制在再生 OH 的同时不会额外产生 O_3。

图 1-61 展示了成都观测中 OH 自由基测量结果、基准模型模拟值和包含 X 机制的模型模拟值的平均日变化廓线。在成都观测的基准模型中加入的 X 浓度为 0.25×10^{-9} 时，模型即可再现 OH 自由基测量值。后花园观测、榆垡观测、望都观测和鹤山观测中所需的 X 浓度分别为 0.8×10^{-9}、0.4×10^{-9}、0.2×10^{-9} 和 0.4×10^{-9}。

虽然 X 机制在我国夏秋季外场观测实验中存在普遍性，但至今其性质及影响因素并没有得到比较明确的研究。

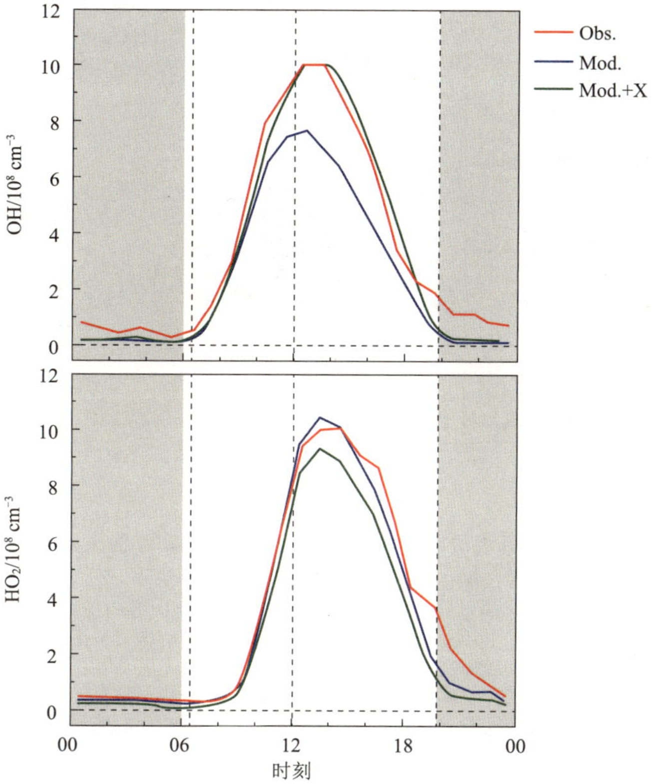

图 1-61　成都观测期间 OH 自由基测量结果和模拟结果的平均日变化廓线

注：红色实线表示测量值，蓝色实线表示基准模型的模拟值，绿色实线表示加入 X 机制后的模型模拟值。

1.9.4.3　大气自由基源汇过程分析

自由基源汇通道的定量分析能够很好地表征自由基化学中的关键过程。本节将基于现有化学机理对成都观测期间自由基的初级来源、循环以及终极去除通道进行详细的定量分析，以对自由基已知的来源和去除通道进行详细分析。成都观测中自由基初级来源峰值均出现于 11：00—13：00，峰值为 7.5×10^{-9} h^{-1}。从自由基初级来源各通道占比来看，光解过程为最重要的初级来源过程，占总初级来源的 85%。光解过程包括 HONO 光解和 O_3 光解产生 OH 的过程，以及 HCHO 光解生成 HO_2 自由基的过程。在光解通道中，成都观测期间 HONO 光解、O_3 光解、HCHO 光解和羰基化合物光解分别占初级来源速率的 34%、19%、23% 和 19%，如图 1-62 所示。综上所述，光解过程是自由基最重要的初级来源通道，其中以 HONO 光解贡献最大。

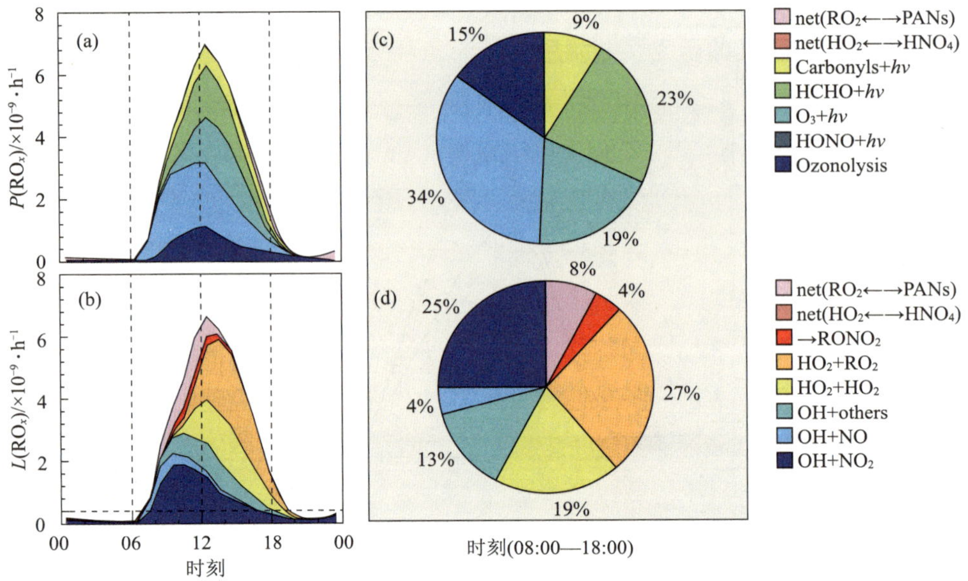

图 1-62　成都观测期间自由基初级来源过程和终极去除过程

注：(a)、(b) 分别表示初级来源过程和终极去除过程的平均日变化廓线，(c) 表示 08：00—18：00 日间各初级来源通道在总初级来源中的贡献占比，(d) 表示 08：00—18：00 日间各终极去除通道在总终极去除中的贡献占比。

成都观测期间终极去除过程展示于图 1-62 中，自由基终极去除通道峰值为 $7\times10^{-9}\ h^{-1}$ 左右。OH 与 NO_2 之间的反应在 10：00 之前主导着自由基的去除，随着 NO_x 浓度的降低，自由基间自碰并反应逐渐变得重要，主导着 10：00 之后的自由基去除过程。成都观测期间，由 OH 自由基引起的终极去除在自由基总终极去除中的贡献为 42%。自碰并反应在总去除中的占比为 45%，有机硝酸酯生成在总去除中的占比为 11%。此外，有机硝酸酯生成通道在成都观测期间的 RO_x 终极去除中也占据一定贡献，该通道的贡献主要集中于上午。

自由基循环通道主要是指 OH →HO_2、OH →RO_2、RO_2 →HO_2 等链传递过程，对大气氧化性的维持具有重要作用。成都观测期间自由基循环过程如图 1-63 所示。本次观测期间，自由基链传递最活跃的时间段为 12：00 左右。OH →HO_2 转化通道主要通过 OH 与 CO 和 HCHO 之间的反应，而 OH →RO_2 转化通道主要通过 OH 与 VOCs 之间的反应，主要包括 OH 与异戊二烯及其氧化产物、烷烃、烯烃、芳香烃和醛类的反应。RO_2 →HO_2 转化通道主要由 NO 所驱动，其中主要的反应性 RO_2 包括甲基过氧自由基、异戊二烯衍生的过氧自由基、烷烃衍生的过氧自由基等。NO 在 HO_2 或 RO_2 向 OH 转化过程中扮演着重要的作用，HO_2/RO_2 →OH 由 HO_2 与

NO 反应所主导，10：00 之前 OH →HO_2/RO_2 的转化和 HO_2/RO_2 →OH 的转化基本处于平衡状态，10：00 之后 OH →HO_2/RO_2 的转化速率高于 HO_2/RO_2 →OH，说明 OH 自由基净流出。

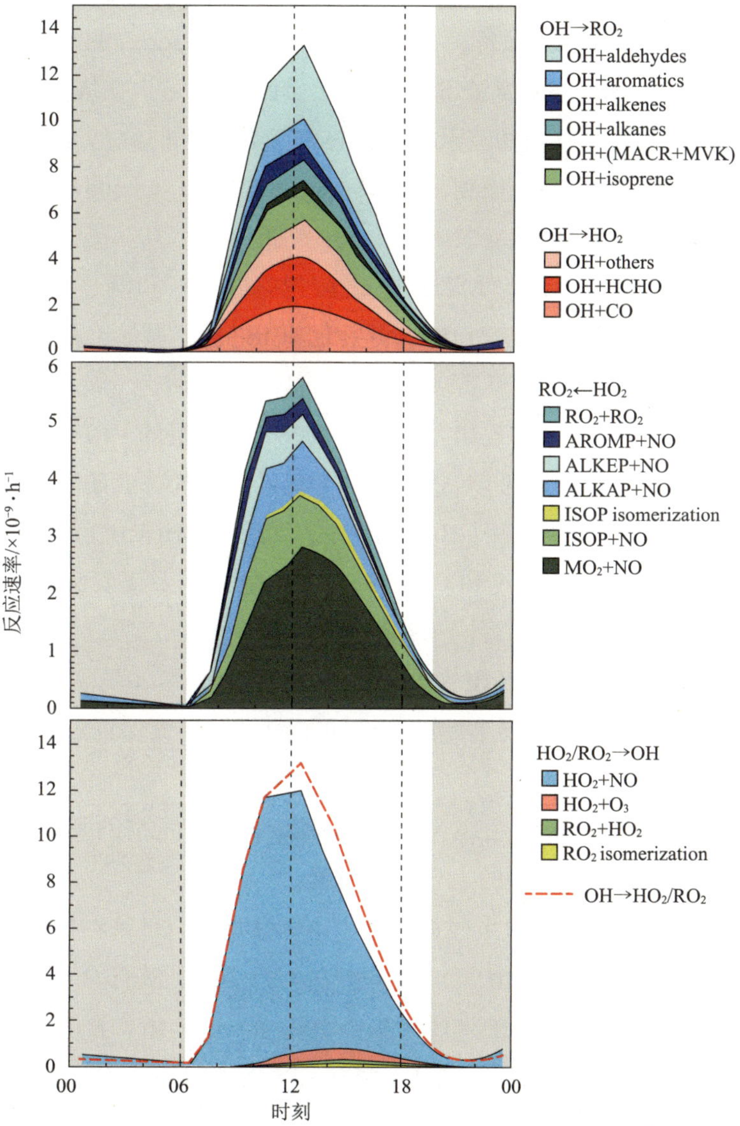

图 1-63　成都观测期间自由基链传递反应过程

1.9.5　大气自由基综合观测平台应用示范的主要成果

1）研究建立了一整套在线设备的质量控制和质量保证程序，在设备系统构成、采样规范、运行质量保证、质量控制程序、干扰诊断和数据审核等方面提出了相关技术要求和规定。

包括的主要设备有：大气氢氧自由基（OH）、氢过氧自由基（HO_2）、有机过氧自由基（RO_2）、大气 OH 总反应性（k_{OH}）的 LIF 在线测量系统；大气硝基自由基（NO_3）、五氧化二氮（N_2O_5）的 CRDS 和 CEAS 在线测量设备；大气亚硝酸（HONO）的 CEAS 在线测量设备；大气甲醛（HCHO）、乙二醛（CHOCHO）和甲基乙二醛（CH_3COCHO）的 CEAS 和化学离子质谱（CIMS）在线测量设备。

2）建立了一整套大气自由基及活性前体物综合观测平台，可实现对各类自由基及其前体物高选择性、高灵敏度和高时间分辨率的同步在线测量，并通过比对实验证明结果具有较好的一致性。

集成的观测平台包括 1 套可实现氢氧自由基（OH）和氢过氧自由基（HO_2）同步测量的激光诱导荧光系统（LIF），并在已有 LIF 技术基础上搭建了有机过氧自由基（RO_2）测量模块；1 套可实现 OH 自由基总反应活性（k_{OH}）测量的激光诱导荧光系统（LIF）；1 套可实现硝基自由基（NO_3）测量的 CRDS 仪器；1 套可实现五氧化二氮（N_2O_5）测量的 CEAS 仪器；1 套可实现气态亚硝酸（HONO）测量的 CEAS 仪器；可实现甲醛（HCHO）、乙二醛（CHOCHO）和甲基乙二醛（CH_3COCHO）全测量的 CEAS 和 CIMS 设备各 1 套；以及 1 套完整的数据集成模块。对于基于不同测量原理进行同一参数测量的各类设备，通过交叉标定，验证浓度线性响应的一致性；通过可控大气条件的测量比对和外场实测比对，结合对 NO_x、VOCs、O_3、CO、颗粒物等污染物的同步测量结果，保证设备测量结果的准确性与可信度。

3）在成都平原的代表性超级站点成功捕捉到一个完整的夏季 O_3 污染过程，深入认识以自由基化学为核心的大气氧化过程。

观测期间的 O_3 日最大 8 小时滑动平均浓度均值为 55.8×10^{-9}，O_3 超标天数（国家二级标准 75×10^{-9}）为 10 天，且集中在 8 月中旬，光照辐射较强的时段内。OH 自由基日间峰值浓度水平在 $(12\sim20)\times10^6\ cm^{-3}$ 内，HO_2 自由基日间峰值浓度水平在 $(7\sim17)\times10^8\ cm^{-3}$ 内，与北京夏季自由基浓度水平相当。RO_2 自由基测量主要集中于观测后半段，光照辐射较弱，自由基浓度水平较低，但与同时段 HO_2 自由基浓度近似，约为 $10^8\ cm^{-3}$，其中长链烷烃、烯烃以及芳香烃衍生的 RO_2 占绝对比重。夜间氧化性主要来自 NO_3 自由基，前半夜 NO_3 生成速率均值可达 $2\times10^{-9}\ h^{-1}$，与长三角地区夏季观测所得数值相近。

4）实现了对成都平原大气自由基“浓度—来源—去除速率”的集成分析，厘清了自由基源汇与关键化学反应过程。从自由基来源分析发现，光解过程是最重要的自由基初级来源通道，占总初级来源的 85%。其中 HONO 光解贡献最大，约贡献 34% 自由基初级来源。从自由基去除分析发现，由 OH 自由基引起的链终止反应（包括与 NO_x、O_3 和 SO_2 反应）在自由基总去除速率中的贡献为 42%，过氧自由基自碰并反应贡献为 45%，生成有机硝酸酯的去除通道的贡献为 11%。从自由基链循环分析发现，自由基链传递最活跃的时间段为正午前后。OH →HO_2 转化通道主要通过 OH 与 CO 和 HCHO 之间的反应，而 OH →RO_2 转化通道主要通过 OH 与 VOCs 之间的反应。RO_2 →HO_2 转化通道以及 HO_2/RO_2 →OH 转化通道均由与 NO 反应所驱动。此外，基于自由基闭合实验分析发现了在其他夏秋季观测中普遍存在的 OH 自由基低估问题。在模型中加入与 0.25×10^{-9} NO 当量的 X 物质时，模型即可再现 OH 自由基测量值。

参考文献

[1] EHHALT D H. Photooxidation of trace gases in the troposphere [J]. Phys Chem Chem Phys, 1999, 1 (24): 5401-5408.

[2] LU K D, ROHRER F, HOLLAND F, et al. Observation and modelling of OH and HO_2 concentrations in the Pearl River Delta 2006: A missing OH source in a VOC rich atmosphere [J]. Atmos Chem Phys, 2012, 12 (3): 1541-1569.

[3] HOFZUMAHAUS A, ROHRER F, LU K D, et al. Amplified Trace Gas Removal in the Troposphere [J]. Science, 2009, 324 (5935): 1702-1704.

[4] LU K D, HOFZUMAHAUS A, HOLLAND F, et al. Missing OH source in a suburban environment near Beijing: Observed and modelled OH and HO_2 concentrations in summer 2006 [J]. Atmos Chem Phys, 2013, 13 (2): 1057-1080.

[5] LELIEVELD J, BUTLER T M, CROWLEY J N, et al. Atmospheric oxidation capacity sustained by a tropical forest [J]. Nature, 2008, 452 (7188): 737-740.

[6] WOLFE G M, CANTRELL C, KIM S, et al. Missing peroxy radical sources within a summertime ponderosa pine forest [J]. Atmos Chem Phys, 2014, 14 (9): 4715-4732.

[7] KIM S, WOLFE G M, MAULDIN L, et al. Evaluation of HO_x sources and cycling using measurement-constrained model calculations in a 2-methyl-3-butene-2-ol (MBO) and monoterpene (MT) dominated ecosystem [J]. Atmos Chem Phys, 2013, 13 (4): 2031-2044.

[8] HENS K, NOVELLI A, MARTINEZ M, et al. Observation and modelling of HO_x radicals in a boreal forest [J]. Atmos Chem Phys, 2014, 14 (16): 8723-8747.

[9] STONE D, WHALLEY L K, HEARD D E. Tropospheric OH and HO_2 radicals: Field measurements and model comparisons [J]. Chem Soc Rev, 2012, 41 (19): 6348-6404.

[10] STUTZ J, ALICKE B, ACKERMANN R, et al. Vertical profiles of NO_3, N_2O_5, O_3, and NO_x in the nocturnal boundary layer: 1. Observations during the Texas Air Quality Study 2000 [J]. J Geophys Res-Atmos, 2004, 109 (D12): 1-14.

[11] VOLKAMER R, SPIETZ P, BURROWS J, et al. High-resolution absorption cross-section of glyoxal in the UV-vis and IR spectral ranges [J]. J Photoch Photobio A, 2005, 172 (1): 35-46.

[12] THALMAN R, VOLKAMER R. Inherent calibration of a blue LED-CE-DOAS instrument to measure iodine oxide, glyoxal, methyl glyoxal, nitrogen dioxide, water vapour and aerosol extinction in open cavity mode [J]. Atmos Meas Tech, 2010, 3 (6): 1797-1814.

[13] HARD T M, OBRIEN R J, CHAN C Y, et al. Tropospheric free-radical determination by fage [J]. Environ Sci Technol, 1984, 18 (10): 768-777.

[14] NOVELLI A, HENS K, ERNEST C T, et al. Characterisation of an inlet pre-injector laser-induced fluorescence instrument for the measurement of atmospheric hydroxyl radicals [J]. Atmos Meas Tech, 2014, 7 (10): 3413-3430.

[15] FUCHS H, DORN H P, BACHNER M, et al. Comparison of OH concentration measurements by DOAS and LIF during SAPHIR chamber experiments at high OH reactivity and low NO concentration [J]. Atmos Meas Tech, 2012, 5 (7): 1611-1126.

[16] MAO J, REN X, ZHANG L, et al. Insights into hydroxyl measurements and atmospheric oxidation in a California forest [J]. Atmos Chem Phys, 2012, 12 (17): 8009-8020.

[17] DUBE W P, BROWN S S, OSTHOFF H D, et al. Aircraft instrument for simultaneous, in situ measurement of NO_3 and N_2O_5 via pulsed cavity ring-down spectroscopy [J]. Rev Sci Instrum, 2006, 77 (3) 1-11.

[18] WASHENFELDER R A, ATTWOOD A R, FLORES J M, et al. Broadband cavity-enhanced absorption spectroscopy in the ultraviolet spectral region for measurements of nitrogen dioxide and formaldehyde [J]. Atmos Meas Tech, 2016, 9 (1): 41-52.

[19] KENNEDY O J, OUYANG B, LANGRIDGE J M, et al. An aircraft based three channel broadband cavity enhanced absorption spectrometer for simultaneous measurements of NO_3, N_2O_5 and NO_2 [J]. Atmos Meas Tech, 2011, 4 (9): 1759-1776.

[20] EISELE F L, TANNER D J. Ion-assisted tropospheric oh measurements [J]. J Geophys Res-Atmos, 1991, 96 (D5): 9295-9308.

[21] HOFFMANN T, HUANG R J, KALBERER M. Atmospheric analytical chemistry [J]. Anal Chem, 2011, 83 (12): 4649-4664.

[22] KERCHER J P, RIEDEL T P, THORNTON J A. Chlorine activation by N_2O_5: Simultaneous, in situ detection of $ClNO_2$ and N_2O_5 by chemical ionization mass spectrometry [J]. Atmos Meas Tech, 2009, 2 (1): 193-204.

[23] STONNER C, DERSTROFF B, KLUPFEL T, et al. Glyoxal measurement with a proton transfer reaction time of flight mass spectrometer (PTR-TOF-MS): Characterization and calibration [J]. J Mass Spectrom, 2017, 52 (1): 30-35.

[24] FRIED A, CRAWFORD J, OLSON J, et al. Airborne tunable diode laser measurements of formaldehyde during TRACE-P: Distributions and box model comparisons [J]. J Geophys Res-Atmos, 2003, 108 (D20): 8798.

[25] HO S S H, YU J Z. Determination of airborne carbonyls: Comparison of a thermal desorption/GC method with the standard DNPH/HPLC method [J]. Environ Sci Technol, 2004, 38 (3): 862-870.

[26] PANG X, LEWIS A C, RICKARD A R, et al. A smog chamber comparison of a microfluidic derivatisation measurement of gas-phase glyoxal and methylglyoxal with other analytical techniques [J]. Atmos Meas Tech, 2014, 7 (2): 373-389.

[27] GOMEZ ALVAREZ E, MORENO M V, GLIGOROVSKI S, et al. Characterisation and calibration of active sampling Solid Phase Microextraction applied to sensitive determination of gaseous carbonyls [J]. Talanta, 2012, 88: 252-258.

[28] KOVACS T A, BRUNE W H. Total OH loss rate measurement [J]. J Atmos Chem, 2001, 39

(2): 105-122.

[29] BITTER M, BALL S M, POVEY I M, et al. A broadband cavity ringdown spectrometer for in-situ measurements of atmospheric trace gases [J]. Atmos Chem Phys, 2005, 5: 2547-2560.

[30] SCHUSTER G, LABAZAN I, CROWLEY J N. A cavity ring down/cavity enhanced absorption device for measurement of ambient NO_3 and N_2O_5 [J]. Atmos Meas Tech, 2009, 2 (1): 1-13.

[31] NAKAYAMA T, IDE T, TAKETANI F, et al. Nighttime measurements of ambient N_2O_5, NO_2, NO and O_3 in a sub-urban area, Toyokawa, Japan [J]. Atmos Environ, 2008, 42 (9): 1995-2006.

[32] WANG Y F, YANG B, SHU J N, et al. Theoretical study on atmospheric reactions of fluoranthene and pyrene with $N_2O_5/NO_3/NO_2$ [J]. Chem Phys Lett, 2015, 635: 146-151.

第 2 章 纳米颗粒物化学组分和粒径分布在线测量技术

2.1 纳米颗粒物

随着粒径分布和化学成分测量技术的发展，实时监测纳米颗粒物从气相前驱体向大颗粒的演变过程是可行的。例如，粒径分布测量技术的发展使我们能够确定最小尺寸为 3～10 nm 的纳米颗粒物的数浓度。在最近的几十年里，通过使用二甘醇（DEG）作为工作液和应用两步冷凝生长技术，已经实现了测量粒径为 1 nm 的颗粒物的数浓度[1,2]。对于气体和颗粒组分的化学组成，不同入口设计的飞行时间质谱已成功用于识别小于 2 nm 粒径范围内的关键气体气态前体物和团簇。此外，热解吸化学电离质谱仪采用粒子荷电器、热解吸系统和化学电离质谱仪，能够现场测定粒径大于 10 nm 的纳米颗粒的化学组成[3-5]。然而，对于气态前体物的贡献，纳米颗粒物的粒径分布、化学组成、物理化学性质以及生长机制方面仍然需要不断发展进步。

本章介绍了利用几种先进技术对大气纳米颗粒物的形成和生长进行的近期外场研究的结果，并展望了大气纳米颗粒物测量技术的发展和改进方向。

2.1.1 纳米颗粒物的重要性

近年来，灰霾污染在我国频繁发生，京津冀、长三角、珠三角和成渝地区等城市群尤为明显。大气 $PM_{2.5}$ 是造成灰霾污染的主要污染物，纳米颗粒物可占据总悬浮颗粒物数浓度的 80% 甚至 90% 以上。纳米颗粒物通常指悬浮在大气中，空气动力学直径小于 100 nm 的颗粒物，具有显著的环境效应。在典型的 50～200 nm 粒径内，纳米颗粒物的增长会使光散射能力增强，从而降低能见度，此外还能对全球辐射强迫造成影响。通过间接效应，纳米颗粒物还能影响成云成冰过程，进一步影响地球环境。纳米颗粒物由于其尺度效应，容易进入呼吸道系统，引发相关疾病，极大地威胁着人类的健康，因此对于纳米颗粒物的组成成分及来源特征的解析既是大气科学领域的重要前沿，也是全面解决我国空气污染的紧迫科研任务。

2.1.2　纳米颗粒物的来源

纳米颗粒物的来源主要可以分为一次源和二次源。一次源主要包括机动车排放、制造业排放、燃煤过程以及生物质燃烧等。一次源纳米颗粒物的化学成分相对简单，人们通过对其来源特征的分析就能得到较为清楚的结果。二次源则与大气中的新粒子生成事件密切相关，主要包括颗粒物的成核及生长两个过程。国外报道的新粒子生成事件主要发生在森林、乡村等相对清洁大气中，而在我国污染相对严重的京津冀以及珠三角地区，近年来也观测到高频率的新粒子生成事件。新粒子生成过程非常复杂，涉及一系列的大气物理化学过程。其中 OH 和 O_3 等光氧化剂为二次细粒子形成的主要驱动力，而人为或自然源排放的 SO_2、NO_x、VOCs 等无机有机前体物则在大气环境中被以上大气氧化剂氧化形成硫酸、硝酸、二元羧酸等低挥发性蒸汽。当这些挥发性分子在空气中达到过饱和后，就会通过水-硫酸二元成核、水-硫酸-氨三元成核、离子诱导成核、低蒸汽压有机物参与成核等方式形成分子团簇，并通过冷凝、碰并等气-粒转化过程形成新粒子，即成核过程。新粒子尺寸大约 1 nm，其进一步通过成核蒸汽的冷凝、非均相成核过程、离子作为媒介的分子团簇形成增长、分子团簇自身碰并和多相化学反应等过程长大，最后通过凝聚、碰并等后续过程形成不同粒径尺度的二次纳米颗粒物。

新粒子生成（new particle formation，NPF）是各种大气环境中经常观测到的现象[6]，是一个复杂的过程，包括分子团簇的成核以及随后的气体凝结生长和与预先存在的颗粒物碰并。实验室和现场测量表明，新形成粒子的成核和随后的生长与硫酸、高氧化多功能有机分子（highly oxidized molecules，HOMs）、其他痕量气体（如氨、胺和有机酸）密切相关[4,7-12]。一般来说，气体分子的成核可以导致大气气溶胶中新粒子暴发，新形成的粒子可以在几个小时内增长到 50～100 nm 的大小[6]。影响 NPF 的因素有很多，包括增强和抑制效果。一方面，许多实验室和现场测量表明，粒子的成核可以在某些大气化合物的存在下显著增强，这些化合物包括 HOMs、氨、有机胺等。最近的研究发现，离子和含碘物种也在成核过程中发挥重要作用[13-17]。另一方面，生物烃如异戊二烯被发现抑制 NPF，尽管目前其机制仍不完全清楚[18-21]。此外，NPF 可以在高 NO_x 条件下被抑制，特别是在城市大气中[22]。

生成速率（J）和增长速率（GR）是定量表征 NPF 的两个重要参数。J 表示颗粒在特定直径下成核的通量，GR 表示颗粒在直径上成核的增长随时间的变化。大气中 J 和 GR 的变化范围很广，分别为 0.01～10 $cm^{-3}·s^{-1}$ 和 1～20 $nm·h^{-1}$[6,23]。重度污染地区的 J 和 GR 较高，例如，印度新德里的 J 和 GR 分别为 3.3～13.9 $cm^{-3}·s^{-1}$ 和 11.6～18.1 $nm·h^{-1}$[24,25]。此外，J 和 GR 还受可凝气态前体类型的影响，如北京贫硫 NPF 的 GR 比富硫 NPF 高 80% 左右[26]。

NPF 是一个重要的大气颗粒物来源，它可以显著影响全球云凝结核（cloud condensation nuclei，CCN）浓度（N_{CCN}）[27-30]。然而，准确测量新粒子仍未实现[31]。在 NPF 中，一部分新形成的粒子最终会长到 50 nm 以上的直径，然后可以被激活为 CCN。因此，在粒子生长过程中可凝结的物质影响粒子的化学组成，从而显著地改变粒子的吸湿性，并进一步影响 CCN 活性。在富硫环境中形成和生长的粒子通常具有较高的吸湿性，而在形成和生长过程中受有机蒸汽驱动的粒子则具有较低的吸湿性[32,33]。以往的研究发现，成核粒子的化学组成取决于大气环境的特征[34-37]。北京地区均报道了硫酸盐为主和有机占为主的 NPF，即硫酸盐化合物和有机物分别为新形成颗粒的主要成分[37]。在像美国亚特兰大这样富含硫的环境中，硫酸铵被发现是纳米颗粒的主要组成部分[38]。在遥远的森林和郊区如 Hyytiälä 和 Tecamac，硫酸盐、硝酸盐、有机胺和有机酸在超细颗粒中为主要组分[39,40]。因此，纳米颗粒物在不同环境下的成核和生长机制可能会因过程中参与物种的不同而不同，目前 NPF 的测量对 N_{CCN} 预测存在很大的不确定性。NPF 发生频率高的原因是中国城市可凝气体前体物浓度过高[40]。

2.2 关键前体物化学组分在线测量方法

大气成核过程的本质是一种大气中气态分子向颗粒态转化的相变过程。首先多个气体分子碰撞生成分子团簇，同时由于开尔文效应的作用，分子团簇也会重新分解成气体分子，只有足够稳定的团簇才可以继续结合其他气体分子进一步成长为纳米颗粒物。因此，成核过程从热力学角度看是一个熵减少的过程，即大气成核需要克服一个能垒，不会自发产生。同理，只有挥发性足够低的气体才能够形成更加稳定的分子簇、参与大气成核过程。

最初的大气成核理论研究认为，硫酸等低挥发性物质的贡献最为重要，而水是大气中除氮气、氧气外浓度最高的成分，可以和硫酸形成氢键，因此也被认为是成核的主要前体物[41]。早期基于硫酸-水成核体系的均相模型在很长一段时间里被认为是大气中最主要的成核机制[42]。随着观测技术的迅速发展，尤其是在实现对大气硫酸气体的观测之后，对二元成核理论的实测检验成为可能。尽管在一些研究中，在对流层上部测量到的新粒子生成速率与硫酸-水二元成核理论预测的速度一致，但是在对流层，特别是与边界层内的观测数据相比，硫酸-水二元成核理论的预测值大大偏低。学术界对于这种差异提出的最合理解释是：有第三个分子参与了成核过程，而被认为最有可能的物种就是 NH_3。因为 NH_3 在大气中无处不在，而且观察发现，颗粒中存在铵根离子的时候低硫酸溶液表面的硫酸气体饱和蒸气压会显著降低。也就是说，氨有望稳定硫酸-水的二元体系，可以促进分子团簇跨过成核壁垒而长大。研究表明，硫酸-水-氨三元成核过程中，只要 NH_3 浓度超过 1×10^{-12} 就可以显著提高成核速率。当硫酸浓度低于 10^8 cm^{-3}，NH_3 混合比达到 5×10^{-12} 时，三元成核基本上与 RH 无关。当硫酸浓度大于 10^7 cm^{-3}，NH_3 混合比超过 20×10^{-12} 时，会产生显著的成核。另外，当硫酸浓度为 10^6 cm^{-3}，需要超过 100×10^{-12} 的 NH_3 才可以进行显著的成核。在大跨度硫酸浓度范围内，速率与 RH 无关的现象对于理解大气成核过程有深刻的影响。硫酸-水-氨三元成核的限速成分为硫酸-水二元成核情况下的硫酸；然而，要达到显著成核速率所需的硫酸浓度，远低于二元情况下所需的几个数量级。硫酸分子的浓度固定在 10^6 cm^{-3} 时，成核速率确实独立于 RH。但是，对于固定的总酸浓度（包括游离酸分子以及其水合物），随着 RH 的变化，游离硫酸和其水合物之间的比例也会发生变化，因此，在实际大气中，随着 RH 的变化，游离硫酸浓度也会发生变化。在给定温度和游离硫酸浓度的限制条件下，三元成核速率应与 RH 无关，也就是说，当三元成核发生时，对相对湿度的值不应有很强的依赖性。虽然大气测量确实表明高相对湿度区域新粒子生成增强，但在低 RH 值下，也有各种新粒子生成的观测结果。

2.2.1　大气硫酸与成核

在目前提出的种种成核机制中，无论体系有多复杂，均有硫酸的参与。目前文献报道的成核研究中，尤其是在我国进行的外场研究中发现，硫酸在各种大气环境中都有可观的存在，并和成核过程相关联，即硫酸气体参与成核具有普遍性。对大气中硫酸气体浓度也成为大气成核观测研究所不可或缺的观测参数之一。

大气中的硫酸主要由 SO_2 在氧气与水存在的条件下被空气中的 OH 氧化产生。SO_2 是大气中普遍存在的一次污染物，主要是通过化石燃料的燃烧过程释放到大气中的；OH 自由基也是大气中重要的、无处不在的大气氧化剂，因此，硫酸气体在大气中也普遍存在，具有与 OH 自由基类似的日变化规律。同时，硫酸分子黏性较强，几乎可被任何表面所吸附，导致其大气寿命较短，使大气硫酸浓度显著低于其他大气污染物。文献报道的大气硫酸浓度在 10^5～10^8 cm^{-3} 范围内[43]。这表明对大气硫酸的检测具有很大的挑战性。由于硫酸分子不具备独特的特征光谱，不能通过光学方法进行检测。同时，由于大气成核过程时间尺度较短（几小时内），而且大气中颗粒态硫酸盐的含量显著多于气态硫酸，也无法通过富集吸收-离子色谱分析的离线方法获得大气硫酸的浓度。

目前，大气硫酸的实时在线检测只能通过化学电离质谱技术（chemical ionization mass spectrometry，CIMS）实现。CIMS 是近十几年来迅速发展起来的一种高精度、高灵敏度、高时间分辨率的大气监测技术。CIMS 与传统质谱技术的主要区别在于离子源。传统质谱仪使用高能电子轰击被测物分子使其电离，为了确保高电离效率，电子的能量可达到 70 eV，足以解离任何化学键，这也导致被测物严重碎片化，很难获得其分子量等信息。因此，传统质谱仪主要通过特征碎片峰推断被测物的分子结构等信息，对被测物浓度的量化有一定局限性。而且 EI 质谱仪无法用于实时在线的外场观测。CIMS 是通过离子-分子反应的方法使被测物结合一个电子或者质子而被带电[44]。由于离子-分子反应所涉及的能量变化十分有限，显著低于 70 eV，产物离子通常不会碎片化，能够完整保存被测物的分子信息。利用大气压离子漂移化学电离质谱仪在 2008 年北京奥运会期间首次对中国大气中硫酸含量进行了测量，测定出硫酸的小时平均浓度为 5×10^6 $mol\cdot cm^{-3}$[36,45]。研究发现，无论环境条件如何，成核过程中硫酸的浓度通常在 10^7 $mol\cdot cm^{-3}$[46]。然而，当空气污染严重时，由于颗粒物浓度的增加，颗粒物表面的 SO_2 非均相反应是 SO_2 主要的汇，导致硫酸盐的形成[47]。近年来，已有研究表明，颗粒物表面积是北京城区 NPF 发生的主导因素。

2.2.1.1　外场硫酸浓度的估算方法

H_2SO_4 浓度可以根据 Petaja 等[50]提出的机理进行估算：

$$[H_2SO_4]=\frac{k\cdot[SO_2]\cdot UVB}{CS} \tag{2-1}$$

式中，本研究的缩放因子 k 为 9.9×10^{-7} $m^2\cdot W^{-1}\cdot s^{-1}$；$[SO_2]$ 为测量的 SO_2 浓度；UVB 为紫外线辐射强度，W^{-2}；CS 为凝结汇，s^{-1}。CS 描述了 H_2SO_4 在颗粒物上的凝结，可以通过式（12-2）计算出粒径分布[51]：

$$CS=2\pi D\sum\beta_m D_p N_{D_p} \tag{2-2}$$

式中，D 为 H_2SO_4 分子的扩散系数（约 0.8×10^{-5} $m^2\cdot s^{-1}$）；β_m 为过渡修正因子；D_p 为颗粒直径；N_{D_p} 为粒子在 D_p 粒径的粒子数浓度。该机制是基于在芬兰森

林环境中进行的一项观测。由于测量地区和季节的差异，气态 H_2SO_4 浓度可能有适当的不确定性，大约 80% 的［H_2SO_4］预测值比测量值高或低两个因子[50]。

2.2.1.2　硫酸二聚体生成动力学

在化学电离区，硫酸二聚体与单体的浓度及其对应质谱信号强度由下列分子-离子反应式决定[8]：

$$H_2SO_4 + NO_3^- \cdot HNO_3 \xrightarrow{k_1} HSO_4^- \cdot HNO_3 + HNO_3 \tag{R1}$$

$$(H_2SO_4)_2 + NO_3^- \cdot HNO_3 \xrightarrow{k_2} HSO_4^- \cdot H_2SO_4 + 2HNO_3 \tag{R2}$$

$$H_2SO_4 + HSO_4^- \cdot HNO_3 \xrightarrow{k_{21i}} HSO_4^- \cdot H_2SO_4 + HNO_3 \tag{R3}$$

式中，$(H_2SO_4)_2$ 与 H_2SO_4 分别为硫酸二聚体及单体分子，对应浓度分别为 $[(H_2SO_4)_2]$ 与 $[H_2SO_4]$，k_1、k_2、k_{21i} 分别为反应 R1～R3 的速率常数，这里试剂主离子为硝酸二聚体（$NO_3^- \cdot HNO_3$，*m/z* 125），并假设其为主要的试剂主离子，其他多聚体及硝酸单体离子的强度远低于二聚体强度，因此硫酸分子电离后的主要存在形式为 $HSO_4^- \cdot HNO_3$(*m/z* 160)。相应地，硫酸二聚体离子为 $HSO_4^- \cdot H_2SO_4$(*m/z* 195)。

根据化学动力学原理，由反应 R1～R3，可推导出硫酸二聚体和单体之间的关系式如下：

$$\frac{S_{195}}{S_{160}} = \frac{k_2}{k_1}\frac{[(H_2SO_4)_2]}{[H_2SO_4]} + \frac{k_{21i}}{2}t[H_2SO_4] \tag{2-3}$$

式中，t 为化学电离反应时间，这里也假设所有电离的物种的化学电离时间都一样，即均为 t，S_{195} 及 S_{160} 分别为质量灵敏度修正后的二聚体和单体的质谱信号强度（单位为 Hz），比值 S_{195}/S_{160} 量纲一。现定义 N_{2a} 为二聚体的表观浓度，包括中性部分和离子诱导聚合部分，其表示式为

$$N_{2a} = \frac{S_{195}}{S_{125}}\frac{1}{k_2 t} \tag{2-4}$$

对应地，硫酸单体的浓度 N_1 为

$$N_1 = \frac{S_{160}}{S_{125}}\frac{1}{k_1 t} \tag{2-5}$$

结合上述方程式可得

$$N_{2a} = N_2 + \frac{k_1}{2k_2}k_{21i}(tN_1^2) \tag{2-6}$$

$$N_{2a} = a + bN_1^2 t \tag{2-7}$$

式中，中性二聚体$(H_2SO_4)_2$的浓度为$N_2=a=[(H_2SO_4)_2]$，系数$b=\frac{k_1}{2k_2}k_{21i}=\left(\frac{1}{2}\right)\frac{k_1}{k_2}k_{21i}$，为速率常数的参数。式（2-6）和式（2-7）中右边第一项为中性部分，第二项为离子诱导部分，与硫酸浓度的平方成正比。目前，对于二聚体离子诱导生成的反应速率常数k_{21i}，具有很大的不确定性，一般认为其远小于对应的碰撞速率常数值（约$1.9\times10^{-9}\ cm^3\cdot s^{-1}$）[52]，取$k_{21i}=8\times10^{-10}\ cm^3\cdot s^{-1}$。

大气中，硫酸单体或二聚体也有可能以$H_2SO_4\cdot B_p$或$(H_2SO_4)_2\cdot B_q$形式存在，这里的B为除硫酸之外的其他组分，通常为碱性物质，如氨气或者有机胺，这里所指的B也特指氨气或有机胺。根据实验或理论计算结果，p可以为0～2，q可以为0～4。因此，以上物质与主离子或者硫酸单体离子的反应很有可能影响反应的速率常数。当然也可能它们与上述离子不发生反应，但会转化一部分硫酸或二聚体，从而使得的硫酸单体或二聚体测量值偏小。无论是何种情况，上述的速率常数均取决于B的浓度，即$b=f([B])$。对于给定的硫酸浓度和碱性气体浓度条件下，如果将N_2a对(N_1^2t)作图，利用不同反应时间t，可以从其线性拟合中得到b，确定b值后可以求中性二聚体的瞬时浓度$N_2(t')$：

$$N_{2a}(t')=a+btN_1^2(t') \tag{2-8}$$

式中，t为离子-分子反应时间，t'为观测地点当地时间。

2.2.1.3 硫酸二聚体生成的动力学过程

Chen等[53]和Jen等[40]基于大气硫酸核化的酸碱理论，提出了存在两种类型的二聚体：易挥发二聚体（A_{2MV}）和不易挥发二聚体（A_{2LV}），硫酸单体碰撞生成A_{2MV}，A_{2MV}要么以E_{2MV}的挥发率挥发回到硫酸单体，要么与碱B生成A_{2LV}。而后A_{2LV}与硫酸单体生成三聚体，进一步生成A4而完成核化过程。

大气核化酸碱理论提出了N_2和N_1的关系，这个关系是基于以下两个假设：二聚体之间的碰撞造成的二聚体损失以及来自三聚体挥发对二聚体的贡献可以忽略不计。该关系可以表示为

$$N_2=m\left(\frac{N_1^2}{kN_1+\kappa_2}\right) \tag{2-9}$$

式中，系数$m=f([B],E)$，为与碱性物质B的浓度及易挥发（MV）二聚体（Chen机制[53]）或（Jen机制[54]）的挥发性相关的参数，$\kappa_2=c/4\times A_{fuchs}$，$c$为硫酸二聚体的平均热运动速度，$A_{fuchs}$为颗粒物的Fuchs表面积。在Chen机制中，MV进一步与B反应生成低挥发性二聚体，然后再生成三聚体；而Jen机制一则认为在流

动管实验中，由于二聚体的浓度可高达单体的一半，因而还需考虑低挥发性二聚体（LV）的挥发对二聚体的贡献。大气中由于二聚体的浓度不到单体的 10%，因此只考虑 Chen 机制。Jen 机制二则认为硫酸单体 A 与 B 反应生成 AB，AB 具有一定的挥发性，AB 与 A 进一步反应生成硫酸二聚体。最近有文献报道，北京新粒子生成有可能是通过硫酸—有机胺机制[55,56]，与 Jen 等[54]提出的机制相类似。由于存在 AB，该机制推导出的二聚体浓度和单体浓度之间较为复杂的关系，需要有机胺的观测数据，AB 目前还无法直接观测。

根据 Chen 等[53]提出的大气核化酸碱模型，以及修正的模型，可推导出稳态时二聚体与单体的关系式，如下所示：

$$N_2 = \frac{k'_{21}[\mathrm{B}]}{k_{21}N_1 + \kappa_2} \frac{1}{E_{2MV} + k'_{21}[B] + \kappa_2} \frac{1}{2}k_{11}N_1^2 \tag{2-10}$$

式中，k'_{21}为 A_{2MV} 与 B 反应生成 A_{2LV} 的速率常数，$k_{21}=k$。对比式（2-9）～式（2-10）可得

$$m = \frac{1}{2}k_{11} \frac{k'_{21}[\mathrm{B}]}{E_{2MV} + k'_{21}[\mathrm{B}] + \kappa_2} \tag{2-11}$$

由式（2-11）可知，m 为 B 浓度和易挥发二聚体挥发速率常数 E_{2MV} 的函数，如果已知 B 的浓度，将 N_2 对$\frac{N_1^2}{kN_1+\kappa_2}$作图，将得到斜率 m，由此可以算出二聚体的挥发速率常数。

2.2.2 大气氨气及有机胺

2.2.2.1 氨气的来源

氨气（NH_3）是大气中无处不在的重要碱性气体，其浓度远高于硫酸。自然界的生态活动过程，如细菌、真菌等微生物对含氮化合物的降解可导致大量的氨排放。自 1902 年 F. Haber 发明了人工合成氨工艺，为了满足农业化肥和各种工业原料的巨大需求，大量的氨被人工生产出来。化肥的施用成为最大的氨气排放来源之一。尽管从全球尺度来说，农业、畜牧业是大气中氨气的主要来源。然而，工业活动，包括燃烧各种化石燃料，生活污水处理等都会造成大量的人为氨排放，主导了人类密集居住地区的氨气排放特征。氨以及颗粒态铵盐的挥发性较强，氨气-铵根离子之间的气-粒分配可以稳定大气颗粒物的酸碱平衡。近期研究表明，颗粒物的酸度是评估二次硫酸盐生成机理的重要依据。例如，SO_2 被 NO_x 氧化反应所能进行的程度与 NH_3 浓度密切相关[57,58]。氨气是大气中一种重要的微量气体，参与大气

氮循环，在大气化学、传输与沉降过程中发挥着重要作用。作为大气中唯一的无机碱性气体，氨对中和大气中的酸性物质起关键作用。氨一方面通过中和作用促进 SO_2 和 NO_x 等酸性物质的清除，降低降水酸度，在底层大气环境酸化中起着重要的缓冲作用；另一方面与大气中的 SO_2 和 NO_x 等共同构成大气颗粒物的重要前体物，相互结合反应形成二次无机气溶胶。二次无机气溶胶是大气颗粒物中最重要的富含成分之一，通常由 SO_4^{2-}、NO_3^- 和 NH_4^+ 以铵盐的形式组成。氨作为大气中重要的碱性气态物质和颗粒态 NH_4^+ 的唯一前体物，会与硫酸、硝酸以及氯化氢分别形成硝酸铵、硫酸铵以及氯化铵从而由气相进入颗粒相中，通常来说，氨气反应生成硫酸铵以后相对较为稳定，不容易再从颗粒相中挥发出来，但硝酸铵和氯化铵均会与大气中的气态酸反应并将氨气重新释放回到气相中。硝酸铵还会与硫酸、硫酸氢氨反应生成较为稳定的硫酸铵。

2.2.2.2 有机胺的来源

大气中有机胺来源十分复杂，但基本上可分为天然源和人为源两种。胺的排放以人为活动（主要是农业）为主，约占一半，其他 30% 排放来自海洋有机物分解，20% 来自生物质燃烧和土壤挥发。天然源主要包括：①海洋有机物分解：含有蛋白质、氨基酸或其他含氮化合物的有机物的生物降解是胺的主要来源。研究发现许多海洋植物、动物和细菌含有甲基胺、二甲基胺以及三甲基胺。因此，在各种海洋生物的排泄和代谢过程中可以产生胺。观测发现，甲基胺在阿拉伯海上空占测量到的气态基础化合物总量的 16% ～20% 。②生物质燃烧：生物质燃烧是许多微量物质的主要来源，世界上 80% 以上的生物质燃烧是由于稀树草原火灾、森林清洁活动以及农业废物和木材的燃烧而发生的；Yokelson 等[59]发现，在燃烧过程中排放的包括胺在内的还原态化合物的比例很高，而且生物质燃烧还可能释放一些作为生物标志物的长链烷基酰胺。③农业排放：土壤中有大量有机氮化合物，包括甲胺（MA）、n-二甲基胺等，这些胺可以通过挥发、随风尘或被人为农业活动带入大气中。研究发现，在西班牙土壤复垦期间，在黄铁矿污泥中发现的一些芳香胺存在于气溶胶颗粒中。另外一些脂肪胺和一些不明的衍生物也可由火山爆发带入大气。④植被排放：植被可以作为大气氨的来源，也可能是胺的另一个重要来源。Schade 和 Crutzen[60]指出三甲胺（TMA）可能是主要植被排放的胺，但 MA 和其他胺也可能被释放。在几个零星地点也观察到乙醇胺（DEA）的排放，并认为这一化合物主要来源于植被。

有机胺的人为源主要包括：①牲畜排放：畜牧业作业会产生大量挥发性有机化合物排放；2005 年 Rappert 和 Müller[61]发现厌氧菌在牲畜胃肠道和动物粪便中通过

脱羧反应生成胺：

$$RCH(NH_2)COOH \longrightarrow RCH_2NH_2 + CO_2 \qquad (R4)$$

并发现了牲畜排放气体中的胺和酰胺。从猪废物中排放的气体中确定了甲基胺、乙基胺和三乙基胺。②工业排放：设计农副产品的各种食品、饮料和食品加工过程都发现挥发性有机化合物的存在，包括农作物［如三乙胺（TEA）］、海鲜（TMA 和相关胺）、鱼粉植物、甜菜干燥厂、葡萄酒、啤酒、咖啡、可可和茶叶作业中都有胺排放。Rappert 和 Müller[61] 发现鱼类加工是胺的重要来源，特别是 TMA，可以通过微生物活动从 TMA N-氧化物（存在于海水鱼中）降解生产。③堆肥操作：在从土壤、粪便、餐馆、院子、建筑等堆肥废物过程中释放的挥发性有机化合物中可以检测到大量含氮化合物，包括有机胺，如在食品废物堆肥厂排放的蒸汽中就检测到大量胺（特别是 TMA）。④其他人类活动：汽车尾气排放、污水处理、烟草燃烧、室内纺织品挥发等。

有机胺与氨具有类似的化学结构和性质，但是有机胺的碱性比氨更强而且有机胺具有有机化合物的一些性质，例如，可以与 OH 自由基迅速发生反应而降解。因此，有机胺的大气浓度通常远低于氨气。和氨类似，农业生产、工业活动都是有机胺的重要来源[62]。近年来，针对工业 CO_2 排放导致的全球气候变化问题，有人提出了使用有机胺用作 CO_2 捕获剂的方案以减少 CO_2 的温室效应。由于预计大量有机胺可能由于存储、运输等环节造成意外泄漏，以及在使用过程中不可避免的意外排放，有机胺在大气中的浓度可能会迅速增加。有机胺的大气化学过程也引起广泛的关注[63]。氨及有机胺在大气成核过程中的作用主要起源于氨及有机胺的碱性。总体来说，大气中氨的浓度一般为 10^{-9} 数量级，而有机胺的浓度一般为 10^{-12} 数量级，虽然有机胺的浓度相较于无机氨明显低得多，但是由于有机胺的碱性更强，有机胺更容易与气态硫酸形成稳定的分子团簇，几个 10^{-12} 的有机胺对于新粒子生成事件的促进作用比无机氨的作用更强。酰胺作为有机胺的直接氧化产物，浓度通常比有机胺高 1～2 个数量级，一般为几十 10^{-12} 至几百 10^{-12}。

最新的研究表明，在实际大气中白天大气边界层中硫酸峰值浓度为 0.04×10^{-12}～1.2×10^{-12}，这意味着硫酸-水二元均相成核的贡献是可以忽略的，额外的碱性物质的参与是必不可少的。但是氨的存在也不能解释在边界层中观测到的新粒子生成速率，有机胺是更可能的候选物质。在欧洲 CLOUD 进行的烟雾箱实验中发现，5×10^{-12} 的二甲基胺参与的硫酸-二甲基胺-水系统比 250×10^{-12} 氨气参与的硫酸-氨-水系统要快 1 000 倍以上[10]。继续增加二甲基胺的浓度到 140×10^{-12} 也只能继续把成核速率提升不到 3 倍，即 5×10^{-12} 的二甲基胺就已经达到胺三元成核的极限值。胺比 NH_3 碱性强，能与硫酸形成更稳定的团簇。Yao 等[64]在最近的一项实地研究中首次发现，中国上海的大气成核事件中存在含有二甲胺的团簇。有机胺成核机制也能很好地与大气中观察到的成核速率相匹配。实际外场观测实验发现有机胺参与的三元成核在不同区域的极限值有所不同。这表明边界层中不同区域的成核可能受不同的成分控制。在可能存在胺源的地区（畜牧业和城市），大气实测速率与胺的成核速率是一致的。然而，大气数据显示出相当的差异性，可能是由于参与成核的三元蒸汽浓度以及颗粒物凝结汇的不同引起的。当生长速率较低时，测得的成核速率对粒子凝聚汇非常敏感，而凝聚汇会影响临界成核分子团簇的损失，受观测能力的限制，对于小于临界阈值的分子团簇的损失是无法修正的，这意味着实际大气中对胺参与成核的评估有更高的变数，无法与实验室相对固定条件下获得的结果完全一致。显然对硫酸、氨气、有机胺的准确测定是正确估算各种成核体系贡献的必要条件之一。

2.2.2.3　氨气、有机胺检测技术

考虑到氨气的重要作用，对大气中氨气的监测已经广泛开展。最早广泛使用的氨检测技术是基于被动采样-离子色谱技术建立起来的。氨极易溶于水，溶解度约为 1：700（体积比）。如果提高吸收液的酸度，氨气的溶解度还可以进一步提高。被动采样器的基本工作原理就是让大气中的氨气根据 Fick 定律扩散到管内后吸附到管壁上的酸性涂层。采样器的理论吸收率是通过采样器内静止空气层的长度、横截面积的函数以及氨气的扩散系数进行计算。扩散路径长度是从取样口到管另一端吸收表面的距离。风湍流可能对静止空气层造成干扰，并缩短标称路径长度。因此，在入口处使用湍流阻尼膜可以增加有效路径长度，因为在膜的外部附近形成一个准层流空气层。被动采样器的设计有很多种，多数取样器基于最初的“棕榈管”方案，已被开发用于环境空气监测。在每种情况下，修改扩散路径长度和/或横截面积以获得期望的采样率。特别是“管式”和“徽章式”采样器广泛用于测量大气中的 NH_3。管式取样器通常是垂直方向的空心圆柱管。顶端的盖子将滤纸或不锈钢网格固定在适当的位置，上面涂有一层吸收剂，用于收集感兴趣的气体。对于 NH_3，多使用酸性物质，包括柠檬酸、磷酸、硫酸和酒石酸。但是，通常会避免使用草酸，因为草酸易挥发，取样过程中可能发生草酸涂层的损失。对于较长的开放式扩散管，管的下端保持开放状态。在有风的条件下，空气在扩散管开口端上方流动时，会在扩散管内部产生湍流，从而导致扩散长度的减小，称为“风缩短”。这会导致有效采样率的增加，因此如果使用理论采样率，则会高估浓度。根据风速和采样器的位置，“风缩短”是可变的，当然，风的角度也很重要。

当前，被动扩散采样器已被广泛应用于 NO_2 和 NH_3 的监测，与传统的主动监测方法（如 NO_2 化学发光法、NH_3 活性剥蚀法，即 NH_3 denuder）相比，有许多明显的优点。这些优点包括成本低、不需要电源以及布置和使用的简单性和灵活性。被动扩散采样器几乎可以在任何地方使用，并且可以通过大量布置来提供详细的空间和时间调查。在实地布置这些采样器也不需要专家培训和维护，从而进一步降低了监测工作的业务成本。

当然，用被动扩散采样器测量大气 NH_3 时也会遭遇很多问题，因为被动采样器很难精确地定量采集气体，易被污染也是一个主要问题。扩散管取样法在环境 NH_3 浓度较低时会产生显著的正偏差。造成这个的因素包括：①对开放扩散管的风缩短效应；②气溶胶铵离子的污染；③取样率低引起的不确定性；④关于现场和实验室管坯制作的不确定性。曾经也有环境 NH_3 浓度较高时出现负偏差的文献报道，这是由膜扩散管的膜入口阻力增加或取样效率随时间而降低造成的。采样器在低环境 NH_3 浓度下通常会表现良好，但只能用于短期取样，因为采样器可能很快就会饱和。有机胺与氨气有类似的化学性质，也可以使用类似的方法采集。

采样后的分析通常使用离子色谱技术。离子色谱（ion chromatography，IC）是高效液相色谱（HPLC）的一种，是分析阴离子和阳离子的一种液相色谱方法。狭义而言，离子色谱法是以低交换容量的离子交换树脂为固定相对离子性物质进行分离，用电导检测器连续检测流出物电导变化的一种色谱方法。IC 系统的构成与 HPLC 相同，仪器由流动相传送部分、分离柱、检测器和数据处理四部分组成。其主要不同之处是 IC 的流动相要求耐酸碱腐蚀以及在可与水互溶的有机溶剂（如乙腈、甲醇和丙酮等）中不溶胀的系统。因此，凡是流动相通过的管道、阀门、泵、柱子及接头等均不宜用不锈钢材料，而是用耐酸碱腐蚀的 PEEK 材料的全塑 IC 系统。IC 的最重要的部件是分离柱。柱管材料应是惰性的，一般均在室温下使用。高效柱和特殊性能分离柱的研制成功，是离子色谱迅速发展的关键。

基于质子转移反应的化学电离质谱技术（proton transfer reaction mass spectrometry，PTR-MS）可以同时检测氨及有机胺。PTR-MS 具有灵敏度高、响应速度快的特点，已经广泛用于实时测定空气中的 VOCs。近年来，PTR-MS 在大气研究中的应用迅速扩大。世界第一台 PTR-MS 是由 Lindinger 等[65]最先研制出来的。

图 2-1 是第一代 PTR-MS 的结果示意图。它包括一个产生 H_3O^+ 的放电离子源，漂移管反应器，其中 H_3O^+ 与 VOCs 之间发生质子转移反应，四极质谱仪用于试剂和产物离子的检测。离子源由空心阴极放电管组成，可以提供强大的 H_3O^+ 离子源。流量恒定的水蒸气（流量＝0～20 STP $cm^3 \cdot min^{-1}$），源源不断从液态水储罐顶部空

间流出。来自空心阴极的离子进一步被输送到漂移管。通过改变组成这个腔室的两个元件的电压（V_4 和 V_5；参见图 2-1），可以产生更强的 H_3O^+，但同时也会产生 O_2^+ 和 NO^+等杂质离子。后者是由空气从漂移管回流到离子源形成的，是我们不需要的试剂离子，因为它们与大多数 VOCs 发生电荷转移反应，这对于许多 VOCs（包括不与 H_3O^+反应的烷烃）是一种更难电离的方法。

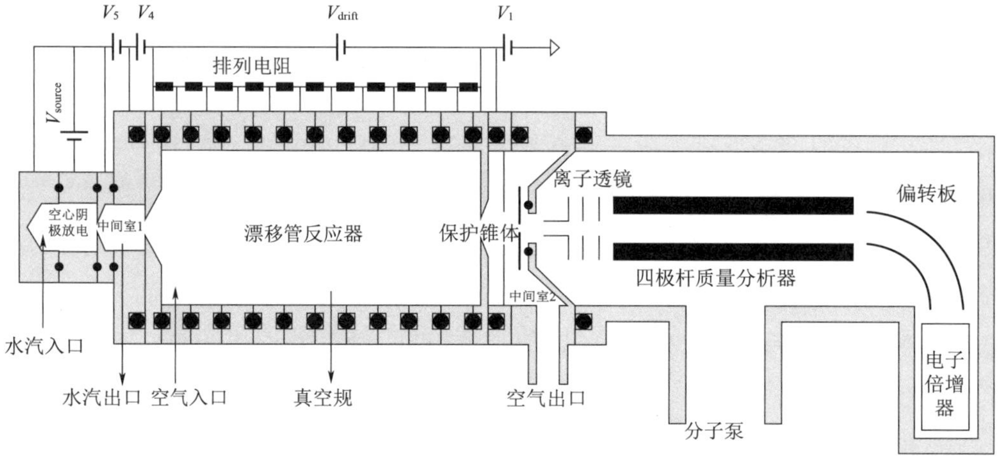

图 2-1　PTR-MS 的构造示意图

PTR 的反应机理是基于反应试剂离子与被测物之间质子亲核能（Proton Affinity，PA）的差异。水合氢质子（H_3O^+）是最常用的反应试剂离子：

$$H_3O^+ + R \longrightarrow RH^+ + H_2O \tag{R5}$$

反应 R5 通常是放热反应，如果物质 R 的 PA 高于水的 PA（166.5 $kcal \cdot mol^{-1}$），同时反应可以接近碰撞频率（10^{-9} $cm^3 \cdot mol^{-1} \cdot s^{-1}$）的速度进行。Zhao 等[66]使用量化计算的方式根据分子的极化率和分子偶极矩获得了大量 VOCs 与水进行 PTR 反应的速率，可以用于估算 PTR-MS 对 VOCs 的定量检测，尤其是针对一些反应活泼的 VOCs 种类，它们无法制成标准样品对 PTR-MS 进行标定。当然，有些 VOCs 的 PA 与水十分接近，这时反应是可逆的，如甲醛与水的反应。反向反应的速率系数比正向反应的速率系数低几个数量级，但由于漂移管中 H_2O 的浓度远高于 R 的浓度，因此正向反应和反向反应的总速率是相当的。因此，PTR-MS 对甲醛等挥发性有机化合物的检测效率较低，而且，总的速率取决于采样空气的湿度，也就是说甲醛检测需要考虑不同湿度下的检测效率影响。

严格地说，有机胺也是 VOCs 的一种。这些含氮化合物的质子亲核能均远高于水。因此采用 PTR-MS 对氨及有机胺进行检测是完全可行的。

综上所述，NH_3 的测量技术是比较成熟的。许多基于离子色谱、光谱和质谱的仪器都有比较好的效果[67]，浓度比较低，而且寿命比较短。一种基于质子转移反应质谱的 CIMS 技术被开发用于实时检测胺类物质的浓度[69]。CIMS 的离子源往往采用放射性物质（如 Po-210 和 Am-241），由于其对人类健康和生态系统的破坏作用，在许多国家已被禁止使用。为了克服这一局限性，开发了非放射性离子源，如高压放电和软 X 射线。高压放电可以分为平板放电和尖端放电两种，都是由于在正负电极表面形成了较大的电势差而把二者之间的介质击穿而导电。尖端放电由于电极表面的曲率更大，需要使用的电压相对较低，因此更易于产生放电现象，也易于控制信号。

2.2.3 高氧化有机组分的检测

大量的 VOCs 从生物源和人为源排放到大气环境中[69]，随后与大气中氧化剂（羟基自由基、臭氧、硝酸基等）发生复杂的氧化还原反应，产生上千种结构不同的产物，它们包含许多不同的官能团[70]。这些产物中一部分为高含氧有机分子[71]，尽管它们来自 VOCs 氧化的一个次要路径，它们在新粒子生成中起着关键性的作用，从而影响空气质量和全球气候[11,72,73]。

模型研究表明了 HOMs 的存在，并且该研究假设 HOMs 是 VOCs 氧化产物中一部分非挥发性的物种[74,75]。直到最近，大气常压界面飞行时间质谱仪（APi-TOF）[76]和化学电离大气常压界面飞行时间质谱仪的发展（CI-APi-TOF）[77]，实现了 HOMs 的直接测量[71,73]，随后的研究致力于了解 HOMs 对大气环境的影响。在芬兰南部 SMEAR Ⅱ观测站，观测的新粒子生成事件研究表明，HOMs 在 NPF 中起着关键的作用[11]。进一步的实验室研究证实了这一发现。Schobesberger 等[78]研究发现，HOMs 可以通过稳定气态硫酸参与 NPF 的初始阶段，加入这一机制显著改善了模型预测中粒子的数浓度[79]。Ehn 等[71]利用 O_3 和 α-蒎烯（高纬度地区最丰富的生物源 VOCs）模拟了 HOMs 的形成，该研究表明这些 HOMs 可以解释 5 ～50 nm 观测到的大多数粒子生长。尽管 HOMs 的摩尔产率仅有百分之几，这取决于 VOCs 结构和氧化剂，但一个全球模型表明，HOMs 在二次有机气溶胶负荷和云凝结核浓度中起着至关重要的作用[80]。

由于 HOMs 是连接 VOCs 和 SOA 的重要化合物，SOA 形成的定量模拟需要详细了解 HOMs 的形成。根据现有的知识，HOMs 的形成包括两个连续的过程：①VOCs 氧化形成过氧自由基（RO_2）能够通过分子内氢取代实现自氧化反应，导致多个 O_2 的加成；②终止反应，通过将 RO_2 自由基转化为封闭壳层分子来终止自氧化过程。Ehn 等[73]通过 O_3 和 α-蒎烯的实验，成功地获取了夜间大气环境中 HOMs 的质谱图，并且说明 O_3 引发的氧化反应和随后的氢迁移反应（自动氧化反应）的重要性。Jokinen 等[80,81]后来将 HOMs 研究结果扩展到更广泛的 VOCs 前体物和氧化剂（O_3 和 OH）。Boyd 等[82]使用碘离子的化学电离质谱法证实了 NO_3 自由基引发单萜烯的氧化反应过程。终止反应与进一步的自氧化反应发生竞争，甚至可能完全阻止自氧化反应。在大气环境中，RO_2 终止可能通过与 HO_2、RO_2、NO_x 等反应来实现，或者经历自终止反应来发生[83]。终止剂种类繁多，导致大气氧化路径中的关键分支步骤，最终产生大量不同的 HOMs 分子。虽然，最近的反应室研究获得了对 HOMs 的新理解，但对大气中 HOMs 的形成来源仍知之甚少。其中一个根本原因是缺乏可靠的方法来分析复杂的环境数据并将环境观测与反应室研究联系起来。

正交矩阵因子法（positive matrix factorization，PMF）[84]允许将时间分辨质谱表示为有限个因子的线性组合，假设因子分布是恒定的和唯一的[85]。由于这种方法不需要有关因素的先验信息，因此它是一种从复杂的大气环境测量中提取信息的理想技术。例如，气溶胶质谱仪（AMS）数据的 PMF 分析已被广泛用于识别多种主要的有机气溶胶来源（机动车排放、生物质燃烧、烹饪等），并通过具有不同挥发性和氧化水平的因子来表征 SOA 的老化[85-89]。PMF 还被应用于分析时间分辨的质子转移反应质谱（PTR-MS）测量的气相有机化合物[90,91]，并且 PMF 也用于分析 AMS-PTR-MS 组合数据及 CI-APi-TOF 数据[92,93]。

PMF 是一个基于 Paatero 和 Tapper[84]工作发展的成熟模型。当污染物排放源数目和排放源分布未知时，该受体模型可用于求解函数混合模型。它基本上是在质量守恒的假设下工作的，因此质量平衡分析可以用来确定和分配大气环境中被测量的物种来源。区分 PMF 与其他受体模型（如主成分分析）的最重要特征是，PMF 采用了一种最小二乘算法来解释数据的不确定性。它还限制了非负子空间的解，使它们在大气环境上应用是合理的。由于这些优点，该模型广泛地应用于污染物来源解析工作。最佳因子确认过程探究如下：①识别的因子谱图与实验室研究的标准谱图的比较。然而不同源的 HOMs 的标准谱图的相关研究较少。②识别关键分子作为特定因子的指纹物种。这些分子被选择的条件为它们在谱图中最显著或它们大多数被分配给一个特定的因子。这种方法的合理性在于谱图中保留了大量的分子信息，有助于推断合理的反应路径。③与其他能表示特定的来源或大气过程的示踪物种的时间相关性。④其他信息，如气象因素等（如气团轨迹）。

大气常压界面-飞行时间质谱具有极其优越的仪器性能，极高的分辨能力和质量准确度可以基本满足复杂大气样品中待测物的分子式识别。此外，该类仪器具有优秀的检测限和时间分辨率，非常适用于大气中低浓度的高氧化度有机分子的在线识别。高氧化度有机分子通常具有较高的氧碳比，这类物质和硝酸根离子具有很好的结合能力，通过硝酸根试剂离子对高氧化度有机分子进行化学电离，可以实现较高的电离效率。因此，大气高氧化度有机分子的在线测量依靠硝酸根大气常压界面化学电离飞行时间质谱实现。

质谱的基本分析原理在于使不同质荷比（mass to charge，m/z）的带电离子通过相应的质量分析器获得不同的信号。对于中性分子而言，其通过质谱手段的测量首先需要将其电离成带电离子。硝酸根大气常压界面化学电离飞行时间质谱通过一个硝酸根化学电离源实现待测中性分子的电离。需要指出的是，化学电离是一种软电离方式，在待测中性分子的电离过程中，基本不会打碎待测分子，避免了使用其他硬电离方式带来的高碎片化问题。此外，通过选用不同试剂离子，根据待测分子与试剂离子发生分子离子反应能力的差异，可以选择性检测复杂组分中特定种类的物质，这使化学电离质谱技术可以广泛地应用于真实大气或实验室模拟真实大气下的气态物种的在线测量。

由于带电离子都只带有单电荷，因此具有不同质荷比的离子具有不同质量，在具有相同动能的情况下飞行速度不同，在飞行时间质量分析器中经过相同的飞行距离后，会对应得到不同的飞行时间，最终实现不同质荷比带电离子的分离，这就是飞行时间质量分析器和飞行时间质谱的基本原理。在此之后，具有不同飞行时间的带电离子依次撞击多通道平板检测器产生电信号，经过放大传输到采集系统、电脑，通过数学反演将飞行时间转换为质荷比从而获得不同质荷比位置不同信号强度的质谱图。依靠硝酸根化学电离-飞行时间质谱的高分辨率和质量准确度，并结合同位素分析，可以获得带电团簇的质核比，从而可以进一步推算得到高氧化度有机分子的准确分子式。硝酸根大气常压界面化学电离飞行时间质谱测量高氧化度有机分子的时间分辨率可达 1 s^{-1}，但在实际应用中并不需要如此高的时间分辨率，所以通常根据需要以分钟或小时为单位进行平均从而提高谱图质量。

2.2.4　气态物种对增长速率贡献的估算方法

硫酸分子通过凝结作用对颗粒物增长速率的贡献可以由下述公式评估，即当硫酸分子通过凝结作用经过 Δt 时间使颗粒物粒径从 $d_{p,\text{initial}}$ 增长至 $d_{p,\text{final}}$ 所需的数浓度 C_v 为[89]

$$C_v = \frac{2\rho_v d_v}{\alpha_m m_v \Delta t} \cdot \sqrt{\frac{\pi m_v}{8kT}} \cdot \left[\frac{2x_1 + 1}{x_1(x_1 + 1)} - \frac{2x_0 + 1}{x_0(x_0 + 1)} + 2\ln\left(\frac{x_1(x_0 + 1)}{x_0(x_1 + 1)}\right)\right] \tag{2-12}$$

式中，ρ_v 和 d_v 为硫酸分子处于凝结态时的密度和直径；m_v 为气态硫酸分子质量；k 为玻尔兹曼常数；α_m 为质量调节系数，此处设置为 1；$x_1 = d_v/d_{p,\text{final}}$，$x_0 = d_v/d_{p,\text{initial}}$。在计算过程中，硫酸分子处于凝结态的密度设置为 1 830 kg · m^{-3}；其相对分子质量为 98. 078 g · mol^{-1}。

包括 HOMs 在内的 OOMs 通过凝结作用对颗粒物增长速率贡献的评估方法与硫酸分子类似。在计算过程中，OOMs 处于凝结态的密度设置为 1 500 kg · m^{-3}；相对分子质量被统一设置为 300 g · mol^{-1}。需要指出的是，在评估 OOMs 对颗粒物增长贡献时，需要考虑开尔文效应。

将观察到的颗粒增长速率（GR）定义为颗粒直径（dD_p）在一个时间段（dt）内的变化量：

$$\text{GR} = \frac{dD_p}{dt} \tag{2-13}$$

形成速率（J_k）描述了 NPF 中通过一定直径（k）的增长通量，根据 Cai 等（2017）[94] 提出的公式计算：

$$J_k = \frac{dN_{(D_k,D_u)}}{dt} + \sum_{D_g=D_k}^{D_{u-1}} \sum_{D_i=D_{\min}}^{+\infty} \beta_{(i,g)} N_{(D_i,D_{i+1})} N_{(D_g,D_{g+1})} - \frac{1}{2} \sum_{D_g=D_{\min}}^{D_{u-1}} \sum_{D_i^3=\max(D_{\min}^3,D_k^3-D_{\min}^3)}^{D_{i+1}^3+D_{g+1}^3 \leqslant D_u^3} \beta_{(i,g)} N_{(D_i,D_{i+1})} N_{(D_g,D_{g+1})} + n_u \cdot \text{GR}_u \tag{2-14}$$

式中，$N_{(D_k,D_u)}$ 为 D_k 至 D_u 粒径范围内的粒子数浓度（其中不考虑直径为 D_u 的粒子），D_i 为测量的粒子尺寸的下限，D_u 为计算的上限，$\beta_{(i,g)}$ 为直径为 D_i 的粒子与直径为 D_g 的粒子碰撞时的凝聚系数，n_u 为在 D_u 处的粒子分布函数，GR_u 为在 D_u 处的增长速率，根据式（2-13）计算。式（2-14）右边的第二项和第三项分别表示凝结汇（CoagSnk）和凝结源（CoagSrc）项。需要注意的是，式（2-14）基于以下两个假设：①在 $D_k \sim D_u$ 粒径范围内，稀释和其他颗粒源及凝结损失外的损失相对可以忽略不计；②粒子的净凝结作用可以忽略不计。

2.3　纳米颗粒物粒径分布及化学组分检测方法

2.3.1　纳米颗粒物粒径分布测量

本节首先简要介绍目前用于测量大气纳米颗粒大小分布的仪器。然后重点介绍了最常用的测量仪器之一——扫描电迁移率颗粒物粒径谱仪（scanning mobility particle spectrometer，SMPS）的开发，同时讨论了 SMPS 在测量小于 3 nm 气溶胶粒径分布方面面临的挑战、目前的进展和未来的发展。

2.3.1.1　纳米颗粒物粒径分布测量仪器简介

扫描电迁移率颗粒物粒径谱仪是电迁移率粒径谱仪的一种，它包括气溶胶中和器、差分电迁移率分析仪（differential mobility analyzer，DMA）和冷凝生长颗粒物计数器（condensation particle counter，CPC）三个主要部分。气溶胶中和器即气溶胶荷电器，它既可以使中性颗粒物“荷电”至平衡状态，也可以使荷电颗粒物“中和”至平衡状态，因此既可称为“中和器”，也可称为“荷电器”。在 SMPS 中，通常称为“中和器”。SMPS 的基本原理是，颗粒物在中和器中达到荷电平衡状态后，进入 DMA 中，筛选某一电迁移的颗粒物，然后进入 CPC 中对颗粒物的数浓度进行检测。DMA 的电压不断由低到高或者由高到低进行扫描，筛分不同粒径的颗粒物，进入 CPC 检测数浓度，即可测量颗粒物由小到大的全粒径谱。另一种通过电迁移率直径来测量粒子大小的方法是使用气溶胶静电计而不是 CPC 来检测带电颗粒物，如中性团簇和空气离子谱仪（neutral cluster and air ion spectrometer，NAIS）[95]。这种方法要求静电计的气溶胶浓度很高，以增加信噪比。

除电迁移率直径外，也可以用开尔文当量直径来表示纳米颗粒物直径。采用这种方法的代表性仪器是颗粒物粒径放大仪（particle size magnifier，PSM）[96]。此外，利用开尔文当量直径，脉冲高度冷凝生长粒子计数器 CPC（pulse-height CPC，PH-CPC）[97]对颗粒物进行粒径测定，且具有较高的时间分辨率，但尺寸范围较小，目前很少使用。近年来，由于仪器的限制，惯性撞击法和扩散电池等其他测量方法在表征纳米颗粒物方面很少受到关注。

2.3.1.2　SMPS 的发展

作为最先进的仪器之一，SMPS 在发展中获得了广泛的应用。SMPS 原型是电动气溶胶分析仪（electrical aerosol analyzer，EAA）[98,99]，它包括一个为颗粒物荷电的单极荷电器，一个筛分装置用来对电迁移率确定的较大颗粒物进行筛分，以及一个法拉第杯用来根据它们的电荷来检测颗粒物。低尺寸分辨率限制了 EAA 的进一步发展，但 DMA 的应用已在很大程度上克服了这一限制[100,101]。在特定的电压和气流量的条件下，通过 DMA 可以分离出迁移率范围较窄的带电颗粒物[102]。通过改变 DMA 电压，差分电迁移率粒径谱仪（differential mobility particle spectrometer，DMPS）[103]被开发出来，但 DMPS 的时间分辨率相当低，由于颗粒物的快速动态变化，相对不适合用于环境测量。Wang 等[104]开发了扫描电迁移粒径谱仪（scanning electrical mobility spectrometer，SEMS，后被TSI公司商业化，又称SMPS)，通过连续扫描DMA电压将测量时间缩短到大约2 min，目前常用于测量大气气溶胶粒径分布。为降低时间分辨率，Shah等[105]开发了一种快速SMPS，通过使用具有更快响应时间的混合CPC[106]，使扫描时间降至2.5 s。

除提高时间分辨率之外，SMPS的另一个关键改进是尽可能地降低检测粒径限制。大多数DMA和检测器的发展使SMPS的测量粒径限制在3 nm以上。Winklmayr等[107]将一个短的Vienna型DMA与一个高灵敏度的气溶胶静电计结合起来，使测量尺寸降低到大约3 nm。Chen等[108]利用数值模型对标准DMA进行了优化，设计了一种测量粒径分布到3 nm以下的Nano DMA，后来被商业化，称为TSI Nano DMA[109]。Stolzenburg等[110]通过几项技术改进，如在冷凝器中引入鞘层流动和使用两个分采样段，将传统的CPC改进为可以检测3 nm以下颗粒物的超细CPC。TSI将这种超细CPC商业化，成为一种商业仪器，广泛用于测量小于3 nm的颗粒物。

2.3.1.3 3 nm以下气溶胶粒径分布测量研究进展

由于较高扩散系数，3 nm以下气溶胶在采样管上的扩散损失非常大。由于扩散，这些小颗粒物很容易碰到管内表面。因此，采样管越长，流速越低，停留时间越长，小于3 nm气溶胶的扩散损失越严重。另外，弯头、阀门或其他结构导致管状流动的局部变形，大幅增加了颗粒物损失。当流体在管内输送时，中心处颗粒浓度最大，靠近管壁处颗粒浓度最低[111]。形成这种现象主要是因为靠近管壁的颗粒比中心处的颗粒更容易与管壁发生碰撞。为了减少3 nm以下气溶胶的扩散损失，在SMPS采样系统中通常采取以下两种方法。一种简单实用的方法是采用直管，尽量缩短管长，尽量少用阀门或其他结构。另一种有效的方法是利用中心采样的方法。中心采样方法是通过同时加大流量，并将中心周围的气溶胶输送到仪器中，从而提高采样效率[2,112]使用中心采样的方法，1 nm以下颗粒物的采样效率可以很容易地达到100%[111]。

荷电对3 nm以下气溶胶的SMPS测量造成最大的不确定性，主要是由于难以识别的和极低的荷电效率。3 nm以下气溶胶的荷电效率是从之前的模拟[113]中推断出来的，这些模拟没有扩展到3 nm以下的尺寸范围[114-116]。此外，对于3 nm以下的气溶胶，荷电效率极低。例如，软X射线双极荷电器对于3 nm以下的气溶胶的荷电效率被假定为小于2%[2]。由于荷电效率低，在DMA作用下筛选的粒子很少，因此在CPC中检测不到，这增加了SMPS系统的计数不确定性。电荷的另一个很大的不确定性是负电荷和正电荷粒子的带电分数，即电荷分布在不同条件下是不同的。离子迁移率、空气成分、杂质等因素的影响进一步加大了 3 nm 以下气溶胶荷电效率的不准确性[117-120]。为了减少荷电的不确定性，进行了多项研究。最近，一种新型荷电器被设计出来，以增强 3 nm 以下气溶胶在荷电器中的荷电效率[121]。通过改进结构设计，与 TSI 3088 软 X 射线荷电器相比，其对 3 nm 以下的气溶胶具有更高的荷电效率。为了减少离子性质引起的不确定度，Chen 等建议同时测量带正电荷和负电荷的粒子。他们发现，在典型的大气条件下，带正电和负电的粒子分数之和相对恒定[119]。

由于小于 3 nm 气溶胶的高扩散系数，使 DMA 透过率和分辨率降低[122]。由于粒子扩散的影响，传统的 DMA 对小于 3 nm 气溶胶的传递函数变宽，最大传递函数大幅降低。例如，用于对大于 3 nm 的颗粒进行分级的 TSI nano DMA，在对 1.47 nm 的颗粒进行筛分时，测量得到的传递函数仅为 0.06 左右[123,124]。此外，在 DMA 出口存在轴向电场，也会造成小于 3 nm 气溶胶的静电损失[125]。

许多 DMA 被设计用来增强小于 3 nm 气溶胶的筛分能力。Stolzenburg 等改进了 TSI nano DMA（型号 3085），通过将有效筛分长度从 4.987 cm 缩短到 2.000 cm，使其能够筛分得到 1 nm 的颗粒物[126]。Half-mini DMA [127,128]等高分辨率 DMA 在大鞘气流量下也可以实现 1 nm 颗粒物的分离。这种设计需要保持鞘气流动为层流，这往往使 DMA 又大又重。因此，这些高分辨率的 DMA 通常用于对小于 3 nm 的气溶胶或标准离子进行筛分，但很少用于外场测量。Cai 等[123]开发了一种具有中等流速鞘气的微型圆柱形 DMA（mini cyDMA），用于测量小于 3 nm 的气溶胶，更适合于外场测量。此外，Cai 等[125]利用静电耗散管减少了由于 DMA 出口的轴向电场造成的小于 3 nm 的气溶胶的静电损耗。

传统的 CPC 对 3 nm 以下气溶胶的检测效率极低。然而，由于 3 nm 以下颗粒物显著的开尔文效应，传统基于正丁醇的气溶胶粒径谱仪难以有效检测 1～3 nm 的颗粒物。粒径越小的颗粒物需要在越高的过饱和度下才能激活；而过高的过饱和度会导致正丁醇蒸气压均相成核，即直接由气态正丁醇生成颗粒物，产生背景噪声。检测效率低的另一个重要因素是 CPC 中的扩散损耗。不合理的设计，如长管、不必要的弯头等，会增大 CPC 中颗粒的损失。

现有的超细颗粒物冷凝生长计数器（UCPC）的颗粒物粒径检测下限一般为 3 nm 左右。为实现对 1～3 nm 颗粒物的精确计数，以 TSI 公司的 UCPC 3776 为原型，在其基础上进行技术升级和改造，用二甘醇（DEG）代替原本的正丁醇作为工作液体，使其可以激活低至 1 nm 的颗粒物，并将激活长大后的颗粒物再次通过传统正丁醇冷凝生长计数器实现二次长大，然后利用激光散射实现计数，满足测量

1～3 nm 颗粒物的需要。改进的 DEG SMPS 的不确定性仅为原型 DEG SMPS 的一半。Cai 等[129]提出了一个参数 Π，用来表征用于测量 3 nm 以下气溶胶的电迁移率光谱仪的性能。为了降低 SMPS 测量 3 nm 以下气溶胶粒径分布的不确定性，未来的改进应考虑提高 Π 值和粒径分辨率。

2.3.2 纳米颗粒物化学组分检测技术

纳米颗粒物产生于不同的源，包括新粒子生成过程、煤燃烧排放、海洋喷雾、交通排放等[130]。一次和二次生成的纳米颗粒物既可以生长为细颗粒物，也可以被大直径颗粒物清除[131]。目前，已经建立了若干机制来说明 NPF 现象。如硫酸、氨、有机胺、有机物种和碘等关键物种，在世界各地被验证为成核的关键成分[132]。生长过程的机理不同于初始形成阶段，需要更多的凝聚态才能保证持续生长。此外，开尔文效应会随着直径的增大而减小，使得挥发性化合物参与这一过程，如硝酸盐、SVOCs 等[133]。为了实现细颗粒物的在线测量，发展了许多技术方法。例如，气动气溶胶进口被开发用于将积聚模态粒子聚焦到真空系统中[134]。激光烧蚀等已经用于测量气溶胶的单一或难挥发物质的化学组成[135]。由于纳米颗粒物粒径小、质量浓度低、易于碰并损失，针对纳米颗粒物化学组分的检测非常困难，特别是粒径 30 nm 以下颗粒物化学组分及其物理特性测量技术是大气测量领域研究的前沿方向。由于纳米颗粒物的扩散特性，基于空气动力学原理的仪器检测限相对较高。因此，适宜用于检测环境中的大颗粒物（>50 nm）。

一些研究小组已经开发了在线仪器来测量纳米颗粒在环境条件和实验室研究中的化学成分。关键步骤是聚焦和收集荷电的颗粒物，以达到检测器的检测极限。质谱仪具有灵敏度高、响应速度快等优点，是目前最常用的检测器。Smith 及其同事开发了用于半连续模式超细粒子现场测量的热解吸化学电离质谱仪[5]。将离子漂移管应用于热解吸-离子漂移化学电离质谱仪，在实验室中分析纳米颗粒物的形成机理[133]。最近 Wagner 等建立了热解吸微分迁移率分析仪与硝酸化学电离质谱仪相结合的测量方法，其针对硫酸的最小检测限为 0.01 ng[77]。与 CIMS 测量的分子组成相比，基于带电气溶胶聚焦的纳米气溶胶质谱仪来测量城市和农村地区单个纳米颗粒的元素组成[136]。最近，一些其他的软电离技术也被开发出来测量纳米颗粒的化学成分，如液滴辅助入口电离、萃取电喷雾电离等[137]。尽管人们已经对纳米颗粒物的气溶胶化学成分进行了大量的测量，但目前能够跟踪气溶胶纳米团簇中纳米颗粒生长过程的设备仍然稀缺。

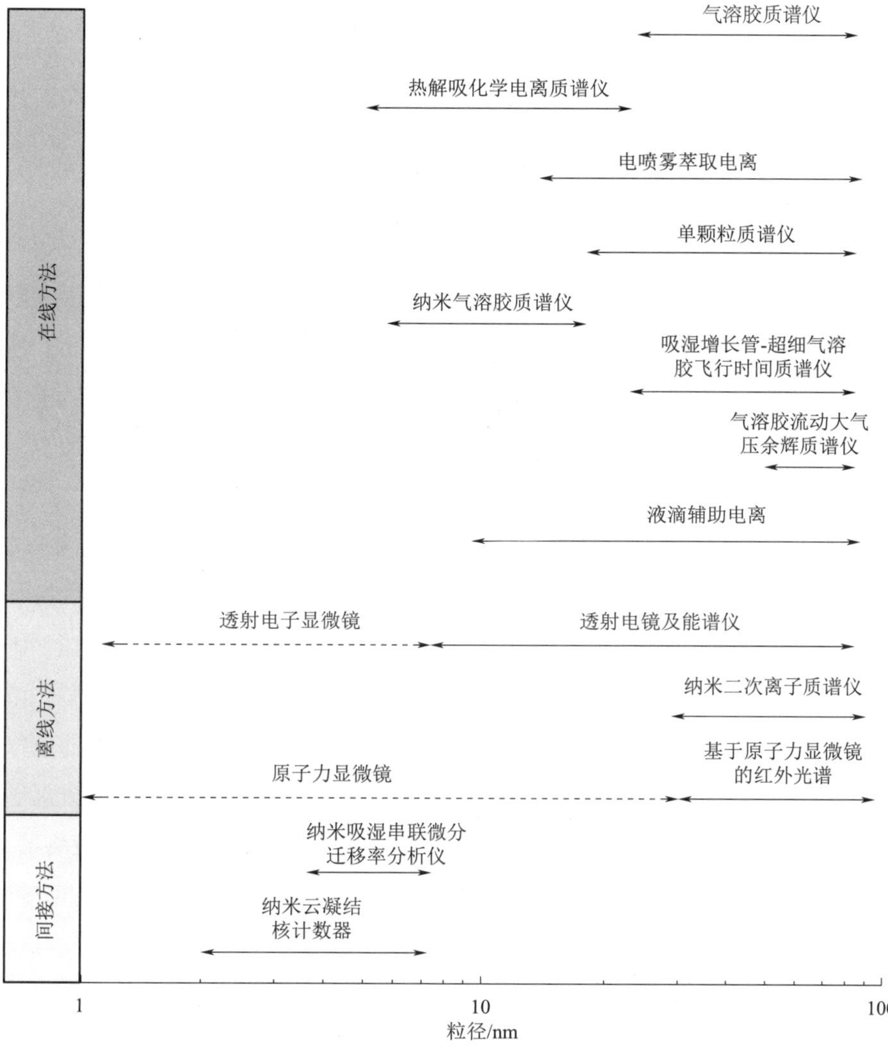

图 2-2　纳米颗粒物测量技术粒径范围对比

2.3.2.1　纳米颗粒物化学成分检测技术

在线测量技术可以实现高时间分辨率下纳米颗粒物成分的检测，不需要样品制备以及前处理。质谱具有高灵敏度和高时间分辨率的特性，广泛应用于纳米颗粒物的化学成分在线分析。以纳米颗粒物聚焦富集方式为分类依据，从空气动力学透镜聚焦、颗粒物荷电富集法以及其他在线测量方法 3 个方面介绍纳米颗粒物的在线测量技术。

（1）空气动力学透镜聚焦

空气动力学透镜采用差分气压系统，相较于小孔或者毛细管，能够实现更小的颗粒束发散角和更高的进样效率，是一种应用广泛的颗粒物进样装置。颗粒物经空气动力学透镜，经历一个先收缩再扩张的过程。颗粒物的惯性远大于载气分子，经过多片透镜聚焦，颗粒物将向中心轴线聚集，而载气分子处于分散状态。对于单颗粒气溶胶质谱仪，要获得高的检测概率，就必须保证透镜产生的颗粒束在离开透镜出口后一段距离内仍能保持较细的束宽度以及较小的发散度。研究发现，传统的空气动力学透镜对于30～500 nm粒径的颗粒，传输效率最好；对于小于30 nm的颗粒，由于气体膨胀，气体流动不稳定，传输效率很低。考虑到30 nm以下颗粒的检测对大气环境和人体健康的重要性，空气动力学透镜的结构需要进一步改进以提高其传输效率。Wang等[156]针对粒径3～30 nm范围的颗粒聚焦问题，进行了理论公式推导及数值模拟。Lee等[138]提出了一种由3个收敛-发散孔组成的气动透镜设计方案，通过从单个透镜到多透镜的一系列数值模拟，确定了在保持气流稳定、不形成激波的情况下，能够使5～100 nm颗粒物稳定聚焦的最优方案。

气溶胶质谱仪（aerosol mass spectrometer，AMS）[134]一般由气溶胶采样聚焦、粒径分级和质量分析器组成，具有时间分辨率高，能够同时定量分析有机物和无机物等优点。颗粒物经空气动力学透镜聚集成束，进入真空系统，对于直径为70～500 nm的颗粒物，其传输效率近100%。气体膨胀会给颗粒物一定的速度，该速度与颗粒物粒径大小相关。通过记录颗粒物的飞行时间，可以计算颗粒物的空气动力学直径。颗粒物撞击在加热表面上，加热蒸发后再经过电子碰撞电离形成离子，最后进入质量分析器中进行成分分析。早期的AMS采用四极杆质谱作为检测器，Decarlo等[139]结合高分辨质谱建立了高分辨率飞行时间气溶胶质谱仪（high-resolution time-of-flight aerosol mass spectrometer，HR-ToF-AMS），其能够直接区分具有相同整数质量物质的元素组成。Kenseth等[140]结合激光电离技术，建立了双极近红外激光解吸电离气溶胶质谱，实现颗粒物有机成分的软电离检测。

单颗粒质谱（single particle mass spectroscopy，SPMS）可以实时检测单个颗粒物的化学成分和粒径大小，为气溶胶形成和生长过程的研究提供了非常重要的信息[141]。一般地，SPMS主要由进样系统、粒径测量系统和化学组分分析系统三部分组成。空气动力学透镜作为高效的气溶胶进样装置被广泛地应用于单颗粒气溶胶质谱仪上。与其他气溶胶化学测量技术相比，SPMS实现单个颗粒物成分检测，具有高时间分辨率和高灵敏度等特点。与热解的方法相比，激光提供了分析热稳定性物质（如矿物、煤烟等）的能力。但基于激光解析/电离的方法，其效率会受到颗粒物大小的限制。SPMS在进行电离解析之前，需要测量颗粒物经过两束固定距离激光时间内获得的空气动力学粒径。用SPMS检测粒径小于100 nm的颗粒物非常困难，主要因为当颗粒物粒径小于散射光的波长时，散射光信号强度会迅速降低。

Zelenyuk 等[142]研发了适用于航测的 SPMS，其检测原理为：红外激光将颗粒物加热或者蒸发，然后通过延时准分子激光脉冲电离，最后颗粒物进入质谱分析。与激光烧蚀一步电离的方式相比，这种电离方式能产生更少的离子碎片，减小基质效应并提高质谱信号[143]。这种方法只能对特定尺寸的颗粒物有较高的检测效率，对粒径 100nm 以下的纳米颗粒物，检测效率较低，对粒径为 50 nm 颗粒的检测效率仅为 0.01%[144]。Zauscher 等[145]通过将吸湿增长管与超细气溶胶飞行时间质谱仪（ultrafine aerosol time-of-flight mass spectrometer，UF-ATOFMS）结合，实现对粒径小至 38 nm 的单个颗粒物的成分测量。吸湿增长管采用过饱和水蒸气使粒径 100 nm 以下的颗粒物冷凝生长，而组成没有明显的变化，这样 UF-ATOFMS 就可以采用原有的光学检测器测量粒径。但冷凝生长过程依赖于颗粒物的吸湿增长能力，这种方法对粒径 100 nm 以下的颗粒物的检测效率仍需进一步探索。

（2）荷电富集法

当粒径小于 50 nm 时，颗粒物通过空气动力学聚焦透镜的传输效率显著下降，而特定的电场可以实现荷电颗粒物的筛分和富集。针对这一特点，研究人员开发了一系列基于颗粒物荷电富集法的纳米颗粒物检测技术，其中关键技术包括纳米颗粒物高效荷电、富集以及检测。

热解吸化学电离质谱（thermal desorption chemical ionization massspectroscopy，TD-CIMS）[3]和热解吸离子迁移化学电离质谱（thermal desorption ion drift chemical ionization massspectroscopy，TD-ID-CIMS）[146]是其中一类重要的测量技术，可以实现粒径为 6～20 nm 的纳米颗粒物的检测，其主要包括颗粒物荷电器、热解吸系统和化学电离质谱。纳米颗粒物通过荷电器荷电和粒径选择，带电颗粒物通过高压电将颗粒物富集至金属丝上。金属丝可以移至电离区域，通过加热使富集的颗粒物热挥发，最后进入化学电离质谱检测。Chen 等[147]开发了软 X 射线电离源，可以替换现有的放射性荷电器，具有使用便捷和荷电效率高等优点。Kreisberg 等[148]开发了一种基于颗粒物吸湿增长的纳米颗粒荷电系统，通过过饱和水蒸气使纳米颗粒粒径增加，使粒径为 6～20 nm 的颗粒物荷电效率提高了 40 倍。化学电离质谱（chemical ionization massspectroscopy，CIMS）是一种软电离质谱技术，分析物与试剂离子通过离子-分子反应而电离，如质子转移、电荷转移和离子-分析物簇的形成，是获得分子水平化学信息的理想技术。张人一等[146]研制的 TD-ID-CIMS，增加了离子漂移管系统，通过控制离子分子反应时间，实现了包括有机物及无机物等痕量组分的定量测量。

纳米气溶胶质谱（nano-aerosol massspectroscopy，NAMS）是另外一种已用于外

场纳米颗粒物化学成分检测的测量技术。纳米气溶胶质谱仪主要由空气动力学进样口、四级杆离子导引、离子阱和飞行时间质谱组成[149]。带电颗粒物进入空气动力透镜初步聚集，通过离子导引聚焦，然后被离子阱捕获。脉冲激光被用于电离颗粒物，从而确定其元素组成。早期施加在离子阱环形电极上的正弦波电位随技术发展被矩形电位所代替，与传统的正弦四级杆离子阱相比，这种数字离子阱具有易于操控等优点[150]。Horan 等[151]将 NAMS 与激光诱导等离子体电离结合在一起，实现粒径为 10～30 nm 的纳米颗粒物元素在线分析。NAMS 相较于传统的气溶胶质谱可以实现纳米颗粒物的高效检测，主要因为：①颗粒物被高效地传输到电离区；②颗粒物被捕获并保持在激光束聚焦的位置；③在一定的颗粒物质量下，等离子体的形成过程会产生更多的离子[152]。

除此之外，还有其他的技术采用荷电富集的方式实现对纳米颗粒物的检测。Laitinen 等[153]建立了基于静电富集、激光电离的飞行时间质谱，用于测定颗粒物中的有机成分。Gonser 等[154]发展了带电超细颗粒化学分析仪（chemical analyzer for charged ultrafine particles，CAChUP），可用于测量 30 nm 以下的颗粒物。与 CIMS 相比，CAChUP 使用电子轰击电离，会产生大量离子碎片。He 等[137]研究了一种将 ESI 应用于亚微米和纳米尺度气溶胶颗粒的方法。该方法利用单极荷电的方法对颗粒荷电，利用静电在钨棒的尖端收集颗粒，主要用于有机组分的分析。Wagner 等[155]研制的热解析-差分电迁移率分析仪（thermal desorption differential mobility analyzer，TD-DMA）可以对粒径为 10～30 nm 的颗粒物有效富集，再由化学电离质谱进行分析，其检测信号在 0.01 ng 仍有较好的线性。

在最近的工作中，Wang 等开发了带有定制的纳米差迁移率分析仪（cnDMA）的纳米粒子化学电离质谱仪（nanoparticle chemical ionization mass spectrometer，NPCIMS）。该仪器可以用于收集粒径为 9～35 nm 的纳米颗粒物[156]。NPCIMS 采用软 X 射线电离高纯氮与微量的氧气组成的复合载气，产生正负试剂离子。同时，采用软 X 射线电离源最为气溶胶荷电器。此外，尽管 cnDMA 的收集效率随着纳米颗粒物粒径的增加而降低（9 nm 约为 100%，30 nm 约为 2%），但对于粒径为 15 nm 的颗粒物仍可获得 50% 的良好收集效率。将该 cnDMA 与化学电离质谱联用，对粒径为 10～25 nm 的硫酸铵和硫酸甲铵气溶胶进行了测量，最低检测限可达 pg 量级。

（3）其他在线测量技术

近年来，一系列新的电离技术应用于大气颗粒物化学成分的在线测量。电喷雾萃取电离（extractive electrospray ionization，EESI）是一种新型的离子化技术，与传统的 ESI 源相比，可以实现气态、液态和固态物质的在线测量[157]。该方法可以实现复杂生物和环境物质的时间连续分析，而无须样品制备与预处理。Gallimore 等[158]将 EESI 源应用于气溶胶化学成分检测，最小可测到粒径为 20 nm 的颗粒物，并实现对气溶胶浓度为 10^2 ng · m^{-3} 的化学成分测量。Lopez-Hilfiker 等[159]建立了 EESI-TOF，针对有机气溶胶检测灵敏度可以达到 1～10 ng · m^{-3}。液滴辅助电离（droplet assisted inlet ionization，DAII）[160]通过将水凝结在纳米颗粒物上，当这些液滴经过加热进样口，溶剂快速蒸发形成离子。该技术可以实现 10～200 nm 的颗粒物测量，检测限为 10 ng · m^{-3}。

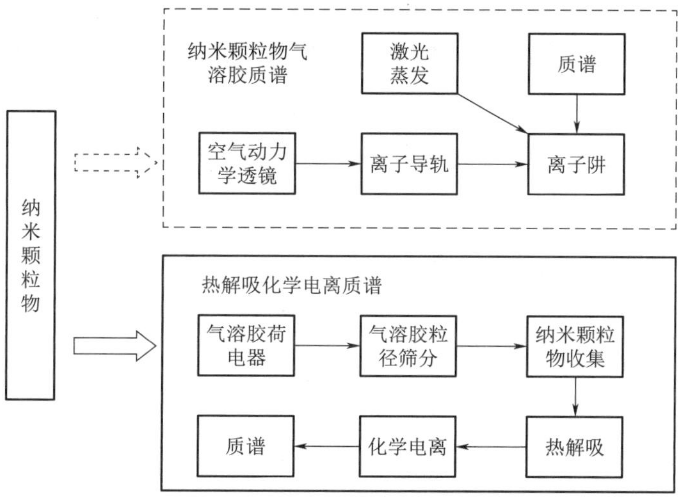

图 2-3　NAMS 和 TD-CIMS 简图

小粒径（特别是粒径小于 10 nm）的纳米颗粒物，其化学成分的直接测量非常困难，研究人员通常通过测量纳米颗粒物的物理特性（如吸湿性、挥发性、光学特性等）来反演纳米颗粒的化学成分信息。例如，采用超细吸湿串联微分迁移率分析仪以及纳米吸湿串联微分迁移率分析仪[161]测出纳米颗粒物的吸湿性，可以推断出其化学组成。Wang 等[162]设计了一种纳米云凝结核计数器，用于测量粒径小于 10 nm 气溶胶的活化过饱和度和吸湿特征并以此推测化学成分。

2. 3. 2. 2　大气中纳米颗粒物化学成分

大气环境中的纳米颗粒物具有粒径小、化学组成复杂、寿命短等特征，在大气中的质量浓度低，外场观测对检测仪器的时间分辨率和检测灵敏度都有极高的要求。随着测量技术的发展，人们对大气中纳米颗粒物的形成和生长进行了大量的研究[163,164]。在此，我们将根据纳米颗粒物的演化过程，包括新粒子的形成（气体前体物和团簇）和纳米颗粒物的生长两个方面举例，简要介绍几种最先进的纳米颗粒物检测仪器在外场观测和实验室研究中的应用。

近年来开展的大量外场观测活动，提高了我们对 NPF 及其后续生长机制的理解。基于大气新粒子生成的特点，在满足如下 3 个条件的情况下，我们认为发生了大气新粒子生成事件。①粒径小于 15 nm 的颗粒物数浓度明显提高。成核模态颗粒物的粒径一般小于 10 nm，但考虑到大气成核发生地点距离观测地点可能会有距离差，因此当观测到成核现象时，成核过程可能已经发生一段时间，此时新生纳米颗粒物的粒径或许已经增长至略大于成核模态颗粒物的粒径上限，因此，我们在此限定的粒径阈值 15 nm 略高于成核模态颗粒物的粒径上限。②成核模态颗粒物在较长时间内保持较高的数浓度。为排除测量到的纳米颗粒物来源于点源或者线源，当观测到成核模态颗粒物在几小时的时间内都保持在较高的数浓度水平上，则可以确认纳米颗粒物来源于气态前体物的成核过程，即发生区域性的新粒子生成事件。③成核模态颗粒物粒径发生持续性的增长。成核模态颗粒物的增长过程是大气新粒子生成的重要阶段，如果没有观测到成核模态颗粒物的增长过程，说明大气中存在大量的背景颗粒物并因此对新生纳米颗粒物产生了巨大的聚并汇。

通过使用一系列粒径分布和团簇化学成分测量仪器，在上海城区的观测表明，高浓度的硫酸二聚体能够和二甲胺等碱基形成稳定的团簇[65]，与 CLOUD 实验中硫酸-二甲胺-水成核的结果一致。此外，根据一项基于外场观测的模拟研究发现，硫酸-二甲胺-水成核会受到高浓度的氨的影响[165]。硫酸-二甲胺-水成核现象不仅发生在城市环境中，也在南极半岛附近的海洋和沿海大气中也能观测到[166]。值得注意的是，在对大气成核机制的探索中，Jiang 等基于长期大气中 NPF 的观测，明确指出硫酸-胺成核是北京城市 NPF 的主导机制[167]。在强凝结清除作用下，硫酸-胺团簇的形成和生长是这些团簇生长到 1.4 nm 左右的主导因素。此外，与 3 nm 以上的颗粒相比，硫酸及其胺团簇的凝结对 3 nm 以下的颗粒物的生长有显著的促进作用[168]。然而，小于 3 nm 的颗粒物生长速度较低，再加上本底气溶胶的清除能力强，导致新粒子的存活率较低[49]。进一步研究证明了硫酸、胺和有机物对新粒子生成的协同作用。硫酸和胺分子之间的快速凝结引发成核，有机物推动新形成的粒子向更大的粒径增长[169]。通过使用两个有和没有化学电离入口的在线质谱仪，比较北京城区新粒子生成过程中中性和离子团簇的化学组成[170]。测到的离子团簇包括纯硫酸团簇、硫酸-胺团簇、硫酸-氨团簇、硫酸-胺-氨团簇，测量到中性团簇包括硫酸团簇和硫酸-胺团簇[170]。根据北京城区实测数据，提出了新粒子生成的指标[171]。该指标由硫酸浓度、胺浓度、硫酸-胺团簇的稳定性和气溶胶表面积决定。研究表明，在北京、上海等典型城市条件下，NPF 通常在指标大于 1 时发生。

然而，实际大气中的二甲胺浓度相对较低，颗粒物生长速度并不高，新粒子无法避免会被空气中原有的高浓度颗粒清除。针对上述问题，Wang 等[171]在 CLOUD 实验室内进行了硝酸和氨成核实验，发现硝酸和氨成核具有较高生长速率。但该机制有强烈的温度依赖性，限制了它的应用范围。Perraud 等[172]研究了在 5～20 nm 的甲磺酸与甲胺反应成核过程的化学成分。结果表明，颗粒物粒径越小酸性越强。除了酸碱反应途径外，多项研究表明 NPF 可以在 VOCs 的光氧化过程中发生。作为 VOCs 的主要来源，Guo 等研究了车辆排放对 NPF 的贡献[173]。他们发现，在相对较高的颗粒物生长速率下，暴露在阳光下的车辆尾气会迅速发生 NPF。空气样品中含有少量的芳香族化合物，是汽车尾气的主要成分。当芳香族化合物暴露在阳光下时，颗粒物生长速率很高。外场观测与实验室实验相结合的结果表明，车辆排放是 NPF 的重要来源之一，但 NPF 发生的内在机理尚不明确。此外，最近的模型模拟研究发现，一种常见的氟利昂替代品氧化最终产物三氟乙酸比硝酸更能有效地促进硫酸-二甲胺的成核[174,175]。因此，需要更多来自外场和实验室的证据来支持模型应用的准确性。

在新粒子生成后，纳米颗粒物会进一步增长，在这一过程中，化学成分和增长机制方面都和成核有很大的差别。基于此，研究人员在过去的 20 年中，在全球各地进行了大量的研究。在城市地区，Smith 等[4]首次实现 6～20 nm 纳米颗粒物化学成分的在线测量。随后他们对亚特兰大成核事件中 6～15 nm 的颗粒物的化学组成进行检测，发现铵盐和硫酸盐是新粒子的主要成分[37]。Yao 等[64]在上海利用硝酸根试剂离子-化学电离质谱等设备对新粒子生成时期纳米颗粒物化学组分的进行分析，发现硫酸-二甲胺-水三元成核机制可用于解释我国典型城市的新粒子生成现象。Klem 等[176]用 NAMS 测定道路交叉路口的化学成分，并描述了一种确定机动车对周围环境超细颗粒物数浓度贡献的方法。在城市区域的观测还发现在纳米颗粒物中含有元素 Si，特别是人为活动频繁地区，纳米粒径的 Si 含量最高[177]。

在沿海地区，Lawler 等[178]使用 TD-CIMS 在爱尔兰大西洋沿岸测量了粒径为 15～85 nm 的纳米颗粒物的化学成分，发现 10～60 nm 的纳米颗粒物的数浓度在成核过程中快速增加，与有机物的参与密切相关。Bzdek 等[131]使用 NAMS 和 TD-CIMS 在农村和沿海地区开展联合观测，发现纳米颗粒物的质量增长一半以上是由碳质物质贡献的，而且有机氮在其过程中扮演着重要的角色。Bzdek 等[179]将该地区新粒子生成期间和非新粒子生成期间颗粒物的元素组成作对比，发现碳质物质是含量最高的成分，但在细颗粒物形成过程中，无机物种会优先增长。

在平原以及森林地区，人为活动的影响较少，自然源占据主导地位。Hodshire

等[180]在美国南部进行观测，以了解新粒子生成研究中驱动新粒子生长的物种和机制，发现该地区新粒子生长主要有3种模式：以有机物为主生长；以硫酸和氨为主生长；以硫酸及其伴生碱和有机物为主生长。Lawler等[181]采用TD-CIMS在芬兰森林地区测量了20～70 nm的颗粒物的化学成分，发现有机酸、胺、无机酸和高氧化有机物参与新粒子生成。Glicker等[182]测量亚马孙地区超细颗粒物的化学组成，发现人为排放和生物排放对该地区超细颗粒化学组成的影响特征。Laitinen等将AMS应用于森林环境中表征粒径小于50 nm的纳米颗粒物的有机组成[183,184]。Lawler等[185]用TD-CIMS在农业区对15～45 nm的纳米颗粒物进行检测，发现纳米颗粒物的组成与真菌碎片一致，这些颗粒物可能是形成云的冰核和呼吸性过敏原的主要来源。

2.4 纳米颗粒物物化特性研究

物理性质，包括形貌、混合状态、吸湿性和挥发性等，是调节气溶胶对大气化学、物理化学影响的最重要因素[186-189]。大气中的纳米颗粒物主要来源于新粒子的形成。化合物是在颗粒物上凝结还是从颗粒物上蒸发取决于它们的挥发性、分子间的相互作用等。此外，这些纳米颗粒物的一小部分可能会继续长大，使它们能够有效地发挥CCN的作用，从而对气候强迫作出重大贡献[190-195]。这些过程依赖纳米颗粒物的吸湿性和挥发性[186,196-198]。

2.4.1 挥发性测定仪原理与方法

大气颗粒物的挥发性是颗粒物重要的热力学性质，可以用来推断颗粒物的化学组分和估算颗粒物中半挥发性物质的蒸汽压等，在大气新粒子的化学成分甄别中是一种重要的间接辅助方法。大气颗粒物的化学组分包括无机盐，如硝酸盐、硫酸盐、铵盐、重金属和有机物，如一次排放的有机物、二次生成的有机物和黑炭等。这些物质的挥发性各不相同。例如，海盐氯化钠挥发温度高，在串联差分式电迁移颗粒物挥发性测定仪中通常设置的最高温度300 ℃下，仍然不挥发，而硝酸铵的挥发性很高。根据不同温度下颗粒物的质量变化或者粒径变化，可以间接推断颗粒物的化学组分。这一信息对于新粒子研究十分重要。

目前，能够测量颗粒物挥发性的技术手段包括串联差分式电迁移颗粒物挥发性测定仪（volatility tandem differential mobility analyzer，V-TDMA）和热扩散管和气溶胶质谱联用技术。前者是测量颗粒物的粒径变化，可以测定较小粒径的颗粒物；后者是测量颗粒物的质量，无法测量分粒径的小粒子。

串联差分式电迁移颗粒物挥发性测定仪基本原理是通过差分式电迁移装置筛选大气中的单分散颗粒物，通过加热通道对颗粒物进行加热，然后利用第二个差分式电迁移装置和超细粒子颗粒物计数仪对加热后粒径大小进行测定。根据加热前后粒径变化，计算塌缩因子或剩余颗粒物的体积，进而表征颗粒物的挥发性，即表征加热后粒径变小的程度。如果塌缩因子越小，说明加热后颗粒物剩余部分越小，挥发性越高。

2.4.2　吸湿性测定仪原理与方法

吸湿性是气溶胶的主要性质之一，是指气溶胶在周围环境相对湿度（RH）增加时的吸水能力，与粒径、化学成分等有关[199]。为了评估气溶胶粒子对环境、气候和健康的影响，必须知道它们在不同大气 RH 条件下的吸湿特性[196,200]。迄今为止，虽然对于粒径大于 100 nm 的纯无机盐或一定程度盐混合物的吸湿性已经开展了较为广泛的研究[201,202]，然而针对核模态细粒子（特别是粒径小于 30 nm）的研究仍相对匮乏。近年来的研究表明，这些核模态的细粒子，无论是在大陆边界层、污染城市区域、工业烟羽，还是在对流云或潮间带，都被广泛观测到[6]。这些广泛存在的高浓度的核模态细粒子，一方面可能影响云凝结核的浓度，进而影响云的光学特性，最终影响地球辐射平衡；另一方面可能影响气溶胶的粒径分布，从而影响气溶胶的直接辐射效应。因此，要想深入认识核模态细粒子在环境大气中的重要角色，对它们的吸湿性开展相关研究则是必要的前提与基础。

气溶胶吸湿性受其粒径、化学组分和混合状态等多种因素影响[203-205]。不同化学组分的吸湿性差异较大，如强吸湿性的海盐、弱吸湿性的邻苯二甲酸等有机物以及不吸湿的黑炭[206,207]。当不同化学组分以不同的混合方式存在时，各组分之间相互影响，潮解风化行为更加复杂。实际环境气溶胶具有混合状态复杂且粒径分布广的特点，在长距离传输过程中成分及混合状态会发生进一步的转化。城市、农村、森林、海洋和极地等地区有各自的环境特点，受不同类型的污染源影响，气溶胶化学组分具有显著差异[204]。同环境中气溶胶粒径分布、化学组分和混合状态具有显著差异，从而造成其吸湿性的差别。

吸湿性一方面影响气溶胶大气行为，包括大气化学过程、气溶胶老化和大气寿命等；另一方面还会影响气溶胶的气候、环境和健康效应。首先，气溶胶吸湿性直接影响气溶胶含水量和相态，气溶胶的均相反应和多相反应因此受到影响，化学组分也随之变化[208,209]。其次，吸湿性与气溶胶的 CCN 活性密切相关，会显著影响气溶胶的湿沉降速率，改变其大气寿命和时空分布。最后，气溶胶的活化能力会影响云的形成和发展，改变地球反照率，通过间接效应对气候产生影响[210]。吸湿性进一步对气溶胶光学性质产生影响，通过改变气溶胶散射和吸收特性，直接影响大气辐射平衡和气候[211]。气溶胶被吸入人体后处于高 RH 条件（>90%），粒径改变会影响气溶胶在呼吸道中的沉积效率及位置，从而对人类健康产生重要负面影响[212]。

根据探测的物理性质不同，研究气溶胶的吸湿性也具有多种不同的方法。其中，吸湿性串联差分迁移率分析仪（hygroscopicity tandem differential mobility analyzer，HTDMA）由于能实时获得纳米颗粒物的吸湿性数据，并且具有较高的测量精度，因此，成为最广泛采用的方法之一。国内外不同的研究团队都陆续建立了自己的 HTDMA 系统并开展了相关研究[201,213-219]。但所建立的系统及开展的研究主要针对的是积聚模态（粒径为 0.05～2 μm）[220]的气溶胶粒子，对于核模态的细粒子却较少涉猎。随着研究的不断深入，人们发现小粒径气溶胶粒子的吸湿性表现出与大粒径气溶胶粒子不同的演化特征。例如，Hameri 等[221,222]利用自行设计的 Nano-HTDMA 对粒径小于 50 nm 的硫酸铵和氯化钠（NaCl，大气中常见的无机纳米颗粒物）的吸湿性展开了系统性研究，发现与大粒径的气溶胶相比，小粒径的气溶胶粒子的吸湿增长（growth factor，GF）因子会随着粒径的减小而减小，并且粒径对其潮解点也有影响。此外，他们还发现氯化钠的 GF 因子测量值与理论值偏差较大。而 Biskos 等[223,224]的系列研究表明，对于非球体纳米颗粒物，计算它们的 GF 因子时必须要考虑开尔文效应并引入尺寸相关形状因子。最近，Giamarelou 等[225]利用 Nano-HTDMA 系统测量了 8～60 nm 卤化钾粒子的因子，再次拓展了人们对无机纳米颗粒吸湿性质的认识。更为重要的是，通过测量纳米颗粒物的 GF 因子，还可以间接得到粒子的化学组成，进而深入认识大气气溶胶初始成核机制[226,227]。

由于开尔文效应，随着粒径的减小，气溶胶的 GF 因子也会随之降低[228]。但纳米气溶胶的 GF 因子受开尔文效应和纳米效应共同影响。Biskos 等[229]研究发现随着粒径减小（从 60 nm 降至 6 nm），NaCl 气溶胶的 GF 因子从 1.75 降至 1.55），粒径小于 40 nm 时，GF 因子展现明显的下降趋势；非球形纳米气溶胶的 GF 因子的预测需要模型考虑开尔文效应和尺寸相关的形状因子。6 nm NaCl 气溶胶表现出了纳米级效应，显著偏离模型预测值[229]。Giamarelou 等[225]测量了 8～60 nm 的 KCl、KBr、KI 颗粒物吸湿性，展现了相似的趋势。Zieger 等[230]发现 50～150 nm 的海盐气溶胶的 GF 因子（90%）随着粒径的减小而略增加（从 2.19 增至 2.22），这可能是因粒径减小后海盐组分的溶解度增加或表面张力降低等，从而导致吸湿性增强。最近的模型研究表明，即使在污染的大气边界层中也存在成核事件[231]。而近年来，国内的外场研究也发现了大量的成核事件，并且进一步的研究表明，这些成核事件与灰霾的形成有重要的关系[165,232]。鉴于核模态气溶胶粒子在大气环境与气候中的重要角色，大力开展对核模态细粒子的吸湿性研究对理解灰霾的形成机制及对国家相关污染减排政策的制定具有重要的科学意义与潜在的应用价值。但目前国内对粒径小于 30 nm 的颗粒物的吸湿性研究还相当匮乏，由于 RH 是影响气溶胶粒径准确测量的最大误差来源之一，已有的商品化的集成静电分级器却受限于其固有的一体化设计，造成其难以适应外场中对超细粒径（dp＜30 nm）的粒子进行长时间高湿度加湿的要求，因此，国际上只有少数几个研究团队搭建了自己的 Nano-HTDMA[39,217,226]，还没有商品化的产品。

粒径对气溶胶的吸湿增长和潮解风化都具有重要影响，尤其是纳米效应会使气溶胶展现出不同的性质。但目前对纳米气溶胶的吸湿实验研究还比较少，纳米气溶胶的吸湿增长和潮解风化等观测现象还没有得到很好的解释。实验中 NaCl 气溶胶粒径从 40 nm 降到 6 nm，风化相对湿度（ERH）与潮解相对湿度（DRH）分别由 45% 和 75% 增加到 53% 和 87%[223]。Lei 等也发现纳米气溶胶的 ERH 与 DRH 展现出随粒径减小而增大的趋势[161]。从 6～20 nm 的 Na_2SO_4 的 ERH 和 DRH 展现出明显的粒径依赖性，但 $(NH_4)_2SO_4$ 气溶胶即使在直径为 6 nm 时，ERH 和 DRH 也没有受到明显的影响[161]。

HTDMA 的发展最初可以追溯到由 Peter McMurry 开发的仪器[233]。随着仪器的改进，HTDMA 可以应用于实验室和外场的研究。这些 HTDMA 仪器用于测量粒径大于 100 nm 的气溶胶颗粒，具有较高的精度和精度。然而，在小于 20 nm 的尺寸范围内，HTDMA 设置很难甚至不可能保持两个 DMA 之间的尺寸精度和较小的尺寸偏移，特别是在对于粒径小于 10 nm 的纳米颗粒物。在最新的研究中，nano-HTDMA 能够高精度地测量粒径小于 20 nm 的纳米颗粒的吸湿性[234]。除了保持准确和稳定的鞘气流量/气溶胶流量（±1%），DMA 电压在 0～50 V 的高精度（±0. 1%）对于实现两个 DMA 之间的精确尺寸和小尺寸偏移（＜1. 4%）至关重要。为了实现稳定的 RH，加湿系统和第二个 DMA 被放置在绝缘良好的恒温室（±0. 1 K）中。利用该仪器可以测量不同湿度下纳米颗粒物的粒径变化，特别是 10 nm 以下的纳米颗粒物，从而更好地了解纳米颗粒物的吸湿特性，帮助我们推断在新粒子生成和生长中涉及的化学成分以及它们对气候的影响[234]。

纳米颗粒物吸湿性在研究手段、技术方法以及垂直观测方面仍存在挑战，需更加深入的研究。①观测仪器的改进以及观测重点的改变。一方面需要提高研究仪器的 RH 的稳定性，使其能在更高的 RH 下稳定使用，能在饱和点附近进行测量；另一方面针对纳米颗粒物的吸湿实验研究比较少，还有待开发相关研究手段，深入解析纳米颗粒物独特的吸湿增长和潮解风化等的内在机制。②需进一步揭示不同吸湿性纳米颗粒物的相态、黏度和表面张力的变化，多组分混合纳米颗粒物的潮解风化行为，特别是无机-有机物复合体系下大气氧化、多相过程以及相态分离等因素对吸湿性的影响，推进参数化的建立优化以及模式应用。③目前已经有了很多地面观测的纳米颗粒物吸湿数据，而吸湿性的垂直分布数据较为匮乏。④吸湿性对纳米颗粒物气候、环境和健康效应的影响有待继续深化探索，如病毒及细菌等在大气中的吸湿过程及对其传播的影响，吸湿性对黑炭及棕色碳纳米颗粒物的辐射强迫的影响，不同吸湿性纳米颗粒物的在肺部及其他器官的沉积以及对人体健康的影响等。

2.4.3 其他物化特性测量方法

电子显微镜具有非常高的空间分辨率（1～5 nm），广泛应用于测量纳米颗粒物形态。最常用技术包括透射电子显微镜（transmission electron microscopy，TEM）和扫描电子显微镜（scanning electron microscopy，SEM）。高分辨率的 TEM 常常被用来探测粒径在 20 nm 以上的纳米颗粒物[235]，其可以与能量色散 X 射线荧光（energy-dispersive X-ray spectrometry，EDX）联用，用于颗粒物成像和元素组成分析。TEM 与 EDX 联用是离线检测应用最广的半定量分析技术，能够给出小至 5 nm 的颗粒物的化学组成[236]。TEM 还可以与其他的化学方法联用，以提供更详细的化学信息。例如，电子能量损失谱（electron energy loss spectroscopy，EELS）对于轻元素分辨效果更好，能量分辨率高 1～2 个量级。除了化学成分，EELS 还可以给出氧化态的信息，被广泛应用于纳米颗粒物的分析[237]。除此之外，冷冻电镜和球差电镜的发展大大拓宽了电镜的适用范围。

扫描电子显微镜（SEM）、透射电子显微镜（TEM）以及二次离子质谱（SIMS）技术通常需要在高真空条件下工作，不适合用于研究含有易挥发无机成分及有机组分纳米颗粒物。而原子力显微镜（atomic force microscopy，AFM）可以在大气环境条件下工作，通过检测待测样品表面和微型力敏感元件之间的原子间相互作用力来获得物质的表面结构及性质。单独 AFM 不能获得具体的化学成分信息，可以通过与其他仪器联用获得相关的化学信息[238]。例如，AFM-IR（atomic force microscopy-infrared spectroscopy）基于可调谐的红外激光与样品相互作用，导致悬臂的振荡发生变化，信号可以转换成红外光谱。这种新方法已经被证明可以在纳米颗粒中检测官能团特异性红外峰[239]。除此之外，AFM 还与针尖增强拉曼散射

（tip-enhanced raman scattering，TERS）相结合[240]。由于纳米颗粒具有特殊的化学属性，拉曼峰信号较强，因此光学显微镜难以研究的纳米颗粒可以通过超快速拉曼成像进行搜索和定位。

2.5　展望

大气纳米颗粒物是气相分子向更大颗粒演化过程的关键成分，因其在能见度、气候和人类健康等方面的重要作用而受到广泛关注。为了更好地理解大气纳米颗粒的形成和生长，仍需要进行更多的工作。因此，本章对未来的几个研究方向进行了概述和讨论，以改进现有技术和开发新技术。

①前体物和团簇对大气中的成核至关重要。由于相关物种的浓度低和寿命短，需要开发更多的电离源和检测方法，以揭示纳米颗粒物初始形成的关键化合物和机制。

②对于 SMPS 测量小于 3 nm 气溶胶粒径分布：为了减少离子性质造成的不确定性，提出了纳米颗粒物的荷电方法[119]；要将其扩展到 3 nm 以下的尺寸范围，还需要进行理论和实验工作。未来仍需进一步改进，包括提高荷电效率、改进荷电模型、降低对离子迁移率、颗粒物组成等的敏感性。

③已有研究表明，CPC 的检测效率取决于颗粒物组成、相对湿度等可能条件[2,241]，这导致了 CPC 计数的不确定性。因此，未来 CPCs 的改进不仅应降低最小检测直径，还应减少活化效率对颗粒物组成和相对湿度的依赖性影响的不确定性。

④目前仪器对纳米颗粒的理化性质测定主要集中在粒径为 10～100 nm 的纳米颗粒上。由于 10 nm 以下纳米颗粒物的质量很小以及技术的限制，对 10 nm 以下纳米颗粒物的理化性质测定手段仍然很少。质谱分析主要提供化学组分的计算公式。然而，分子水平的结构对化合物的物理和化学性质是至关重要的。因此，迫切需要更先进的仪器来测量不同阶段对生长过程有贡献的物种的综合信息。

⑤对有机物在大气成核和生长中的作用仍然知之甚少。因此，建议更多的现场和实验室测量来详细描述有机物在大气成核中的作用，特别是在实际大气的环境下。

⑥除 NPF 形成的二次纳米颗粒物外，一次排放也贡献了很大一部分纳米颗粒物。一次纳米颗粒物的物理化学特性和在大气中的作用也需要进一步探索。

参考文献

[1] JIANG J, ZHAO J, CHEN M, et al. First measurements of neutral atmospheric cluster and 1–2 nm particle number size distributions during nucleation events [J]. Aerosol Science and Technology, 2011, 45 (4): II-V.

[2] JIANG J, CHEN M, KUANG C, et al. Electrical mobility spectrometer using a diethylene glycol condensation particle counter for measurement of aerosol size distributions down to 1 nm [J]. Aerosol Science and Technology, 2011, 45 (4): 510-521.

[3] VOISIN D, SMITH J N, SAKURAI H, et al. Thermal desorption chemical ionization mass spectrometer for ultrafine particle chemical composition [J]. Aerosol Science and Technology, 2003, 37 (6): 471-475.

[4] SMITH J N, MOORE K F, MCMURRY P H, et al. Atmospheric measurements of sub-20 nm diameter particle chemical composition by thermal desorption chemical ionization mass spectrometry [J]. Aerosol Science and Technology, 2004, 38 (2): 100-110.

[5] LI X, LI Y, LAWLER M J, et al. Composition of ultrafine particles in urban Beijing: Measurement using a thermal desorption chemical ionization mass spectrometer [J]. Environmental Science & Technology, 2021, 55 (5): 2859-2868.

[6] KULMALA M, VEHKAMAKI H, PETAJA T, et al. Formation and growth rates of ultrafine atmospheric particles: A review of observations [J]. J Aerosol Sci, 2004, 35 (2): 143-176.

[7] KULMALA M, PIRJOLA U, MAKELA J M. Stable sulphate clusters as a source of new atmospheric particles [J]. Nature, 2000, 404 (6773): 66-69.

[8] KULMALA M. How particles nucleate and grow [J]. Science, 2003, 302 (5647): 1000-1001.

[9] ZHANG R Y, SUH I, ZHAO J, et al. Atmospheric new particle formation enhanced by organic acids [J]. Science, 2004, 304 (5676): 1487-1490.

[10] ALMEIDA J, SCHOBESBERGER S, KURTEN A, et al. Molecular understanding of sulphuric acid-amine particle nucleation in the atmosphere [J]. Nature, 2013, 502 (7471): 359-363.

[11] KULMALA M, KONTKANEN J, JUNNINEN H, et al. Direct Observations of Atmospheric Aerosol Nucleation [J]. Science, 2013, 339 (6122): 943-946.

[12] KURTEN A, LI C X, BIANCHI F, et al. New particle formation in the sulfuric acid-dimethylamine-water system: Reevaluation of CLOUD chamber measurements and comparison to an aerosol nucleation and growth model [J]. Atmos Chem Phys, 2018, 18 (2): 845-863.

[13] KIRKBY J, CURTIUS J, ALMEIDA J, et al. Role of sulphuric acid, ammonia and galactic cosmic rays in atmospheric aerosol nucleation [J]. Nature, 2011, 476 (7361): 429-433.

[14] KIRKBY J, DUPLISSY J, SENGUPTA K, et al. Ion-induced nucleation of pure biogenic particles [J]. Nature, 2016, 533 (7604): 521-526.

[15] KURTEN A, BIANCHI F, ALMEIDA J, et al. Experimental particle formation rates spanning tropospheric sulfuric acid and ammonia abundances, ion production rates, and temperatures [J]. J Geophys Res Atmos, 2016, 121 (20): 12377-12400.

[16] SIPILA M, SARNELA N, JOKINEN T, et al. Molecular-scale evidence of aerosol particle formation via sequential addition of HIO_3 [J]. Nature, 2016, 537 (7621): 532-534.

[17] JOKINEN T, SIPILA M, KONTKANEN J, et al. Ion-induced sulfuric acid-ammonia nucleation drives particle formation in coastal Antarctica [J]. Sci Adv, 2018, 4 (11) 1-6.

[18] KANAWADE V P, JOBSON B T, GUENTHER A B, et al. Isoprene suppression of new particle formation in a mixed deciduous forest [J]. Atmos Chem Phys, 2011, 11 (12): 6013-6027.

[19] KIENDLER-SCHARR A, ANDRES S, BACHNER M, et al. Isoprene in poplar emissions: Effects on new particle formation and OH concentrations [J]. Atmos Chem Phys, 2012, 12 (2): 1021-1030.

[20] MCFIGGANS G, MENTEL T F, WILDT J, et al. Secondary organic aerosol reduced by mixture of atmospheric vapours [J]. Nature, 2019, 565 (7741): 587-593.

[21] HEINRITZI M, DADA L, SIMON M, et al. Molecular understanding of the suppression of new-particle formation by isoprene [J]. Atmos Chem Phys, 2020, 20 (20): 11809-11821.

[22] WILDT J, MENTEL T F, KIENDLER-SCHARR A, et al. Suppression of new particle formation from monoterpene oxidation by NO_x [J]. Atmos Chem Phys, 2014, 14 (6): 2789-2804.

[23] WANG Z B, HU M, SUN J Y, et al. Characteristics of regional new particle formation in urban and regional background environments in the North China Plain [J]. Atmos Chem Phys, 2013, 13、(24): 12495-12506.

[24] KULMALA M, PETAJA T, MONKKONEN P, et al. On the growth of nucleation mode particles: Source rates of condensable vapor in polluted and clean environments [J]. Atmos Chem Phys, 2005, 5: 409-416.

[25] MONKKONEN P, KOPONEN I K, LEHTINEN K E J, et al. Measurements in a highly polluted Asian mega city: Observations of aerosol number size distribution, modal parameters and nucleation events [J]. Atmos Chem Phys, 2005, 5: 57-66.

[26] YUE D L, HU M, ZHANG R Y, et al. Potential contribution of new particle formation to cloud condensation nuclei in Beijing [J]. Atmospheric Environment, 2011, 45 (33): 6070-6077.

[27] GHAN S J, EASTER R C, CHAPMAN E G, et al. A physically based estimate of radiative forcing by anthropogenic sulfate aerosol [J]. J Geophys Res Atmos, 2001, 106 (D6): 5279-5293.

[28] SPRACKLEN D V, CARSLAW K S, KULMALA M, et al. The contribution of boundary layer nucleation events to total particle concentrations on regional and global scales [J]. Atmos Chem Phys, 2006, 6: 5631-5648.

[29] ZHANG R Y. Getting to the Critical Nucleus of Aerosol Formation [J]. Science, 2010, 328 (5984): 1366-1367.

[30] LENG C, ZHANG Q, TAO J, et al. Impacts of new particle formation on aerosol cloud condensation nuclei (CCN) activity in Shanghai: Case study [J]. Atmos Chem Phys, 2014, 14 (20): 11353-11365.

[31] KERMINEN V M, PARAMONOV M, ANTTILA T, et al. Cloud condensation nuclei production associated with atmospheric nucleation: A synthesis based on existing literature and new results [J]. Atmos Chem Phys, 2012, 12 (24): 12037-12059.

[32] WU Z, BIRMILI W, POULAIN L, et al. Particle hygroscopicity during atmospheric new particle formation events: Implications for the chemical species contributing to particle growth [J]. Atmos Chem Phys, 2013, 13 (18): 6637-6646.

[33] MA N, ZHAO C S, TAO J C, et al. Variation of CCN activity during new particle formation events in the North China Plain [J]. Atmos Chem Phys, 2016, 16 (13): 8593-8607.

[34] BOY M, KULMALA M, RUUSKANEN T M, et al. Sulphuric acid closure and contribution to nucleation mode particle growth [J]. Atmos Chem Phys, 2005, 5: 863-878.

[35] STOLZENBURG M R, MCMURRY P H, SAKURAI H, et al. Growth rates of freshly nucleated atmospheric particles in Atlanta [J]. Journal of Geophysical Research-Atmospheres, 2005,

110 (D22).

[36] YUE D L, HU M, ZHANG R Y, et al. The roles of sulfuric acid in new particle formation and growth in the mega-city of Beijing [J]. Atmospheric Chemistry and Physics, 2010, 10 (10): 4953-4960.

[37] SMITH J N, MOORE K F, EISELE F L, et al. Chemical composition of atmospheric nanoparticles during nucleation events in Atlanta [J]. J Geophys Res Atmos, 2005, 110 (D22).

[38] SMITH J N, DUNN M J, VANREKEN T M, et al. Chemical composition of atmospheric nanoparticles formed from nucleation in Tecamac, Mexico: Evidence for an important role for organic species in nanoparticle growth [J]. Geophysical Research Letters, 2008, 35 (4).

[39] SMITH J N, BARSANTI K C, FRIEDLI H R, et al. Observations of aminium salts in atmospheric nanoparticles and possible climatic implications [J]. P Natl Acad Sci USA, 2010, 107 (15): 6634-6639.

[40] WU Z J, HU M, LIU S, et al. New particle formation in Beijing, China: Statistical analysis of a 1-year data set [J]. J Geophys Res Atmos, 2007, 112 (D9).

[41] DOYLE G J. Self-nucleation in sulfuric acid-water system [J]. J Chem Phys, 1961, 35 (3): 795-799.

[42] KORHONEN P, KULMALA M, LAAKSONEN A, et al. Ternary nucleation of H_2SO_4, NH_3, and H_2O in the atmosphere [J]. J Geophys Res Atmos, 1999, 104 (D21): 26349-26353.

[43] ZHENG J, HU M, ZHANG R, et al. Measurements of gaseous H_2SO_4 by AP-ID-CIMS during CARE Beijing 2008 Campaign [J]. Atmospheric Chemistry and Physics, 2011, 11 (15): 7755-7765.

[44] MUNSON M S B, FIELD F H. Chemical Ionization Mass Spectrometry. I. General Introduction [J]. J Am Chem Soc, 1966, 88 (12): 2621-2630.

[45] ZHENG J, KHALIZOV A, WANG L, et al. Atmospheric pressure-ion drift chemical ionization mass spectrometry for detection of trace gas species [J]. Analytical chemistry, 2010, 82 (17): 7302-7308.

[46] KUANG C, MCMURRY P H, MCCORMICK A V, et al. Dependence of nucleation rates on sulfuric acid vapor concentration in diverse atmospheric locations [J]. Journal of Geophysical Research-Atmospheres, 2008, 113 (D10).

[47] WANG W, LIU M, WANG T, et al. Sulfate formation is dominated by manganese-catalyzed oxidation of SO_2 on aerosol surfaces during haze events [J]. Nature Communications, 2021, 12 (1): 1993.

[48] CAI R, YANG D, FU Y, et al. Aerosol surface area concentration: A governing factor in new particle formation in Beijing [J]. Atmos Chem Phys, 2017, 17 (20): 12327-12340.

[49] DENG C, CAI R, YAN C, et al. Formation and growth of sub-3 nm particles in megacities: Impact of background aerosols [J]. Faraday Discussions, 2021, 226: 348-363.

[50] PETAJA T, MAULDIN R L, KOSCIUCH E, et al. Sulfuric acid and OH concentrations in a boreal forest site [J]. Atmos Chem Phys, 2009, 9 (19): 7435-7448.

[51] KULMALA M, DAL MASO M, MAKELA J M, et al. On the formation, growth and composition of nucleation mode particles [J]. Tellus B, 2001, 53 (4): 479-490.

[52] ZHAO J, EISELE F L, TITCOMBE M, et al. Chemical ionization mass spectrometric measurements of atmospheric neutral clusters using the cluster-CIMS [J]. J Geophys Res Atmos, 2010, 115.

[53] CHEN M, TITCOMBE M, JIANG J K, et al. Acid-base chemical reaction model for nucleation

rates in the polluted atmospheric boundary layer [J]. P Natl Acad Sci USA, 2012, 109 (46): 18713-18718.

[54] JEN C N, MCMURRY P H, HANSON D R. Stabilization of sulfuric acid dimers by ammonia, methylamine, dimethylamine, and trimethylamine [J]. J Geophys Res Atmos, 2014, 119 (12): 7502-7514.

[55] CAI R, YAN C, WORSNOP D R, et al. An indicator for sulfuric acid-amine nucleation in atmospheric environments [J]. Aerosol Sci Tech, 2021, 55 (9): 1059-1069.

[56] CAI R, YAN C, YANG D, et al. Sulfuric acid-amine nucleation in urban Beijing [J]. Atmos Chem Phys, 2021, 21 (4): 2457-2468.

[57] WANG G, ZHANG R, GOMEZ M E, et al. Persistent sulfate formation from London Fog to Chinese haze [J]. Proc Natl Acad Sci USA, 2016.

[58] GUO H, WEBER R J, NENES A. High levels of ammonia do not raise fine particle pH sufficiently to yield nitrogen oxide-dominated sulfate production [J]. Sci Rep, 2017, 7 (1): 12109.

[59] YOKELSON R J, BURLING I R, GILMAN J B, et al. Coupling field and laboratory measurements to estimate the emission factors of identified and unidentified trace gases for prescribed fires [J]. Atmos Chem Phys, 2013, 13 (1): 89-116.

[60] SCHADE G W, CRUTZEN P J. Emission of aliphatic-amines from animal husbandry and their reactions-potential source of N_2O and HCN [J]. J Atmos Chem, 1995, 22 (3): 319-346.

[61] RAPPERT S, MÜLLER R. Odor compounds in waste gas emissions from agricultural operations and food industries [J]. Waste Manage (Oxford), 2005, 25 (9): 887-907.

[62] GE X L, WEXLER A S, CLEGG S L. Atmospheric amines-Part I. A review [J]. Atmos Environ, 2011, 45 (3): 524-546.

[63] NIELSEN C J, HERRMANN H, WELLER C. Atmospheric chemistry and environmental impact of the use of amines in carbon capture and storage (CCS) [J]. Chem Soc Rev, 2012, 41 (19): 6684-6704.

[64] YAO L, GARMASH O, BIANCHI F, et al. Atmospheric new particle formation from sulfuric acid and amines in a Chinese megacity [J]. Science, 2018, 361 (6399): 278-281.

[65] LINDINGER W, HANSEL A, JORDAN A. On-line monitoring of volatile organic compounds at ppt levels by means of proton-transfer-reaction mass spectrometry (PTR-MS) -Medical applications, food control and environmental research [J]. International Journal of Mass Spectrometry, 1998, 173 (3): 191-241.

[66] ZHAO J, ZHANG R Y. Proton transfer reaction rate constants between hydronium ion H_3O^+ and volatile organic compounds [J]. Atmospheric Environment, 2004, 38 (14): 2177-2185.

[67] VON BOBRUTZKI K, BRABAN C F, FAMULARI D, et al. Field inter-comparison of eleven atmospheric ammonia measurement techniques [J]. Atmos Meas Tech, 2010, 3 (1): 91-112.

[68] HANSON D R, MCMURRY P H, JIANG J, et al. Ambient pressure proton transfer mass spectrometry: Detection of amines and ammonia [J]. Environmental Science & Technology, 2011, 45 (20): 8881-8888.

[69] ATKINSON R, AREY J. Atmospheric degradation of volatile organic compounds [J]. Chemical Reviews, 2003, 103 (12): 4605-4638.

[70] HALLQUIST M, WENGER J C, BALTENSPERGER U, et al. The formation, properties and impact of secondary organic aerosol: Current and emerging issues [J]. Atmospheric Chemistry and Physics Discussions, 2009, 9 (1): 5155-5236.

[71] EHN M, KLEIST E, JUNNINEN H, et al. Gas phase formation of extremely oxidized pinene re-

action products in chamber and ambient air [J]. Atmospheric Chemistry and Physics, 2012, 12 (11): 5113-5127.

[72] NEL A. Air pollution-related illness: Effects of particles [J]. Science, 2005, 308 (5723): 804-806.

[73] MIKAEL E, A T J, EINHARD K, et al. A large source of low-volatility secondary organic aerosol [J]. Nature, 2014, 506 (7489): 476-479.

[74] RIIPINEN I, PIERCE J R, YLI-JUUTI T, et al. Organic condensation: A vital link connecting aerosol formation to cloud condensation nuclei (CCN) concentrations [J]. Atmospheric Chemistry and Physics, 2011, 11 (8): 3865-3878.

[75] SPRACKLEN D V, JIMENEZ J L, CARSLAW K S, et al. Aerosol mass spectrometer constraint on the global secondary organic aerosol budget [J]. Atmospheric Chemistry and Physics, 2011, 11 (23): 12109-12136.

[76] JUNNINEN H, EHN M, PETÄJÄ T, et al. A high-resolution mass spectrometer to measure atmospheric ion composition [J]. Atmospheric Measurement Techniques, 2010, 3 (4): 1039-1053.

[77] JOKINEN T, SIPILA M, JUNNINEN H, et al. Atmospheric sulphuric acid and neutral cluster measurements using CI-APi-TOF [J]. Atmospheric Chemistry and Physics, 2012, 12 (9): 4117-4125.

[78] SCHOBESBERGER S, JUNNINEN H, BIANCHI F, et al. Molecular understanding of atmospheric particle formation from sulfuric acid and large oxidized organic molecules [J]. Proceedings of the National Academy of Sciences of the United States of America, 2013, 110 (43): 17223-17228.

[79] RICCOBONO F, SCHOBESBERGER S, SCOTT C E, et al. Oxidation products of biogenic emissions contribute to nucleation of atmospheric particles [J]. Science, 2014, 344 (6185): 717-721.

[80] JOKINEN T, BERNDT T, MAKKONEN R, et al. Production of extremely low volatile organic compounds from biogenic emissions: Measured yields and atmospheric implications [J]. Proceedings of the National Academy of Sciences, 2015, 112 (23).

[81] JOKINEN T, SIPILA M, RICHTERS S, et al. Rapid Autoxidation Forms Highly Oxidized RO_2 Radicals in the Atmosphere [J]. Angewandte Chemie-International Edition, 2014, 53 (52): 14596-14600.

[82] BOYD C M, SANCHEZ J, XU L, et al. Secondary organic aerosol formation from the β-pinene+ NO_3 system: Effect of humidity and peroxy radical fate [J]. Atmos Chem Phys, 2015, 15 (13): 7497-7522.

[83] ORLANDO J J, TYNDALL G S. Laboratory studies of organic peroxy radical chemistry: An overview with emphasis on recent issues of atmospheric significance [J]. Chemical Society Reviews, 2012, 41 (19): 6294-6317.

[84] PENTTI PAATERO U T. Positive matrix factorization: A non-negative factor model with optimal utilization of error estimates of data values [J]. Environmetrics, 1994: 111-126.

[85] ULBRICH I M, CANAGARATNA M R, ZHANG Q, et al. Interpretation of organic components from Positive Matrix Factorization of aerosol mass spectrometric data [J]. Atmospheric Chemistry and Physics, 2009, 9 (9): 2891-2918.

[86] LANZ V A, ALFARRA M R, BALTENSPERGER U, et al. Source apportionment of submicron organic aerosols at an urban site by factor analytical modelling of aerosol mass spectra [J]. Atmospheric Chemistry and Physics, 2007, 7 (6): 1503-1522.

[87] JIMENEZ J L, CANAGARATNA M R, DONAHUE N M, et al. Evolution of organic aerosols in the atmosphere [J]. Science, 2009, 326 (5959): 1525-1529.

[88] NG N L, CANAGARATNA M R, ZHANG Q, et al. Organic aerosol components observed in Northern Hemispheric datasets from Aerosol Mass Spectrometry [J]. Atmos Chem Phys, 2010, 10 (10): 4625-4641.

[89] ZHANG Q, JIMENEZ J L, CANAGARATNA M R, et al. Understanding atmospheric organic aerosols via factor analysis of aerosol mass spectrometry: A review [J]. Analytical and Bioanalytical Chemistry, 2011, 401 (10): 3045-3067.

[90] VLASENKO A, SLOWIK J G, BOTTENHEIM J W, et al. Measurements of VOCs by proton transfer reaction mass spectrometry at a rural Ontario site: Sources and correlation to aerosol composition [J]. Journal of Geophysical Research-Atmospheres, 2009, 114 (D21).

[91] YUAN B, SHAO M, DE GOUW J, et al. Volatile organic compounds (VOCs) in urban air: How chemistry affects the interpretation of positive matrix factorization (PMF) analysis [J]. Journal of Geophysical Research-Atmospheres, 2012, 117 (D24).

[92] CRIPPA M, CANONACO F, SLOWIK J G, et al. Primary and secondary organic aerosol origin by combined gas-particle phase source apportionment [J]. Atmospheric Chemistry and Physics, 2013, 13 (16): 8411-8426.

[93] YAN C, NIE W, AIJALA M, et al. Source characterization of highly oxidized multifunctional compounds in a boreal forest environment using positive matrix factorization [J]. Atmos Chem Phys, 2016, 16 (19): 12715-12731.

[94] CAI R L, JIANG J K. A new balance formula to estimate new particle formation rate: Reevaluating the effect of coagulation scavenging [J]. Atmos Chem Phys, 2017, 17 (20): 12659-12675.

[95] MIRME S, MIRME A. The mathematical principles and design of the NAIS-a spectrometer for the measurement of cluster ion and nanometer aerosol size distributions [J]. Atmospheric Measurement Techniques, 2013, 6 (4): 1061-1071.

[96] VANHANEN J, MIKKILÄ J, LEHTIPALO K, et al. Particle Size Magnifier for Nano-CN Detection [J]. Aerosol Science and Technology, 2011, 45 (4): 533-542.

[97] MARTI J J, WEBER R J, SAROS M T, et al. Modification of the TSI 3025 Condensation Particle Counter for Pulse Height Analysis [J]. Aerosol Science and Technology, 1996, 25 (2): 214-218.

[98] WHITBY K T, CLARK W E. Electric aerosol particle counting and size distribution measuring system for the 0.015 to 1 μ size range 1 [J]. Tellus, 1966, 18 (2-3): 573-586.

[99] LIU B Y H, WHITBY K T, PUI D Y H. A portable electrical analyzer for size distribution measurement of submicron aerosols [J]. Journal of the Air Pollution Control Association, 1974, 24 (11): 1067-1072.

[100] KNUTSON E, WHITBY K. Aerosol classification by electric mobility: Apparatus, theory, and applications [J]. Journal of Aerosol Science, 1975, 6 (6): 443-451.

[101] LIU B Y H, PUI D Y H. On the performance of the electrical aerosol analyzer [J]. Journal of Aerosol Science, 1975, 6 (3): 249-264.

[102] LIU B Y H, PUI D Y H. A submicron aerosol standard and the primary, absolute calibration of the condensation nuclei counter [J]. Journal of Colloid and Interface Science, 1974, 47 (1): 155-171.

[103] KEADY P B, QUANT F R, SEM G J. Differential mobility particle sizer: A new instrument for

high-resolution aerosol size distribution measurement below 1 μm [J]. TSI Quarterly, 1983, 9 (2): 3-11.

[104] WANG S C, FLAGAN R C. Scanning electrical mobility spectrometer [J]. Aerosol Science and Technology, 1990, 13 (2): 230-240.

[105] SHAH S D, COCKER D R. A fast scanning mobility particle spectrometer for monitoring transient particle size distributions [J]. Aerosol Science and Technology, 2005, 39 (6): 519-526.

[106] WANG J, MCNEILL V F, COLLINS D R, et al. Fast mixing condensation nucleus counter: Application to rapid scanning differential mobility analyzer measurements [J]. Aerosol Science and Technology, 2010, 36 (6): 678-689.

[107] WINKLMAYR W, REISCHL G, LINDNER A, et al. A new electromobility spectrometer for the measurement of aerosol size distributions in the size range from 1 to 1000 nm [J]. Journal of Aerosol Science, 1991, 22 (3): 289-296.

[108] CHEN D-R, PUI D Y H. Numerical modeling of the performance of differential mobility analyzers for nanometer aerosol measurements [J]. Journal of Aerosol Science, 1997, 28 (6): 985-1004.

[109] CHEN D R, PUI D Y H, HUMMES D, et al. Design and evaluation of a nanometer aerosol differential mobility analyzer (Nano-DMA) [J]. Journal of Aerosol Science, 1998, 29 (5): 497-509.

[110] STOLZENBURG M R, MCMURRY P H. An ultrafine aerosol condensation nucleus counter [J]. Aerosol Science and Technology, 1991, 14 (1): 48-65.

[111] FU Y, XUE M, CAI R, et al. Theoretical and experimental analysis of the core sampling method: Reducing diffusional losses in aerosol sampling line [J]. Aerosol Science and Technology, 2019, 53 (7): 793-801.

[112] KANGASLUOMA J, FRANCHIN A, DUPLISSY J, et al. Operation of the Airmodus A11 nano Condensation Nucleus Counter at various inlet pressures and various operation temperatures, and design of a new inlet system [J]. Atmospheric Measurement Techniques, 2016, 9 (7): 2977-2988.

[113] HOPPEL W A, FRICK G M. Ion—aerosol attachment coefficients and the steady-state charge distribution on aerosols in a bipolar ion environment [J]. Aerosol Science and Technology, 1986, 5 (1): 1-21.

[114] WIEDENSOHLER A. An approximation of the bipolar charge distribution for particles in the submicron size range [J]. Journal of Aerosol Science, 1988, 19 (3): 387-389.

[115] WIEDENSOHLER A, FISSAN H J. Bipolar charge distributions of aerosol particles in High-purity argon and nitrogen [J]. Aerosol Science and Technology, 1991, 14 (3): 358-364.

[116] TIGGES L, WIEDENSOHLER A, WEINHOLD K, et al. Bipolar charge distribution of a soft X-ray diffusion charger [J]. Journal of Aerosol Science, 2015, 90: 77-86.

[117] STEINER G, REISCHL G P. The effect of carrier gas contaminants on the charging probability of aerosols under bipolar charging conditions [J]. J Aerosol Sci, 2012, 54 (7): 21-31.

[118] CHEN X, MCMURRY P H, JIANG J. Stationary characteristics in bipolar diffusion charging of aerosols: Improving the performance of electrical mobility size spectrometers [J]. Aerosol Science and Technology, 2018, 52 (8): 809-813.

[119] CHEN X, JIANG J. Retrieving the ion mobility ratio and aerosol charge fractions for a neutralizer in real-world applications [J]. Aerosol Science and Technology, 2018, 52 (10): 1145-1155.

[120] JIANG J, KIM C, WANG X, et al. Aerosol charge fractions downstream of six bipolar chargers: Effects of ion source, source activity, and flowrate [J]. Aerosol Science and Technology, 2014, 48 (12): 1207-1216.

[121] WANG D, XUE M, CHEN X, et al. Development and evaluation of a new soft X-ray aerosol charger [J]. Journal of Atmospheric and Environmental Optics, 2020, 15 (6): 429-437.

[122] STOLZENBURG M R, MCMURRY P H. Equations governing single and tandem DMA configurations and a new lognormal approximation to the transfer function [J]. Aerosol Science and Technology, 2008, 42 (6): 421-432.

[123] CAI R, CHEN D-R, HAO J, et al. A miniature cylindrical differential mobility analyzer for sub-3 nm particle sizing [J]. Journal of Aerosol Science, 2017, 106: 111-119.

[124] JIANG J, ATTOUI M, HEIM M, et al. Transfer Functions and Penetrations of Five Differential Mobility Analyzers for Sub-2 nm Particle Classification [J]. Aerosol Science and Technology, 2011, 45 (4): 480-492.

[125] CAI R, ZHOU Y, JIANG J. Transmission of charged nanoparticles through the DMA adverse axial electric field and its improvement [J]. Aerosol Science and Technology, 2019, 54 (1): 21-32.

[126] STOLZENBURG M R, SCHECKMAN J H T, ATTOUI M, et al. Characterization of the TSI model 3086 differential mobility analyzer for classifying aerosols down to 1 nm [J]. Aerosol Science and Technology, 2018, 52 (7): 748-756.

[127] FERNÁNDEZ DE LA MORA J, KOZLOWSKI J. Hand-held differential mobility analyzers of high resolution for 1-30 nm particles: Design and fabrication considerations [J]. Journal of Aerosol Science, 2013, 57: 45-53.

[128] FERNANDEZ DE LA MORA J. Expanded flow rate range of high-resolution nanoDMAs via improved sample flow injection at the aerosol inlet slit [J]. Journal of Aerosol Science, 2017, 113: 265-275.

[129] CAI R, JIANG J, MIRME S, et al. Parameters governing the performance of electrical mobility spectrometers for measuring sub-3 nm particles [J]. Journal of Aerosol Science, 2019, 127: 102-115.

[130] KULMALA M, DADA L, DAELLENBACH K R, et al. Is reducing new particle formation a plausible solution to mitigate particulate air pollution in Beijing and other Chinese megacities? [J]. Faraday Discussions, 2021, 226: 334-347.

[131] BZDEK B R, LAWLER M J, HORAN A J, et al. Molecular constraints on particle growth during new particle formation [J]. Geophysical Research Letters, 2014, 41 (16): 6045-6054.

[132] KIRKBY J, DUPLISSY J, SENGUPTA K, et al. Ion-induced nucleation of pure biogenic particles [J]. Nature, 2016, 533 (7604): 521-526.

[133] WANG L, KHALIZOV A F, ZHENG J, et al. Atmospheric nanoparticles formed from heterogeneous reactions of organics [J]. Nature Geoscience, 2010, 3 (4): 238-242.

[134] JAYNE J T, LEARD D C, ZHANG X, et al. Development of an aerosol mass spectrometer for size and composition analysis of submicron particles [J]. Aerosol Science & Technology, 2000, 33 (1): 49-70.

[135] GARD E, MAYER J E, MORRICAL B D, et al. Real-time analysis of individual atmospheric aerosol particles: Design and performance of a portable ATOFMS [J]. Analytical Chemistry, 1997, 69 (20): 4083-4091.

[136] BZDEK B R, PENNINGTON M R, JOHNSTON M V. Single particle chemical analysis of ambi-

ent ultrafine aerosol: A review [J]. Journal of Aerosol Science, 2012, 52: 109-120.

[137] HE S, LI L, DUAN H, et al. Aerosol analysis via electrostatic precipitation-Electrospray ionization mass spectrometry [J]. Anal Chem, 2015, 87 (13): 6752-6760.

[138] LEE K-S, KIM S, LEE D. Aerodynamic focusing of 5-50 nm nanoparticles in air [J]. Journal of Aerosol Science, 2009, 40 (12): 1010-1018.

[139] DECARLO P F, KIMMEL J R, TRIMBORN A, et al. Field-deployable, high-resolution, time-of-flight aerosol mass spectrometer [J]. Analytical Chemistry, 2006, 78 (24): 8281-8289.

[140] KENSETH C M, PETRUCCI G A. Characterization of a bipolar near-infrared laser desorption/ionization aerosol mass spectrometer [J]. Aerosol Science and Technology, 2016, 50 (8): 790-801.

[141] LI Y J, SUN Y, ZHANG Q, et al. Real-time chemical characterization of atmospheric particulate matter in China: A review [J]. Atmospheric Environment, 2017, 158: 270-304.

[142] ZELENYUK A, IMRE D, WILSON J, et al. Airborne single particle mass spectrometers (SPLAT II & miniSPLAT) and new software for data visualization and analysis in a geo-spatial context [J]. Journal of the American Society for Mass Spectrometry, 2015, 26 (2): 257-270.

[143] ZELENYUK A, YANG J, IMRE D. Comparison between mass spectra of individual organic particles generated by UV laser ablation and in the IR/UV two-step mode [J]. International Journal of Mass Spectrometry, 2009, 282 (1-2): 6-12.

[144] ZELENYUK A, YANG J, IMRE D, et al. Achieving size independent hit-rate in single particle mass spectrometry [J]. Aerosol Science and Technology, 2009, 43 (4): 305-310.

[145] ZAUSCHER M D, MOORE M J, LEWIS G S, et al. Approach for measuring the chemistry of individual particles in the size range critical for cloud formation [J]. Anal Chem, 2011, 83 (6): 2271-2278.

[146] ZHANG R, WANG L, KHALIZOV A F, et al. Formation of nanoparticles of blue haze enhanced by anthropogenic pollution [J]. Proceedings of the National Academy of Sciences, 2009, 106 (42): 17650.

[147] CHEN X, JIANG J, CHEN D-R. A soft X-ray unipolar charger for ultrafine particles [J]. Journal of Aerosol Science, 2019, 133: 66-71.

[148] KREISBERG N M, SPIELMAN S R, EIGUREN-FERNANDEZ A, et al. Water condensation-based nanoparticle charging system: Physical and chemical characterization [J]. Aerosol Science and Technology, 2018, 52 (10): 1167-1177.

[149] WANG S, ZORDAN C A, JOHNSTON M V. Chemical characterization of individual, airborne sub-10-nm particles and molecules [J]. Analytical chemistry, 2006, 78 (6): 1750-1754.

[150] WANG S, JOHNSTON M V. Airborne nanoparticle characterization with a digital ion trap-reflectron time of flight mass spectrometer [J]. International Journal of Mass Spectrometry, 2006, 258 (1-3): 50-57.

[151] HORAN A J, KRASNOMOWITZ J M, JOHNSTON M V. Particle size and chemical composition effects on elemental analysis with the nano aerosol mass spectrometer [J]. Aerosol Science and Technology, 2017, 51 (10): 1135-1143.

[152] JOHNSTON M V, WANG S, REINARD M S. Nanoparticle mass spectrometry: Pushing the limit of single particle analysis [J]. Applied spectroscopy, 2006, 60 (10): 264A-272A.

[153] LAITINEN T, HARTONEN K, KUIMAIA M, et al. Aerosol time-of-flight mass spectrometer for measuring ultrafine aerosol particles [J]. Boreal Environment Research, 2009, 14 (4): 539-549.

[154] GONSER S, HELD A. A chemical analyzer for charged ultrafine particles [J]. Atmospheric Measurement Techniques, 2013, 6 (9): 2339.

[155] WAGNER A C, BERGEN A, BRILKE S, et al. Size-resolved online chemical analysis of nanoaerosol particles: A thermal desorption differential mobility analyzer coupled to a chemical ionization time-of-flight mass spectrometer [J]. Atmos Meas Tech, 2018, 11 (10): 5489-5506.

[156] WANG W, CHEN Y, LI L, et al. Chemical composition of different size ultrafine particulate matter measured by nanoparticle chemical ionization mass spectrometer [J]. Journal of Environmental Sciences, 2022, 34 (4): 434-443.

[157] CHEN H, VENTER A, COOKS R G. Extractive electrospray ionization for direct analysis of undiluted urine, milk and other complex mixtures without sample preparation [J]. Chem Commun (Camb), 2006 (19): 2042-2044.

[158] GALLIMORE P J, KALBERER M. Characterizing an extractive electrospray ionization (EESI) source for the online mass spectrometry analysis of organic aerosols [J]. Environ Sci Technol, 2013, 47 (13): 7324-7331.

[159] LOPEZ-HILFIKER F D, POSPISILOVA V, HUANG W, et al. An extractive electrospray ionization time-of-flight mass spectrometer (EESI-TOF) for online measurement of atmospheric aerosol particles [J]. Atmospheric Measurement Techniques, 2019, 12 (9): 4867-4886.

[160] HORAN A J, APSOKARDU M J, JOHNSTON M V. Droplet assisted inlet ionization for online analysis of airborne nanoparticles [J]. Anal Chem, 2017, 89 (2): 1059-1062.

[161] LEI T, MA N, HONG J, et al. Nano-hygroscopicity tandem differential mobility analyzer (nano-HTDMA) for investigating hygroscopic properties of sub-10 nm aerosol nanoparticles [J]. Atmos Meas Tech, 2020, 13 (12): 5551-5567.

[162] WANG Z, SU H, WANG X, et al. Scanning supersaturation condensation particle counter applied as a nano-CCN counter for size-resolved analysis of the hygroscopicity and chemical composition of nanoparticles [J]. Atmospheric Measurement Techniques, 2015, 8 (5): 2161-2172.

[163] KULMALA M, KERMINEN V-M. On the formation and growth of atmospheric nanoparticles [J]. Atmospheric Research, 2008, 90 (2): 132-150.

[164] DADA L, LEHTIPALO K, KONTKANEN J, et al. Formation and growth of sub-3-nm aerosol particles in experimental chambers [J]. Nature Protocols, 2020, 15 (3): 1013-1040.

[165] LI H, NING A, ZHONG J, et al. Influence of atmospheric conditions on sulfuric acid-dimethylamine-ammonia-based new particle formation [J]. Chemosphere, 2020, 245.

[166] BREAN J, DALL'OSTO M, SIMO R, et al. Open ocean and coastal new particle formation from sulfuric acid and amines around the Antarctic Peninsula [J]. Nature Geoscience, 2021, 14 (6): 383.

[167] CAI R, YAN C, YANG D, et al. Sulfuric acid-amine nucleation in urban Beijing [J]. Atmospheric Chemistry and Physics, 2021, 21 (4): 2457-2468.

[168] DENG C, FU Y, DADA L, et al. Seasonal Characteristics of New Particle Formation and Growth in Urban Beijing [J]. Environmental Science & Technology, 2020, 54 (14): 8547-8557.

[169] YAN C, YIN R, LU Y, et al. The Synergistic Role of Sulfuric Acid, Bases, and Oxidized Organics Governing New-Particle Formation in Beijing [J]. Geophysical Research Letters, 2021, 48 (7): 1-12.

[170] YIN R, YAN C, CAI R, et al. Acid-Base Clusters during Atmospheric New Particle Formation in Urban Beijing [J]. Environmental Science & Technology, 2021, 55 (16): 10994-11005.

[171] WANG M, KONG W, MARTEN R, et al. Rapid growth of new atmospheric particles by nitric acid and ammonia condensation [J]. Nature, 2020, 581 (7807): 184-189.

[172] PERRAUD V, LI X, JIANG J, et al. Size-resolved chemical composition of sub-20 nm particles from methanesulfonic acid reactions with methylamine and ammonia [J]. ACS Earth and Space Chemistry, 2020, 4 (7): 1182-1194.

[173] GUO S, HU M, PENG J, et al. Remarkable nucleation and growth of ultrafine particles from vehicular exhaust [J]. Proc Natl Acad Sci U S A, 2020, 117 (7): 3427-3432.

[174] LU Y, LIU L, NING A, et al. Atmospheric sulfuric acid-dimethylamine nucleation enhanced by trifluoroacetic acid [J]. Geophysical Research Letters, 2020, 47 (2): 1-7.

[175] LIU L, YU F, TU K, et al. Influence of atmospheric conditions on the role of trifluoroacetic acid in atmospheric sulfuric acid-dimethylamine nucleation [J]. Atmospheric Chemistry and Physics, 2021, 21 (8): 6221-6230.

[176] KLEMS J P, PENNINGTON M R, ZORDAN C A, et al. Apportionment of motor vehicle emissions from fast changes in number concentration and chemical composition of ultrafine particles near a roadway intersection [J]. Environ Sci Technol, 2011, 45 (13): 5637-5643.

[177] BZDEK B R, HORAN A J, PENNINGTON M R, et al. Silicon is a frequent component of atmospheric nanoparticles [J]. Environmental Science & Technology, 2014, 48 (19): 11137-11145.

[178] LAWLER M J, WHITEHEAD J, O'DOWD C, et al. Composition of 15-85 nm particles in marine air [J]. Atmos Chem Phys, 2014, 14 (21): 11557-11569.

[179] BZDEK B R, HORAN A J, PENNINGTON M R, et al. Quantitative and time-resolved nanoparticle composition measurements during new particle formation [J]. Faraday Discussions, 2013, 165: 25-43.

[180] HODSHIRE A L, LAWLER M J, ZHAO J, et al. Multiple new-particle growth pathways observed at the US DOE Southern Great Plains field site [J]. Atmospheric Chemistry and Physics, 2016, 16 (14): 9321-9348.

[181] LAWLER M J, RISSANEN M P, EHN M, et al. Evidence for diverse biogeochemical drivers of boreal forest new particle formation [J]. Geophysical Research Letters, 2018, 45 (4): 2038-2046.

[182] GLICKER H S, LAWLER M J, ORTEGA J, et al. Chemical composition of ultrafine aerosol particles in central amazonia during the wet season [J]. Atmospheric Chemistry and Physics, 2019, 19 (20): 13053-13066.

[183] LAITINEN T, EHN M, JUNNINEN H, et al. Characterization of organic compounds in 10-to 50-nm aerosol particles in boreal forest with laser desorption-ionization aerosol mass spectrometer and comparison with other techniques [J]. Atmospheric Environment, 2011, 45 (22): 3711-3719.

[184] LAITINEN T, JUNNINEN H, PARSHINTSEV J, et al. Changes in concentration of nitrogen-containing compounds in 10nm particles of boreal forest atmosphere at snowmelt [J]. Journal of Aerosol Science, 2014, 70: 1-10.

[185] LAWLER M J, DRAPER D C, SMITH J N. Atmospheric fungal nanoparticle bursts [J]. Science Advances, 2020, 6 (3): eaax9051.

[186] CHENG Y F, WIEDENSOHLER A, EICHLER H, et al. Relative humidity dependence of aerosol optical properties and direct radiative forcing in the surface boundary layer at Xinken in Pearl River Delta of China: An observation based numerical study [J]. Atmospheric Environment,

2008, 42 (25): 6373-6397.

[187] SU H, CHENG Y, PÖSCHL U. New multiphase chemical processes influencing atmospheric aerosols, air quality, and climate in the anthropocene [J]. Accounts of Chemical Research, 2020.

[188] ZHENG G J, DUAN F K, SU H, et al. Exploring the severe winter haze in Beijing: The impact of synoptic weather, regional transport and heterogeneous reactions [J]. Atmos Chem Phys, 2015, 15 (6): 2969-2983.

[189] ZHENG G, SU H, WANG S, et al. Multiphase buffer theory explains contrasts in atmospheric aerosol acidity [J]. Science, 2020, 369 (6509): 1374-1377.

[190] DUNNE E M, GORDON H, KÜRTEN A, et al. Global atmospheric particle formation from CERN CLOUD measurements [J]. Science, 2016, 354 (6316): 1119-1124.

[191] KESKINEN H, VIRTANEN A, JOUTSENSAARI J, et al. Evolution of particle composition in CLOUD nucleation experiments [J]. Atmos Chem Phys, 2013, 13 (11): 5587-5600.

[192] KIM J, AHLM L, YLI-JUUTI T, et al. Hygroscopicity of nanoparticles produced from homogeneous nucleation in the CLOUD experiments [J]. Atmos Chem Phys, 2016, 16 (1): 293-304.

[193] SIHTO S L, MIKKILÄ J, VANHANEN J, et al. Seasonal variation of CCN concentrations and aerosol activation properties in boreal forest [J]. Atmos Chem Phys, 2011, 11 (24): 13269-13285.

[194] WIEDENSOHLER A, CHENG Y F, NOWAK A, et al. Rapid aerosol particle growth and increase of cloud condensation nucleus activity by secondary aerosol formation and condensation: A case study for regional air pollution in northeastern China [J]. Journal of Geophysical Research: Atmospheres, 2009, 114 (D2): 1-10.

[195] KIRKBY J, CURTIUS J, ALMEIDA J, et al. Role of sulphuric acid, ammonia and galactic cosmic rays in atmospheric aerosol nucleation [J]. Nature, 2011, 476 (7361): 429-433.

[196] HAKALA J, MIKKILÄ J, HONG J, et al. VH-TDMA: A description and verification of an instrument to measure aerosol particle hygroscopicity and volatility [J]. Aerosol Science and Technology, 2017, 51 (1): 97-107.

[197] KöHLER H. The nucleus in and the growth of hygroscopic droplets [J]. Transactions of the Faraday Society, 1936, 32: 1152-1161.

[198] WANG Z, SU H, WANG X, et al. Scanning supersaturation CPC applied as a nano-CCN counter for size-resolved analysis of the hygroscopicity and chemical composition of nanoparticles [M]. 2015.

[199] GASPARINI R, LI R J, COLLINS D R. Integration of size distributions and size-resolved hygroscopicity measured during the Houston Supersite for compositional categorization of the aerosol [J]. Atmospheric Environment, 2004, 38 (20): 3285-3303.

[200] CAPPA C D, ONASCH T B, MASSOLI P, et al. Radiative absorption enhancements due to the mixing state of atmospheric black carbon [J]. Science, 2012, 337 (6098): 1078-1081.

[201] SWIETLICKI E, HANSSON H C, HAMERI K, et al. Hygroscopic properties of submicrometer atmospheric aerosol particles measured with H-TDMA instruments in various environments-a review [J]. Tellus Series B-Chemical and Physical Meteorology, 2008, 60 (3): 432-469.

[202] FINLAYSON-PITTS M L R A B J. Kinetics and mechanism of the reaction of Cl atoms with 2-methyl-1, 3-butadiene (isoprene) at 298 K. [J]. J Phys Chem A, 1997, 101: 1509-1517.

[203] KREIDENWEIS S M, ASA-AWUKU A. Aerosol Hygroscopicity: Particle Water Content and Its Role in Atmospheric Processes [M]. Treatise on Geochemistry. 2014: 331-361.

[204] SEINFELD J H, PANDIS S N. Atmospheric chemistry and physics: From air pollution to climate change [M]. John Wiley & Sons, 2016.

[205] LIU D, ALLAN J, WHITEHEAD J, et al. Ambient black carbon particle hygroscopic properties controlled by mixing state and composition [J]. Atmospheric Chemistry and Physics, 2013, 13 (4): 2015-2029.

[206] HENNING S, ZIESE M, KISELEV A, et al. Hygroscopic growth and droplet activation of soot particles: Uncoated, succinic or sulfuric acid coated [J]. Atmospheric Chemistry and Physics, 2012, 12 (10): 4525-4537.

[207] MARCOLLI C, LUO B, PETER T J T J O P C A. Mixing of the organic aerosol fractions: Liquids as the thermodynamically stable phases [J]. 2004, 108 (12): 2216-2224.

[208] LEE J W, CARRASCON V, GALLIMORE P J, et al. The effect of humidity on the ozonolysis of unsaturated compounds in aerosol particles [J]. Phys Chem Chem Phys, 2012, 14 (22): 8023-8031.

[209] LIU Q, LIU D, GAO Q, et al. Vertical characteristics of aerosol hygroscopicity and impacts on optical properties over the North China Plain during winter [J]. Atmospheric Chemistry and Physics, 2020, 20 (6): 3931-3944.

[210] XIE H-B, MA F, WANG Y, et al. Quantum chemical study on ·Cl-Initiated atmospheric degradation of monoethanolamine [J]. Environmental Science & Technology, 2015, 49 (22): 13246-13255.

[211] TITOS G, CAZORLA A, ZIEGER P, et al. Effect of hygroscopic growth on the aerosol light-scattering coefficient: A review of measurements, techniques and error sources [J]. Atmospheric Environment, 2016, 141: 494-507.

[212] VU T V, DELGADO-SABORIT J M, HARRISON R M. A review of hygroscopic growth factors of submicron aerosols from different sources and its implication for calculation of lung deposition efficiency of ambient aerosols [J]. Air Quality, Atmosphere & Health, 2015, 8 (5): 429-440.

[213] LIU B Y H, PUI D Y H, WHITBY K T, et al. Aerosol mobility chromatograph-new detector for sulfuric-acid aerosols [J]. Atmospheric Environment, 1978, 12 (1-3): 99-104.

[214] YE X, CHEN T, HU D, et al. A multifunctional HTDMA system with a robust temperature control [J]. Advances in Atmospheric Sciences, 2009, 26 (6): 1235-1240.

[215] XUAN W, JIANHUA C, JIANMIN C, et al. Characterization of hygroscopic properties of laboratory-generated nanometer aerosols [J]. Research of Environmental Sciences, 2011, 24 (6): 621-631.

[216] SHI Y, GE M, WANG W. Hygroscopicity of internally mixed aerosol particles containing benzoic acid and inorganic salts [J]. Atmos Environ, 2012, 60: 9-17.

[217] ZHANG R, KHALIZOV A, WANG L, et al. Nucleation and growth of nanoparticles in the atmosphere [J]. Chemical Reviews, 2012, 112 (3): 1957-2011.

[218] TAN H, XU H, WAN Q, et al. Design and Application of an unattended multifunctional H-TDMA system [J]. Journal of Atmospheric and Oceanic Technology, 2013, 30 (6): 1136-1148.

[219] WU Z J, POULAIN L, HENNING S, et al. Relating particle hygroscopicity and CCN activity to chemical composition during the HCCT-2010 field campaign [J]. Atmos Chem Phys, 2013, 13 (16): 7983-7996.

[220] WHITBY K T. Physical characteristics of sulfur aerosols [J]. Atmospheric Environment, 1978, 12 (1-3): 135-159.

[221] HAMERI K, VAKEVA M, HANSSON H C, et al. Hygroscopic growth of ultrafine ammonium sulphate aerosol measured using an ultrafine tandem differential mobility analyzer [J]. Journal of Geophysical Research-Atmospheres, 2000, 105 (D17): 22231-22242.

[222] HAMERI K, LAAKSONEN A, VAKEVA M, et al. Hygroscopic growth of ultrafine sodium chloride particles [J]. Journal of Geophysical Research-Atmospheres, 2001, 106 (D18): 20749-20757.

[223] BISKOS G, MALINOWSKI A, RUSSELL L M, et al. Nanosize effect on the deliquescence and the efflorescence of sodium chloride particles [J]. Aerosol Sci Technol, 2006, 40 (2): 97-106.

[224] BISKOS G, PAULSEN D, RUSSELL L M, et al. Prompt deliquescence and efflorescence of aerosol nanoparticles [J]. Atmos Chem Phys, 2006, 6: 4633-4642.

[225] GIAMARELOU M, SMITH M, PAPAPANAGIOTOU E, et al. Hygroscopic properties of potassium-halide nanoparticles [J]. Aerosol Science and Technology, 2018, 52 (5): 536-545.

[226] SAKURAI H, FINK M A, MCMURRY P H, et al. Hygroscopicity and volatility of 4-10 nm particles during summertime atmospheric nucleation events in urban Atlanta [J]. Journal of Geophysical Research-Atmospheres, 2005, 110 (D22): 1-10.

[227] KIM J, AHLM L, YLI-JUUTI T, et al. Hygroscopicity of nanoparticles produced from homogeneous nucleation in the CLOUD experiments [J]. Atmos Chem Phys, 2016, 16 (1): 293-304.

[228] GYSEL M, WEINGARTNER E, BALTENSPERGER U J E S, et al. Hygroscopicity of aerosol particles at low temperatures. 2. Theoretical and experimental hygroscopic properties of laboratory generated aerosols [J]. 2002, 36 (1): 63-68.

[229] BISKOS G, RUSSELL L M, BUSECK P R, et al. Nanosize effect on the hygroscopic growth factor of aerosol particles [J]. Geophysical Research Letters, 2006, 33 (7): 1-4.

[230] ZIEGER P, VAISANEN O, CORBIN J C, et al. Revising the hygroscopicity of inorganic sea salt particles [J]. Nat Commun, 2017, 8: 15883.

[231] CHEN M, TITCOMBE M, JIANG J, et al. Acid-base chemical reaction model for nucleation rates in the polluted atmospheric boundary layer [J]. Proceedings of the National Academy of Sciences of the United States of America, 2012, 109 (46): 18713-18718.

[232] GUO S, HU M, ZAMORA M L, et al. Elucidating severe urban haze formation in China [J]. Proceedings of the National Academy of Sciences of the United States of America, 2014, 111 (49): 17373-17378.

[233] RADER D J, MCMURRY P H. Application of the tandem differential mobility analyzer to studies of droplet growth or evaporation [J]. Journal of Aerosol Science, 1986, 17 (5): 771-787.

[234] LEI T, MA N, HONG J, et al. Nano-hygroscopicity tandem differential mobility analyzer (nano-HTDMA) for investigating hygroscopic properties of sub-10 nm aerosol nanoparticles [J]. Atmos Meas Tech, 2020, 13 (10): 5551-5567.

[235] LI W, XU L, LIU X, et al. Air pollution-aerosol interactions produce more bioavailable iron for ocean ecosystems [J]. Science advances, 2017, 3 (3): e1601749.

[236] MÄKELÄ J M. Biogenic iodine emissions and identification of end-products in coastal ultrafine particles during nucleation bursts [J]. Journal of Geophysical Research, 2002, 107 (D19): 1-14.

[237] CHEN Y, SHAH N, HUGGINS F E, et al. Characterization of ambient airborne particles by energy-filtered transmission electron microscopy [J]. Aerosol Science and Technology, 2005, 39 (6): 509-518.

[238] DAZZI A, PRATER C B, HU Q, et al. AFM-IR: Combining atomic force microscopy and infrared spectroscopy for nanoscale chemical characterization [J]. Applied Spectroscopy, 2012, 66 (12): 1365-1384.

[239] DAZZI A, PRATER C B. AFM-IR: Technology and applications in nanoscale infrared spectroscopy and chemical imaging [J]. Chemical Reviews, 2017, 117 (7): 5146-5173.

[240] SHI X, COCA-LOPEZ N, JANIK J, et al. Advances in tip-enhanced near-field raman microscopy using nanoantennas [J]. Chem Rev, 2017, 117 (7): 4945-4960.

[241] KANGASLUOMA J, JUNNINEN H, LEHTIPALO K, et al. Remarks on ion generation for CPC detection efficiency studies in sub-3-nm size range [J]. Aerosol Science and Technology, 2013, 47 (5): 556-563.

第3章 海洋大气边界层探测技术

3.1 海洋大气边界层探测技术的国内外研究现状

近海海洋大气边界层是陆海大气相互作用的特殊区域，其内部污染物的生成、排放和输送等过程受季风和海陆风的控制，并显著受到边界层高度和湍流交换的影响。海洋大气边界层内主要污染成分及关键气象参数的高精度垂直探测，对于提高沿海地区大气环境与气象预报的准确性、促进近海大气边界层科学研究与业务化观测水平具有重要意义。国际上，主要实施了上层海洋与低层大气研究（SOLAS）、全球海洋通量研究（JGOFS）和海岸带陆-海相互作用（LOICZ）等重大研究计划，在“十三五”规划之前，我国也通过“863”计划、国家科技支撑等项目的支持，在近海海洋边界层大气污染综合立体探测技术研发与应用方面取得了一定成果。针对海洋大气边界层探测的国内外研究现状如表3-1和表3-2所示，概括如下：

1）大气污染物和气象参数廓线探测技术：国外发展了多种探测体制的激光雷达，如德国莱比锡对流层研究所的多波长-拉曼气溶胶雷达，美国洛斯阿拉莫斯国家实验室的相干多普勒测风雷达，美国海洋大气局（NOAA）和美国宇航局（NASA）研制的温度和水汽拉曼雷达；国内，中国科学院合肥物质科学研究院研发了一系列污染和气象参数雷达，中国海洋大学研发了相干多普勒测风雷达，中国科学院上海光机所、武汉大学、西安理工大学等也进行了相关雷达技术研发。

2）湍流交换的多尺度探测技术：国内外大气湍流廓线快速测量多基于恒星或激光散射光信标技术，如莫斯科 Sternberg 天文研究所和中国科学院合肥物质科学研究院研制的多孔径闪烁测量仪、海德堡大学 Max Planck 天文研究所和中国国家天文台研制的 SCIDAR 和欧洲南方天文台研制的 SLODAR。中国科学院合肥物质科学研究院在差分像运动雷达基础上，在国际上率先提出了基于激光束侧向散射差分光柱像抖动成像的湍流廓线测量技术。

3）海气通量的原位探测与卫星遥感技术：国外的表层海水及近海面 CO_2 原位传感技术起步较早，但通常单台仪器测量范围较窄，不能完全满足同步探测的需求；对于近海复杂水体海-气气体通量卫星遥感估算，国际上已发展了一些区域化的多元统计回归经验算法及神经网络算法，国家海洋局第二海洋研究所建立了基于控制机制分析的海水 CO_2 分压半分析算法。

4）近海大气污染物立体遥感定量表征技术：近年来大气污染卫星遥感主要集中在陆地方面，海洋上空遥感工作开展较少，尤其在近海的大气污染定量分析方面仍存在较大的误差，限制了卫星遥感技术在陆-海相互反馈影响方面的应用。

我国近海海洋大气边界层内环境与气象要素的资料受到观测手段、技术设备限制而极度匮乏，亟须建立基于多元数据集成的海洋大气边界层立体探测技术体系。“十三五”之前，我国仍然存在以下问题：①未建立满足我国近海海洋大气边界层科学研究与业务化观测需求的综合立体探测技术体系；②缺乏近海海洋大气边界层污染物、气象和湍流参数垂直探测技术和规范；③海气通量原位测量能力不足，缺乏海洋飞沫通量的直接观测手段；④近海海洋复杂水体特性考虑不足，被动卫星遥感反演精度有待提高。因此，亟须发展具有自主知识产权的海洋大气边界层快速、在线、立体探测技术设备，形成基于多元数据归一的探测技术体系，为近海海洋大气边界层科学研究与业务化观测提供重要的技术、设备与数据支撑。

“十三五”期间，针对近海海洋大气边界层多污染物共存、环境条件复杂（高湿、高盐等）、时空变化不均匀等特点，以快速、在线、立体监测技术研发为核心，研发集成了具有自主知识产权、多元数据汇集的海洋大气边界层立体探测技术系统，实现了近海海洋大气边界层理化结构的高时空分辨率探测，在黄海、渤海、南海等海域开展了技术应用示范，形成了相应的技术规范，支撑了国家环境监测网络建设，为我国近海海洋大气污染科学研究提供了技术保障。

本章基于地基、船载、球载、机载和卫星遥感等多技术手段，开展技术研发、系统集成和应用示范工作，构建海洋大气边界层立体探测技术体系，旨在厘清我国近海海洋大气边界层的理化结构、时空演变特征及其变化机理等科学问题。海洋大气边界层立体探测技术体系的建立和应用包括以下几个方面：

1）发展海洋大气污染物和气象参数廓线激光雷达技术，提供高精度、高时空分辨率、高数据刷新率的大气温度、湿度、风速、气溶胶粒径谱等的海空天一体化测量体系。

2）发展海洋大气边界层湍流交换多尺度探测技术，构建具有自主知识产权的湍流精细结构的垂直探测系统和飞沫通量观测系统。

3）发展海洋大气边界层物质能量交换实时探测与遥感评估技术，实现温室气体的海上原位观测，结合卫星遥感技术，评估区域海气通量探测与气溶胶沉降通量。

4）发展近海海洋大气污染物立体遥感定量表征技术，提升卫星遥感对海洋大气污染物观测数据精度和空间覆盖范围，形成近海大气污染物多源监测数据融合方法体系。

5）发展海陆交界气溶胶理化特性观测与廓线校验技术，开展基于多平台的气溶胶和臭氧比对校验实验，建立一体化的交互廓线数据校验技术。

6）开展海洋大气边界层立体探测技术系统集成及应用示范，形成多元数据集成的多源探测设备互相校验体系，集成海洋大气边界层立体探测技术系统，开展技术应用示范。

表 3-1　国外主要研究进展与成果应用

序号	机构名称	相关研究内容	相关研究成果	成果应用情况
1	NOAA	激光雷达技术、系统、算法及系列应用	研制了差分吸收测污雷达、纯转动拉曼测温雷达、相干多普勒测风雷达等	进行了地基、船载、机载等平台的观测，应用于高时空分辨率的大气边界层气象和污染参数、边界层湍流、通量研究，为各种模式模型提供初始输入数据与验证
2	德国莱比锡对流层研究所	观测气溶胶、温湿度、风等系列激光雷达观测技术	完成拉曼、偏振、高光谱分辨率、双视场等一系列激光雷达技术和系统	应用于欧洲地基激光雷达观测网 EARLINET 中各种激光雷达系统的定标和校验，PollyXT 被作为校准系统和数据产品标准所使用
3	NASA 兰利研究中心	CALIPSO 卫星的 CALIOP 星载激光雷达，机载、船载激光雷达	完成星载激光雷达数据产品标准算法，获取大气气溶胶光学参数廓线、气溶胶类型廓线等超过 10 年的全球观测数据	利用 CALIOP 海面散射回波信号估计海洋表面粗糙度，进而反演海表风速、提高海—气交界面 CO_2 等传输速率的估计
4	英国利兹大学	在 SOLAS 支持下进行高风速海气交换（Hi-WASE）、深海气体交换实验（DOGEE）和飞沫、气体通量和白冠（SEASAW）研究	研制了一系列仪器和测量技术来解决在海气界面上气体和气溶胶的物理交换参数化问题	利用涡动相关技术在大西洋走航观测飞沫通量
5	欧洲气象卫星组织（EUMETSAT）	将 ASCAT 散射计从不同方位角测得的风矢量单元后向散射系数反演得到风矢量	通过建立 C 波段散射计的地球物理模型（CMOD5），并使用风向模糊移除方法，反演出海表 10 m 风速和风向	推动了由散射计资料反演风场的方法在天气分析、预报和数值模式中的应用

表 3-2 国内主要研究进展与成果应用

序号	机构名称	相关研究内容	相关研究成果
1	中国科学院合肥物质科学研究院	大气环境立体探测技术系统研发及应用	利用自主研发的环境监测高技术构建了我国首个大气环境综合立体监测系统，关键技术指标达到国际先进水平
2	中国科学院大气物理研究所	大气边界层湍流理论及立体探测	建立了国家尺度大气边界层物理和大气化学相结合的综合观测网，积累了大量基础性科学观测数据，发现阵风在大气边界层物质交换中具有重要作用，改进了空气质量模式中的起沙过程模拟。研制的“嵌套网格空气质量预报模式系统”被广泛地运用于多尺度污染问题的研究
3	中国海洋大学	大气边界精细气象观测	研发了多型海洋、大气环境新型激光探测传感器，包括多普勒激光雷达、高光谱分辨率激光雷达、海洋环境监测激光雷达、水下激光探测系统等
4	国家海洋局第二海洋研究所	近海复杂水体卫星遥感反演和我国近海碳循环遥感研究	建立了近海浑浊水体大气校正和水色要素反演算法模型；构建了一套中国近海-海气二氧化碳通量遥感监测评估系统（SatCO_2）
5	南京信息工程大学	大气边界层颗粒物、大气污染遥感观测研究	开展了南京周边地区大气复合污染成因及监控预警关键技术集成应用研究揭示了长三角地区大气气溶胶理化特性以及云降水结构与气溶胶 PM_{10}、$PM_{2.5}$ 特性

3.2 我国海洋大气边界层探测技术主要进展

3.2.1 海洋大气污染物和气象参数廓线激光雷达探测技术

针对近海高湿度、高腐蚀等环境特征，“十三五”期间，研究团队研制了适合近海条件的多平台、多要素激光雷达系统，包括多普勒测风激光雷达、臭氧差分吸收激光雷达、多波长拉曼-米气溶胶激光雷达和多波长拉曼气象要素激光雷达，主要技术指标如表 3-3 所示。突破了适用于近海环境观测需求的全固态拉曼紫外激光器（0.2 mJ，100 Hz 重频）、高速高精度信号采集卡（精度 16 bit、采样频率 20 MHz）、高速数据处理与控制卡快速傅里叶变换（fast fourier transformation，FFT）等核心部件的自主研制，完成了全光纤光路、全密封、防腐和振动隔离等平台、环境适应性优化设计，建立了运动平台环境参数遥感动姿订正技术。研发的大气多要素垂直廓线探测激光雷达系统，可以在岸、岛、船等平台开展长期稳定观测（平均无故障时间为 3～6 个月），提供高精度、高时空分辨率、高数据刷新率的近海边界层大气多要素垂直廓线监测结果，在近海边界层立体综合观测领域具备良好的应用前景。

表 3-3　海洋大气污染物和气象参数廓线激光雷达系统参数表

指标	温湿度激光雷达		风廓线激光雷达	颗粒物激光雷达	臭氧激光雷达
探测范围	200 m～3 km	200 m～3 km	60 m～6 km	75 m～18 km	75 m～4 km
空间分辨率	75 m	75 m	30 m	7.5 m	30 m
时间分辨率	5 min	5 min	0.1～1 s	1 s～10 min	1 min
探测精度	≤2 K @ Temperature	≤30% @ Relative humidity	≤0.1 m·s^{-1} @ Wind speed ≤6° @ Wind direction	≤40% @ aerosol mass concentration	≤30% @ O_3 mixing ratio

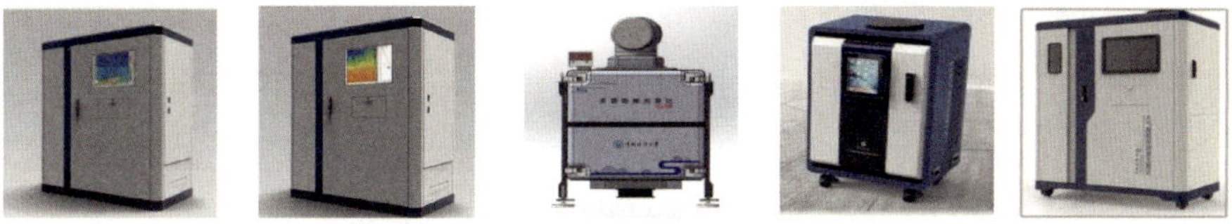

3.2.1.1　多普勒测风激光雷达技术

为适应近海环境多平台需求，研发的小功率脉冲相干多普勒激光雷达系统采用全光纤连接，不仅具有较高的接收灵敏度，也使激光雷达系统设计更加简单、集成。激光雷达的激光发射、扫描伺服、光学接收、信号采集与处理等组部件均采用模块化结构，提高设备的可靠性。系统的全光纤结构及双楔形镜扫描的伺服结构，能够在保证观测能力的前提下，大幅降低激光雷达系统体积重量，从而实现了降低成本、小型便携。系统进行了防尘、防水和防电磁干扰等环境适应性设计，在振动、温变环境下也能稳定工作。

（1）系统基本设计

脉冲相干多普勒测风激光雷达的系统结构如图 3-1 和图 3-2 所示，系统硬件包括激光发射系统、光学接收系统和信号采集处理器三部分。激光发射系统将激光脉冲通过光学天线发射到大气中，光学天线接收与气溶胶相互作用后产生回波信号，然后信号采集系统进行数据采集和处理。

激光从激光器输出后，首先经过一个光纤隔离器防止光返回造成激光器损伤，然后经过分束器将光分成频率均为 f 的本振光和信号光。本振光作为参考光，信号光经过声光调制器（acoustic optical modulator AOM），使发射信号光频率频移 f_i，当信号光发射到大气中与气溶胶等粒子相互作用发生多普勒频移 f_D，与本振光在光

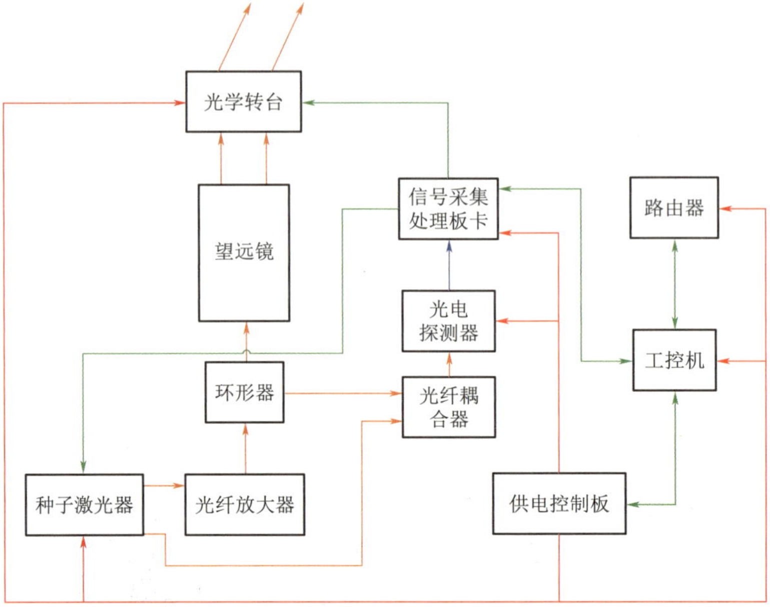

图 3-1　脉冲相干多普勒测风激光雷达系统

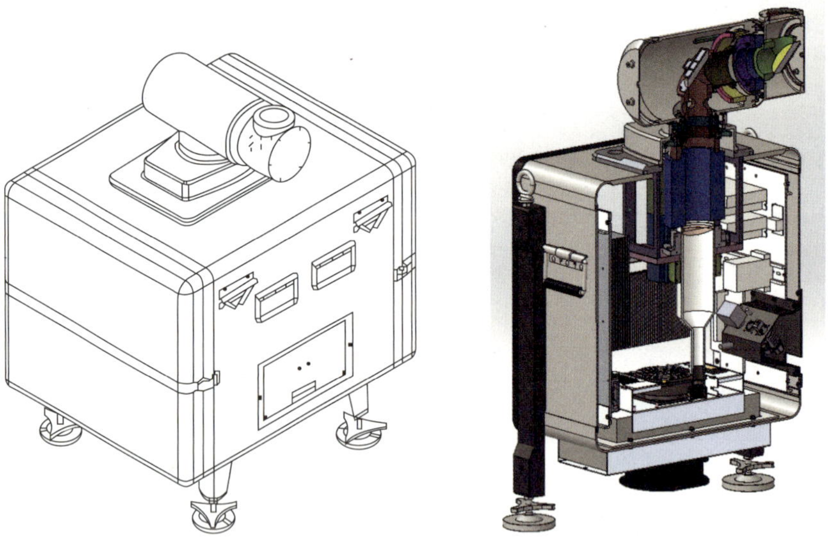

图 3-2　多普勒测风激光雷达系统设计

敏面拍频得到频差，最终相干检测结果为 f_i+f_D，这样就可以判断多普勒频移的正负，即获得气溶胶粒子运动速度的正负，进而判断风向。同时，系统要满足 $f_i \geqslant f_D$，因此声光调制器的频移 f_i 决定了系统的速度测量范围，例如，70 MHz 的声光调制器测速范围可以达到±50 $m \cdot s^{-1}$。

声光调制器移频之后，信号光进入高增益掺铒光纤激光放大器（erbium doped fiber amplifier，EDFA）进行信号放大，放大器包括前置放大器和功率放大器，功率提高后的激光经由望远镜准直后发射，使激光器在远距离仍能获得较高信噪比的回波信号。

为了扫描获取径向速度以外的信息，在望远镜后增加机电控制扫描设备。望远镜后加楔形镜扫描，能进行固定仰角锥形扫描；望远镜后加扫描转镜，能进行全天候实时多角度的三维立体扫描，扩展系统的视场角，前述系统图中是扫描转镜。光学系统和伺服系统相结合，控制激光光束在特定区域和方位上进行扫描，不同扫描方式能够提供多种风场反演结果。

气溶胶散射回的信号光由望远镜接收并与本振光在平衡探测器表面进行相干检测，经过数据采集和处理系统进行（FPGA 专用运算电路，FFT 运算 IP 核 360 个、工作频率 250 MHz）将电信号转换成谱信号。通常要将得到的频谱进行分组平均来提高信噪比。最后通过算法软件推算出目标的运动速度的径向分量，最终获取风速、方向和距离等特征信息，实现风速测量和特征识别。

（2）发射光学系统设计

MOPA 技术作为相干测风激光雷达高功率激光源输出的核心技术，其关键技术在于低噪声窄线宽激光源的选型和控制、窄脉冲宽度脉冲激光的调制技术以及高峰值功率脉冲放大的布里渊散射 SBS 的抑制。

泵浦源：由于种子激光源的功率比较低，平均功率几十毫瓦，因此需要后续多级放大可以实现 40 dB 左右增益的提高，但是多级泵浦源本身会带来 ASE 光噪声，因此，合理的泵浦源的位置和每级泵浦源的功率也是设计的关键。多普勒测风激光雷达系统采用三级泵浦源进行放大，采用 980 nm 的半导体泵浦源，采用 ACC 恒流的控制技术，同时三级泵浦源的电流依次增大，电流依次为 200 mA、400 mA 和 1 000 mA。

高增益光放单元：相干测风激光雷达的光源要求保持单模，输出光束质量 $M^2<1.04$，需要使用增益光纤为 10/125 的保偏增益光纤。由于增益光纤的纤芯内部直径仅为 10 μm，在激光输出脉冲能量为 40 μJ 时，光纤内部的功率密度过高极易出现布里渊散射，布里渊散射会造成放大器内部的振荡，造成输出激光脉冲变形甚至损坏光纤放大器。因此，控制 SBS 布里渊散射是高增益光放的另外一项关键技术。如图 3-3 所示，通过控制高增益光纤的绕线方式以及增加适当的应力可以改变光纤布里渊散射的阈值，提高光放的峰值功率限制。同时利用端面泵浦耦合技术提高光纤的耦合效率，缩短增益光纤的长度可以进一步提高布里渊散射的阈值。

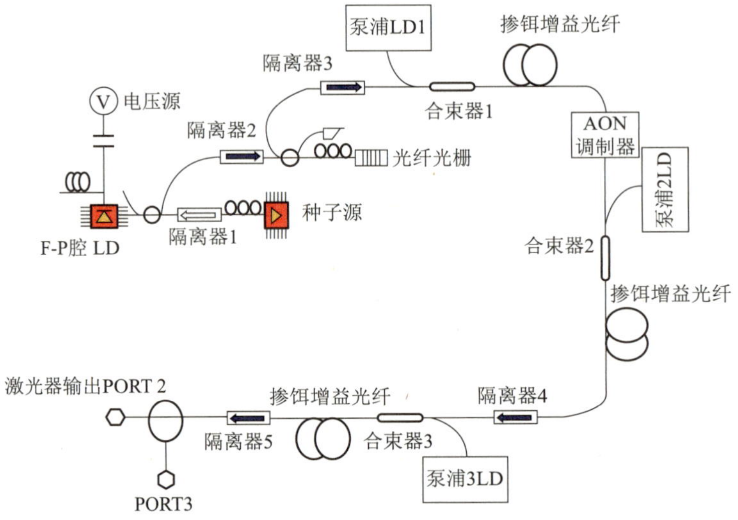

图 3-3　激光发射子系统组成

（3）接收光学系统盲区控制技术

窄脉冲数字调制：利用数据采集卡产生不同脉宽的伪随机码数字调制信号，数字调制信号对光纤激光器的声光调制器进行数字调制，调制后的光脉冲信号进入光纤放大器进行放大。光放大器发射激光脉冲，雷达接收光脉冲回波信号，通过数据采集卡数字调制解调提取距离信息，同时通过频谱得到速度。通过特殊编码的伪随机码可以将雷达发射脉冲进行脉宽调制，将雷达的探测盲区进行压缩。目前实现激光调制单个数字脉宽的时间长度为 100 ns。

端面抛光镀膜：由于激光雷达盲区的主要来源是激光脉冲在发射光纤端面的反射，因此，将发射激光的端面进行特殊的处理，将发射激光光纤端面的平面结构进行加工，同时对于端面进行 1 550 nm AR 增透膜处理，保证光纤端面的返回损＞70 dB。

压缩频谱处理的时间窗口长度：压缩数据处理的时间窗口长度可以进一步压低雷达的探测盲区，一般我们选择数据处理的时间长度为 200 ns。第一个测量高度为光脉冲传输 200 ns 的距离长度，将数据处理的时间进一步压缩至 100 ns 后，第一个测量位置可以达到光脉冲传输 100 ns 的距离位置，将有效的测量位置压缩 1 倍。在压缩系统脉宽的同时进行了频率的插补算法，保证雷达的频率分辨率不受时间窗口压缩的影响。

（4）高精度、高刷新率信号采集处理技术

激光雷达采样精度、数据刷新率等，受到信号采集与处理系统的制约。图 3-2 示例的多普勒测风激光雷达系统将基本采集、傅里叶变换、基本算法等嵌入信号采集与处理板卡中，实现软件的硬件化处理。由采集卡模拟运算放大电路对光电探测器输出的信号进行放大，后由 AD 转换电路变换成数字量，然后由 FPGA 接收处理，并将处理结果上传至上位机，总体结构主要包括 FPGA 电路、放大电路、AD 转换电路、通信接口。

如图 3-4 所示，信号采集与处理基于高速 AD/DA 和 FPGA 的多普勒激光雷达

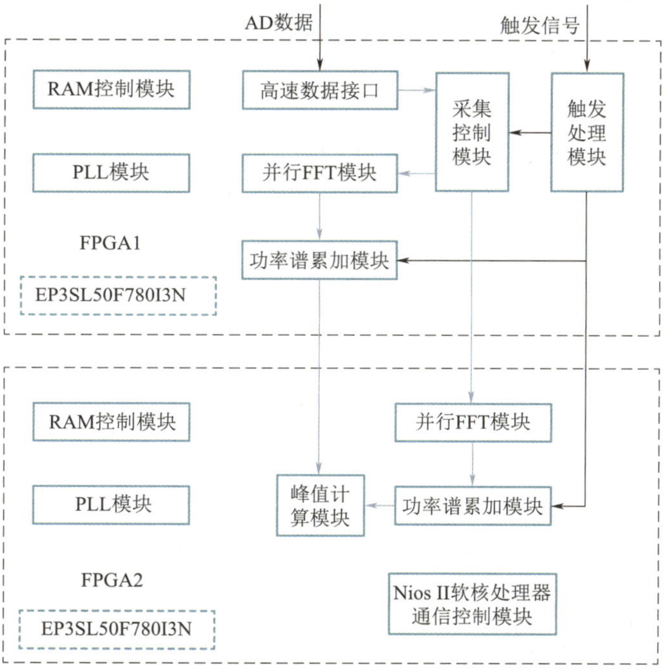

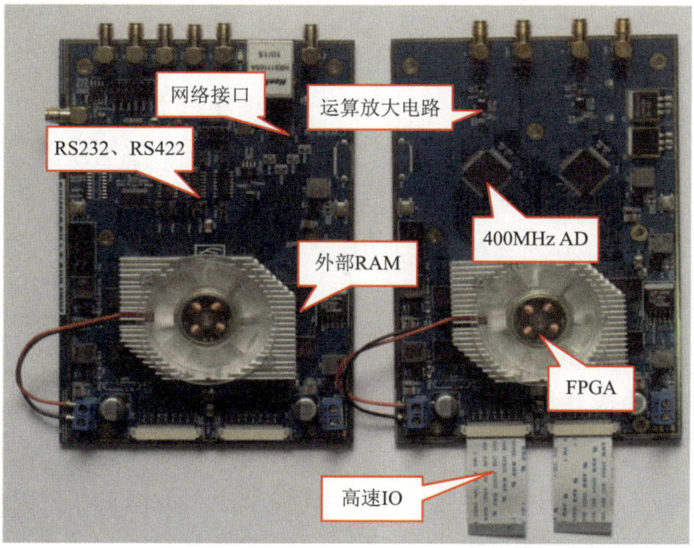

图 3-4　数据采集与信号处理单元结构框图与实物图

专用信号 IP 核设计，采用脉冲多普勒激光线宽压缩、脉宽调制、光电转换技术，实时片上嵌入式高速并行计算谱宽强度、径向速度、位置信息，实现激光雷达处理算法的“硬件化”，提高系统实时控制运算能力。使用 FPGA 对激光雷达信号进行数字化采集和 FFT 处理。系统采用了高速信号处理板，利用硬件实现频谱分析，可实时得到风场数据。同时，信号处理板可扩展系统的电源控制、工作状态检测、转镜电机交互通信、调姿系统通信等功能，利用一个主控板实现整机系统的控制。控制和反演软件均采用嵌入式设计，测量流程全自动化，可靠性高。根据需要可以进行实时数据发送和数据打包发送。

（5）系统温控及防腐抗潮湿设计

针对海洋与近海大气边界层应用特点，需要考虑高温、高湿、高盐等野外苛刻条件。雷达外露的金属材质选用耐腐蚀金属材质，加工件完成阳极氧化处理后再进行专业的海上防护漆层处理，保证抗腐蚀效果。为保证系统整体的防护性，除设备的外壳外，系统的连接部件、裸露金属部分、与大气长时间直接接触部分均进行防腐蚀特殊处理，满足 C5–I 等级防腐能力。根据结构需要，部分底承重材质同样选用 316L 不锈钢；金属材料表面处理满足《涂装前钢材表面锈蚀等级和防锈等级》要求；油漆喷涂满足《防腐蚀涂层涂装技术规范》要求。

为保障信号发射与信号接收的强度，激光雷达光学窗口处会安装加热模块及雨刷，配合玻璃水实现对光学窗口的清洁，防止海盐、海鸟排泄物、冰霜等物质的覆盖遮挡。回波信号强度在一定阈值以上时，雨刷采用固定周期性工作模式；在特殊情况下回波信号低于一定阈值时，自动加快清洁的频率，以尽快恢复激光雷达的正常观测。

雷达底座采用散热片结构设计，通过空气流动导出激光器等器件工作时产生的热量，保障系统的正常工作。激光雷达通过底座处安装的航插接口实现与浮标平台的电源、通信连接，系统选用满足我国军标标准的防盐雾、防潮湿、防霉菌性能的航空插头，以保障海上恶劣条件下的长时间工作性能。

3.2.1.2 海洋边界层臭氧廓线激光雷达技术

（1）全固态激光光源设计

为了适应不同应用场景的探测，研究团队自主研发了全固态半导体泵浦（DPSS）风冷 Nd：YAG 激光器。为了减小体积，谐振腔采用了紧凑的折叠腔设计，如图 3-5 所示。全部激光器系统不包含任何水冷和液体，在低温等环境下，即使临时断电或空调失效，激光器也不会发生不可逆损伤。

在激光器设计中，选用了硬基质、光学质量好、热导率高的材料，能够承受低

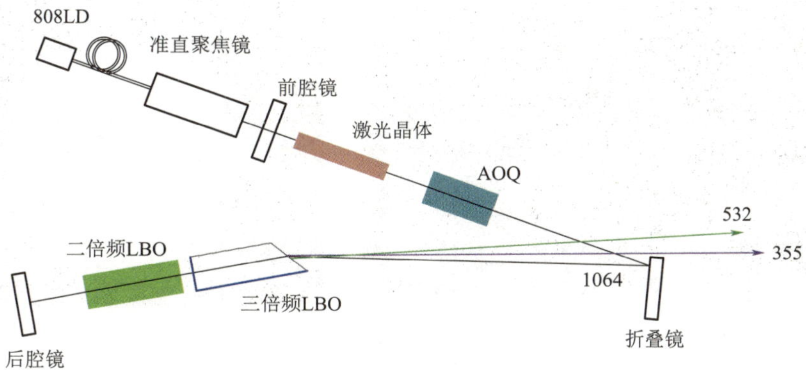

图 3-5　激光器谐振腔基本光路

温和高强度温度冲击，不会损坏。激光器考虑了激光晶体、倍频晶体的热透镜效应，采取了闭环控制大冗余的温度控制，对光斑模式进行了优化，有效避免激光出现强点损伤光学器件的风险，从而提高激光器倍频效率、可靠性及使用寿命。

为了提高 355 nm 紫外激光器寿命，通过特殊切割角度的石英晶体对倍频晶体进行角度补偿，可以不镀膜也有极高的光学效率和光束质量，彻底避免膜层损伤问题，有效提高了 355 nm 紫外激光器的使用寿命（图 3-6）。

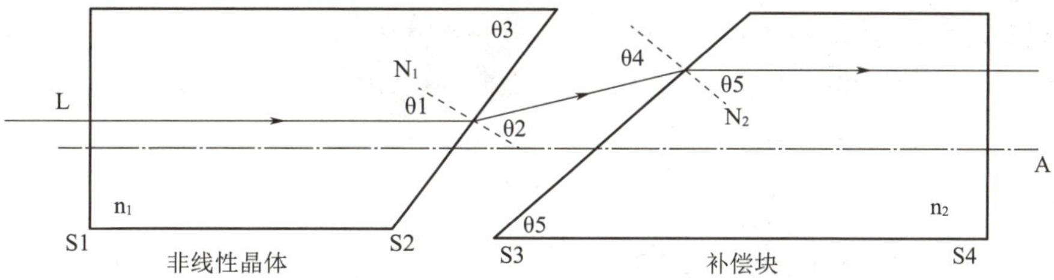

图 3-6　激光原理

激光器采用了免调谐、无调整结构精密装校技术，在线精确固化/离线精确对准技术，在线精确复位，离线精密校准工装等，装校精度达到秒级（图 3-7）。最终获得了脉冲特性和光束质量极佳的激光光源，如图 3-8 所示。

在线精密对准　　在线精确固化　　无调整结构镜架

图 3-7　光源镜架实物

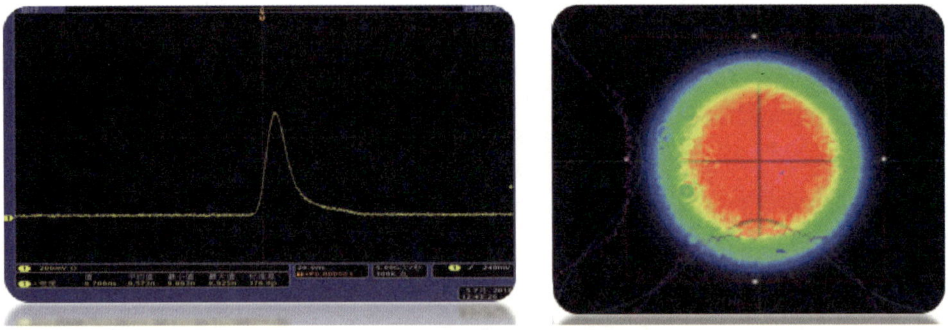

图 3-8 激光光源

（2）全固态拉曼紫外激光器臭氧激光雷达工程应用

基于多波长固体拉曼激光的臭氧激光雷达，能够实现高重复频率、高功率输出，同时具有体积小、效率高、环境适应性好的特点，具有良好的工程化潜力。“十三五”期间，在成熟固体拉曼激光光源的基础上，完成了船载激光雷达的研制，实现了全固态拉曼紫外激光器臭氧激光雷达工程应用。图 3-9 为臭氧廓线激光雷达设备样机效果图，图 3-10 为臭氧廓线激光雷达应用示例。

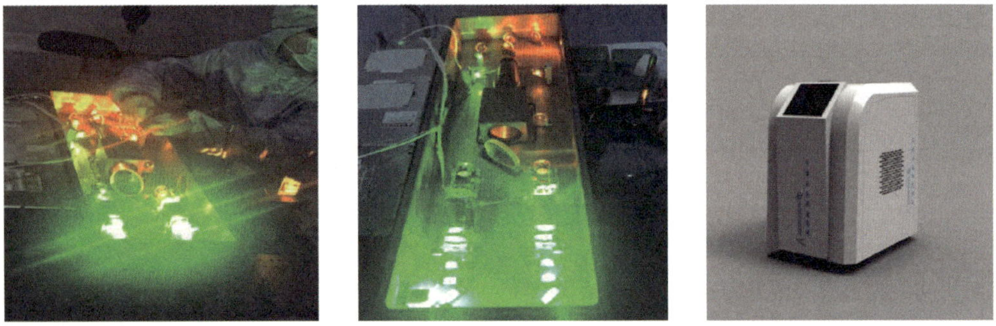

图 3-9 基于固体拉曼频移技术的多波长紫外光源研制及臭氧廓线激光雷达设备样机效果图

3.2.1.3 海洋边界层温湿度廓线拉曼激光雷达技术

边界层温湿廓线激光雷达主要是利用大气中氮气、氧气和水汽拉曼后向散射信号，反演大气中温湿度廓线分布情况。采用紫外 355 nm 波长作为光源来实现温湿度廓线的探测，利用牛顿反射式接收光学系统对后向散射信号接收，应用双光纤双视场的设计来实现对盲区的压制。

（1）系统基本设计

边界层温湿廓线激光雷达的结构如图 3-11 所示，主要由发射光学系统、接收光学系统、分光光学系统和信号采集、控制单元四大部分组成。边界层温湿廓线激光雷达以 355 nm 和 532 nm 波长作为光源，通过接收激光脉冲与大气相互作用产生

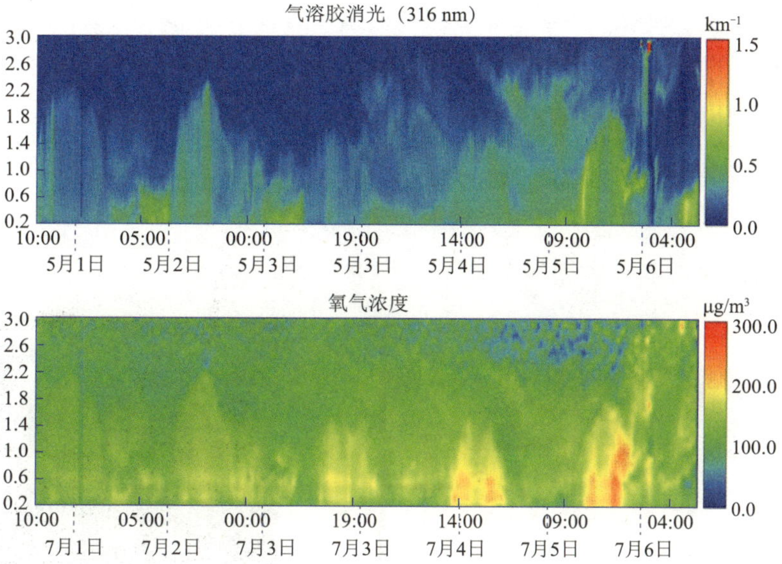

图 3-10　2019 年 5 月合肥地基观测结果（上）及 2019 年 7 月潍坊–青岛走航观测结果（下）

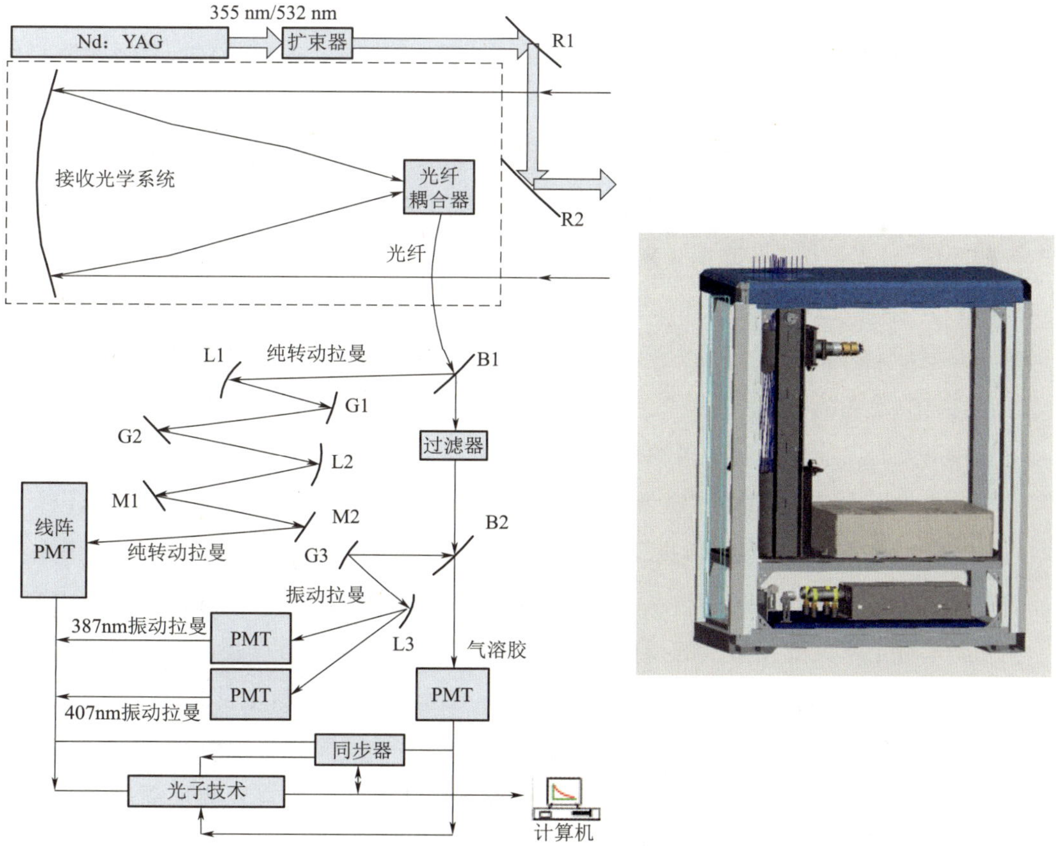

图 3-11　温湿廓线激光雷达系统结构

的后向散射信号，利用纯转动拉曼后向散射信号进行温度廓线反演，通过接收对氮气和水汽振动的拉曼散射信号来完成湿度廓线的反演，利用 532 nm 波段作为光源来进行瑞利-米散射信号的探测。

（2）发射光学系统设计

温湿度廓线激光雷达发射光学系统主要由激光器、扩束器、合束器和反射镜组成。图 3-12 为发射光学系统光路图和实物图。

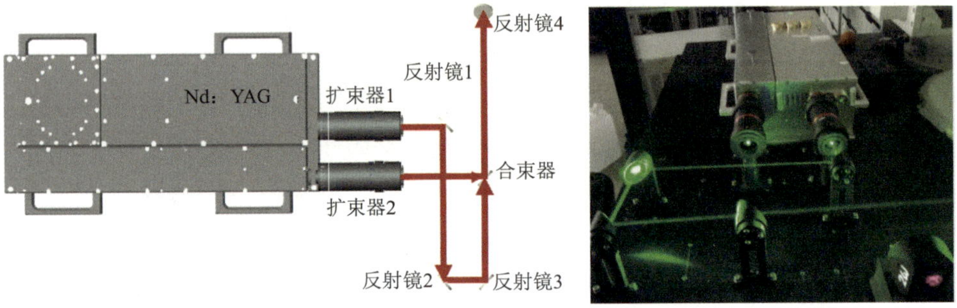

图 3-12　发射光学系统光路图和实物图

由于拉曼散射信号比瑞利-米散射弱得多，所以在激光器选择上要求激光能量大，并且还要有很好的单色性。图 3-12 示例的温湿度廓线激光雷达选取的是德国 EdgeWave 公司 IS-系列激光器，具有高能量、高功率和高光束质量等优点。从激光器发出 355 nm 和 532 nm 的光分别经过扩束镜 1 和扩束镜 2 进行扩束，然后经过导光镜 1、导光镜 2、导光镜 3 来改变光路的传播方向，合束器将 355 nm 和 532 nm 的光进行合束，然后经过导光镜 4 射向大气中形成发射光学系统。发射光学系统 355 nm 波段对应光路用于温湿廓线反演，532 nm 对应光路用于气溶胶信号的反演。光学系统中导光镜 1、导光镜 2、导光镜 3 和导光镜 4 为 45°镀有介质膜反射镜，光束在射向大气之前要经过 3 倍的扩束器进行整形和减小发射光学系统的发散角，达到与接收光学系统拟合的目的。导光系统主要作用是将扩束之后的光束按照要求进行光路控制，通过对导光系统镀高反射膜来达到改变转折高能量密度的发射激光光束。

温湿度廓线拉曼激光雷达系统发射光路属于强激光光路，所以在设计过程中要考虑激光对光路关键元器件的损伤和提高反射效率。为了能够满足高功率激光器能量密度（0.94 $J\cdot cm^{-2}$）的要求和使用寿命，导光镜基底材料全部选为石英玻璃。一般铝膜紫外的反射率最高可以达到 85%，如果反射镜镀介质膜时反射率可以达到 99% 以上或者更高，所以采用在石英玻璃基底材料基础上镀介质反射膜。为了满足高功率能量密度的要求，355 nm 的反射镜镀氧化铪，532 nm 的反射镜镀氧化钛，在满足高功率能量密度要求的同时反射率都达到 99.7% 以上。

（3）接收光学系统盲区控制技术

为了提高雷达的探测高度，需要尽量提高接收光学系统的口径，但是大口径接收光学系统具有加工难度大和费用高等缺点。图 3-12 示例的温湿度廓线激光雷达选取牛顿反射式接收光学系统，光路图和实物图如图 3-13 所示。主镜为抛物面聚焦反射镜，有效通光口径 305 mm，接收光学系统的 F 数为 4，主要参数如表 3-4 所示。

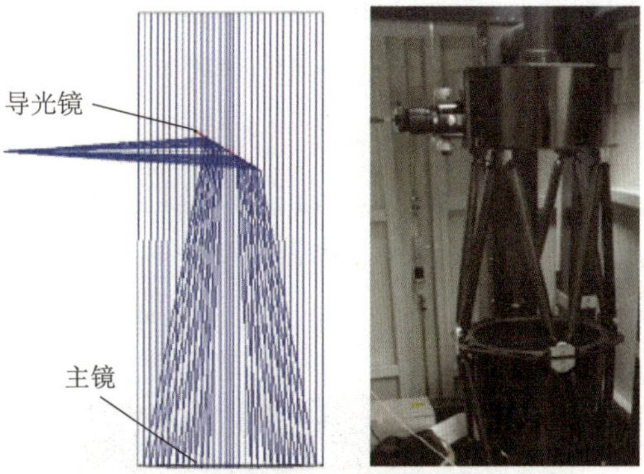

图 3-13 接收光学系统的光路示意图和实物图

表 3-4 牛顿反射式接收光学系统主要参数

类型	有效通光口径	焦距	F 数	接收现场
牛顿反射线	305 mm	1 220	4	0. 328 mrad

由于边界层温湿度主要是针对近地面进行观测，一般要求激光雷达探测盲区尽量小，这样可以更加准确地分析近地面温湿度垂直分布情况。目前，激光雷达探测技术多采用同轴发射光学系统，以达到低盲区激光雷达探测的目的。因为同轴同心收发光学系统存在杂散光问题，所以温湿廓线激光雷达系统采用同轴不同心收发光学系统，如图 3-14 所示。发射光学系统通过导光镜 M1 射向大气中，此导光镜可以将发射光学系统和接收光学系统处于同轴状态，根据光线追迹计算结果，同轴不同心收发光学系统的盲区为 560 m。

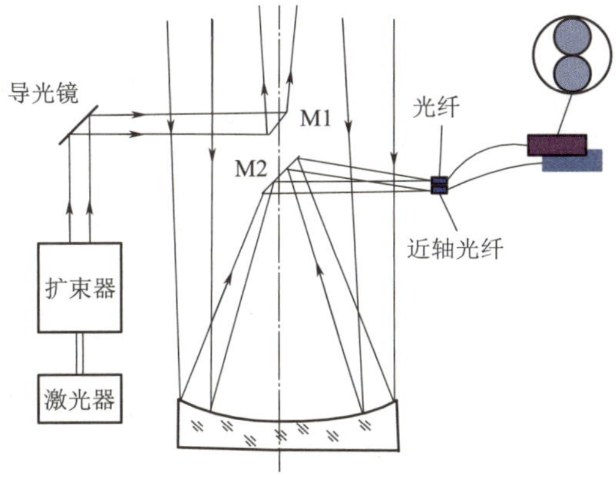

图 3-14 双光纤同轴光学系统结构示意图

为了进一步控制边界层温湿度廓线激光雷达系统的盲区，在离轴发射接收光学基础上，利用光纤进行信号传输并代替小孔光阑实现空间滤波的目的。在接收光学系统焦平面处放置双光纤（光纤芯径 0. 4 mm，相邻光纤间隔 0. 44 mm）的形式，等效于在原有激光雷达视场的基础上增加一个视场，可以达到双视场降低盲区的目的。当采用同轴接收发射光学系统与双光纤结构探测方式时，探测盲区可以减小到 60 m 左右。

（4）高动态范围弱信号采集技术

边界层温湿廓线激光雷达具有多个探测通道，包括 532 nm 波段瑞利–米散射、振动和纯转动拉曼探测通道。拉曼散射信号相对较弱，瑞利-米散射探测通道信号相对较强，针对大动态范围弱信号采集，只采用 AD 采集和光子计数采集信号均不能满足探测要求。因此，图 3-12 示例的温湿度廓线激光雷达发展了高速 AD 采集系统和光子计数相融合的探测手段，选用的 AD 采集卡为 12 Bit，采样频率为 40 MHz。光子采集卡采用我国自主研制的 MAC-3 P7882 型多通道光子计数器，实物如图 3-15 所示，其时间分辨率为 50 ns，最高光子计数率为 120 MHz。

图 3-15　MCA-3 P7882 光子计数卡和采集箱

为了减小探测器的输入噪声，选取了高精密电源，低噪声的探测器。其中，瑞利-米散射探测通选用 Hamamatsu 公司的 H1072 系列的光电倍增管模块。Hamamastu 的 H1072 系列光电倍增管，在 200～450 nm 波段的光谱灵敏度基本上处于峰值，适用于 386. 7 nm 和 407. 8 nm 比较弱的振动拉曼信号的探测；纯转动拉曼连续光谱探测的光电探测器选用 Hamamastu 公司高灵敏度和高响应速度的 32 位线阵 PMT H7260，其响应波段在 300～650 nm，峰值波段在 420 nm，响应时间可以达到 0. 6 ns，灵敏度可以达到 250 μA · lm^{-1}。

数据采集模块采用模块化设计，系统框图如图 3-16 所示，包括 3 部分：前置放大器、AD 转换模块和光子计数模块。如表 3-5 所示，可以根据需要组合出 3 种不同功能的采集模块。

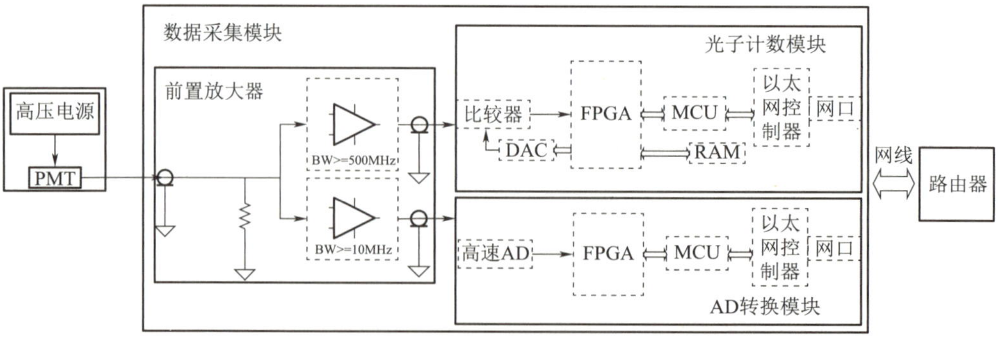

图 3-16　数据采集模块框图

表 3-5　3 种不同功能的数据采集组合

组合方式	功能描述
前置放大器+光子计数模块	光子计数器（仅光子计数）
前置放大器+AD 转换模块	模拟信号采集器（仅 AD 采集）
前置放大器+光子计数模块+AD 转换模块	雷达信号采集器（包括模拟与光子计数）

3.2.1.4　海洋边界层颗粒物激光雷达技术

（1）系统基本设计

海洋边界层颗粒物激光雷达系统主要由激光发射单元、接收和后继光学单元、信号探测和采集单元以及运行控制单元 4 部分组成，系统框图如图 3-17 所示。

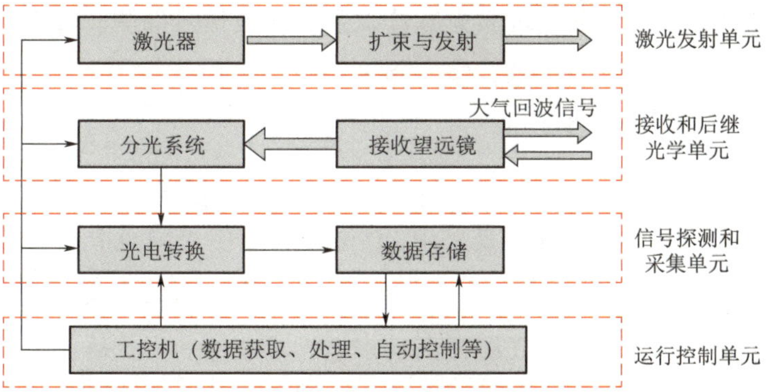

图 3-17　系统框架图

激光雷达系统的激光发射单元主要包括激光器和光学准直单元。激光器的性能参数主要包括输出波长、脉冲能量、光束发散角、脉冲宽度以及脉冲重复频率等。其中，输出波长决定了激光雷达测量大气成分的种类；脉冲能量和光束发散角决定了激光雷达的探测高度和精度；脉冲宽度决定了激光雷达的最小空间分辨率；高重复频率可以改善激光雷达探测的时空特征。光束准直单元一般指扩束系统，压缩初设光束的发散角，提高系统的探测高度。

接收和后继光学单元主要包括接收望远镜和分光光学系统。激光雷达系统采用卡塞格林（Cassegrain）接收望远镜。卡塞格林望远镜结构和体积都比较简单，目前，在激光雷达系统中多采用卡塞格林望远镜。卡塞格林望远镜又分为“经典”卡塞格林、阿古诺夫-卡塞格林、施密特-卡塞格林、马克苏托夫-卡塞格林和里奇-克列基昂等类型。在选取接收望远镜类型时主要考虑望远镜的口径及其接收视场角。接收望远镜的口径越大，越有利于完全接收大气回波信号，越有利于提高探测信号比；接收望远镜的接收视场角越大，越有利于减小雷达系统的探测盲区，但同时会接收更多的天空背景光噪声，从而降低了探测信噪比。因此，应根据实际情况选择合理的接收视场角和口径。系统的分光系统位于接收望远镜的后面，目的是实现对大气回波信号中有效信号的高效率提取和天空背景光噪声信号的抑制。

信号探测和采集单元的作用是对激光雷达大气回波信号进行光电转换和信号采集。该单元主要包括光电探测器和采集器。大气探测激光雷达常用的光电探测器主要是光电倍增管（PMT），它可以将光信号转化为电信号，多用于可见光和紫外光谱波段探测。光电倍增管有光子计数和电流幅值两种输出模式，所以光电倍增管适用于测温弱信号探测。采集器主要是对探测器转化后的信号进行数据采集运算，通过强大的运算功能将大量的数据进行计算和整理，输出到后端。

运行控制单元以工控机为控制主体，通过硬件接口连接各模块，通过软件实现对各模块的联动控制，从而实现激光脉冲发射、回波信号探测、数据处理和存储等协调有序的运行，同时对数据进行实时显示。

（2）激光发射单元设计

我国自主研制的 355 nm 泵浦脉冲 Nd：YAG 固体激光器实物如图 3-18 所示。激光器的基波波长为 1 064 nm，其采用 LD 端面泵浦声光调 Q 技术产生，再通过非线性晶体倍频、和频获得 532 nm 和 355 nm 激光，激光器结构紧凑，采用先进谐振腔设计及激光控制技术，使激光器在高功率运转下能够获得优秀的光束质量和较窄的激光脉冲宽度，在实现高光束质量输出的同时，具有优异的稳定性和可靠性。其具体参数如表 3-6 所示。

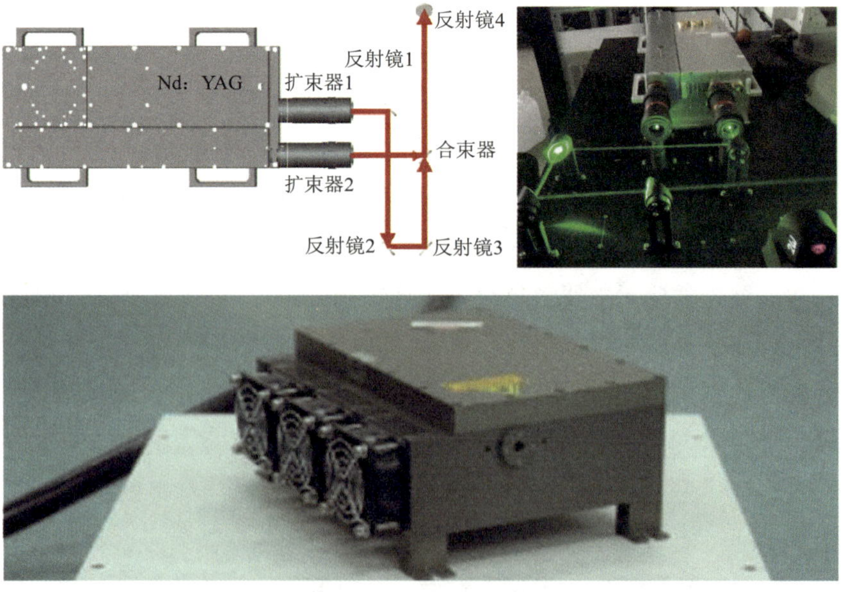

图 3-18　激光器发射光路图（左上）、光路实物图（右上）及激光器实物图片（下）

表 3-6　自研 355 泵浦脉冲 Nd：YAG 固体激光参数表

规格	参数
输出波长	355 nm/532 nm
输出功率	3W@ 355 nm；1W@ 532 nm
脉冲宽度	＜10 ns
脉冲重复频率	约 5 kHz
光斑模式	TEM（M_2＜1.3）
光斑圆度	＞90%
偏振比	100：1
发散角	＜2 mrad
光斑直径	＜0.9 mm
使用环境温度	15～30 ℃
冷却方式	风冷

（3）接收光学系统盲区控制技术

接收光学系统采用卡塞格林设计形式，主镜为球面镜，次镜为球差校正非球面反射镜。整个接收光学系统的通光口径为 300 mm，F 数为 8。为了控制激光雷达系统的盲区，在离轴发射接收光学基础上，利用光纤进行信号的传输并代替小孔光阑实现空间滤波的目的。在接收光学系统焦平面处放置双光纤（光纤芯径 0.4 mm，相邻光纤间隔 0.44 mm）的形式，等效于在原有激光雷达视场的基础上增加一个视场，可以达到双口径降低盲区的目的。如图 3-19 所示，光线追迹结果显示，在将近 100 m 处的高度发射视场就开始进入双光纤接收光学系统，所以在单光纤离轴发射接收的基础上大幅降低了盲区高度。当采用同轴接收发射光学系统与双光纤结构探测方式时，边界层激光雷达的探测盲区可以减小到 60 m 左右。

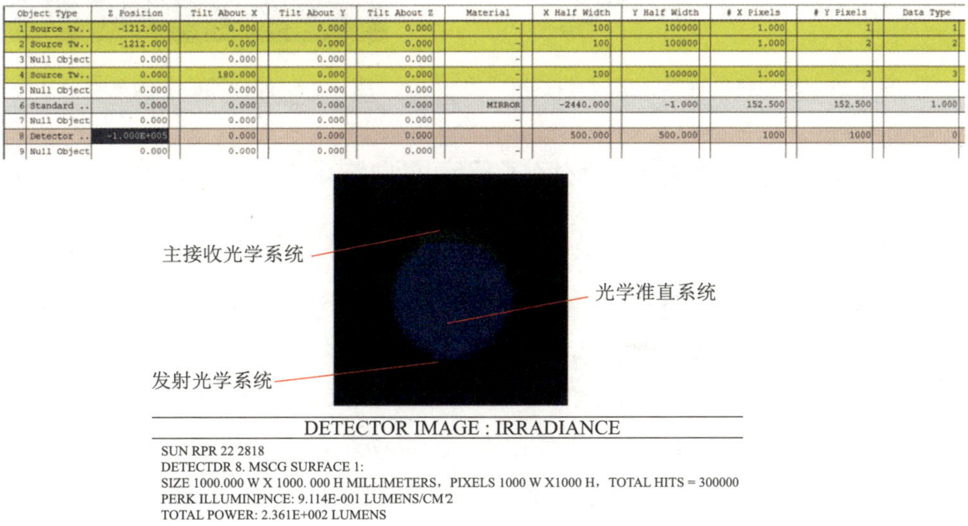

	Object Type	Z Position	Tilt About X	Tilt About Y	Tilt About Z	Material	X Half Width	Y Half Width	# X Pixels	# Y Pixels	Data Type
1	Source Tw..	-1212.000	0.000	0.000	0.000	-	100	100000	1.000	1	1
2	Source Tw..	-1212.000	0.000	0.000	0.000	-	100	100000	1.000	2	2
3	Null Object	0.000	0.000	0.000	0.000	-					
4	Source Tw..	0.000	180.000	0.000	0.000	-	100	100000	1.000	3	3
5	Null Object	0.000	0.000	0.000	0.000	-					
6	Standard ..	0.000	0.000	0.000	0.000	MIRROR	-2440.000	-1.000	152.500	152.500	1.000
7	Null Object	0.000	0.000	0.000	0.000	-					
8	Detector ..	-1.000E+005	0.000	0.000	0.000		500.000	500.000	1000	1000	0
9	Null Object	0.000	0.000	0.000	0.000	-					

图 3-19　双光纤离轴光学系统盲区光线追迹模拟结果

（4）环境适应性改进

进一步重点改进环境适应性和多平台搭载性，包括：自主研制多层密封的光机结构系统以提高海洋防潮防盐雾能力；研制激光器、收发光学系统的高频低频的震动隔离，提高船载航测防振动能力；增强激光器的环境适用性，降低温控要求，无市电支持下的岛屿实现太阳能电池板自动工作，实现小尺寸低功耗以适用于多平台观测。在此基础上，完成船载小尺寸低功耗颗粒物廓线激光雷达环境适应性改进。

由于船载平台的振动会对收发系统产生较大的性能影响，因此设计研制了激光雷达减震平台。减震平台由隔振支架和主动隔振系统组成（图 3-20）。其中，主动隔振系统的精密金属弹簧支架实现被动隔振，洛伦兹电机实现主动隔振。最低固有频率可以达到 0.7 Hz，平台提供六自由度，高精度反馈的隔振。相较传统主动隔振方案，这里示例的颗粒物激光雷达系统采用 3 个速度传感器来实现地基前馈控制，在 50 Hz 频率环境范围内使用能达到最佳的隔振效果。经过对系统样机进行一系列无人值守的实验测试，包括至少 200 km 运输测试和 200 h 连续运行测试，证明系统具有很好的抗震性（图 3-21）。

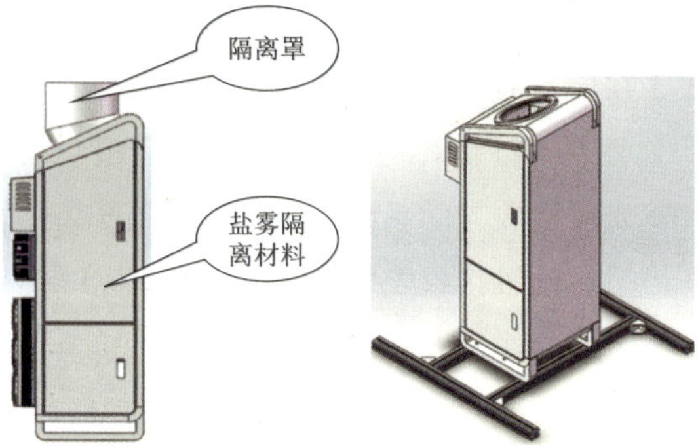

图 3-20　船载颗粒物激光适应性改进

图 3-21　船载颗粒物激光雷达实物

3.2.2　海洋大气边界层湍流交换多尺度探测技术

海陆热力差异的季节变化形成了季风环流，中国所在的东亚是一个主要季风气候区，温度、降水和大气环流等气候特征具有明显的季节变化特征，气溶胶的生成、排放和输送等过程也会受大气环流因子的影响，其时间变化特征显著地受季风环流变化的影响。近年来华北地区冬季重雾-霾事件都与弱的冬季风环流有关，在春季，中国东部地区 70 kPa 以上大气中有 50% ～70% 的有机碳是源于南亚地区大量生物质燃烧引起的有机碳排放，伴随南亚夏季风的输送作用，南亚近地面大量的污染物向上输送到大气中高层，并在环流的作用下除了影响我国东部地区以外，甚至会影响北美地区。而近几十年来，中国东部地区较高的气溶胶浓度，部分也是由于东亚夏季风年代际减弱所导致。亚洲夏季风一般在南海及附近地区最先爆发，然后向南亚及东亚地区逐渐推进。因此，研究南海夏季风对大气污染的大尺度输送、扩散活动过程有极重要的意义。目前这方面的研究还比较少，数值模拟显示由季风爆发引起的南海地区偏西和偏南风分量加强等风场形势的改变，导致季风区海盐、PM_{10}、CO_x、SO_2、NO_x 及 O_3 等各种大气化学污染物浓度在分布上有较大变化，尤其在南海地区，由于出现较强风场辐合，该地区的污染物浓度明显高于其他区域。

陆地大气边界层内的污染扩散受大气边界层高度影响，与湍流和垂直运动过程有关，海洋大气边界层的厚度变化十分缓慢，主要与天气、中尺度垂直运动和不同气团的平流有关，比如，梅雨锋和黑潮导致深层对流的形成，低层暖平流增加了海雾和低云的发生频率。在近海地区，海陆温差造成以日变化为特征的中尺度地形性海陆风环流，对沿海地区污染物的传输与扩散造成一定的影响，在大尺度离岸背景风场下，夜间陆风的输送会使得近海地区以及海面的 PM_{10} 浓度增高，白天海风被离岸风削弱，不利于污染物扩散，使沿海城市灰霾天气比较严重。

海洋产生的气溶胶包括海盐、尘粒、硫酸盐、有机物等，是大气中除沙尘之外最大的气溶胶来源。全球的海洋每年有 10^{11}～10^{14} kg 的海洋飞沫进入大气中，影响海气界面间的热量交换，作为云核颗粒物的主要来源，对太阳辐射产生强烈的散射和吸收，对气候产生影响。飞沫可影响卤素（如氯和溴）从海洋到大气的传输，并产生气相卤素原子，影响臭氧的变化。海盐粒子具有吸湿性，为大气化学反应提供了体积巨大的反应载体，且海盐巨粒子与污染物反应，放出氯气，生成数千个次微米的细粒子气溶胶，降低能见度，因此沿海工业城市灰霾天气增多与海盐气溶胶粒子的氯损耗机制关系密切。

海洋中的气泡到达水面时，破裂产生粒径小于 20 μm 的膜滴和射滴，高风速条件下，浪冠的直接撕裂会产生尺度大于 20 μm 的羽滴，统称为海洋飞沫的膜滴、射滴和羽滴，在风力的驱动下，由海洋表面进入大气边界层低层，即发射过程，相应的发射通量称为生成函数，可以粗略地以 10 m 高风速（U_{10}）的 3 次幂来估算。然而，人们对作为风速函数的海洋飞沫的量级还有相当大的争议，多种不同观点共存的主要原因是我们对飞沫生成函数的认识不足，对于任意给定的风速和飞沫粒径（特别是超过 10 μm 的飞沫），由现有文献中给定的飞沫生成函数计算得到的飞沫产生量上下可超过 6 个数量级。长期以来，人们从两种不同的角度研究海盐气溶胶的垂直通量，一种是以美国科学家 Monahan、Andreas 等为代表的通过海浪白冠面积得到通量参数化公式，这种方法是基于实验室的实验得到的；另一种是英国科学家 Smith 等为代表的通过观测得到粒子数浓度，与利用经验公式获得的粒子沉降速度结合间接得到通量，两者都需要通过海气边界层的风温湿及湍流特征的观测，获得海气界面的风速、浪高、摩擦速度、湿度、拖曳系数等进行参数化，而近年来，随着涡动相关技术和滴谱仪的发展，人们又开始通过直接观测获得海盐飞沫通量，但通过超声风速仪和滴谱仪涡协方差进行湍流交换测量时，交叉感应引起的噪声信号会带来的测量误差，另外，气溶胶的吸湿特性导致气溶胶尺寸随相对湿度的变化而变化，从而湿度的湍流脉动也会带来的通量测量偏差。

这些粒子如果上升到上层大气，会受到季风环流和中尺度环流影响，在大气边界层内，则主要受到重力、不同尺度的湍流微团的动力作用，以及各种物理化学过程影响，经过悬浮、沉降、上扬等传输过程，上升到上层大气。这些过程十分复杂，都依赖于对海气边界层结构和特性的认识，但目前来看，一方面缺乏在海上大气中海盐气溶胶浓度的资料，特别是海盐气溶胶通量的直接观测资料，另一方面也缺乏海上大风情况下大气边界层特性观测的足够资料，从而有不少重要的特性尚未被揭露。国际地圈生物圈计划（IGBP）于 2000 年提出了上层海洋-低层大气研究（surface ocean-lower atmospheric study，SOLAS），开展了一系列的海洋大气观测实验，包括船载涡动相关系统观测海气界面的气溶胶通量，并基于观测，结合已有的生成函数，为模式提供更可靠的海气通量。而海上大风的边界层只有个别观测资料，且缺乏大风情况下边界层风场脉动特点的分析。在现有文献中，都认为大水滴（形成时的初始半径 $r_0 \geq 20$ μm）从浪冠射出后直接或很快掉回海面，不可能飞出边界层低层。但事实上，尽管观测资料很少，在大气边界层中也常观测到有大水滴存在（$r_0 > 100$ μm 甚至 1 mm）。这说明，必定是除湍流扩散混合过程外，还有别的过程存在，使得大水滴能够飞升。

针对海洋飞沫生成量的不确定性，国内也开展了相应的观测和研究工作，中国海洋大学通过船载飞沫观测，比较了近海与大洋海盐气溶胶的粒径，及其与风速、潮汐、海表温度、海水盐度、海洋微表层的关系，发展出基于风速、波龄、风海雷诺数的飞沫生成函数。中国科学院大气物理研究所提出了基于 Lagrangian 随机模型并考虑阵风作用的飞沫上升率，及粒径谱从 2～50 μm 的飞沫粒子滴谱仪和粒径谱从 25～1 600 mm 的飞沫通量图像仪。

海气界面的湍流交换是联系海洋和大气的桥梁，是海洋与大气间通量传输的主要机制。一方面，它是表征下垫面强迫和下垫面与大气相互作用的重要参数，强烈地影响大气边界层结构以及大气环流；另一方面，海气界面的湍流交换也影响海洋上的混合层，是海流、海浪的动力来源。

海气边界层与陆地边界层不同，主要区别在于其下垫面是不固定的，与低层大气产生相互作用，形成上层海洋与低层大气的耦合界面，通过这一界面进行动量、热量、水汽和气溶胶的交换。对于海气通量交换的研究是海气边界层的重要问题，影响大气环流、气候变化等全球范围的演化过程，带来空气污染以及台风等灾害事件，也是模式研究中进行参数化的难点。对海气通量交换系数的研究在 20 世纪 50 年代随着海上观测手段的发展而得到提高，经过 70 多年的发展，人们在这一领域的认识逐渐从简单的经验关系，深入理论分析，从最初借用陆地边界层的相似理论，到提出新的理论模型。动量通量交换系数（或拖曳系数 CD）与风速的关系是从相似理论得到的，但对于海气边界层还要考虑波浪边界层的影响，研究发现，粗糙度不仅与风速有关，还与海表状态（波高、波龄等）有关。这些研究表明，海气通量交换不仅与湍流运动有关，风场与海表作用形成波浪等海表状态变化，也会对通量交换产生影响。因此，对海气边界层湍流结构特性、海洋表面层通量关系的准确刻画，是计算海气边界层通量的基础。

随着大气边界层观测手段的发展，人们越来越多地发现，在实验室壁湍流研究中发现的相干结构，在大气中也是普遍存在的，如强风边界层、沙漠边界层、海洋边界层、台风眼壁区等。湍流相干结构是指在大气湍流中观察到的一种明显的、较大尺度涨落的特征形式，具有明显的几何性质和动力性质，大尺度（macro-scale 或 large-scale）相干结构把小尺度（micro-scale）脉动组织起来并与之相互作用，而且能保持其特征形式不变，如流向涡、条带结构、大尺度结构（large-scale motions，LSMs）、超大尺度结构（very large-scale motions，VLSMs）、台风中的滚轴涡等。近年来的研究发现，这些多尺度的湍流相干结构共同存在于边界层内，有的位于近地层，有的位于混合层，各尺度之间相互作用，并且大尺度的相干结构与均匀各向同性湍流的性质不同，对通量的输送不能忽略。研究发现，大尺度结构的通量贡献率为 37%～45%，甚至某些研究声称 90% 的输送都是由于湍流相干结构，虽然只是短期（1～2 h）观察到的特例，但同时说明湍流相干结构的复杂性，气象条件、测量方法和分析方法的不同而使通量计算产生较大的离散。

数十年来，莫宁–奥布霍夫相似理论（Monin-Obukhov similarity theory，MOST）一直都是大气边界层湍流通量参数化的基石。近年来，越来越多的研究注意到了 MOST 的局限性，这是因为湍流相干结构主要控制湍流混合过程，而 MOST 并不能很好地描述湍流相干结构，最近有人提出了曲棍球棒假说等进行理论修正。该理论考虑了大尺度结构对通量的影响，摩擦速度与风速的关系存在一个临界风速，小于临界风速的湍流通量主要受各向同性小尺度湍流影响，大于临界风速的湍流通量则受到大尺度相干结构的影响。之后，该理论用于检验海气边界层的通量关系，发现不仅多尺度相干结构对通量交换具有重要作用，而且通量交换还与海表粗糙度、海表温度、涌浪等密切相关。在不同海表状态条件下，摩擦速度-风速关系不同，CD除了表征海表粗糙度的表面拖曳（skin drag）系数，还包括波浪形成的形式拖曳（form drag）系数，后者受到大尺度相干结构的影响。此外，海洋表面层的日变化较弱，使得大气的热力结构比较稳定，而海洋表面层的粗糙度随波浪状态的改变会有较大的变化，因而动力过程对海洋大气湍流的影响显著。而许多海洋大气湍流观测分析表明，摩擦速度与平均风速的关系在高风速、大浪时容易失效，接近海表面的常通量层受到破坏，动量通量会出现发散现象。目前，在海洋模式中普遍采用的海气边界层通量参数化方案是基于海气耦合响应实验（coupled ocean-atmosphere response experiment，COARE）得到的，COARE是在MOST基础上形成的，适用于低风速情况。之后，在原有方案基础上考虑了大尺度阵风结构，形成改进的COARE3.0，拖曳系数的参数化加入了阵风结构，被用于高风速通量计算。COARE3.5的参数化方案中增加了波龄和波陡，进一步考虑海气相互作用，使得该方案能够用于更复杂的海况。海气边界层通量交换参数化还在不断发展进步。

为探究海气间热量、动量、物质交换的时空变异规律，揭示海气边界层结构特征，解释多尺度海气相互作用机制以及海洋飞沫在海气边界层的运动机理，加深对海气间物质和能量交换过程的理解，改善海气通量的参数化方案，在国家重点研发项目“近海海洋边界层大气污染综合立体探测技术研发及应用示范”的支持下，研制建立了我国近海海洋大气边界层湍流精细结构及其廓线的实时测量系统，通过单点大气边界层湍流温度和风速精细结构的直接测量和湍流强度、结构函数的垂直分布遥感测量相结合的方法得到大气湍流。

3.2.3 近海大气边界层物质能量交换实时探测与遥感评估技术

近海大气边界层是海洋、陆地、大气之间物质与能量交换的桥梁，是海气相互作用研究的重要组成部分。地表提供的物质和能量主要消耗和扩散在大气边界层内，地表变化和人类活动对气候的影响也是通过大气边界层实现的。水热循环与碳循环是陆地表层系统中物质和能量循环的核心，H_2O、CO_2以及热量通量交换是地圈-生物圈-大气圈物质能量交换的主要形式，其物质能量交换过程是天气过程演变乃至全球气候变化的重要影响因子。“十三五”期间，我国围绕近海大气边界层潜热通量、CO_2通量等物质能量交换过程的实时探测需求，针对百赫兹量级的水汽脉动、千米量级的区域CO_2浓度变化、海水溶解CO_2原位在线等核心监测指标，突破快响应激光吸收导数光谱、增益自适应技术、海水溶解气体原位分离富集技术等关键技术，自主研发了海面 H_2O 脉动高频探测样机、大气 CO_2 开放光路探测样机、海水溶解及近海面大气 CO_2 原位探测样机 3 套样机，在深圳、葫芦岛等地开展了应用示范；构建了中国海海水 CO_2 分压反演算法，并研制了中国近海海-气 CO_2 通量遥感产品，实现了大面积长时序的碳收支监测；有效支撑了我国近海大气边界层物质与能量通量研究。

3.2.3.1　基于涡相关法的 H_2O 和 CO_2 通量探测技术

通量观测的方式主要有基于动力学原理的梯度法和整体法、波文比能量平衡方法、基于涡动相关理论发展起来的拓宽湍涡累积法、基于涡动相关方法的直接观测法和基于光闪烁法测量感热通量和潜热通量的大孔径闪烁仪方法和微波闪烁仪法等。其中，涡动相关方法作为唯一能直接测定地表与大气间 CO_2 和 H_2O 热通量交换的标准方法，已得到微气象学和生态学家们的广泛认可，是国际通量观测网络（FluxNet）的关键技术手段。

涡动相关法通过计算气体浓度（如 CO_2 和 H_2O）以及垂直风速脉动量的协方差得到通量，因此该方法要求在测量时，既要能捕捉环境目标气体微小的浓度变化，即要求测量精度高，又要求能迅速捕捉气体交换过程中小尺寸涡团变化，即要求探测响应频率高。测量气体浓度的方法有很多，如传统的电化学法、色谱和质谱法、非分散红外光谱法、傅里叶变换光谱法以及可调谐激光吸收光谱法。结合涡动相关理论及应用，在以上方法中基于非分散红外光谱法和可调谐激光吸收光谱法的光学检测方法更符合具体使用需求，因此目前成熟的商业气体分析仪均采用上述两种方法。

针对开路式 H_2O 和 CO_2 通量观测，目前使用最广泛的是基于非分散红外光谱技术的 LI7500-CO_2/H_2O 气体分析仪（美国 LICOR 公司），利用 4.26 μm CO_2 吸收线和 2.59 μm H_2O 吸收谱线，通过光程约为 12.5 cm 的气体吸收信号强度与无参考吸收信号的比值实现目标气体探测。目前，该气体分析仪能满足大多数通量观测站长期观测研究需求，但由于采用的是宽带的白炽灯作为光源，需要借助光学分立器件对光谱进行选择，导致光谱分辨率差，同时受斩波器调制频率影响最高响应频率只有 20 Hz，造成 20 Hz 以上频率的通量观测数据缺失。

中国科学院合肥物质科学研究所研究了基于高频调制激光吸收光谱技术的高精度浓度反演方法，解决了高频激光调制下浓度定标问题和大量数据的快速处理技术，基于 1 392 nm 和 2 004 nm 可调谐半导体激光器研制了适用于涡动相关测量的小型开路式激光气体分析仪，实现 H_2O 和 CO_2 的 100 Hz 高精度脉动测量，实现了小尺度气体浓度精细分辨。

水汽脉动和二氧化碳脉动高频监测系统框图如图 3-22 所示，包括激光器高精度频率控制、微弱信号检测、信号采集处理电路、数据传输以及光机结构。研制的 100 Hz 水汽和二氧化碳脉动仪实物见图 3-23。

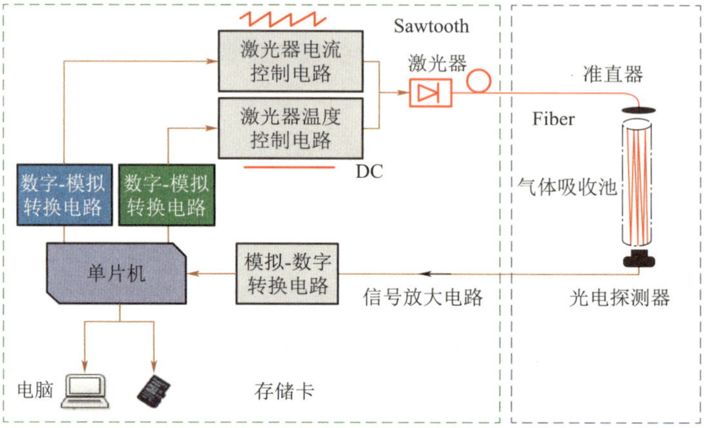

图 3-22　100 Hz 激光气体分析仪测量系统

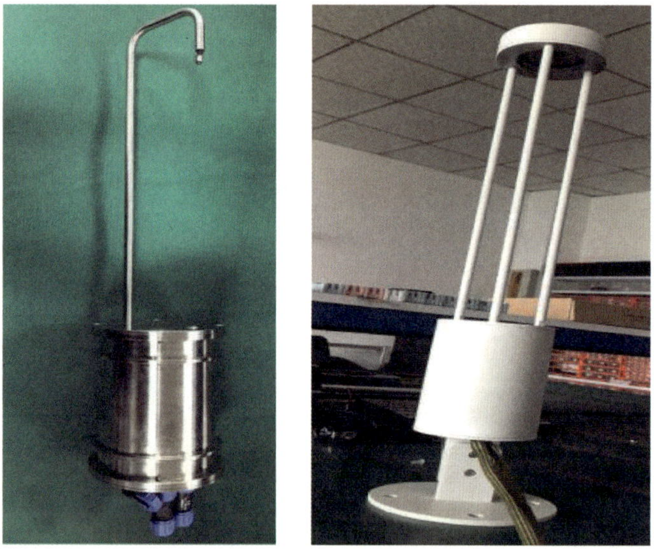

图 3-23　100 Hz 水汽和二氧化碳脉动仪

为了验证激光气体分析仪测量气体浓度的准确性，在常温常压实验室环境下，利用高精度水汽发生器和标准 CO_2 对样机进行标定测试。

定标结果如图 3-24～3-26 所示，结果表明，100 Hz 时间分辨率时激光 CO_2 气体分析仪的检测限为 0.40×10^{-6}，激光 H_2O 气体分析仪的检测限为 8.17×10^{-6}；10 Hz 时间分辨率时激光 CO_2 气体分析仪的检测限为 0.13×10^{-6}，激光 H_2O 气体分析仪的检测限为 3.25×10^{-6}。与美国 LICOR 公司生产的 LI-7500 对比情况如表 3-7 所示。

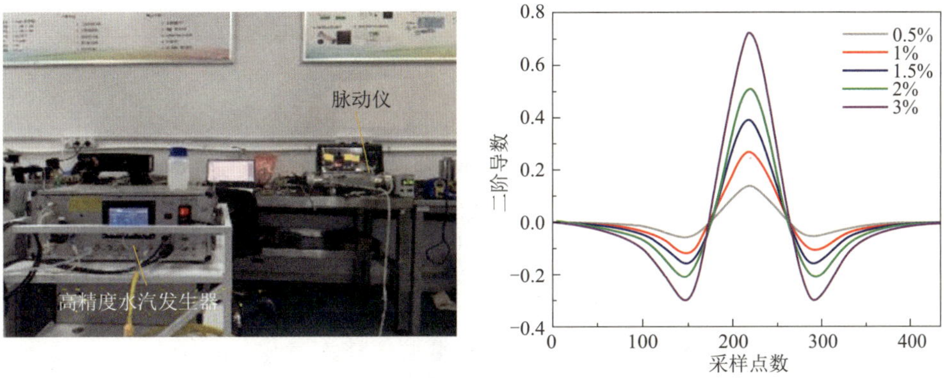

图 3-24　H_2O 脉动仪标定实验及测量实验结果

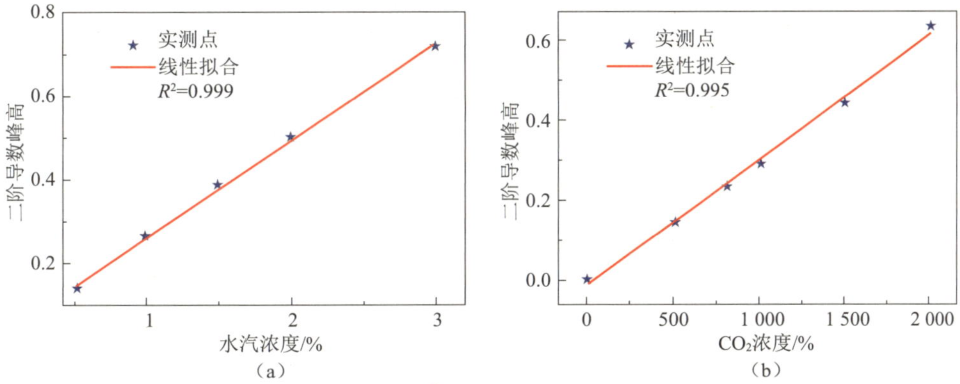

图 3-25　CO_2 和 H_2O 线性度分析

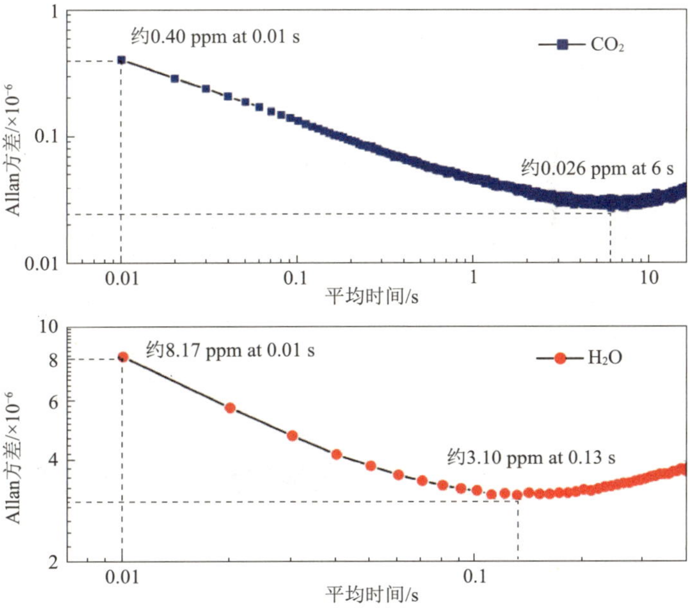

图 3-26　Allan 方差系统检测限分析

表 3-7　仪器性能对比

	自研发脉动仪	LI-7500 分析仪
方法	TDLAS	NDIR
H_2O 检测限	3.25×10^{-6}@ 10 Hz 8.17×10^{-6}@ 100 Hz	4.70×10^{-6}@ 10 Hz 6.70×10^{-6}@ 20 Hz
CO_2 检测限	0.13×10^{-6}@ 10 Hz 0.40×10^{-6}@ 100 Hz	0.11×10^{-6}@ 10 Hz 0.16×10^{-6}@ 20 Hz
最大测量速率	100 Hz	20 Hz

3.2.3.2　基于膜脱气-激光吸收光谱的海水溶解气体测量仪

当前的海水溶解气体探测方法主要有采样-实验室分析、基于光学传感技术的海水溶解气体原位测量技术（如倏逝波、拉曼光谱等）及基于疏水透气膜结合气体传感的原位测量技术。其中，采样-实验室分析是在海洋探测技术发展初期提出的，其提供了海洋研究必需的关键数据，但是在实时性和真值方面有一定的提升空间；光学传感海水溶解气体原位测量技术是较为先进的探测技术，在高浓度溶解气体区域有较大的应用空间。疏水透气膜结合气体传感的原位测量技术是近二三十年发展起来的溶解气体探测技术，采用疏水透气膜原位分离水汽、根据气体特征选择合适的传感器进行检测。当前的传感器主要有半导体气敏、非色散红外、电化学、可调谐半导体激光吸收光谱等。

本小节介绍了基于疏水透气膜-激光光谱检测原理的海水溶解 CO_2 原位在线检测仪，系统结构如图 3-27 所示，实现了海水溶解 CO_2 原位在线测量。我国科研团队研制的分析仪在深圳和葫芦岛开展了测试工作，验证了仪器测量结果的稳定性与可靠性。

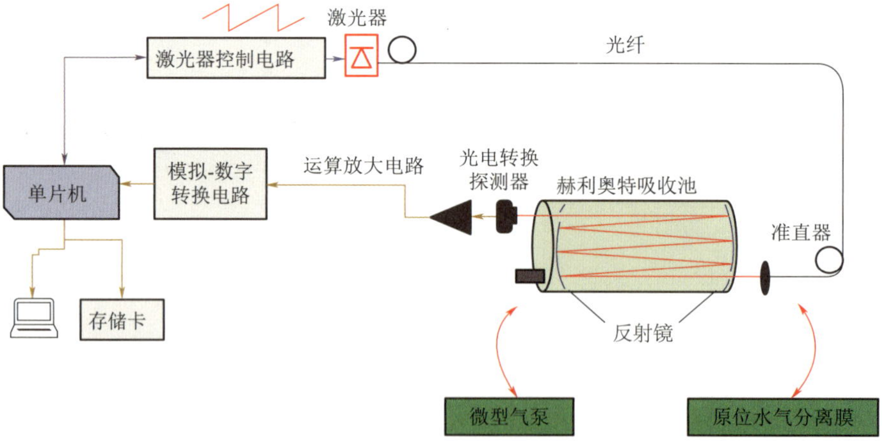

图 3-27　海水溶解 CO_2 探测系统结构示意图

对海水溶解 CO_2 探测样机进行了标准气体定标和水中溶解气体对比测量。定标结果如图 3-28 所示，通过对 CO_2 气体标定测量结果线性拟合，得到 CO_2 测量积分吸光度与参考气体浓度之间相关性 $R^2=0.999\ 5$。

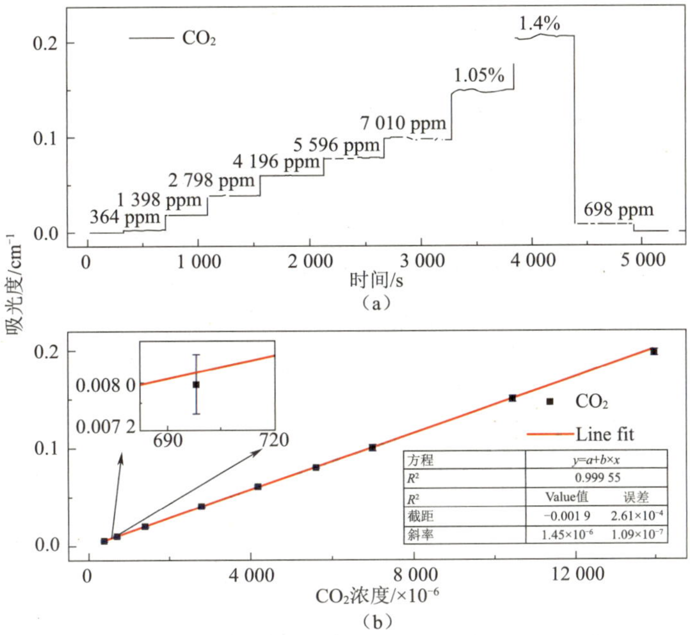

图 3-28　标准 CO_2 气体定标结果图

基于水汽平衡法，我国自主研制的海水溶解 CO_2 探测仪与美国 Picarro 生产的同类型分析仪进行了海水中溶解 CO_2 对比测量。利用潜水泵，将海面下 1 m 深的海水泵入水汽分离膜，分离的气体分别供给 Picarro 分析仪和我国自主研制的海水溶解 CO_2 探测仪。测量结果如图 3-29 所示。

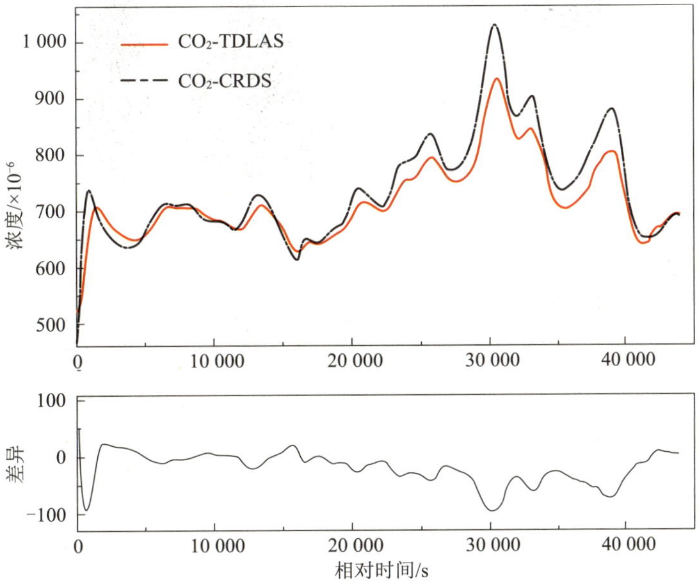

图 3-29　我国自主研制的海水溶解 CO_2 探测仪与 Picarro 分析仪对比测试结果

在较低浓度时，测量结果与 Picarro 保持一致，但在高浓度时出现较大偏差，主要原因是对比的商用仪器保证高精度的范围上限是 520×10^{-6}，水中溶解 CO_2 浓度均高于其线性测量范围，浓度越高时，偏差较大，而小型化 TDLAS 系统可满足大动态范围溶解浓度检测。测量结果中，海水 CO_2 分压变化较大，为 $(520\sim934)\times10^{-6}$，高于大气中的平均 CO_2 浓度，约为 429×10^{-6}，而同一地区大气 CO_2 浓度的日变化相对较小，约为 30×10^{-6}。

3.2.3.3 基于开放光路-TDLAS 的区域 CO_2 探测技术

“十三五”期间，中国科学院合肥物质科学研究所提出了“收发一体式开放光路结构-信号增益自适应”的区域 CO_2 浓度检测方案，解决了能见度强变化下的弱信号探测问题，完成了大气 CO_2 开放光路探测样机研发，样机的响应时间达到 1 s、测量范围 $(0\sim2\,000)\times10^{-6}$、检测限 0.1×10^{-6} 等关键指标达到设计要求，实现了千米级的区域 CO_2 测量。研制的试验样机实物如图 3-30 所示，在深圳和葫芦岛开展了测试工作，验证了仪器测量结果的稳定性与可靠性。

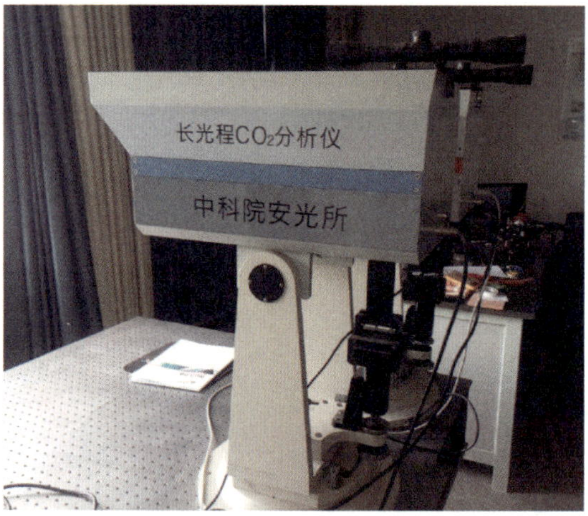

图 3-30 区域 CO_2 在线监测样机

3.2.3.4 海水 CO_2 分压遥感反演技术

“十三五”期间，我国科学家研发了海水 CO_2 分压遥感反演算法，并研制了中国近海海-气 CO_2 通量遥感产品，实现了大面积长时序的碳收支监测。通过收集了中国近海和全球边缘海大量的实测数据，综合利用半解析算法及基于大数据驱动的机器学习方法对中国海海水 CO_2 分压反演机理进行了探讨。采用经验半解析算法，对中国海海水 CO_2 分压遥感的主要控制因素进行了解析；基于大样本的现场走航 CO_2 观测数据，发展了大数据驱动的海水 CO_2 分压遥感机器学习方法，在输入参数中考虑生物作用、温度热力学作用以及边缘海受陆源输入以及上升流影响，获得了高精度的海水 CO_2 分压遥感反演，平均 RMSE 为 14.08 μatm。在海水 CO_2 分压遥感反演结果的基础上，获得了 2003—2019 年中国近海海-气 CO_2 通量遥感产品，实现了大面积长时序的碳收支监测，通量海-气 CO_2 通量卫星遥感产品的不确定度为 2.97 mmol C · m^{-2} · d^{-1}。图 3-31 为海水 CO_2 分压（pCO_2）遥感反演模型验证结果。

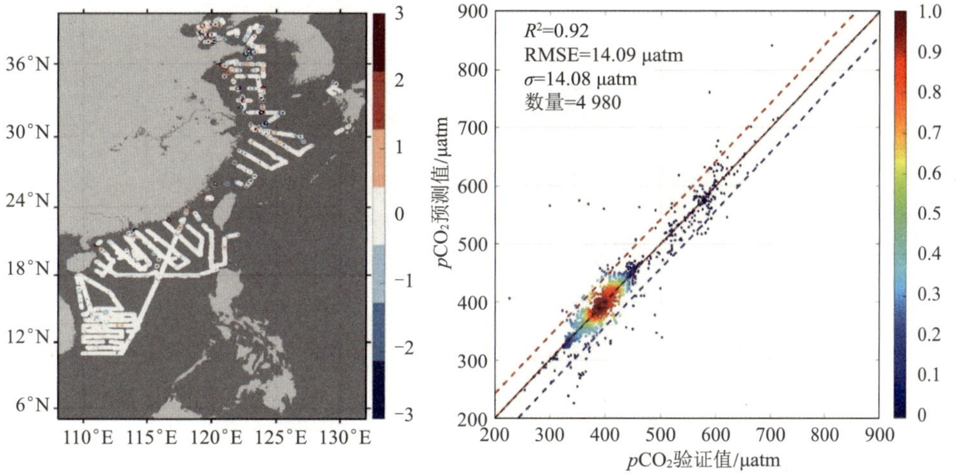

图 3-31　海水 CO_2 分压（pCO_2）遥感反演模型验证结果

3.2.3.5　近海气溶胶干沉降通量遥感技术

“十三五”期间，探索建立了中国近海气溶胶干沉降通量遥感产品，实现了大面积长时序的气溶胶入海通量监测。通过开展岸基及海上走航式观测，收集黄渤海大气气溶胶光学特性、粒径谱及质量浓度、干沉降通量等现场观测数据。提出适用于紫外波段的水体生物-光学模型，系统阐明水色三要素对紫外离水辐射信号的影响；构建了含有吸收性气溶胶的新型大气查找表；发展了基于卫星短波和紫外波段光谱信息的气溶胶光学厚度反演算法，获得的气溶胶光学厚度遥感产品平均相对偏差为 21%。提出了基于卫星遥感的海面气溶胶干沉降通量估算方法，解决近海面气溶胶悬浮物浓度遥感反演、气溶胶沉降速率反演等关键技术，获得了渤海示范区 2018—2020 年气溶胶干沉降通量遥感产品，时间分辨率 5 d，平均相对误差 26%。图 3-32 为基于卫星紫外光谱信息的气溶胶光学厚度反演示例。四个季节的走航和四个定点长期观测的验证结果表明，渤海海域气溶胶沉降通量的遥感估算的均方根误差约为 12 mg/(m^2 · d)，相对误差约 26%。

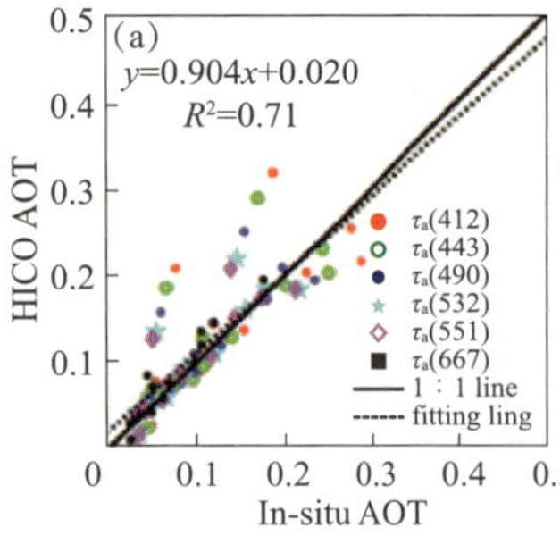

（a）NSAC和（b）UVAA算法反演气溶胶各波段光学厚度与实测结果的比较

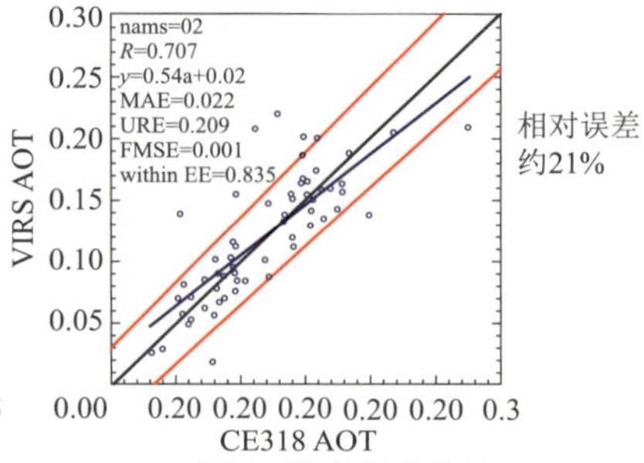

（c）UVAA卫星遥感气溶胶光学厚度遥感反演结果验证

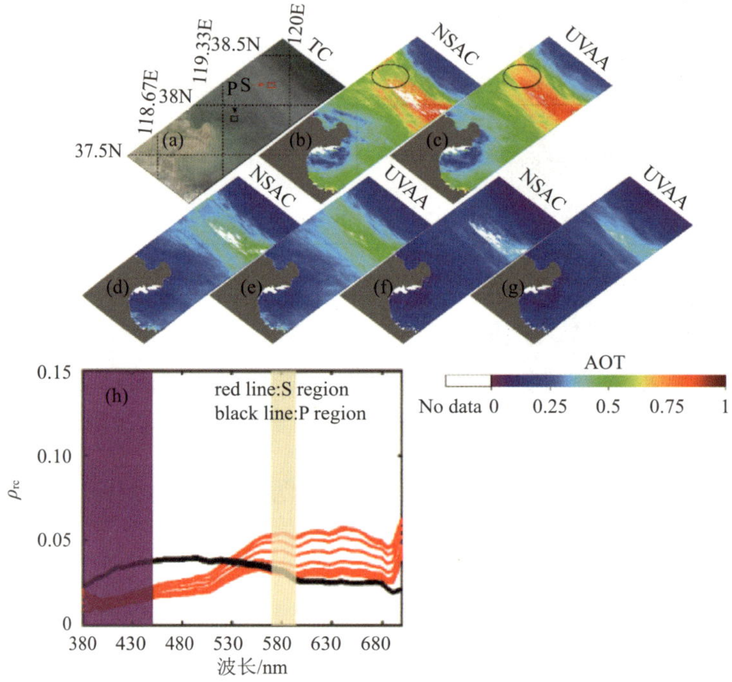

图 3-32　基于卫星紫外光谱信息的气溶胶光学厚度反演算法

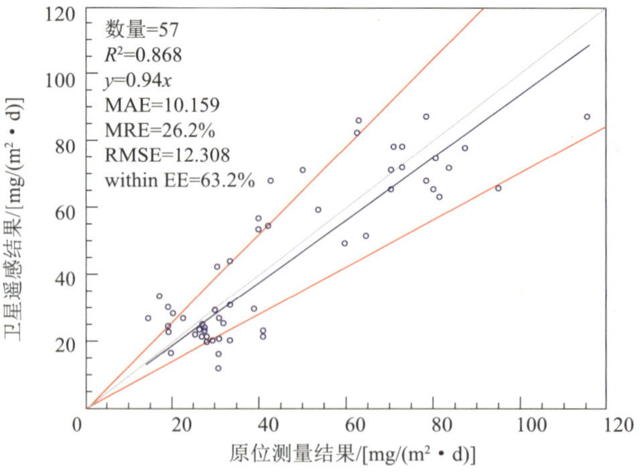

图 3-33　基于卫星遥感的气溶胶干沉降通量反演

3.2.3.6　基于涡相关法的海气 CO_2 通量浮标观测技术

“十三五”期间，我国自主研制了国内首套半潜式柱形海–气 CO_2 通量浮标，开展了基于涡相关法的海气 CO_2 通量浮标观测。针对适用于海洋碳通量观测的低成本高姿态稳定海洋观测平台缺少、涡相关法 CO_2 通量观测技术在海上推广困难等问题，突破了高稳定性半潜式浮标平台研制及水动力仿真分析、标体锚泊系留设计、浮标快速便捷布放等关键技术，研发了一套在复杂海况下具有高姿态稳定性、并采用涡相关法直接探测碳通量的监测浮标系统一套，如图 3-34 所示；浮标稳定性要求在 4 级海况下，浮标摇摆角≤±10°；观测参数包括三维超声风速、CO_2/H_2O 气体浓度、海–气 CO_2 通量。分别在 2020 年 11 月及 2021 年 8 月于青岛小麦岛海域开展了标体稳定性测试及海–气 CO_2 通量浮标观测实验，验证了该浮标的适用性。

图 3-34　半潜式柱形海–气 CO_2 通量浮标实物及现场布放情况

3.2.4　近海大气污染物立体遥感定量表征技术

船舶尾气排放的污染物及大陆上空的大气污染物随气团的远距离传输，对海洋生态和环境产生重要的影响，对近海大气污染物的监测是实施管控的重要前提。近海海域受到陆地和海洋的共同影响，海陆相互作用活跃。长期以来，针对近海区域开展的观测较少，进而导致近海区域观测资料缺乏，对于近海大气痕量成分的水平空间分布及垂直结构特征和其对应的季节、年际变化规律的认识十分有限。

卫星观测可实现对近海区域大气污染物进行大范围、长时间的监测。随着载有超光谱仪的卫星相继成功发射，通过卫星监测近海大气污染物浓度的技术不断发展。21 世纪初，国外已基于卫星遥感数据逐步开展了对各大洋大气污染物观测的研究，且研究多集中于海运船舶的大气污染物排放。目前，国内外对于近海地区大气的观测有多种较为成熟的方法和手段，包括化学手段、光学手段等，涉及气溶胶、VOCs 以及 O_3、NO_2、HCHO 等多种痕量气体的监测和测量。除此之外，国内多项研究通过融合多源信息完成近海地区的大气污染物遥感观测。

“十三五”期间，中国科学技术大学通过卫星遥感、地基/船基遥感、地面点式仪器联合观测及深度学习数据融合的方法，建立我国近海大气污染物卫星反演算法，获取我国近海及其沿岸区域大气污染物的水平和垂直时空分布数据集和海表温度、海面风速等海洋物理参数数据集，为大气污染物在海洋与陆地之间的相互传输集传输中的大气化学演化、大气–海洋相互交互、船舶排放对近海及沿岸大气污染贡献、污染物的全球传输尤其是跨国界、跨大洋传输等研究提供实测数据支持。

近海大气污染物立体遥感技术路线如图 3-35 所示。针对我国高气溶胶浓度引起的多次光散射，开发出优于欧洲、适合我国高气溶胶背景的星载高光谱遥感仪器反演算法，基于卫星观测反演近海 NO_2、HCHO、O_3、SO_2 等污染物浓度分布。此外，由于大部分的卫星载荷和算法受控于欧美国家和地区，NASA/ESA 官网有时会限制中国用户对其大气污染产品的访问也会限制对原始光谱数据的下载。为了打破这一僵局，中国科学技术大学研究团队针对国产自主研发的 EMI 卫星载荷，开发并优化了大气污染反演算法。

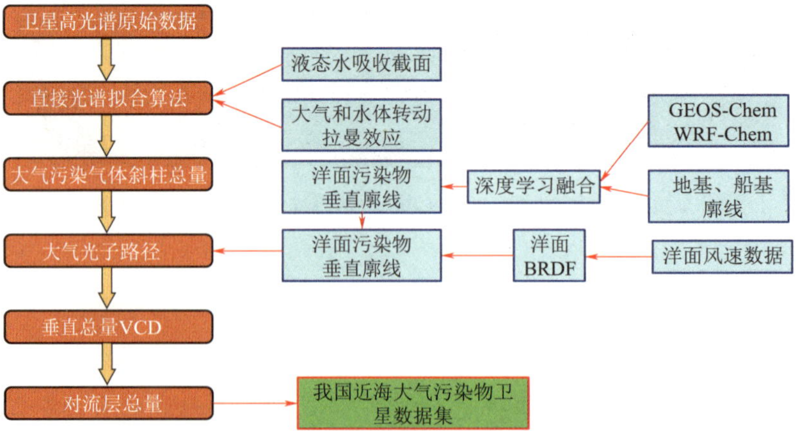

图 3-35　近海大气污染物立体遥感研究路线

中国科学技术大学研究团队基于 6 个沿海站点（东营、青岛、上海、宁波、厦门和广州）以及两个岛基站点（觉华岛和花鸟岛），通过多源梯度回归和先验增益权重构建等算法创新，实现了对海洋重要大气组分 CHOCHO、H_2O 和 BrO 的实时垂直廓线反演（图 3-36 和图 3-37）。团队在舟山、葫芦岛、深圳等多个近海域进行了长期的污染物浓度比对和日常观测，并在环渤海、东南沿海和南海海域开展了多航次污染物加强观测：2018 年东海至南海海域走航观测、2018—2019 年中韩跨境走航观测、2019—2020 年黄、渤海海域航测以及 2020 年南海海域观测等，获取了我国近海污染物空间分布数据集。基于观测结果针对港口码头等重点排放区域进行了污染物观测与污染机理分析，在地基、船载、模型数据融合等方向积累了重要的数据集。

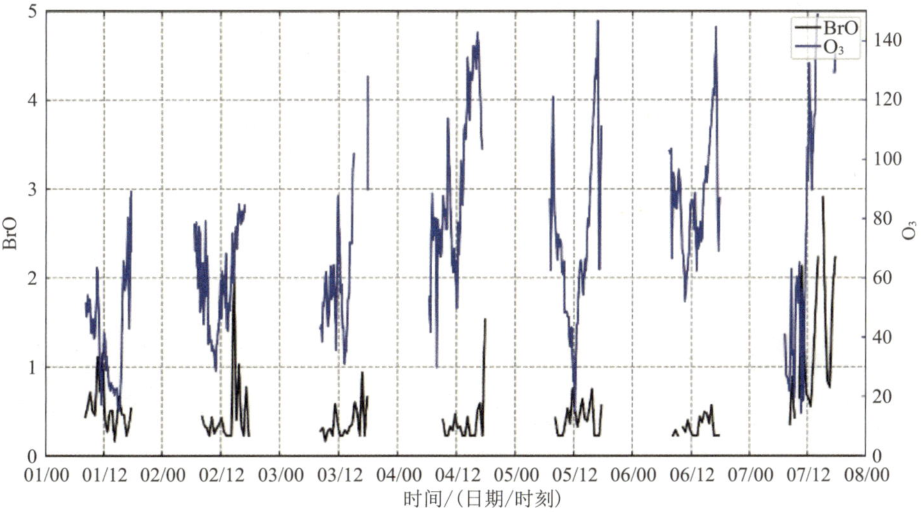

图 3-36　臭氧与氧化溴的日变化过程

同时，针对我国海洋大气污染物观测数据精度和空间覆盖范围不足等问题，以及对我国近海区域的大气污染物多源数据进行融合得到立体的大气污染数据来直观地获取大气污染物的空间分布的需求，使用基于深度残差网络的特征选择和学习方法，发现多源、异构监测数据中的关键性共生特征和变化规律，形成近海大气污染物多源监测数据融合方法体系（图 3-38），获取归

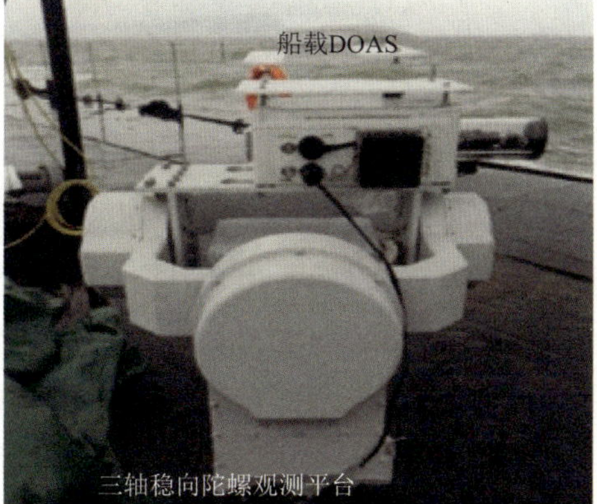

图 3-37　我国东部沿海遥感观测航线及设备

一化的近海大气污染物时空分布数据，为大气污染区域联防联控和移动污染源减排提供强有力的技术支撑。

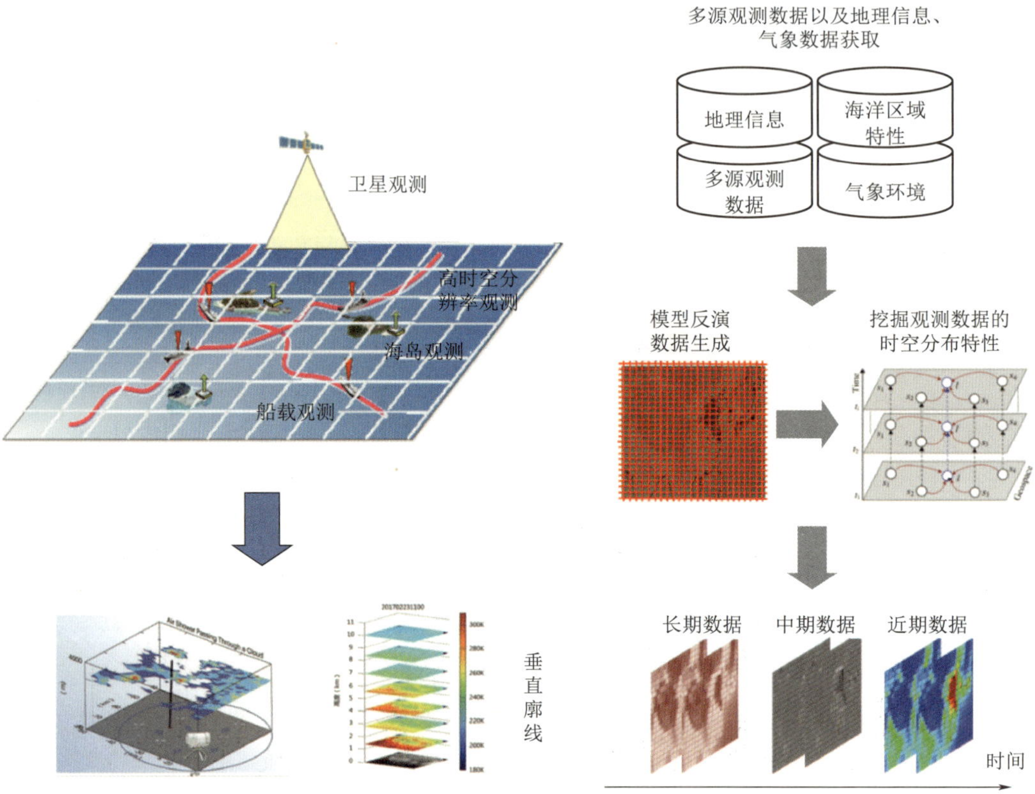

图 3-38　深度学习获取三维时空分布数据集流程

为了拓展空间分辨率，更好地分析大气数据与气象环境数据之间的潜在关联，中国科学技术大学研究团队首先对卫星遥测数据进行栅格化处理，挖掘遥测数据在水平空间潜在特性。其次，为了结合污染物分布的物理–化学模型，对垂直廓线遥测数据进行了动态分析，提出与目标区域特性相符的污染物分布模型。最后，利用对抗学习策略，将污染物分布模型融合到生成对抗网络中，通过生成器和判别器之间的对抗作用，生成能够覆盖真实数据空间的立体遥测仿真数据，为后续的多源数据融合和分析提供数据支撑。通过深度学习数据融合的关键技术突破，对卫星数据缺失数据进行补全，实现全覆盖高分辨率监测。

为了拓展空间分辨率，首先利用深度残差网络来提取与污染分布最具因果关系的特征子集，构建了多源监测数据共性特征空间（图 3-39）。然后，提出特征空间内的学习方法，通过多源监测数据间的交叉验证和修正，实现了多种监测手段的有效关联。通过深度学习数据融合的关键技术突破，实现了卫星数据集的时效性从每天一次提升至每小时一次（图 3-40）。

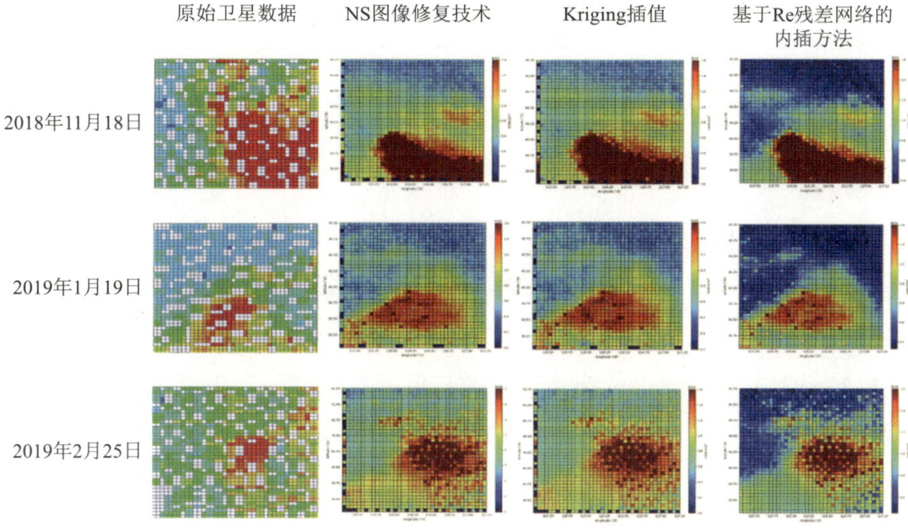

图 3-39　深度学习方法获取全区域污染结果与其他算法对比示意图

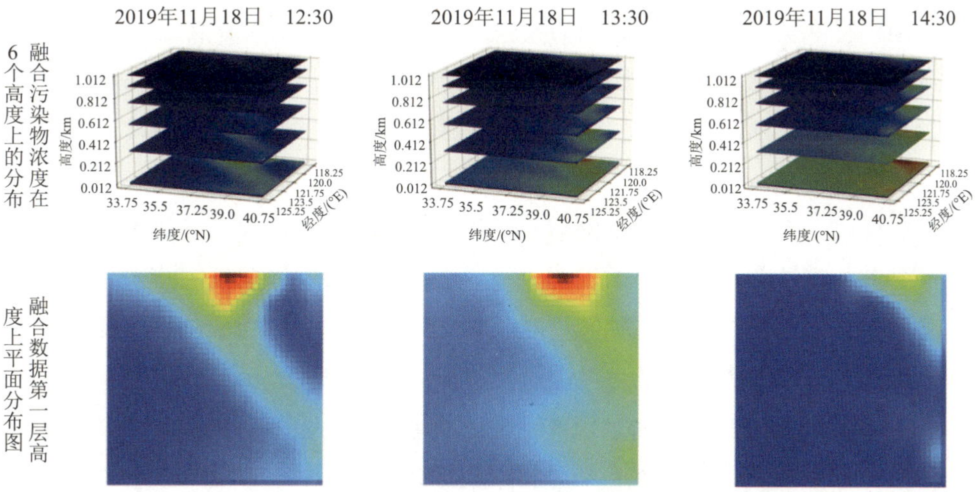

图 3-40　全区域污染小时分辨结果

3.2.5 海陆交界气溶胶理化特性观测与廓线校验技术

“十三五”期间，针对海洋大气细颗粒物在线监测需求，我国自主研发了适用于海洋环境下的大气细颗粒物粒径谱仪，实现海洋大气颗粒物粒径分布和质量浓度的准确在线测量。开展基于海岛地基、无人机、船载的多平台气溶胶和 O_3 比对校验实验，建立了近地面观测–无人机搭载–雷达观测一体化的交互廓线数据校验技术。在此基础上观测海洋边界层混合大气颗粒物的化学组分、形貌特征、光学特性、吸湿增长等参数，建立不同海域上空大气污染物的成分数据集。分析海洋源气溶胶在二次气溶胶形成、粒子增长、混合状态变化、老化过程等关键大气物理化学过程中的作用，揭示在不同污染背景下海洋源气溶胶和不同类型陆源污染物之间的耦合演变过程。

（1）海洋气溶胶粒径谱仪研发

海洋气溶胶粒径谱仪采用90°激光散射原理，采样气流通过一个均匀照明的光敏感区时，气流中的气溶胶粒子产生散射光，一定范围内的散射光通量被收集并投射到光电转换器上，由光电转换器输出的与粒子直径成一定比例关系的电信号经其后的电子系统处理后给出被测粒子的粒径，然后输入对应的计数通道进行计数，进而通过高速数字处理信号电路反演出颗粒物质量浓度。

（2）多平台大气污染物廓线校验

选择在合适的气象条件下，开展不同平台多种大气成分的比对实验，建立比对观测数据集。对于 O_3 比对，结合温湿度等气象条件建立搭载在无人机上的臭氧传感器与地面标准臭氧测量仪器之间的校验方法，通过校验的臭氧传感器进一步校验臭氧激光雷达观测的臭氧垂直廓线。对于颗粒物及黑炭传感器，同样先使用地面测量仪器进行观测数据的比对和校验，之后则通过无人机搭载观测校验气溶胶雷达测定的气溶胶相关参数。通过无人机搭载单颗粒物采样器获取边界层内外不同高度的单颗粒物样品，结合离线单颗粒分析方法获取单颗粒物的化学组成及形貌特征，这可用于多波长雷达的气溶胶分类识别。特别是在边界层内外颗粒物的来源及成分可能有显著不同，因此在特定高度的气溶胶成分分析将特别有助于检验激光雷达在垂直尺度上识别颗粒物类型的能力。

（3）单颗粒物采集及形貌表征和定量分析

采用扫描电镜结合X射线自动分析（CCSEM/EDX）方法提供统计学意义的单颗粒表征和元素分析，包括颗粒物的粒径分布、表面特性以及颗粒物内部不同组分的混合状态；利用软X射线谱学显微镜分析方法（STXM）针对不同组分对X射线在不同能量下的特征吸定量分析单颗粒物组分含量和混合状态（如有机物、EC、无机物等），特别是颗粒有机物中的不同官能团。

（4）颗粒物化学组分及光学特性分析

使用在线离子色谱、在线有机碳元素碳分析仪、太阳光度计等高分辨率仪器在线测量获得颗粒物态水溶性离子、有机碳、元素碳以及气溶胶光学参数。采用高分辨率气溶胶质谱仪观测近海颗粒物中的有机气溶胶，通过回归分析和相关性分析等统计手段并借鉴已发表的文献资料，寻找能够指征海洋有机气溶胶的特征质荷比。结合 Igor Pro 软件集成的 PMF、ME2 等源解析手段，解析近海有机气溶胶的组成、来源与变化特征，重点探究海盐飞溅有机物、老化的海洋有机物、浮游植物释放的甲磺酸类有机物、陆源烃类一次有机物等。辅助使用碳氮稳定同位素方法判断不同污染水平条件下主导的近海颗粒物化学生成途径。使用 ISORROPIA、E-AIM 等气溶胶热动力学离子平衡模型估算不同污染水平条件下气溶胶的酸度和液态水含量，评估这些关键参数在改变颗粒物形貌和吸湿增长中的作用。

3.3 渤海、南海等海域技术应用示范

在深圳石岩、觉华岛、渤海近海等地/海域完成了试验应用示范，结果表明我国自主研发的设备具备较高的稳定性、可靠性和数据准确性，能够满足高精度、高时空分辨率、高数据刷新率的近海大气边界层长期监测要求。在渤海走航观测期间，我国研制的测风激光雷达、臭氧激光雷达和温湿度雷达等仪器经受住了海洋地区船载观测环境的严苛考验，并成功开展了星地协同观测，试验期间数据获取率大于 90%。

3.3.1 深圳高塔比对观测综合试验

“十三五”期间，在深圳市三处观测点开展了观测实验，分别为深圳市气象梯度观测塔、杨梅坑生态监测中心站及西涌海滩。点位分布图 3-41 所示。部署了 30 余种各类仪器设备，包括 13 种我国自主研发仪器。

图 3-41 深圳高塔比对观测综合试验

3.3.1.1 海洋大气污染物和气象参数廓线激光雷达系统综合比对试验

（1）实验概况

观测地点位于深圳石岩综合气象观测基地（113.9°E，22.7°N）。气象梯度观测塔位于郊区，向东约 1 km 为羊台山（海拔 587 m），南面是铁岗水库，西南距离珠江口海面约 9 km，珠江口东岸的海陆走向大致为西北—东南走向。梯度塔总高度 356 m，是目前亚洲最高桅杆式结构铁塔，塔身底部截面为 5 m×5 m，至 15 m 标高渐变为 2.5 m×2.5 m，直至塔顶。水汽、臭氧、风速风向观测共设置 13 层，分别为 10 m、20 m、40 m、50 m、80 m、100 m、150 m、160 m、200 m、250 m、300 m、320 m、350 m。风速比对时采用南向风速仪数据，水汽等比对时采用 150～350 m 垂直分布数据。

测风激光雷达与梯度塔直线距离大约 50 m（图 3-42）。采用 DBS-5 观测模式，探测高度设置为 50～2 500 m。臭氧及温湿度激光雷达位于气象塔左侧，直线距离小于 10 m，探测高度设置为 150～2 000 m。采用 24 h 无人值守运行，测风激光雷达（2019 年 8 月 30 日—10 月 14 日）、臭氧及温湿度激光雷达（2019 年 9 月 12 日—10 月 14 日）工作状态良好。

图 3-42 深圳铁塔试验现场图（2019 年 8—10 月）

（2）测风激光雷达与梯度塔风速风向比对

测风激光雷达与梯度塔风速风向对比结果如图 3-43 和图 3-44 所示。由于梯度塔只有南向安装有风速计，导致比对结果会受到塔影效应的影响。分析研究表明偏北风时受塔体直接影响，实际比对时需去除 280°～80°内的数据各个高度风向数据；散点图显示，梯度塔上各高度的测风仪可能受到塔体尾流及绕流的明显影响，表现为 0～360°风向线性回归时有类似于“正弦”的趋势。通过剔除塔的遮挡及尾流区、剔除北偏东 85°、北偏西 85°的扇区，并剔除降水及 1 m/s 以下的静小风速，风速风向的相关性有了很大的提升，风速相关性达到 97%，风向相关性达到 98%。

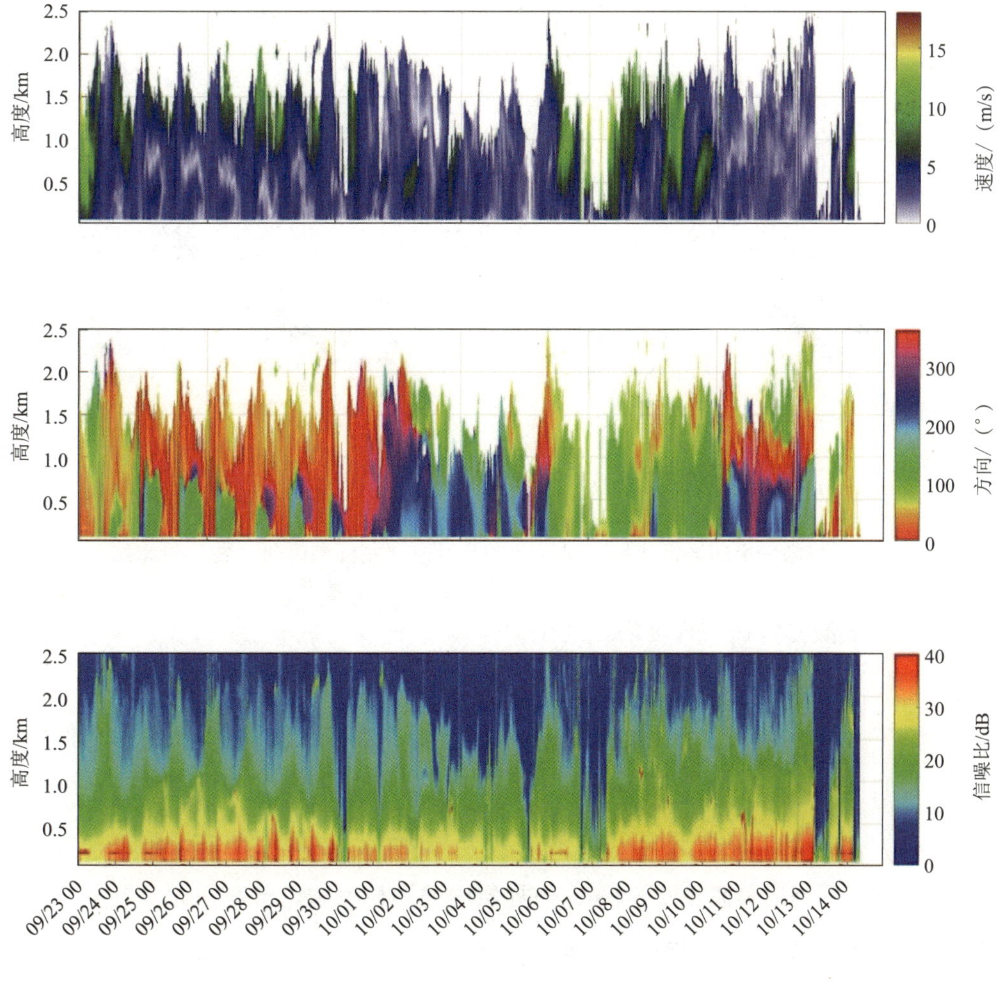

图 3-43　深圳测风激光雷达风速、风向、信噪比 THI 观测结果

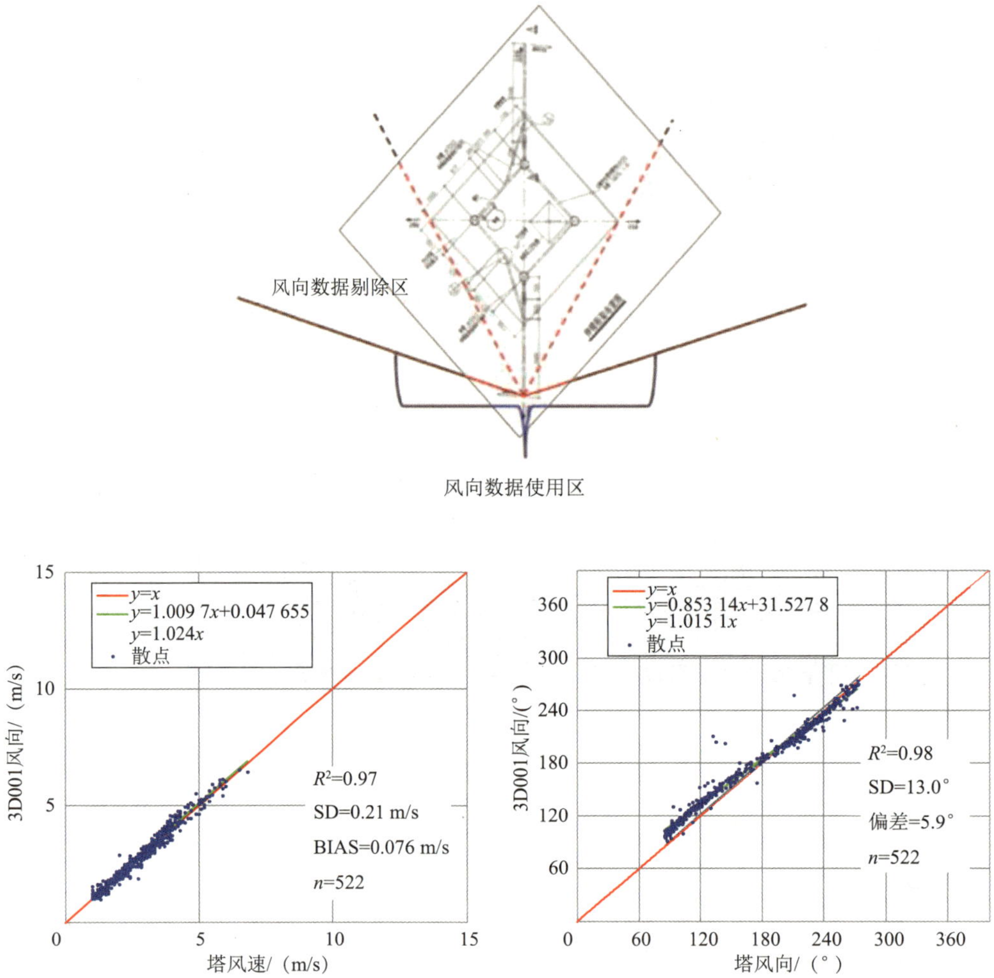

图 3-44　气象塔风速数据使用区间（上）及风速（左）和风向（右）对比结果

（3）臭氧激光雷达与梯度塔比对结果

图 3-45 是臭氧雷达监测到一次 O_3 气团逐渐累积加重的过程，22 日后在上升气流的影响下，O_3 污染有所缓解，23 日后 O_3 污染逐渐累积加重，比较突出的特点是夜间有明显的残留和输送，这也造成了夜间次高峰的出现。从气溶胶的观测结果来看，23 日之前，边界层具有明显的昼夜分布规律，边界层顶白天最高至 2 km；24 日后，边界层高度最高至 2.6 km，边界层内的颗粒物浓度升高，尤其在 600 m～1 km 经常出现高浓度的颗粒物，并向下沉降。

如图 3-46 所示，臭氧雷达与梯度站 220 m、225 m 点式仪器比对结果具有很好的一致性。如图 3-47 所示，臭氧雷达在 200 ～350 m 高度上反演的臭氧浓度趋势和无人机监测的结果较为一致，同时，存在一定的偏差，可能原因是无人机由气压向高度转换、臭氧雷达的单位转换（雷达单位 μg · m^{-3}，无人机 10^{-9}）。

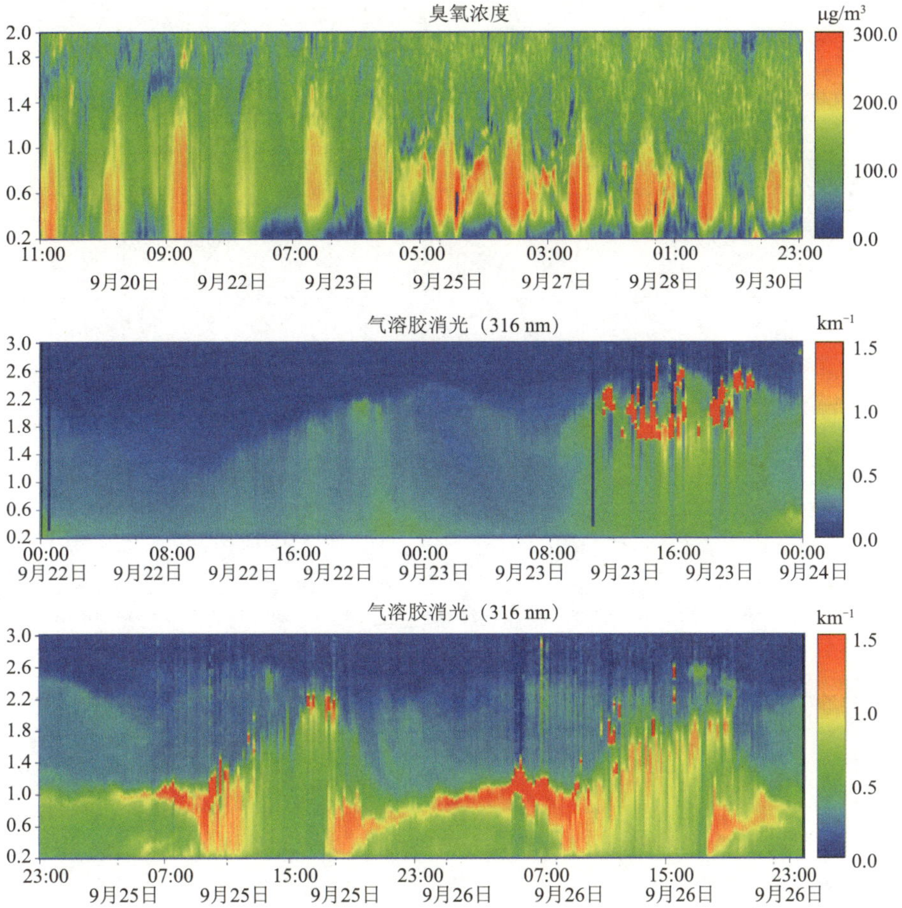

图 3-45　深圳气象塔臭氧激光雷达臭氧和 316 nm 气溶胶消光系数观测结果

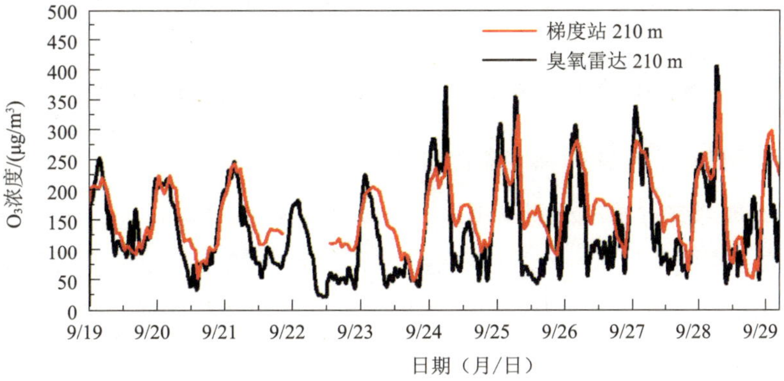

图 3-46　深圳臭氧激光雷达臭氧浓度与气象塔观测结果对比

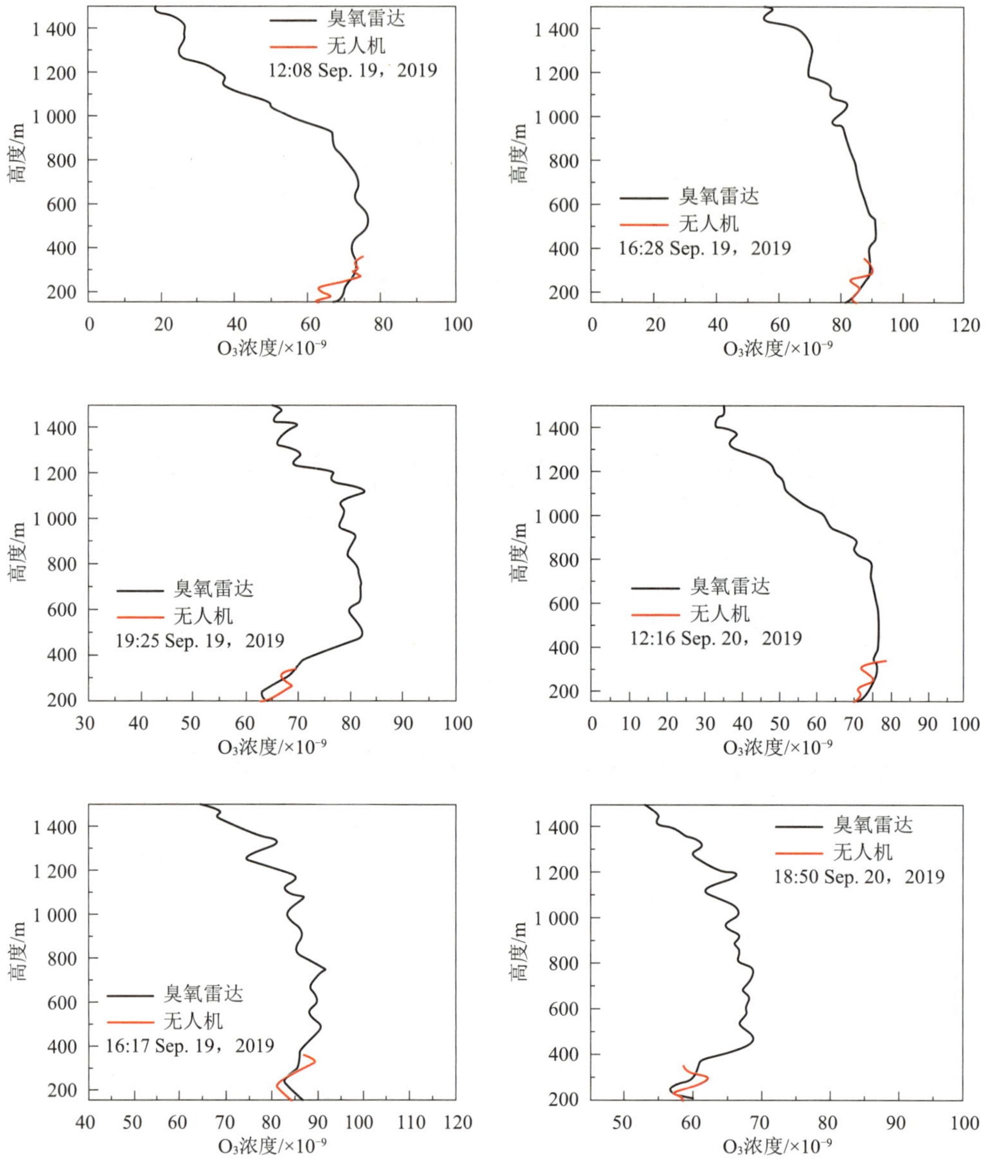

图 3-47　深圳臭氧激光雷达臭氧浓度与无人机观测结果对比

（4）温湿度激光雷达与梯度塔比对结果

图 3-48 是湿度激光雷达测量结果，由于天空抑制有云存在导致水汽混合比一直处于高值，直到 9 月 15 日凌晨 3：46 分云层升高变薄，云层高度变低。夜间近地面的水汽含量很高，当太阳光出来之后水汽含量下降很明显，初步判断与监测地点在山区和水库旁边有关。湿度激光雷达与梯度站 300 m 点式仪器比对结果具有很好的一致性，相关系数为 0. 628（图 3-49）。

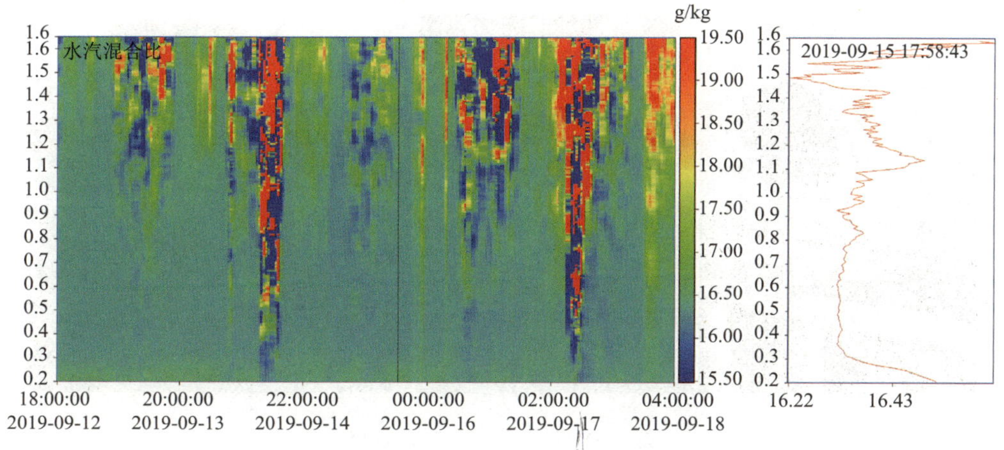

图 3-48　深圳温湿度激光雷达观测结果

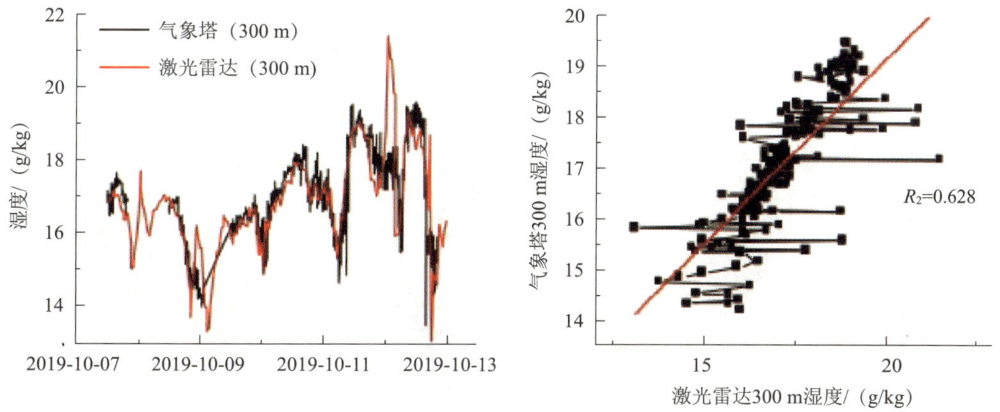

图 3-49　深圳温湿度激光雷达与气象塔观测结果对比

3.3.1.2　深圳杨梅坑生态观测站区域 CO_2 在线监测

“十三五”期间，中国科学院合肥物质科学研究所发展了“收发一体式开放光路结构–信号增益自适应”的区域 CO_2 浓度检测方法，解决了能见度强变化下的弱信号准确探测问题，研制的区域 CO_2 在线监测样机于 2019 年 9 月 7 日开始在深圳市杨梅坑生态观测站进行了为期一个月的外场观测（图 3-50）。为了验证区域 CO_2 监测系统监测结果的准确性，特选了远离人群干扰的两套点式 NDIR 仪器（布放于观测塔顶、杨梅坑观测站顶层），将其监测数据与区域 CO_2 系统监测结果进行对比，可以看出 3 台样机的变化趋势完全吻合（图 3-51）。

图 3-52 给出了区域 CO_2 监测样机的 1 个月监测数据，从数据来看，一天中 CO_2 浓度变化的双峰特性明显，即夜间由于植物光合作用效率低，CO_2 浓度升高，而白天由于植物光合作用，CO_2 浓度降低。区域 CO_2 监测样机运行 1 个多月以来，监测数据稳定可靠，无任何维护，实现了连续在线探测。

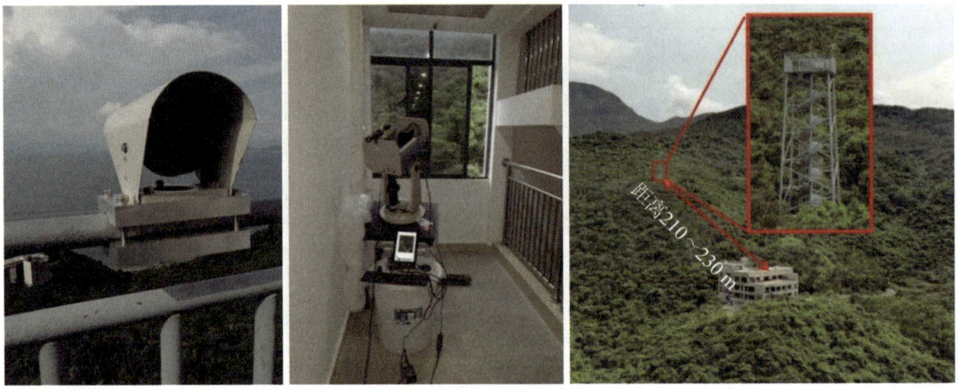

图 3-50　设备安装点位示意图

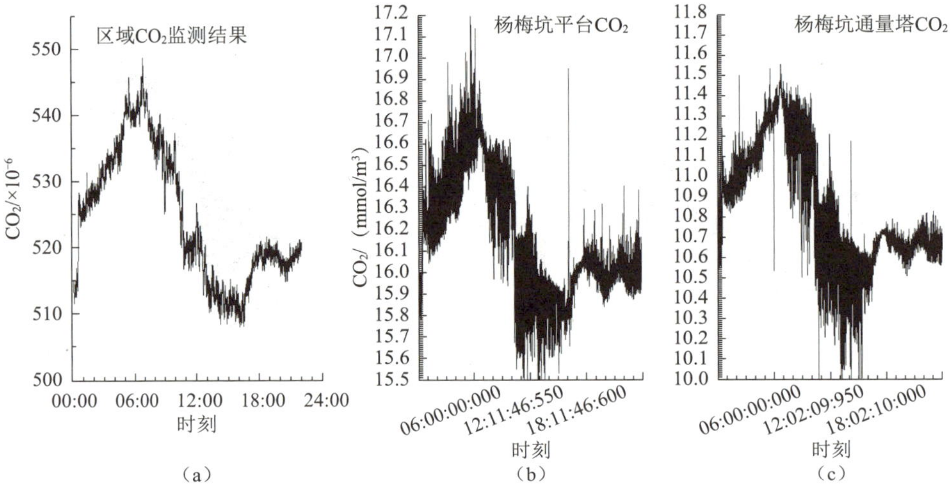

图 3-51　（a）9 月 23 日区域 CO_2 监测样机监测得到的 CO_2 浓度变化；
（b）Licor 样机在杨梅坑监测站顶监测得到的 CO_2 浓度变化；
（c）Licor 样机监测得到的铁塔处的 CO_2 浓度变化

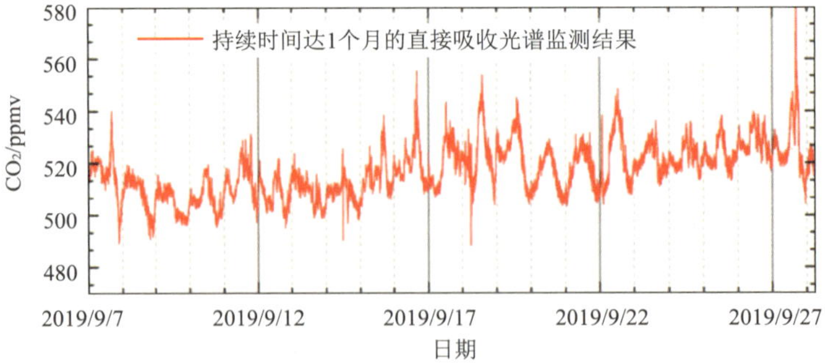

图 3-52　区域 CO_2 样机长期观测结果

3.3.1.3　杨梅坑近海及岸边海面黑炭和臭氧无人机观测

2019 年 10 月 21—24 日，杨梅坑环境监测站内，开展高度 500 m 的垂直下降观测，每下降 20 m 悬停 20 s，单次获取 25 个点数据，共 12 条廓线；10 月 25—26 日，将无人机移至站外海岸边，与站内落差约 60 m，无人机起飞后将路线移至近岸海面上，从高度 800 m 垂直下降观测，每下降 40 m 悬停 20 s，单次获取 20 个点数据，共 6 条廓线。获得观测结果如图 3-53 和图 3-54 所示。

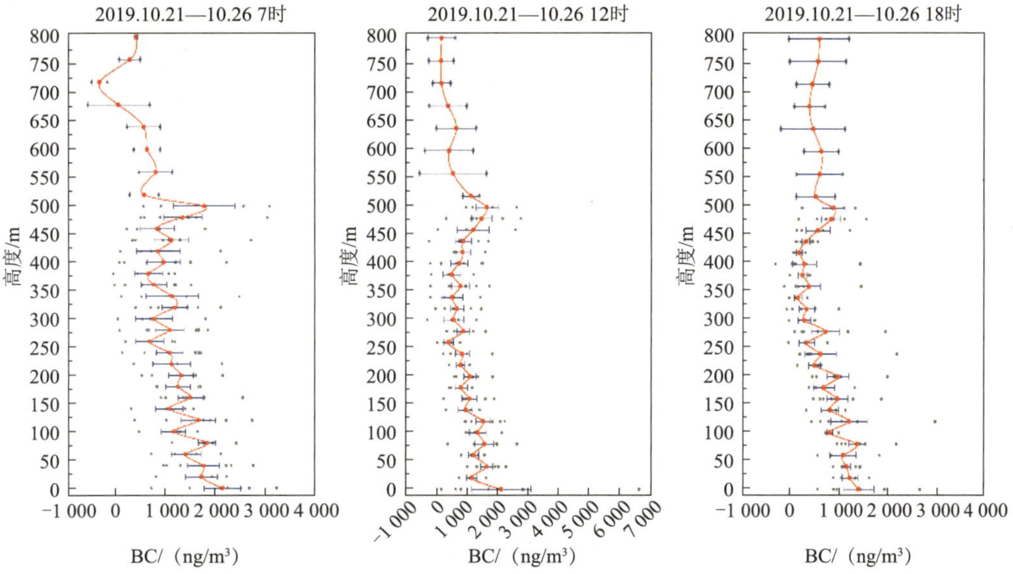

图 3-53　黑炭观测日变化统计

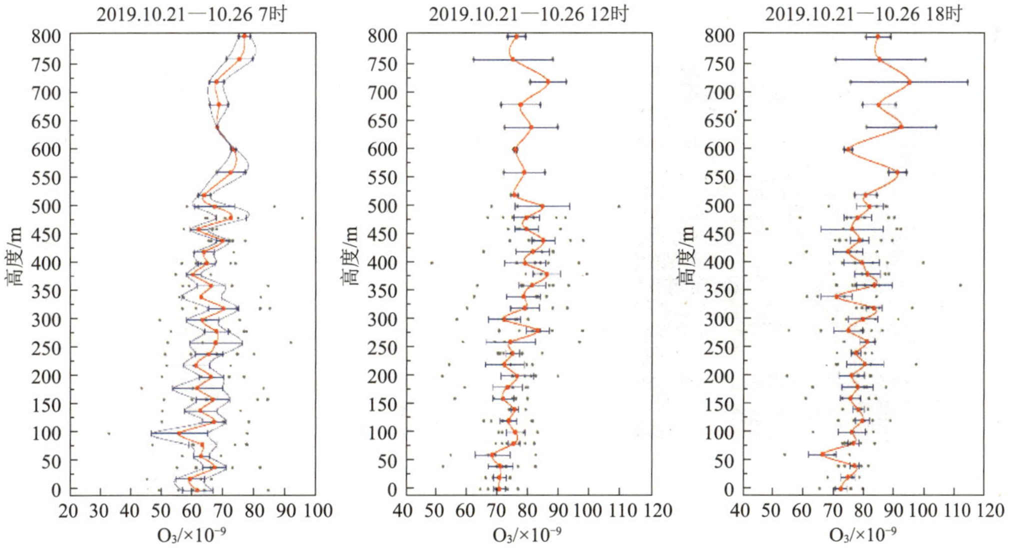

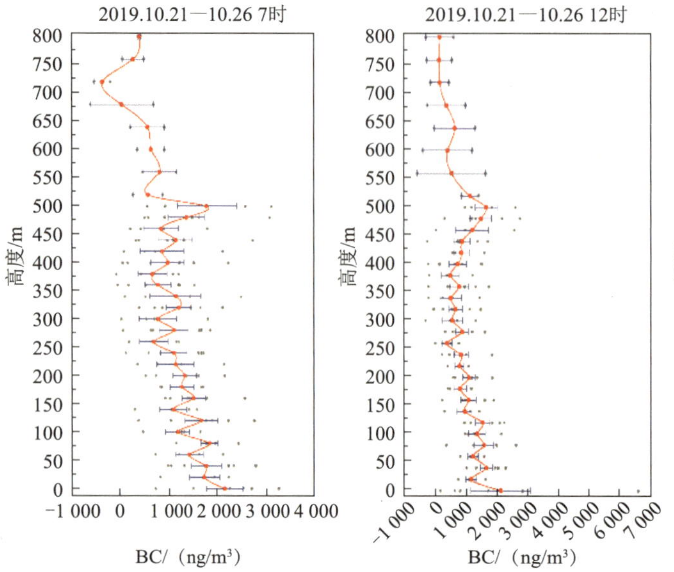

图 3-54　臭氧观测日变化统计

如图 3-54 所示，受海洋大气输送影响，杨梅坑臭氧观测数据波动较明显。高空间分辨率案例分析选取的是杨梅坑 2019 年 9 月 27 日下午 3 点航次，共分析了 16 个高度样品，每个样品分析 1 000～2 000 个颗粒物。图 3-55 显示了该高分辨率航次的温湿度廓线以及不同高度（50～500 m）颗粒物分类。从温湿度廓线上看，可能存在有 2～3 个温湿度变化明显的分层，分别是 170 m 以下，170(200)～410 m，以及 410 m 以上。图 3-56 的颗粒物分类结果表明，颗粒物不同类别的含量，特别是混合的“Other”类别（海盐、硫酸盐、沙尘混合物）的含量，在这 3 层有明显的区别。

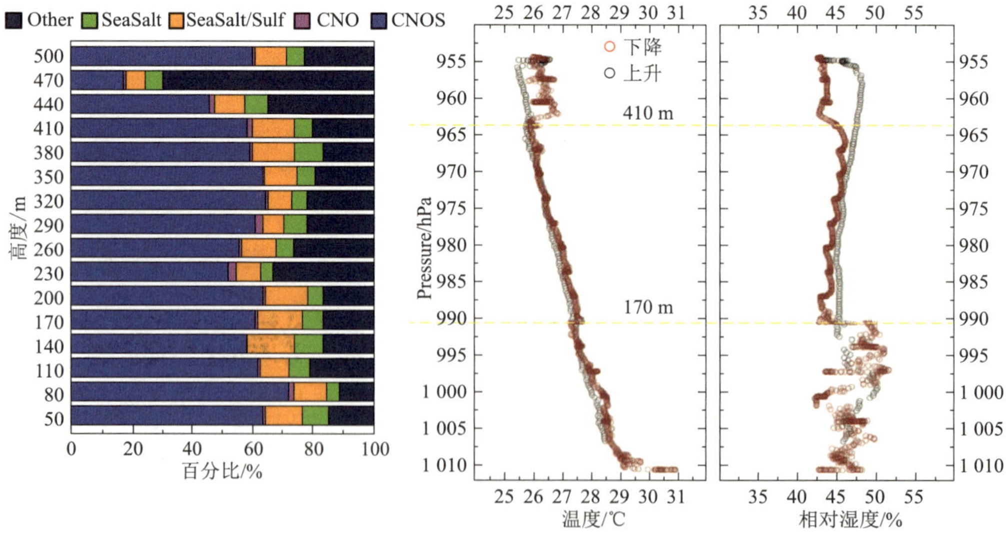

图 3-55　高分辨率航次不同高度（50～500 m）颗粒物分类和温湿度廓线颗粒物化学成分及气态前体物特征

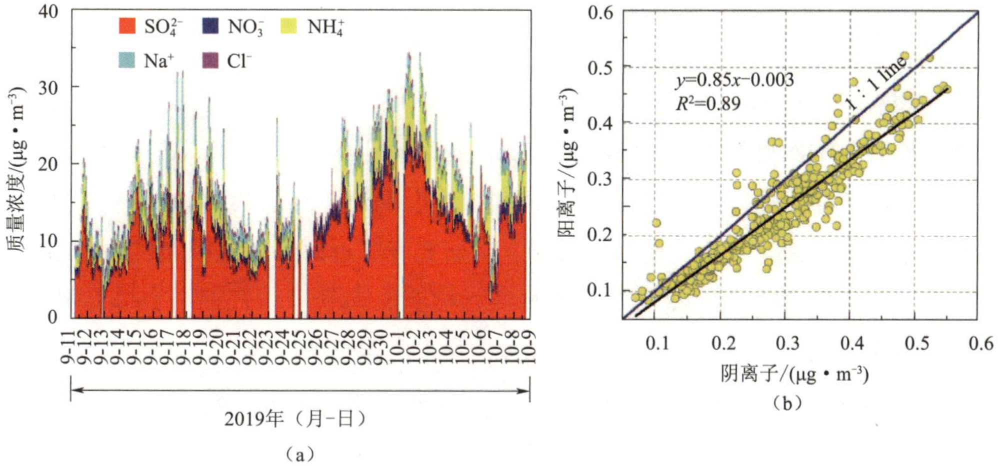

图 3-56　2019 年秋季杨梅坑监测站气溶胶组分的时间变化特征

利用在线实时气溶胶组分监测仪对采样点周围的大气气溶胶进行测定，结果如图 3-56 所示。在整个采样期间，SO_4^{2-} 在水溶性无机离子中占主导，平均质量浓度为（11.7±4.4）μg·m^{-3}，其次是 NH_4^+[（2.9±1.5）μg·m^{-3}]、Na^+[（1.4±0.7）μg·m^{-3}]、NO_3^-[（1.0±0.5）μg·m^{-3}] 和 Cl^-[（0.6±0.2）μg·m^{-3}]。$HCOO^-$ 和 NO_2^- 浓度较低，Ca^{2+}、K^+ 和 Mg^{2+} 低于检测限，因此，上述物种在本研究中不作讨论。高浓度的 SO_4^{2-} 部分源于广东省的区域性高浓度 SO_2。此外，硫氧化率 [SOR：$nSO_4^{2-}/(nSO_4^{2-}+nSO_2)$] 平均为 0.54±0.1，高于北京（0.34）和上海（0.4～0.5），表明海陆界面较高的硫酸盐主要是由污染物的二次转化生成。铵盐是除硫酸盐外，占比排第二的水溶性无机离子，这与马来西亚半岛东海岸（位于南海）的观测结果一致，但与北京、西安、上海和南京等中国大城市的研究结果相比差异较大，研究发现，在这些大城市，硝酸盐是水溶性离子中含量最多或第二的物种。汽车尾气是硝酸盐的主要来源，由于采样点位于偏远的海边，车流量较小，硝酸盐的形成受到限制。Na^+ 是第三高的离子，远高于硝酸盐，这表明监测站周围大气中的离子受海洋排放的影响。

研究发现，监测站点周围大气中的阳离子不足，阴阳离子比（C/A）为 0.85（R^2=0.89），远低于 1.0，表明酸性物质过量，而氨气不足，较低的 NH_3 或者 NH_4^+ 浓度，不足以中和大气颗粒物中过多的酸性物质。这一结果与在北京等中国北方平原地区的城市中观测的结果明显不同，先前的研究发现这些城市的阴阳离子比值几乎接近于 1，大气呈现出中性。在氨气不足和硫酸盐占主导的情况下，采样点的气溶胶酸性更强。

3.3.2 渤海岛基观测、船载走航技术应用示范

2020 年 9 月—2021 年 7 月，在辽宁省葫芦岛市觉华岛开展了渤海地区长期岛基观测试验，本次岛基观测持续时间较长、涵盖仪器设备较多，既是对 13 台套自主研发近海海洋立体探测仪器设备海洋地区稳定工作作业能力的充分检验，又获取了大量宝贵近海海洋大气环境观测数据，对研究我国近海海洋地区大气复合污染的生消演变和区域传输的物理化学规律具有重要意义和价值。同时，以觉华岛为起点，开展了为期 1 个月的渤海海域船载走航技术应用示范。

3.3.2.1 海洋大气污染物和气象参数廓线激光雷达系统岛基观测

2020 年 9 月—2021 年 7 月，我国自主研制的海洋大气污染物和气象参数廓线激光雷达系统参与了渤海岛基观测、船载走航技术应用示范，进一步通过长期观测和走航试验对仪器性能、平台及环境适应性进行了考验，并积累了宝贵的近海边界层长期观测数据和船载走航观测数据。

觉华岛，位于辽宁省兴城市东南十几千米处，是辽东湾最大的岛屿。2020 年 9 月—2021 年 7 月，课题组自研的多普勒测风激光雷达、臭氧激光雷达、温湿度激光雷达和颗粒物激光雷达在辽宁葫芦岛市参与了觉华岛岛基长期观测实验（图 3-57）。针对渤海、黄海等典型近海海域的海陆风、湍流垂直混合驱动下的多尺度海气边界层动力学与结构特征等科学问题，利用多要素激光雷达开展边界层垂直结构廓线及海陆风、低空急流、污染过程等观测实验。试验期间，所有仪器全天 24 h 开机自动观测，共计实验 210 d。我国自主研发的仪器在岛基环境可以长期稳定工作，仪器指标基本符合要求（图 3-58～图 3-62）。

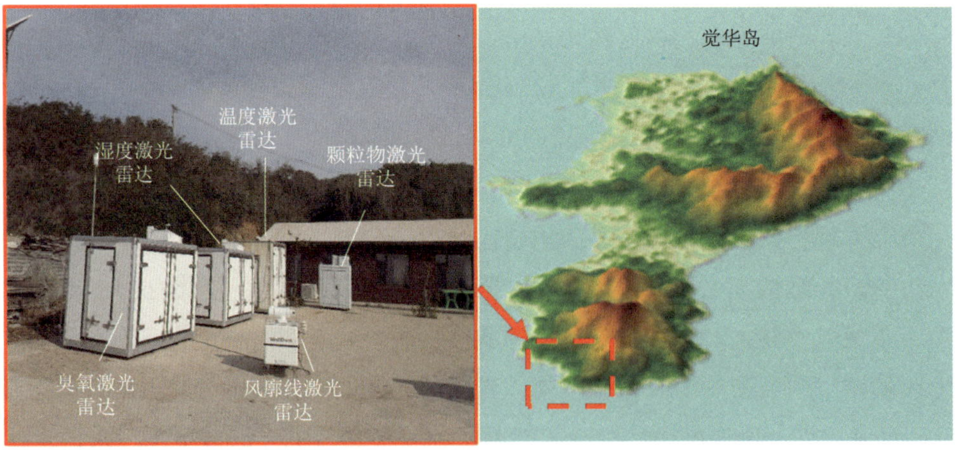

图 3-57 觉华岛岛基长期观测应用示范试验现场图（2020 年 9 月—2021 年 7 月）

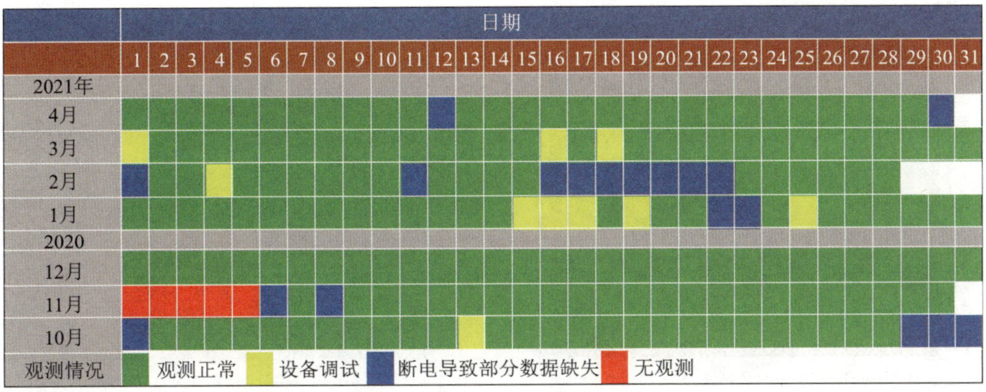

	2020年9月	2020年10月	2020年11月	2020年12月	2021年1月	2021年2月	2021年3月	2021年4月
气溶胶	19~39	1~31	1~16					
臭氧	16~30	1~2，7~31	1~10					
水汽	18~30	1~2，7~31	1~8					
温度	18~30	1~2，7~31	1~8				16~31	1~30
风廓线		1~29	7~31	1~31	1~31	1~4，26~28	1~31	1~8

图 3-58　觉华岛岛基长期观测应用示范试验仪数据获取表

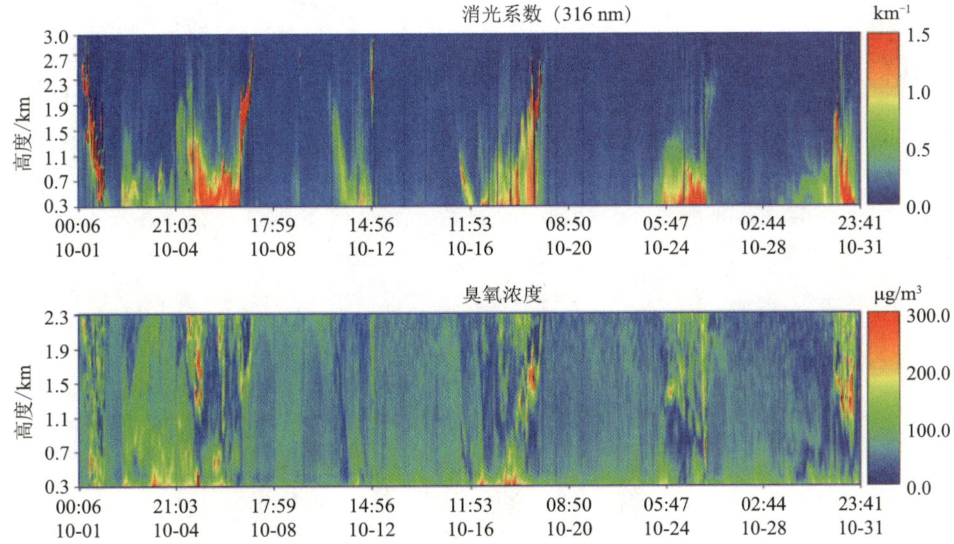

图 3-59　臭氧及颗粒物观测结果

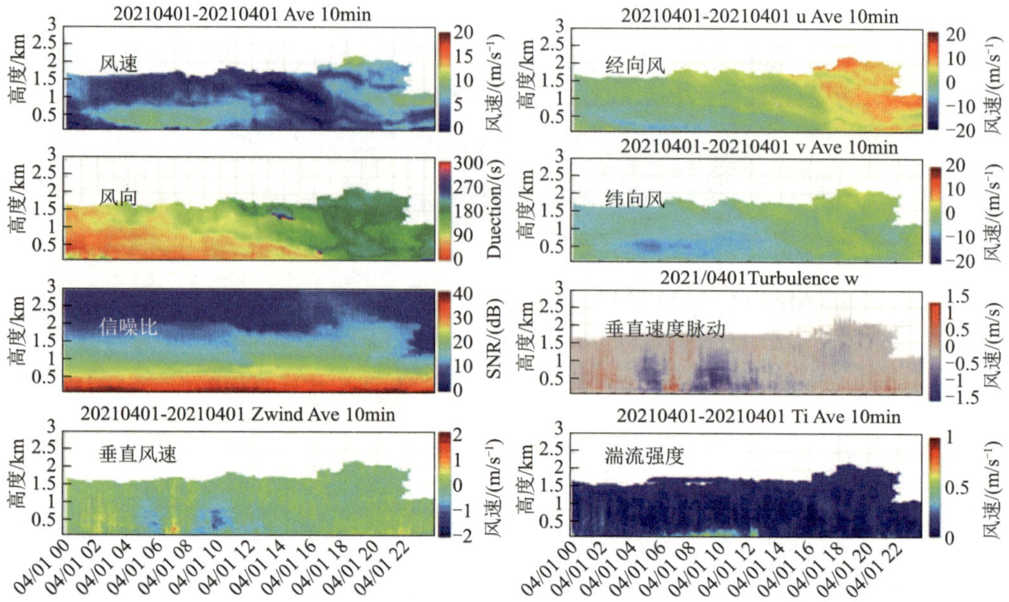

图 3-60　测风激光雷达观测结果

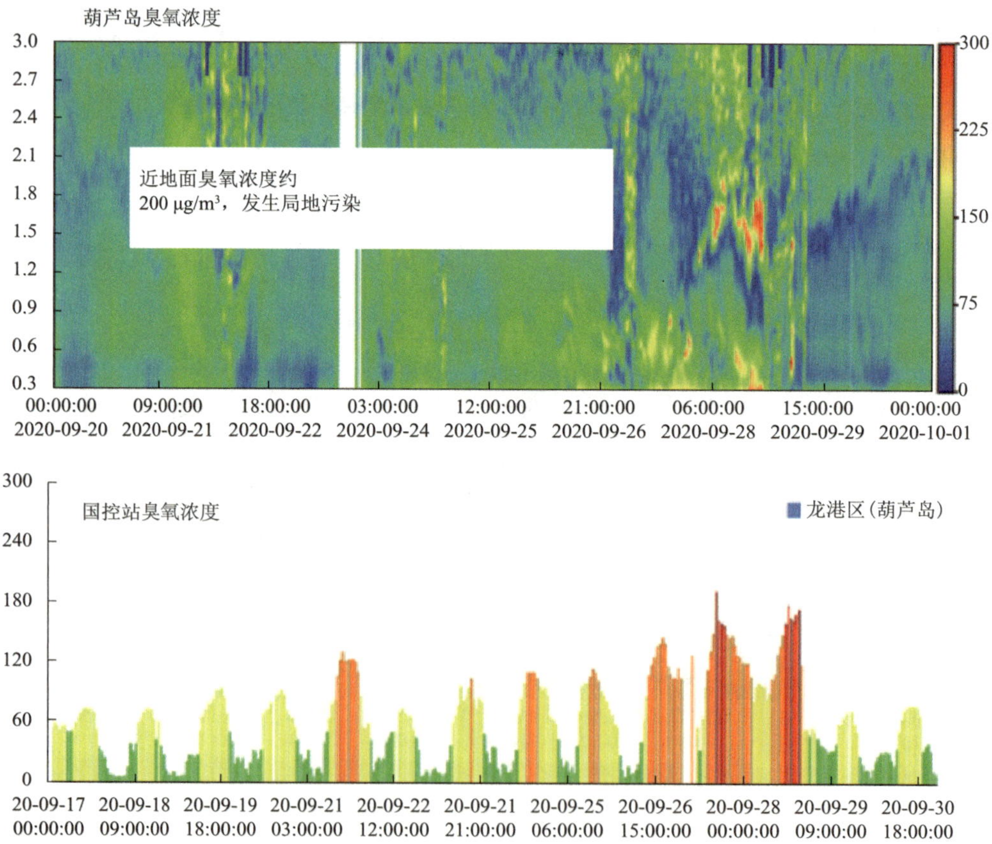

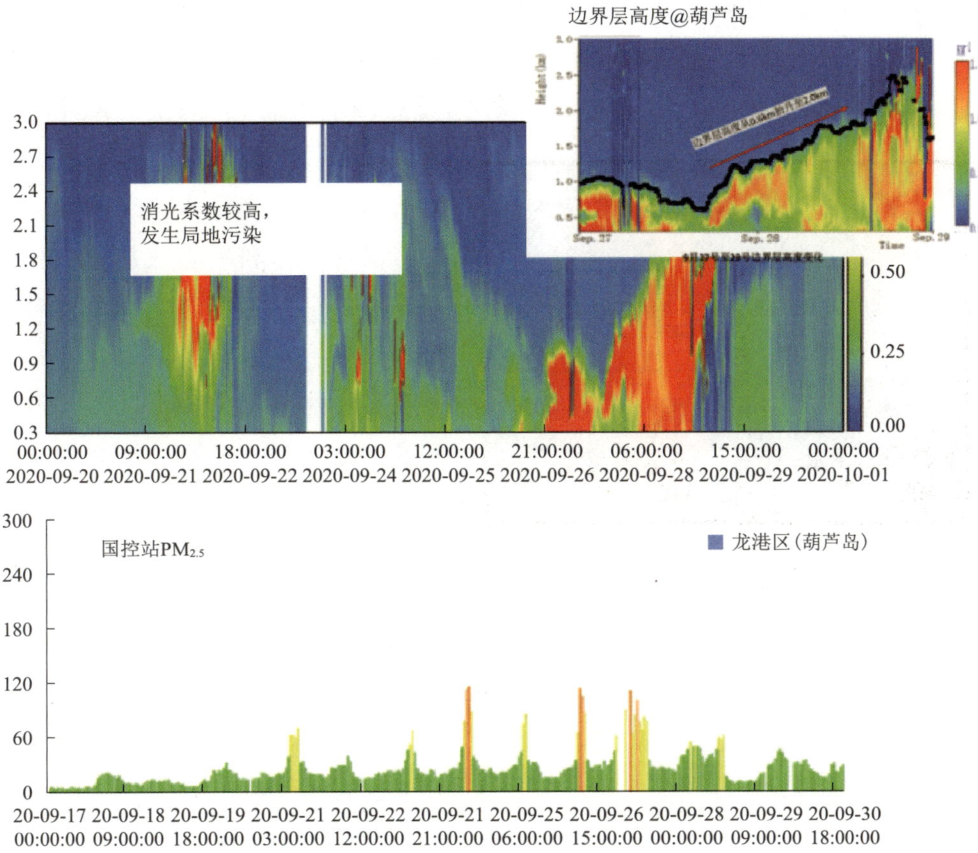

图 3-61　污染物过程个例多要素综合观测

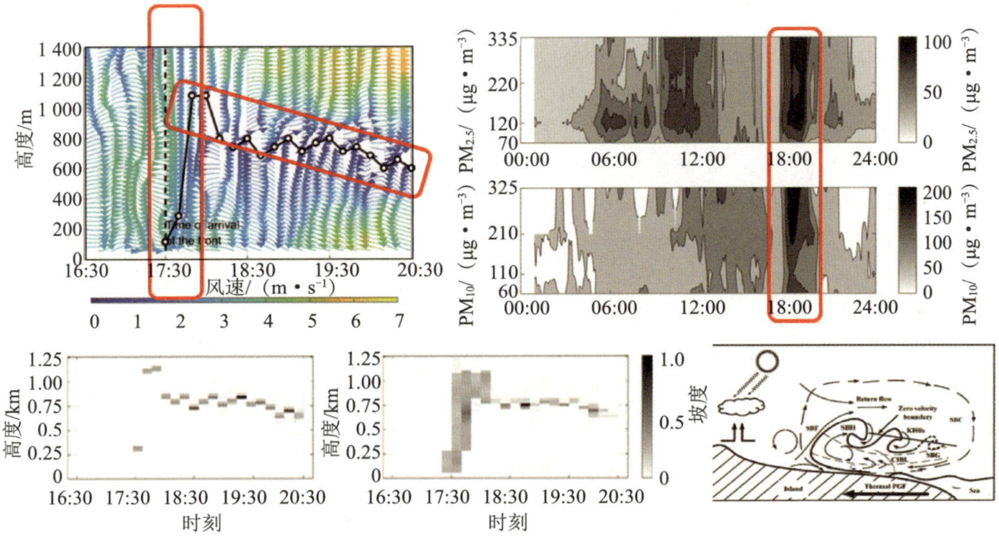

图 3-62　海陆风场景下边界层结构及污染累积过程

3.3.2.2 觉华岛三维风速、高频湍流脉动和温度脉动观测

实验仪器有三层超声风速脉动仪，实时测量三维风速、高频湍流脉动和温度脉动，采样频率为 100 Hz；两层飞沫通量仪用于直接测量海盐飞沫通量；雾滴谱仪，水汽/二氧化碳分析仪（Licor7500，10 Hz），直接测量水汽二氧化碳脉动，以及浮标利用垂直加速度仪测量垂直加速度，对时间积分得到速度和位置，从而得到波高，通过磁力线圈相对于稳定平台的运动测量角度，最终获得波高，波方向等海浪状态（图 3-63）。

图 3-63　实验仪器

观测期间，主风向从（西）北风往南风转变。图 3-64 为月平均风玫瑰图，2020 年 12 月为北风［图 3-64（a）］，2021 年 1 月北风［图 3-64（b）］，2021 年 2 月由北风向南风转变［图 3-64（c）］，2021 年 3 月转为南风［图 3-64（d）］，2021 年 4 月南风［图 3-64（e）］。

通过对大量观测数据进行分析，发现通常大气边界层风速由三部分组成：频率（∞，ω_0）［周期为（0，τ_0）］的湍流脉动，频率（ω_1，ω_0）［周期为（τ_0，10 min）］的阵风扰动（包括较有规则的阵风波/湍列，不规则的大涡和高频对流），以及频率小于 ω_1（周期大于 10 min）的基流。取 $\tau_0 = 1.0$ min。（ω_1，ω_0）谱区之所以被称为阵风（或阵风扰动），是按 WMO 关于阵风的定义：阵风是数分钟一次的扰动。湍流脉动和阵风扰动二者有显著不同：湍流大体为各向同性，且相干性很弱，近于随机性；阵风则明显呈各向异性，且相干性较强，且有明显的相干结构，阵风风速峰期有下沉运动，谷期有上升运动。正是由于阵风的三维相干结构，使得边界层中的粒子（沙尘、海盐等）可以持续地克服系统的下沉气流，而不断上扬到大气边界层的中上层。

对观测期间的湍流数据进行分析，发现与陆地边界层类似，海气边界层中也存在阵风相干结构。在此，以 5 月 3 日 8 时至 17 时一次南风大风过程为例进行分析，此次大风从海上吹来，风速 8～12 $m \cdot s^{-1}$。分析发现，阵风具有比较明显的反相相干结构，平均相干系数为 0.5，阵风的水平风速与垂直风速存在明显的反相干性。

在观测期间，还利用温度脉动仪联合超声风速仪开展了湍流测量试验，温度脉

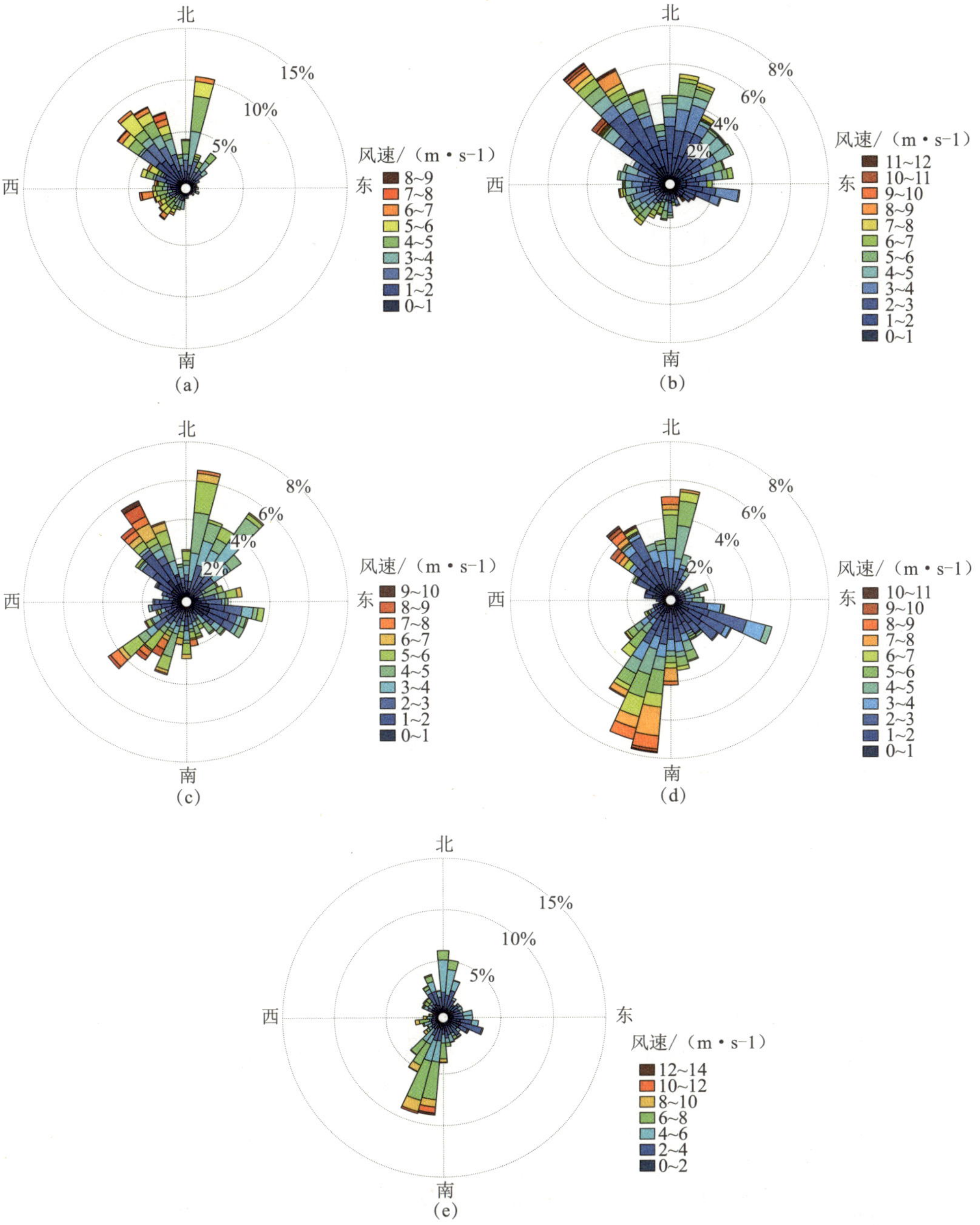

图 3-64　风向风速玫瑰图

动仪和超声风速仪的安装位置相距 2 m 左右，可同时对湍流强度展开观测，结果可以互相验证。

图 3-65 展示了温度脉动仪测量得到的渤海近海近地层湍流强度的测量结果，从图中可以看出，湍流强度日变化特征明显，呈“墨西哥帽式”的日变化结构，

湍流强度的大小处在 10^{-16}～10^{-12}，在转换时刻附近（6 时和 18 时）湍流强度最小。利用超声风速仪获得的风速风向数据，经过计算同样得出了近海大气近地层湍流强度的日变化趋势，并与温度脉动仪测量得到的结果进行对比，从图 3-66 中可以看出，温度脉动仪和超声风速仪呈现的近地层湍流强度日变化趋势一致，但是超声风速仪获得的湍流强度数值稍大于温度脉动仪。同样的湍流强度月变化的结果如图 3-67 所示，“墨西哥帽式”的日变化结构更加明显，湍流强度白天强夜晚弱，并且超声风速仪获得的湍流强度整体上强于温度脉动仪，在 8 时至 18 时湍流强度都处于高值状态。

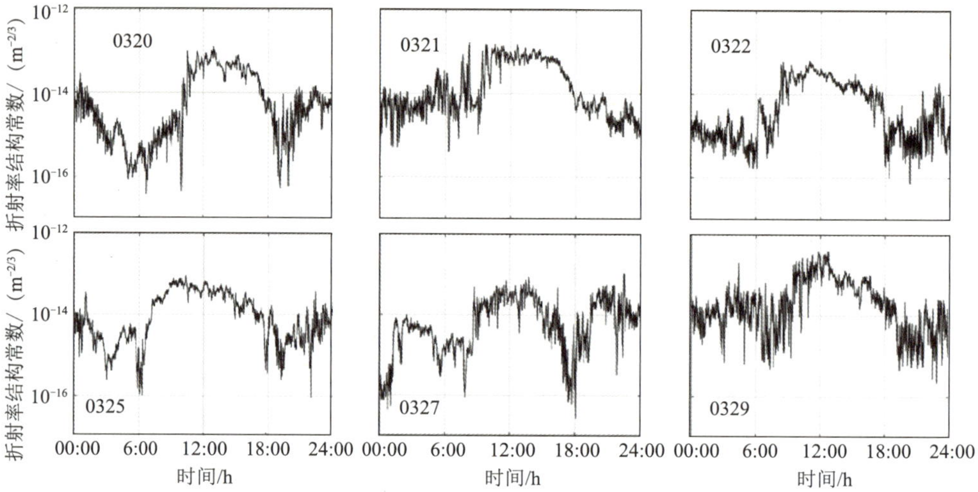

图 3-65　温度脉动仪测量结果

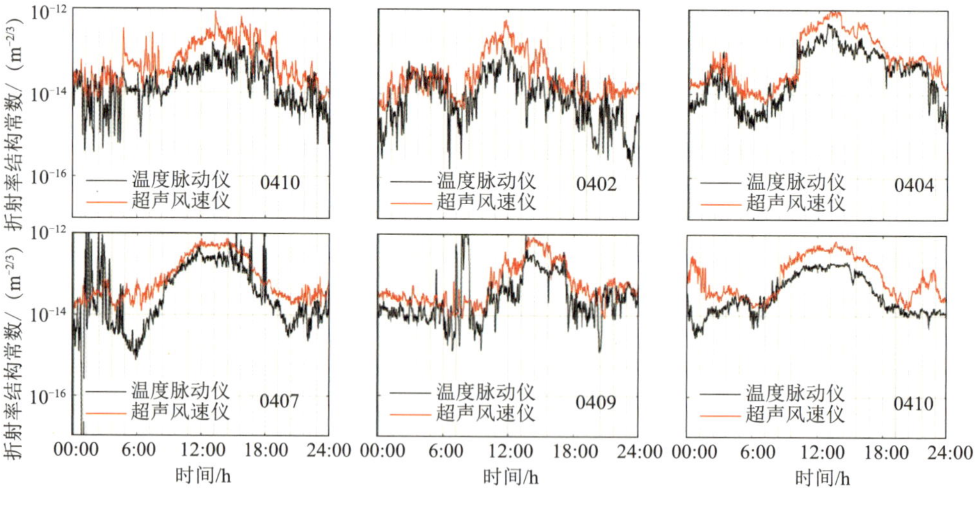

图 3-66　温度脉动仪和超声风速仪对比

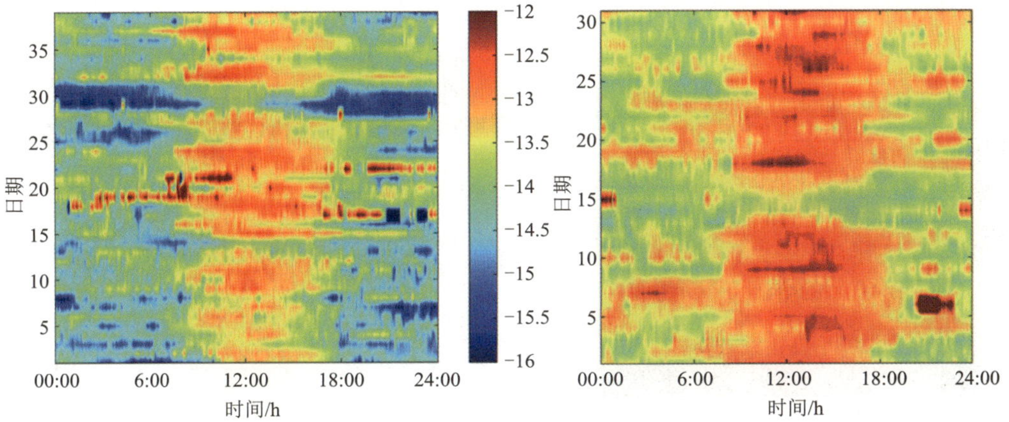

（a）温度脉动仪　　（b）超声风速仪

图 3-67　温度脉动仪和超声风速仪测量结果月变化对比

3.3.2.3　觉华岛区域 CO_2 在线监测

开放式长光程 CO_2 探测样机于 2020 年 9 月开始在葫芦岛市觉华岛进行了近海面区域 CO_2 在线监测。选择了两个观测点：安装点 1 的角反射镜安装于海岛山顶凉亭内，主机安装于木屋内，两者之间的直线距离为 200 m，往返光程 400 m；安装点 2 的角反射镜同样安装于海岛山顶凉亭，但是主机安装于码头，两者直线距离同样为 200 m，安装位置情况如图 3-68 和图 3-69 所示。监测结果如图 3-70 所示。

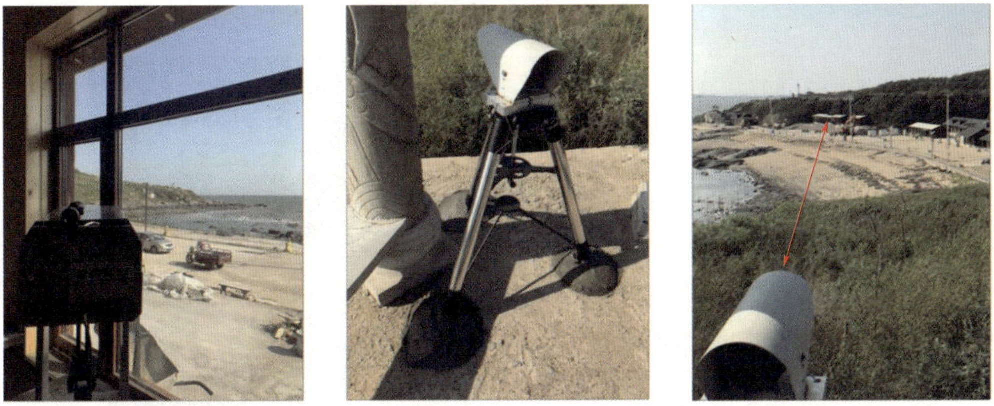

主机安装位置　　角反射镜安装位置　　往返光程约400 m

图 3-68　葫芦岛观测点 1 的安装情况

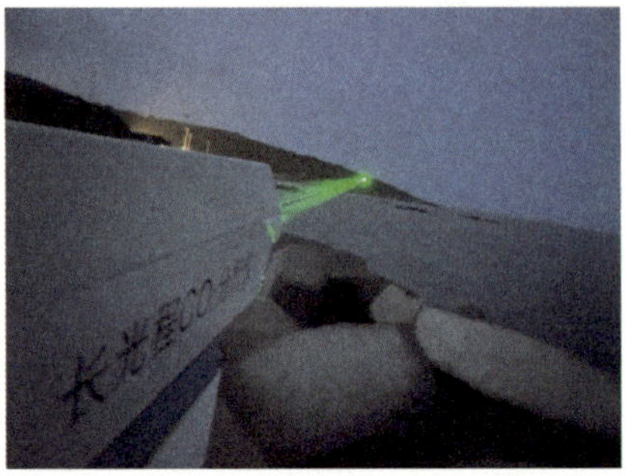

图 3-69　葫芦岛观测点 2 的安装情况

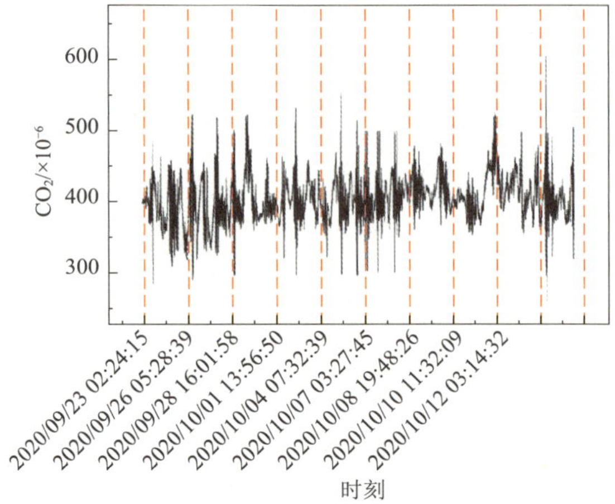

图 3-70　葫芦岛区域 CO_2 监测结果

3.3.2.4　觉华岛区域多轴差分吸收光谱仪（MAX-DOAS）在线监测

多轴差分吸收光谱仪（MAX-DOAS）基于 DOAS 技术，利用各种痕量气体对太阳散射光的特征吸收强度来反演待测气体在大气中的浓度，可在地基、船载等多种平台上搭载部署，其中船载 MAX-DOAS 尽管由于舰载体的晃动而面临挑战，但也有明显的优势，特别是在沿海城市地区的对流层微量气体测量方面。MAX-DOAS 作为一种被动遥感技术，在大气气溶胶和痕量气体垂直浓度监测方面发挥了重要作用。与传统点式观测手段相比，其具有可实时、连续获取多种污染物浓度的技术优势。

2020 年 10 月 1 日—2021 年 6 月 30 日进行的 MAX-DOAS 观测（图 3-71）。仪器搭设于觉华岛（120.78°E，40.48°N）怪石滩景区，周边多为沙滩，仪器距地面高度为 4 m，观测方位角为 145°（北为 0°）。

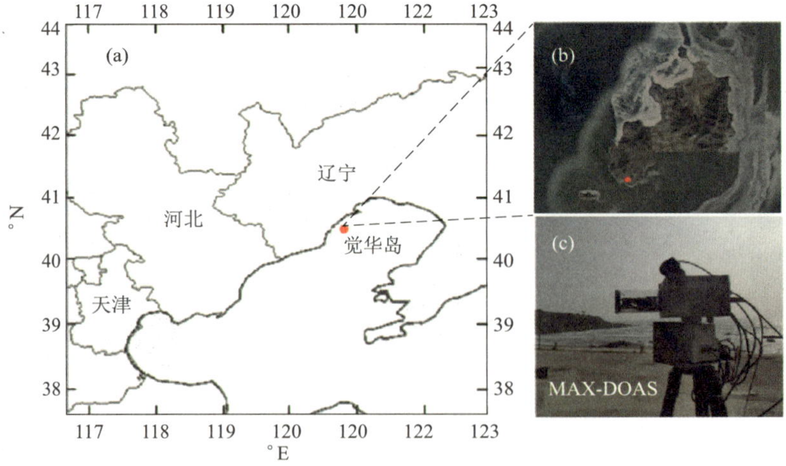

图 3-71　实验地点及 MAX-DOAS 仪器

通过分析觉华岛站点地基垂直遥感观测的结果发现，近海 NO_2 和 HONO 的日平均廓线均呈 E 指数型分布，其中 NO_2 高值出现在 10：00 前及 15：30—17：30 间 400 m 以下，HONO 高值出现在 10：00 前及 16：00 后 400 m 以下（图 3-72）。高浓度 NO_2 早于高浓度 HONO 约 1 h 出现，说明 NO_2 在海洋高湿环境下的非均相反应是 HONO 的重要来源。进一步分析发现，800 m 以下随高度抬升 HONO/NO_2 减小，800 m 以上随高度抬升 HONO/NO_2 增大，最终稳定在 0.04，表明 NO_2 非均相反应生成 HONO 的最高转化速率出现在近海面（图 3-73）。

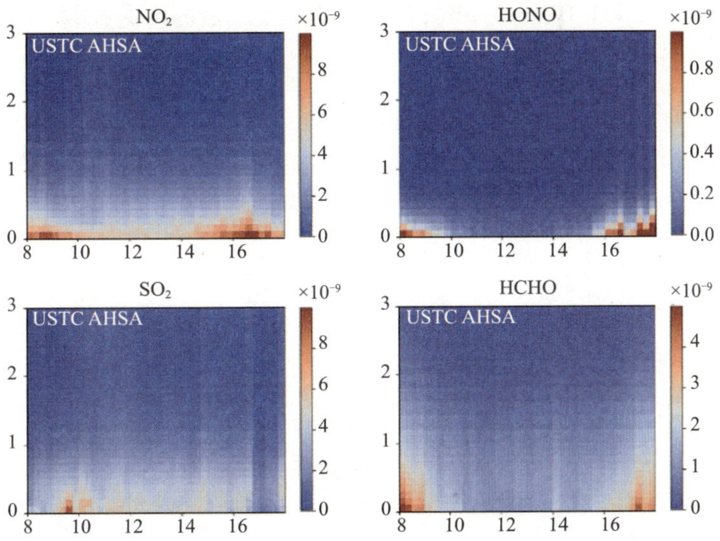

图 3-72　NO_2、HONO、SO_2 和 HCHO 的垂直廓线结果

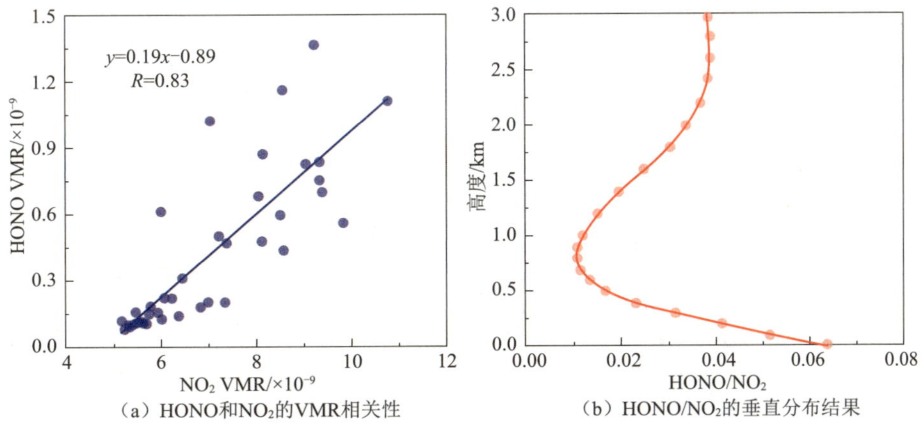

图 3-73　HONO 和 NO_2 的 VMR 相关性和 HONO/NO_2 的垂直分布结果

3.3.2.5　觉华岛颗粒物浓度、化学成分及气态前体物特征观测

依据图 3-74 葫芦岛地面国控点小时结果（2020 年 9 月 1 日—2021 年 6 月 25 日）

与图 3-75 海洋气溶胶粒径谱仪测量结果可知，两者数据具有高度一致性。国控点位数据证明污染天气主要集中在 1—3 月，其中 1 月最严重，最高 $PM_{2.5}$ 超过 500 μg · m^{-3}，其他月份 $PM_{2.5}$ 随季节变化持续下降，夏季最低。海洋气溶胶粒径谱仪测量结果证明了这一结果，数浓度总体表现出冬季（900 cm^{-3}）>秋季（653 cm^{-3}）>春季（500 cm^{-3}）>夏季（398 cm^{-3}），由粒径谱计算得出的 $PM_{2.5}$ 浓度变化曲线与数浓度基本一致。其中 10 月颗粒物浓度偏高是由于屋内装修，而 3 月 $PM_{2.5}$ 浓度与数浓度变化的差异可以由 3 月扬尘天气频繁侵袭葫芦岛市来解释，这一点也可由图 3-74 中 0.4～1 μm 占比变化看出，这一比例在其他月份基本保持不变，为 90% 作用，但在 3 月 0.4～1 μm 粒子占比减小至 86%，表明 3 月粗粒子增多，可得出结论 3 月扬尘是造成 $PM_{2.5}$ 显著升高（85 μg · m^{-3}）的元凶。图 3-76 为颗粒物粒径谱月平均曲线，可以看出各曲线趋势基本一致，但数值有较大差异，也可看出 1—3 月细粒子浓度较高，4—6 月浓度低。同时还发现 3 月粒径谱在 1.5 μm 附近有凸起，这也验证了之前的观点。

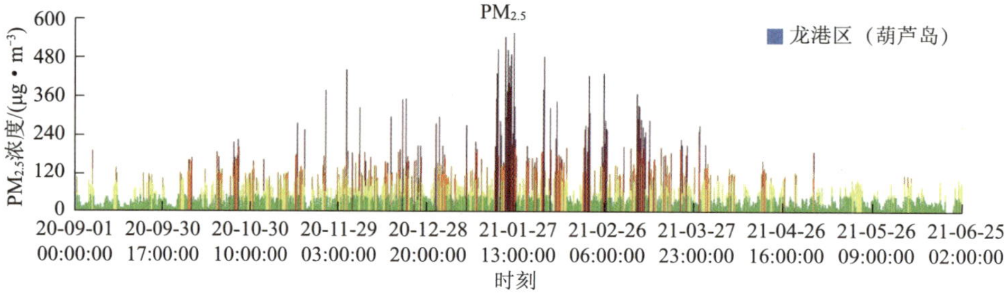

图 3-74　葫芦岛地面国控点小时结果

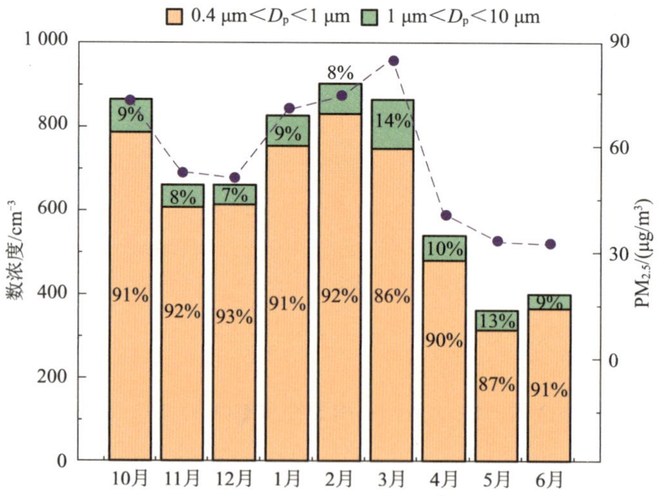

图 3-75　葫芦岛气溶胶数浓度月变化

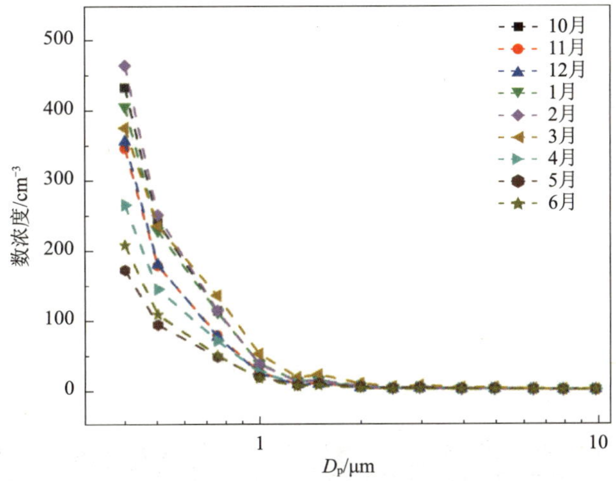

图 3-76　葫芦岛气溶胶粒径谱月变化

图 3-77 总结了各季节颗粒物数浓度 24 h 变化曲线，由于夏季只有 6 月数据不具有代表性，所以只分析了夏、秋、冬 3 个季节。可以看出不同季节一天内数浓度变化差异巨大。在冬季和秋季峰值都出现在晚上 12 时左右，这可能与烧炕取暖有关，在葫芦岛由于冬季漫长且寒凉，当地居民一般在 11 月就烧土炕取暖，因此在秋冬季凌晨观察到颗粒物显著增加现象，而春季没有。3 个季节都在早上 7：00 左右观察到数浓度升高，其中春季增加最多，冬季最小，这可能说明早上船只航行对葫芦岛环境影响较大。冬季葫芦岛海面会结冰，因此在 12 月采取封航措施，直到过年后才解封，因此船只对冬季影响最小；而开春后正是捕鱼期，大量渔船早上出海捕鱼，因此春季受该影响最强烈，在图中也可以很明显观测到。数浓度与 $PM_{2.5}$ 日

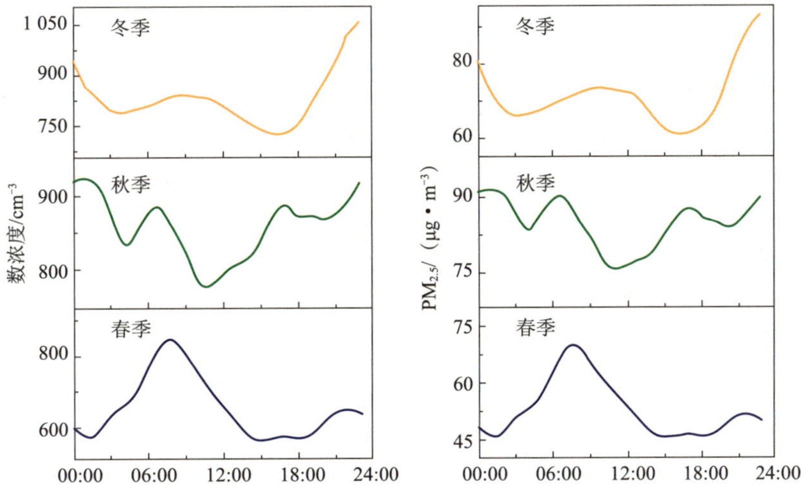

图 3-77　葫芦岛气溶胶数浓度 24 h 变化曲线

变化基本保持一致。同时并未观察到与城市气溶胶日变暖类似双峰曲线（早晚高峰），证明与内地相比近海气溶胶受人为活动影响较弱。

如图 3-78 所示，秋季（10—11 月）共发生 9 次污染事件，特点为“持续时间短，戛然而止”，从污染开始到结束不超过 3 d 时间。与内陆相比葫芦岛地区气溶胶污染消散较快。同时我们还发现，秋季污染发生具有周期性；几乎每 5～6 d 有一次污染发生，这在 10—11 月中旬尤为明显。从图 3-78 可以看出，分别在 10 月 10 日、15 日、20 日、26 日、31 日和 11 月 5 日等观测到明显污染事件，每一次污染发生都间隔 5～6 d，这表明葫芦岛地区在秋季受规律性区域输送影响。

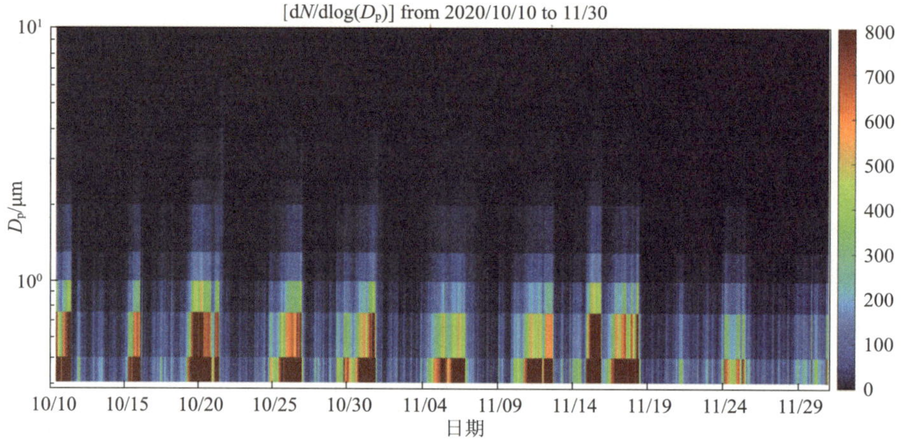

图 3-78　观测期间秋季污染事件

使用实时在线气体和气溶胶监测仪对渤海觉华岛周边大气污染物进行测定。由于渤海觉华岛位于东北地区，每年冬季 11 月 15 日前后部分地区进入采暖期，但 2020 年 11 月 15 日前后气温较常年偏高，部分地区的采暖期或有所推迟，因此以 11 月 20 日为界线，将大规模集中供暖前（10 月 19 日—11 月 20 日）划为“非采暖期”，而把 11 月 20 日—12 月 23 日集中供暖期定义为“采暖期”，结果如图 3-79 所示。

非采暖期（10 月 19 日—11 月 20 日），气溶胶化学组分呈现出周期性变化，出现了 6 次区域污染事件（E1～E6），在此期间，颗粒物组分均以 NO_3^- 占主导，其次是 SO_4^{2-}，同时伴随 NH_4^+ 的升高；北方集中供暖（11 月 20 日后）开始后，颗粒物组分中 SO_4^{2-} 占主导，Cl^- 也呈现增加趋势。由于冬季东北地区盛行冬季风（偏北风），Cl^- 较少来自海洋，因此，冬季集中供暖以及工业生产等人为活动是污染物的主要来源，同时表明区域污染物排放贡献有所增加。

图 3-80 显示了采样点的气溶胶中的 ALWC 和气溶胶 pH 及其影响因素。如图 3-80（a）所示，整体来看，ALWC 随着 RH 的增加呈现指数增加的变化规律，这

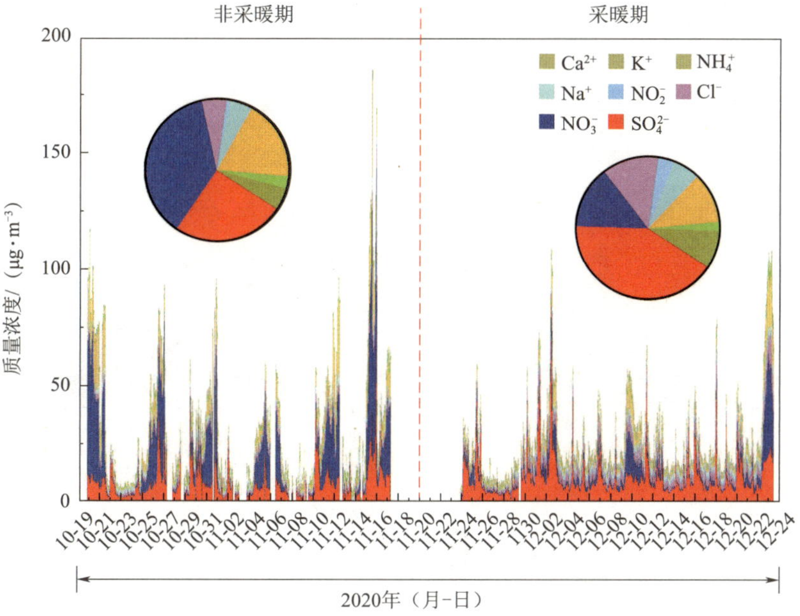

图 3-79　2020 年冬季渤海觉华岛采样点气溶胶组分的时间变化特征

与先前文献中的研究结果一致，表明 RH 是影响 ALWC 的最主要因素。图 3-80（b）～（d）显示了采样点气溶胶的酸性及其影响因素。由图 3-80（a）可以看出，气溶胶 pH 随 SO_4^{2-} 的降低而呈现出升高的趋势，表明较高的 SO_4^{2-} 浓度使得气溶胶的酸度更强。同时可以看出，ALWC 对气溶胶酸性的影响比较复杂。由于 SO_4^{2-} 是一种吸湿性较强的无机盐，因此随着 SO_4^{2-} 浓度的降低，气溶胶中的液态水含量也呈现出下降的趋势，但气溶胶的酸性并没有随着液态水含量的降低呈现出较强的酸性，表明 ALWC 对采样期间采样点的气溶胶的酸性的稀释作用较弱。如图 3-80（c）和（d）所示，NH_4^+ 和 NO_3^- 的浓度与气溶胶的 pH 呈现明显的“三角形”的关系。当 pH＜4 时，随着 NO_3^- 浓度增加，气溶胶的 pH 也呈现增加的趋势，液态水含量也呈现增加的变化趋势。先前的研究表明，NO_3^- 是一种吸湿性较强的无机盐，其与 ALWC 之间存在正反馈作用，随着 NO_3^- 浓度的增加，其表面吸收更多的液态水，ALWC 的增加反过来又促进了 NO_3^- 的气-粒转化更加倾向于颗粒态，而在此过程中气溶胶的酸性得到了一定程度的稀释。同时可以看出，在较强的酸性（pH＜1）环境下，更加有利于 HNO_3 的形成，因此当气溶胶的酸性较强时，对 NO_3^- 的形成具有一定的抑制作用。而当 pH＞4 时，随着 pH 的进一步增加，NO_3^- 并没有随着酸度的降低表现出增加的趋势，同时可以看出，液态水含量呈现持续下降的趋势，相对较低的 ALWC 抑制了 NO_3^- 的液相生成。由图 3-80（d）可知，NH_4^+ 与 pH 的关系与

NO_3^- 与 pH 的关系较为相似，同时 NH_4^+ 与 NO_3^- 的变化趋势较为一致，表明 NH_4NO_3 是硝酸盐的主要存在形式。

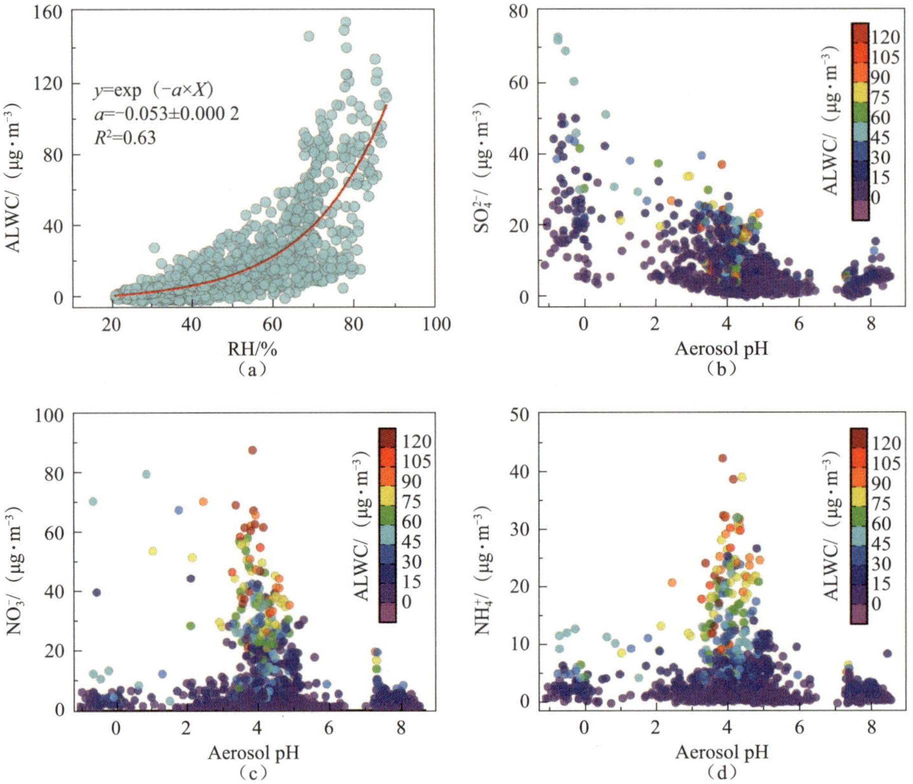

图 3-80　2020 年觉华岛气溶胶中的 ALWC 和气溶胶 pH 及其影响因素

3.3.3　渤海船载走航观测技术应用示范

2021 年 5—6 月，我国自主研发的多普勒测风激光雷达、臭氧激光雷达、温湿度激光雷达、海洋粒径谱仪、无人机单颗粒采样等仪器在渤海海域开展了走航观测实验。针对近岸至近海的边界层垂直廓线、低空急流、沙尘传输、海雾等开展了观测。所有系统全天 24 h 开机，经受住了船载恶劣环境的考验。走航试验共计 20 d，数据获取率>95%。同时，还针对试验期间的沙尘暴传输事件成功开展了星地联合观测。

3.3.3.1　颗粒物浓度的时空分布变化

航测期间，平均温度为 20.26℃，平均相对湿度为 64.60%，平均能见度为 11.20 km。航测期间颗粒物浓度的时空分布如图 3-81 所示。整体航次期间 PM_1、$PM_{2.5}$、PM_{10} 的平均质量浓度分别为 19.14 μg · m^{-3}、25.93 μg · m^{-3}、43.85 μg · m^{-3}。

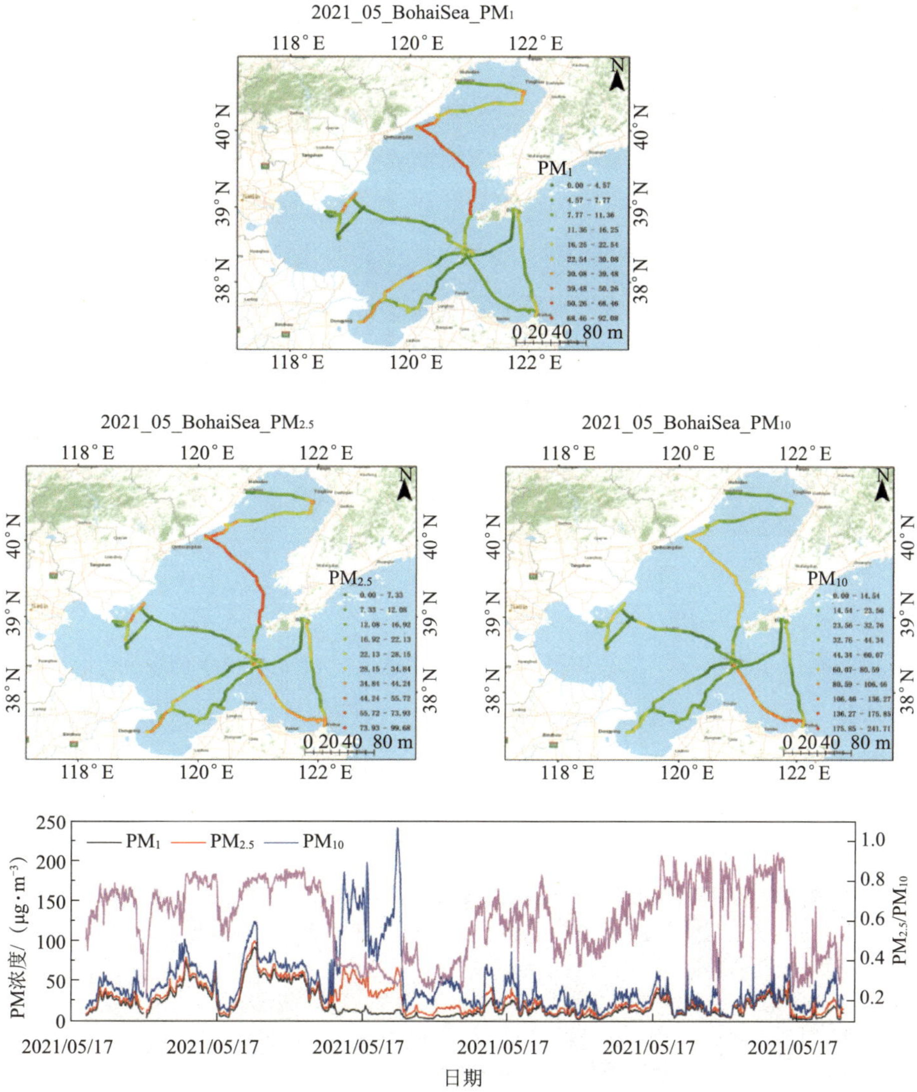

图 3-81　颗粒物浓度的时空分布

除 5 月 20—22 日的一次陆源污染传输以外，颗粒物的高值主要出现在锚地、港口以及岸边轻重工业密集区域。例如，在大连港、威海、莱州湾内以及曹妃甸附近锚地都观测到了较高的颗粒物的浓度。船舶走航期间 PM_1、$PM_{2.5}$、PM_{10} 的平均质量浓度分别为 19.98 $\mu g \cdot m^{-3}$、26.44 $\mu g \cdot m^{-3}$、43.00 $\mu g \cdot m^{-3}$，在停靠期间 PM_1、$PM_{2.5}$、PM_{10} 的平均质量浓度分别为 18.13 $\mu g \cdot m^{-3}$、24.91 $\mu g \cdot m^{-3}$、43.75 $\mu g \cdot m^{-3}$。在 0-R1 至 5 站点（整体航线为北渤海区域）时，航行与近岸停靠时的风速相差较小，主要受到区域排放和传输影响，表现出近岸颗粒物浓度高于航行时浓度。但在 5 号站点往后（0-R6 至 0-R13，南渤海区域），受大风浪影响显著，近岸停靠时多伴有大风、大雾或降水等过程，清除作用明显，表现出近岸颗粒物浓度低于航行时颗粒物浓度的现象。观测期间，$PM_{2.5}$ 与 PM_{10} 的平均比值为 0.61，说明渤海上空的大气颗粒物仍然是由细颗粒物主导，这也意味着，渤海上空大气受陆源污染物传输的影响较为严重，经由大气化学反应生成的二次组分在渤海大气颗粒物中具有重要地位。

在走航观测过程中，于 5 月 21 在绥中电厂停靠时出现明显颗粒物污染现象，始于 21 日 0 时左右，经过白天的积累颗粒物数浓度于 21 日 11 时达到峰值 2 400 cm^{-3}，与污染之前相比涨幅 585%。随后颗粒物浓度有所下降，但仍处于较高水平。22 日观测船只向东驶离绥中，而后颗粒物浓度明显下降至 1 000 cm^{-3} 左右，同时污染物以细粒子为主。与此同时，葫芦岛地基设备同样观测到此次污染过程如图 3.82 所示。地基设备比船载设备晚大约 2 h 观测到此次污染事件，并随着颗粒物积累于早上 8 时左右达到峰值 1 200 cm^{-3}，并维持在这个浓度范围直到 21 日。21 日即船舶离开绥中电厂后，葫芦岛市气溶胶浓度仍未有明显下降趋势，甚至在 22 日下午 2 时左右达到新的峰值 1 500 cm^{-3}，最终于 23 日凌晨消散。岛基与走航观测的巨大差异证明：①这是一次区域性颗粒物输送事件；②绥中电厂的排放也对该事件造成了影响。为探究具体原因，利用中国空气质量在线监测分析平台对中国北部 21—23 日空气质量变化进行详细分析，并根据岛基船载颗粒物数浓度变化曲线验证上述观点。

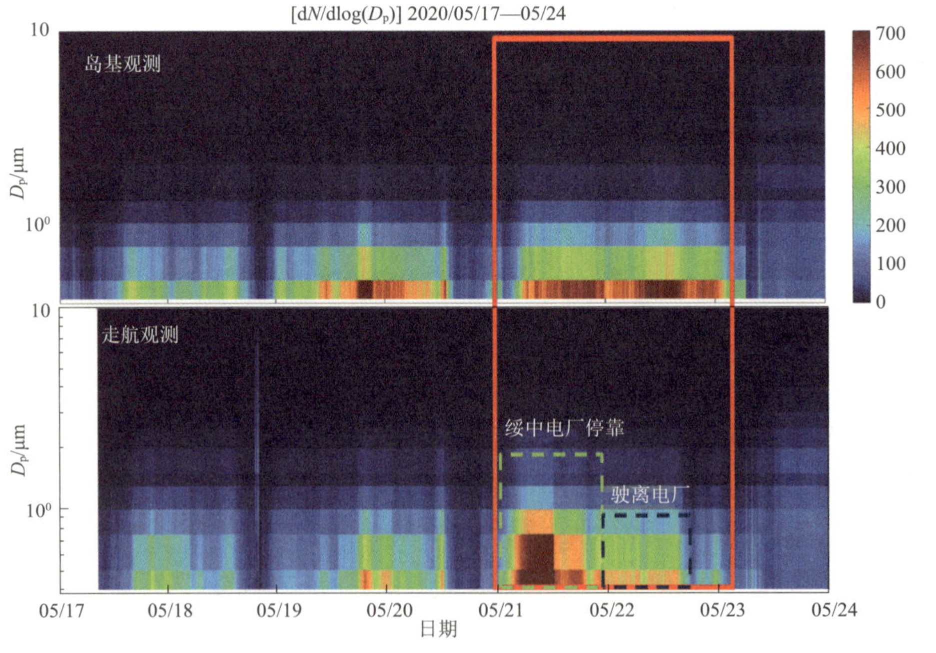

图 3-82 地基走航观测对比分析

3.3.3.2　渤海单颗粒物走航观测

渤海走航观测共获得了 29 个航次的有效颗粒物样品，以 2021 年 5 月 24 日上午 9 时的航次（F0906）为例进行分析。图 3-83 为 F0906 航次 6 个高度颗粒物电镜图片。从颗粒物数量和粒径来看，200 m 及以下颗粒物的数量和平均粒径明显高于 300 m 及以上颗粒物的数量和平均粒径，这是受颗粒物来源和重力作用影响的结果。从颗粒物形貌来看，200 m 及以下形状不规则的颗粒物相对较多，不少颗粒物存在包裹层，300 m 及以上圆形或球形颗粒物相对较多，这与颗粒物的类别和老化程度有关。

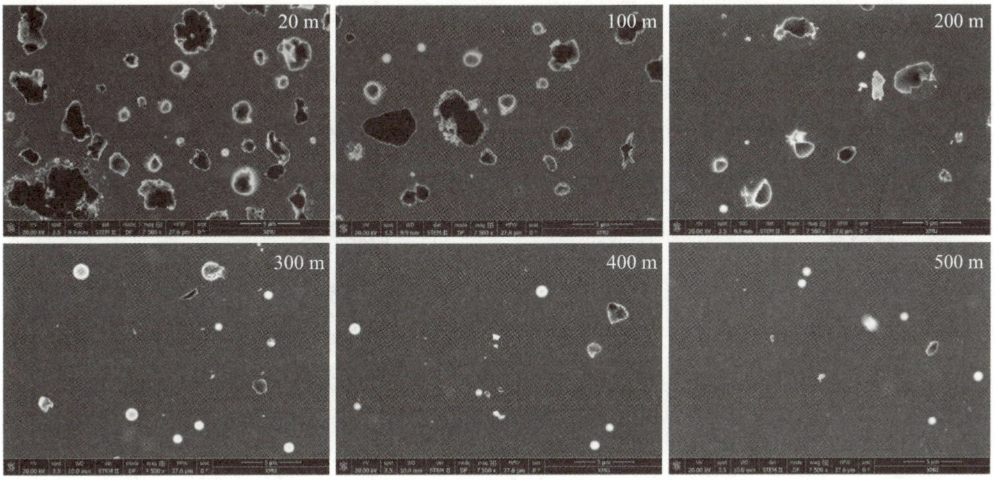

图 3-83　渤海 5 月 24 日 F0906 航次颗粒物电镜

5 月 24 日，F0906 航次不同高度颗粒物按组分分类结果如图 3-84 所示，可以看出颗粒物数量的峰值粒径位于 0.5 μm 附近。粒径大于 1 μm 的粗颗粒以海盐颗粒物或沙尘颗粒物为主，含硫颗粒物的粒径相对较小，主要分布在粒径小于 1 μm 的细颗粒处。随着高度的增加，粗粒径的沙尘颗粒物数量逐渐降低，沙尘颗粒物的平均粒径变小。

图 3-85（a）为 5 月 24 日 F0906 航次各高度不同类别颗粒物占比。20 m 和 100 m 的颗粒物以海盐颗粒物和沙尘颗粒物为主，200 m 的颗粒物主要是含硫颗粒物，其次为沙尘颗粒物和海盐颗粒物，300 m 及以上的颗粒物以含硫颗粒物和沙尘颗粒物为主。从垂向变化来看，随着高度的增加，海盐颗粒物的比例逐渐降低，含硫颗粒物的比例逐渐升高，这与不同组分颗粒物的来源不同有关。海盐颗粒物由海洋直接排放，含硫颗粒物则主要是由大气中的 SO_2 或 DMS 通过化学反应转化生成的二次颗粒物。从颗粒物不同元素平均质量占比［图 3-85（b）］可以看出，200 m 及以下

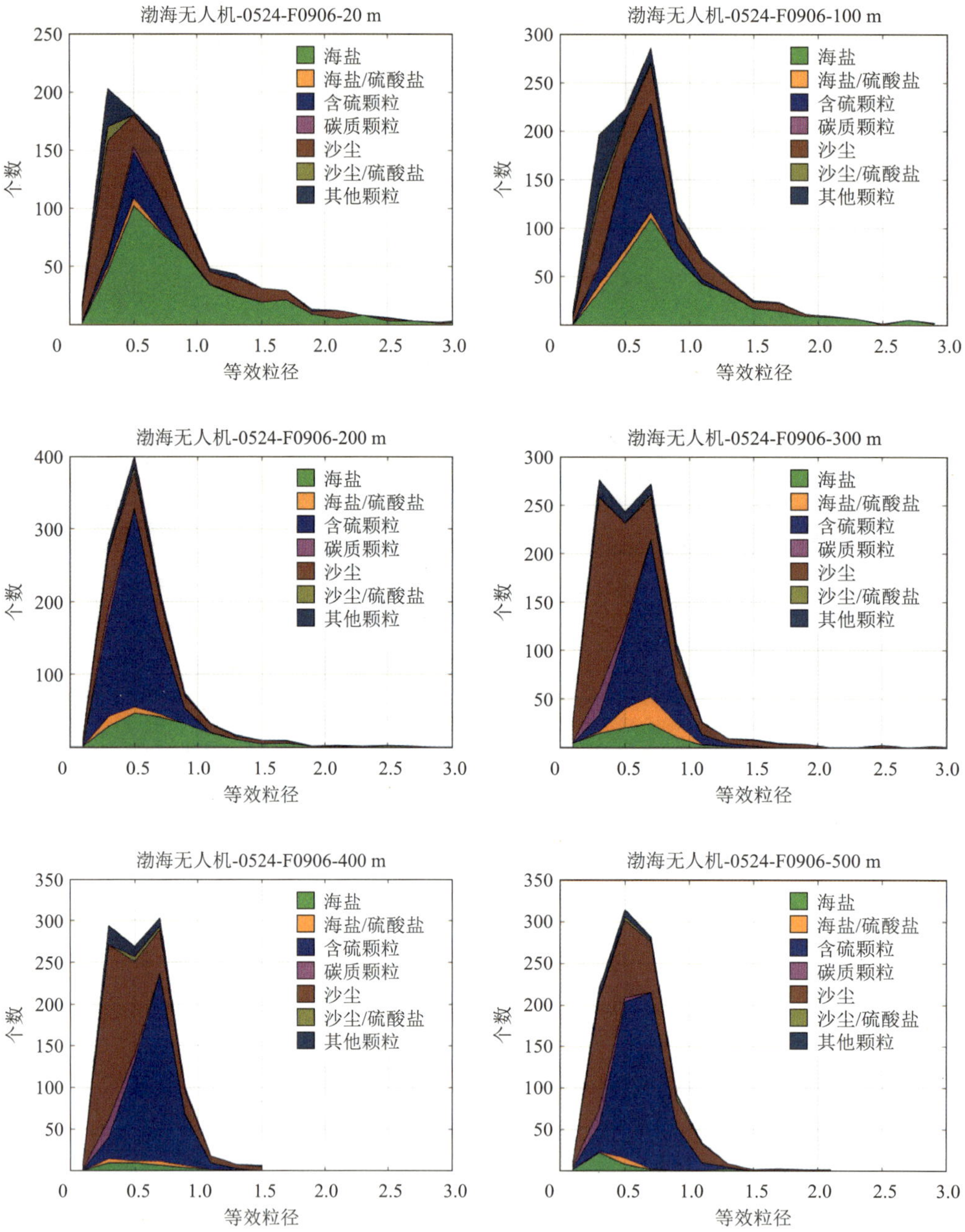

图 3-84　渤海 5 月 24 日 F0906 航次颗粒物组分分类

Na 和 Cl 含量相对较高，其主要是由海盐颗粒物贡献，同时 Cl 含量高说明海盐颗粒物比较新鲜，老化程度低。300 m 及以上 Al、Ca 和 S 的含量相对较高，分别是由沙尘颗粒物和含硫颗粒物贡献。图 3-85（c）为颗粒物混合状态指数χ的垂直变化图，可以看到 20～400 m 颗粒物混合状态指数逐渐降低，由 68% 降低至 32%，

500 m 颗粒物混合状态指数与 400 m 接近。说明低空颗粒物之间化学组分的分布比较均匀，随高度增加颗粒物之间化学组成的异质性增强，这可能与高空有新粒子生成有关。

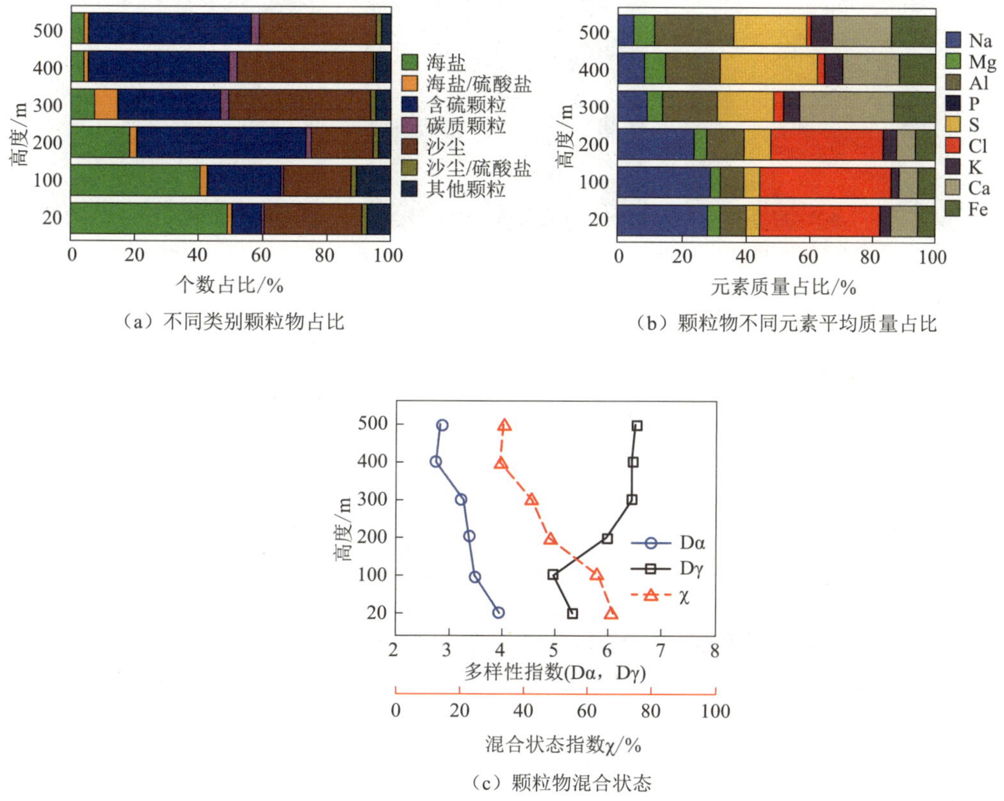

图 3-85　渤海 5 月 24 日 F0906 航次

3.3.4　南海船载走航观测技术应用示范

“十三五”期间，搭载中国科学院岛礁综合研究中心 2020 年秋季航次，开展了大气污染综合立体探测，累积作业天数超过 50 d。在走航期间总计完成相关设备的数据采集（图 3-86）。并在走航期间选取 18 个站位点进行了探空气球的作业（图 3-87）。

通过船基遥感的方法，获取了我国南海及其沿岸区域大气污染物的水平和垂直时空分布数据集，为大气污染物在海洋与陆地之间的相互传输及传输中的大气化学演化、大气-海洋相互交互、船舶、排放对近海及沿岸大气污染贡献、污染物的全球传输尤其是跨国界、跨大洋传输、卫星遥感验证等研究提供实测数据支持。

（a）温度脉动仪、船资测量仪

（b）方舱实验室

（c）飞沫通量仪

（d）气象站、能见度仪

（e）探空气球

（f）边界层大气成分高光谱扫描与分析仪

图 3-86　大气污染综合立体探测组设备

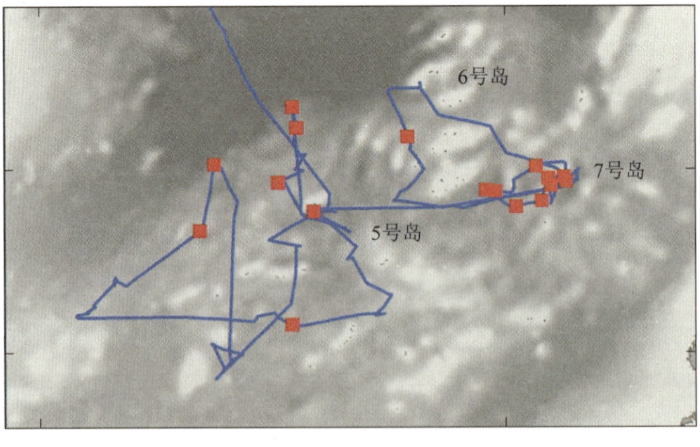

图 3-87　2020 年南沙岛礁综合航次探空气球采样站位

根据探空气球作业所获得的湍流日变化曲线和垂直廓线初步分析，南海湍流具有以下特征：当下垫面为地面时，湍流强度具有明显的日变化特征，强湍流在白天增强，夜晚减弱（图 3-88）。当下垫面为海面时，湍流强度具有日变化特征，但日变化特征不明显，强湍流在白天持续时间很短，之后快速减弱（图 3-89）。从温度廓线得出海洋对流层顶在 16 km 左右，风速在 14 km 达到最大，为 40 m · s^{-1}。同时湍流强度也达到最大（图 3-90）。湍流强度廓线，整体上，随时间先增大后减小，中午 12 时的湍流强度最大，对流层顶处达到 10^{-13} 量级。19 时的湍流强度最小，对流层顶处达到 10^{-16} 量级（图 3-91）。

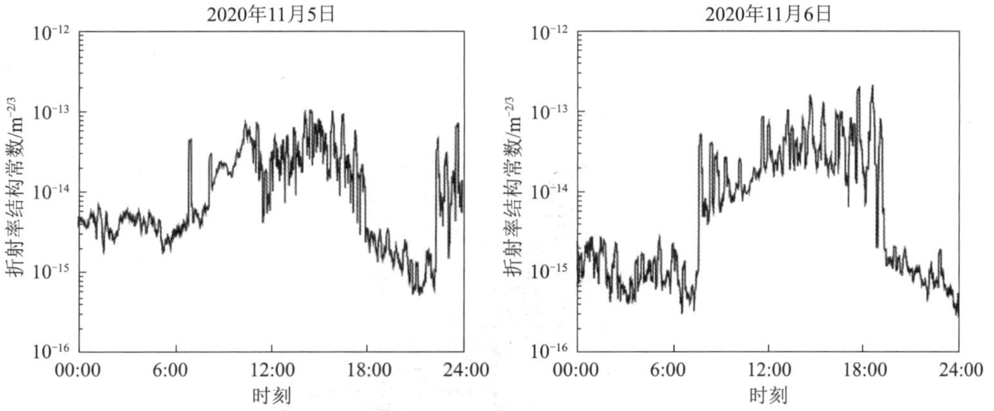

图 3-88　折射率结构常数日变化–下垫面为地面

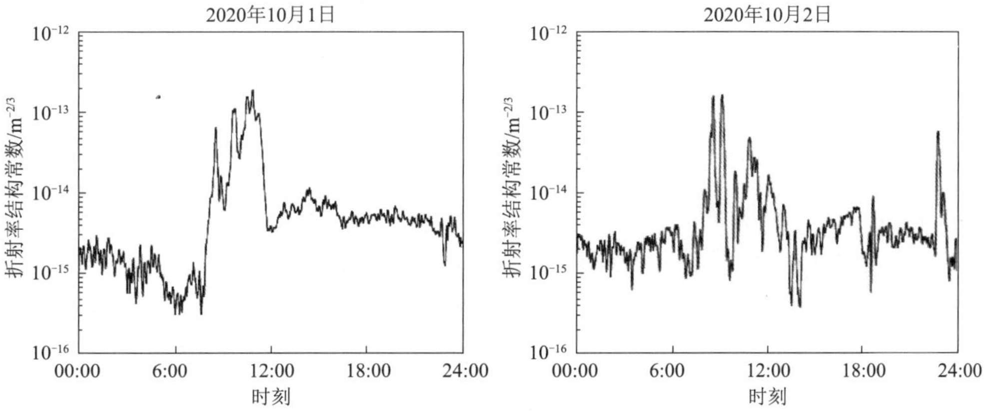

图 3-89　折射率结构常数日变化–下垫面为海面

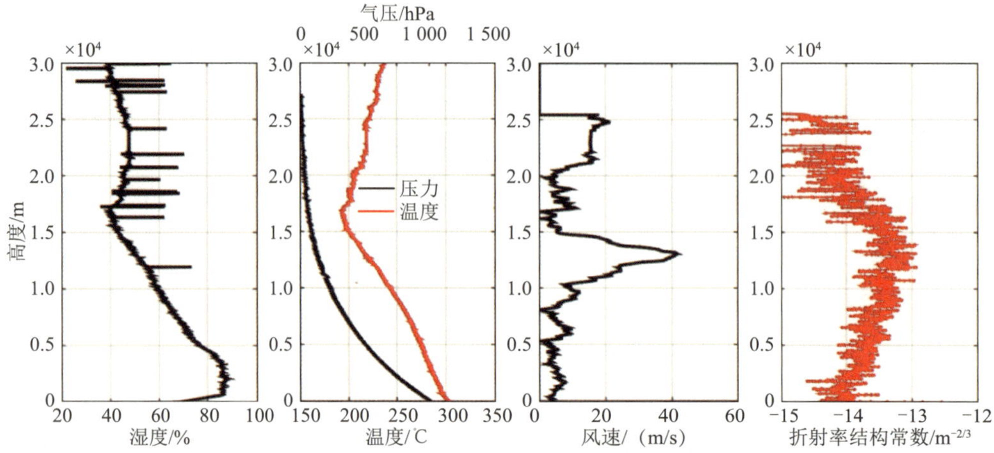

图 3-90 折射率结构常数的廓线特征

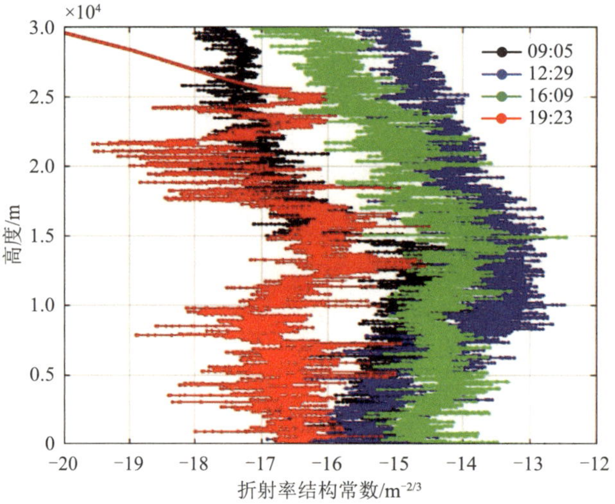

图 3-91 折射率结构常数的廓线日变化特征

超声风速脉动仪实时测量三维风速、高频湍流脉动和温度脉动，采样频率为100 Hz。水汽/二氧化碳分析仪（Licor7500，10 Hz），测量水汽二氧化碳脉动，通过涡动相关计算潜热通量等，飞沫通量仪直接测量海盐飞沫通量，辅助测量组合导航仪（XW-GI5651，50 Hz），实时测量船的姿态、方位、运动速度和角速度等，修正超声风速仪所测得的风速。

图 3-92 右图为此次实验测量得到的上升飞沫谱（$r_{80}^{-3.1}$），与之前在广东博贺海上平台测得的上升飞沫谱（$r_{80}^{-3.4}$）相接近，互相验证。数据显示，飞沫生成函数和飞沫半径有很好的幂律关系，在测量范围内其拟合相关系数达到 0.999。而对于海

表的大飞沫粒子如何受到海风和湍流的作用，是否能上升到边界层上层从而为海洋气溶胶做贡献，我们使用并改进拉格朗日随机过程模型。湍流边界层中重粒子弥散在工业生产和自然界中，近 50 年来，有关重粒子弥散的研究从理论推导到实验验证已经形成了一整套体系化的理论。我们使用 Basset-Boussinesq-Oseen 方程（BBO 方程）作为重粒子运动方程，在此基础上考虑到相对于实验室的平均风，强风下的大气边界层中存在阵风相干结构，将超声风速仪的阵风和湍流观测资料加入模式中，驱动海盐飞沫粒子运动，模拟海洋大气边界层的飞沫上升过程。由此得到的飞沫生成函数随粒径的变化，完善了大粒径端的飞沫生成函数。图 3-93 中圆圈为修正的大粒径飞沫生成函数。

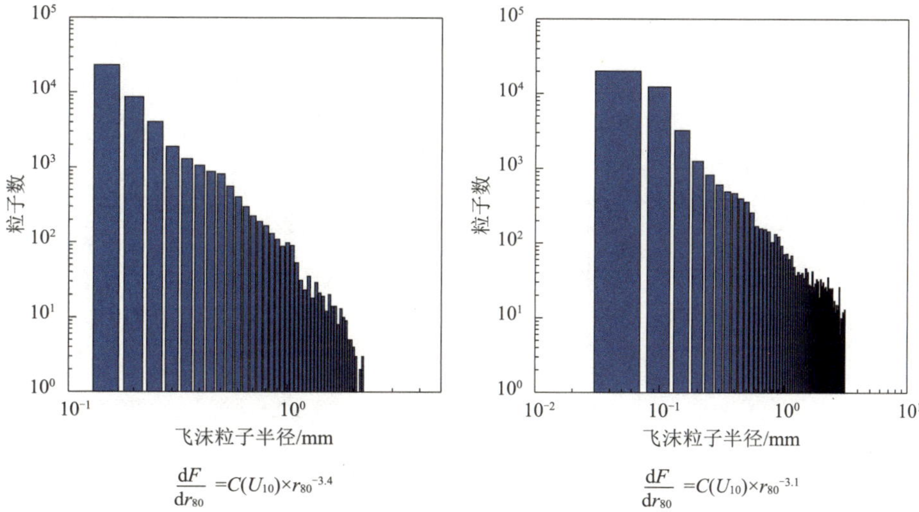

图 3-92　实验观测的上升飞沫谱

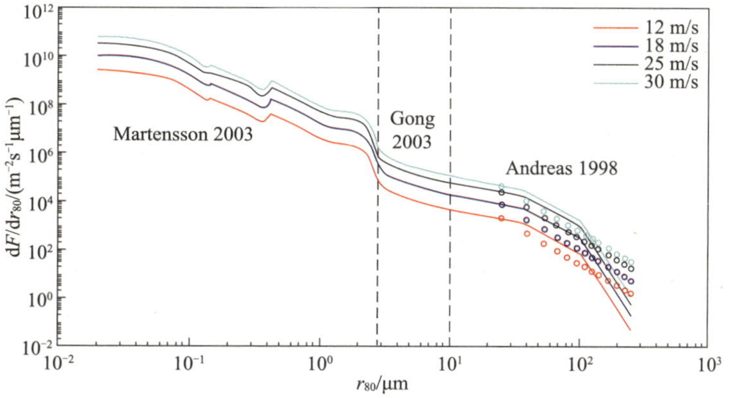

图 3-93　观测获得的飞沫生成函数

目前，这一改进版的新飞沫通量参数化方案已经被加入中国科学院地球系统模式（chinese academy of science earth system model，CAS-ESM）的气溶胶大气化学模式（AACM）中。对于海盐气溶胶，原有的模式根据粒径分为 3 种不同的模态：艾肯模态（aitken mode，0.02～0.08 μm），积聚模态（accumulation mode，0.08～1.0 μm）和粗模态（coarse mode，1.0～10.0 μm）。粒径大于 10 μm 的海盐气溶胶并未列入考量。2005—2014 年的海表海盐浓度（$\mu g \cdot m^{-3}$），MAM4 给出改进版的参数化方案得到的海盐浓度，与原有方案 MAM3 的计算结果相比，两者主要差别在南太平洋，南大西洋和南印度洋，改进后的参数化方案得出的浓度有显著提高。

第 4 章 突发大气污染事故应急预警评估技术

随着我国经济快速发展，各类生产、生活活动引起的突发大气污染事故（爆炸、火灾、泄漏、恶臭等）急剧上升，对人民生命财产及生态环境造成了极大的危害。突发事故特征各异、动态变化、环境复杂，对监测预警评估技术提出了极大的挑战。国内外已经开展了前期相关研究工作，但对于重大污染事故（如天津港大爆炸）以及频发的泄漏、恶臭仍缺乏应对技术与能力，亟待解决的核心问题是对突发事故进行高效、准确的监测预警评估。在国家重点研发计划“突发大气污染事故应急预警评估技术与示范研究”（2017YFC0209900）项目资助下，面向上述难题，由我国大气污染防治领域众多专家、学者组成的项目研究团队，系统探究了典型突发大气污染事故污染物排放与大气湍流扩散规律，突破源强准确估算、立体走航与密集网高效监测、微小尺度预报预警、快速溯源与评估等关键技术，建立了我国首个集光学遥测、原位探测一体的多平台（应急监测车、无人机/机器人）立体走航监测技术系统，首次提出了“溯源-模拟-监测”动态交互反馈全链条突发大气污染事故应急预警评估技术方法，并成功研发了我国具有自主知识产权的、兼有科学性、先进性和可业务化的突发大气污染事故应急预警动态管理与决策平台。本章重点对国家重点研发计划项目在突发大气污染事故排放规律与源强估算、应急监测、污染风险快速预警及事故溯源等关键技术以及应急预警动态管理与决策平台研发与应用示范等方面的研究进展及成果进行介绍。

4.1 突发大气污染事故排放规律与源强估算技术研究

突发大气污染事故类型多样（泄漏、火灾、爆炸、恶臭等），尤其石油化工行业非常重视危险化学品泄漏、危险化学品泄漏后引发的池火灾、喷射火灾和蒸汽云爆炸等，以及危险化学品泄漏和火灾合起来引发的物理爆炸现象（如沸腾液体膨胀蒸汽爆炸）等。天津“8·12”事故就是一类典型的突发事故[1]。然而，目前突发事故污染排放规律、污染排放源强信息识别是目前事故应急响应中亟须研究的重要课题。通过外场实验还原事故真实场景是探索突发事故排放规律的最佳途径，然而，由于现场模拟实验在设计、开展以及执行的过程需投入大量的人力、物力、财力和时间，而且复杂条件（如夜间实验、复杂地形）下的现场实验结果不易重现，以上不利因素导致目前国际上开展的现场实验极为少见。本研究针对突发性大气污染事故应急预警的需求，研究建立我国危化品风险源数据库，开展典型突发事故外场实验，探究突发事故污染物排放规律，研究源强估算技术，构建突发事故源强准确估算软件与新技术体系。

4.1.1 风险源数据库的建立

在掌握危险化学品的基础资料信息、环境标准、监测方法和应急处理处置方法等信息的基础上，设计危险化学品数据库，并综合事故中对危险固体废物和危险化学品的处理技术、规范和标准，设计封堵技术数据库和处理技术数据库，为处理大气环境污染事故提供处理方法信息。风险源数据库设计与实现的整体逻辑框图如图 4-1 所示。

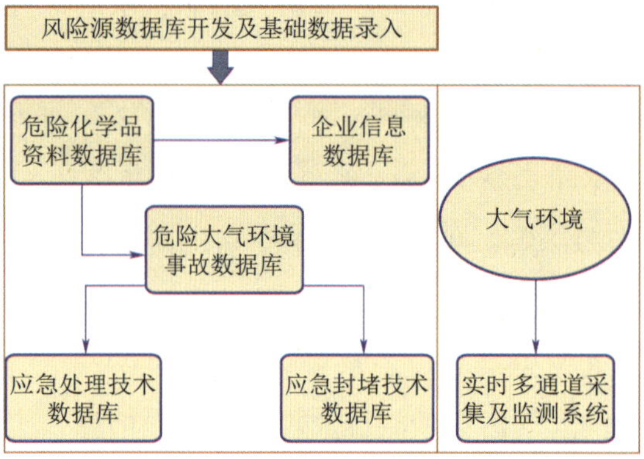

图 4-1　风险源数据库设计与实现逻辑框图

最终共获得并整理录入了除香港、澳门、台湾、河北、安徽、河南、浙江以外的 27 个省级行政区的企业危险源信息，包括企业基本信息、危险化学品登记信息、危化品实际库存数据等，其中收集了 1 941 种危险化学品基本信息，以及企业历史上发生过的泄漏、火灾、爆炸、恶臭四类突发事故的信息。进而开发了实时多通道监测系统，最终形成了软件《危险化学品信息与环境风险源基础数据信息平台 v1. 0》。图 4-2 是风险源数据库登录界面。

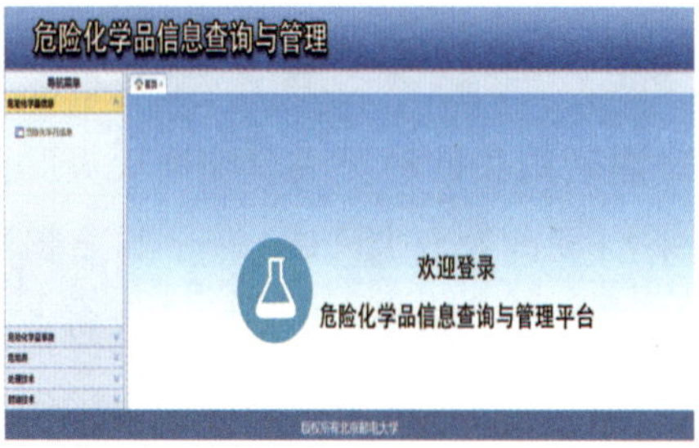

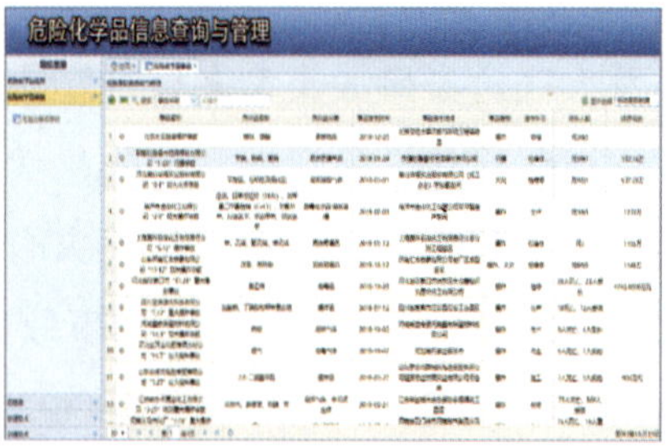

图 4-2　风险源数据库登录与查询界面

4.1.2　突发事故大气污染物定性识别/定量分析

4.1.2.1　泄漏事故污染物的定性识别/定量分析

选取 SF_6 作为示踪剂开展泄漏外场实验，泄漏场景包含单点源多点源释放，在实验源区周边、下风向以及上风向背景点处布置多个在线传感器、JZ06A 型智能气体采样仪、SUMMA 罐采样器、空气采样袋等对污染物以及气象数据（风速、风向）进行监测采集。其中，空气样品采集后，利用岛津 GC-2010 气相色谱仪配备具有灵敏度高、检测速度快、线性范围宽、结果准确、重现性好等优点的 ECD 电子捕获检测器对样品进行测试分析，确定 SF_6 浓度，为开展泄漏源强估算技术评估、筛选研究以及下风向 SF_6 特征及模型模拟研究提供数据支撑。

在外场实验采样点布设方面，采用弧形布点方法，其中单点及两点释放实验点位具体布设方案相同，扇形弧段布设层数为 4 层，各层布点数量 7，9，9，9，三点释放实验布设 4 层，各层布点数量 7，7，9，7，具体布点方案如图 4-3。

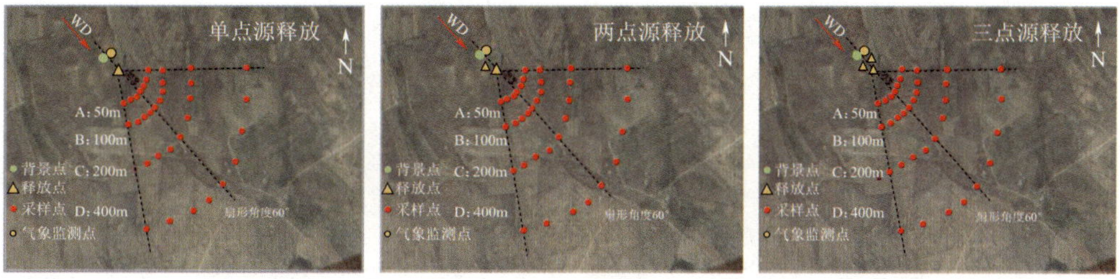

图 4-3　单点源、两点源和三点源泄漏模拟实验采样布点情况

实验结果分析表明，采用上述定性识别与定量分析技术能够获得单点源不同高度泄漏、多点源不同高度泄漏等情况的污染物扩散特征。

4.1.2.2　池火灾事故实验及污染物种类初步确定

对大气环境下火灾事故产生污染物种类和排放特征的定性识别和定量分析，则以柴油、汽油池火灾事故为典型代表进行研究。采取外场模拟实验、室内燃烧烟气收集实验和火灾风洞实验相结合的方式，利用多种污染物气体在线传感器、便携式气相色谱质谱联用仪、SUMMA 罐、JZ06A 型智能气体采样仪、空气采样袋、颗粒物采样设备、烟气分析仪、黑炭仪和 TVOCs 传感器等设备进行定量测试。其中，在外场实验中设计了一种塔架网格烟气数据监测装置，以便捕捉池火燃烧园区产生的污染物排放信息。池火燃烧实验现场和塔架网格污染监测装置情况如图 4-4 所示。

根据测试所得的池火灾污染物图谱结果、各类污染物排放量结果（如一氧化碳的排放量与 $PM_{2.5}$ 排放量的关系等，见图 4-5），进而明确汽油和柴油的池火燃烧

图 4-4 池火灾外场模拟实验和塔架网格、烟气收集实验与火灾风洞实验的场景

过程，CO、SO_2、NO_x、苯、VOC 五类是主要的污染物气体，其排放特征可以通过在线监测获得，不仅可进行污染物种类的定性识别，还可以进行主要污染物排放因子和典型污染物排放量变化规律的定量分析。

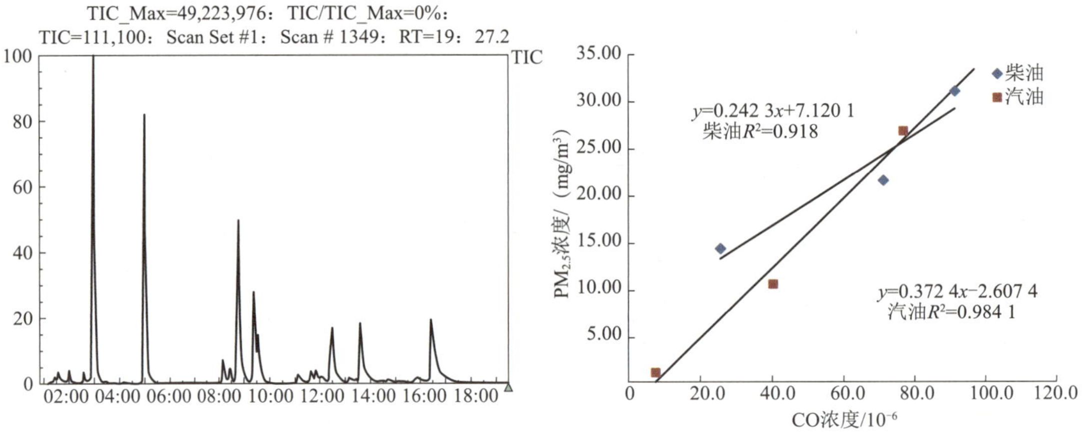

图 4-5 池火燃烧污染物测试图谱、一氧化碳的排放量与 $PM_{2.5}$ 排放量的关系

实验结果表明，这些测试方法结合紫外和红外光谱方法，能够更好地解决突发事故污染物排放源强的定性识别和定量分析难题，推进技术进步和发展。

4.1.2.3 危险化学品爆炸抛撒事故污染物的在线测试技术

危险化学品爆炸抛撒事故污染物的在线测试实验，主要通过外场爆炸抛撒事故模拟实验进行，对产生的污染物排放源强的在线测试技术进行了探索。主要用到的测试技术包括：

1）光学测试技术，包括高速摄影技术和 DV 录像技术。

2）污染物的测试技术，颗粒分析仪、采样器和便携式气质联用仪。其内容包括颗粒物浓度检测、有毒有害无机气体分析等。

分别选择了两种被抛撒的模拟危险化学品，一种是颗粒状的易挥发的尿素类化肥，另一种是 SiO_2 微米级粉体。实验方法是采用 TNT 炸药作为驱动能源进行化学危险品的爆炸抛撒，实验中尿素每次的被抛撒量为 50 kg，炸药量从 2 kg、4 kg、6 kg、8 kg 到 10 kg，共进行了 5 次单独抛撒实验，一次 3 个 50 kg 尿素、每个 6 kg 的抛撒实验。SiO_2 粉体实验，分别以 75 kg 和 100 kg 被抛撒量，炸药量以 2 kg、4 kg、6 kg、8 kg 和 10 kg，共进行了 15 次实验。实验用的 TNT 炸药、抛撒装置、采样器、塔架网格状况以及实验现场爆炸景观如图 4-6 所示。其中，获得气溶胶大气中的排放浓度的称重法可参见相关的环境部门标准。

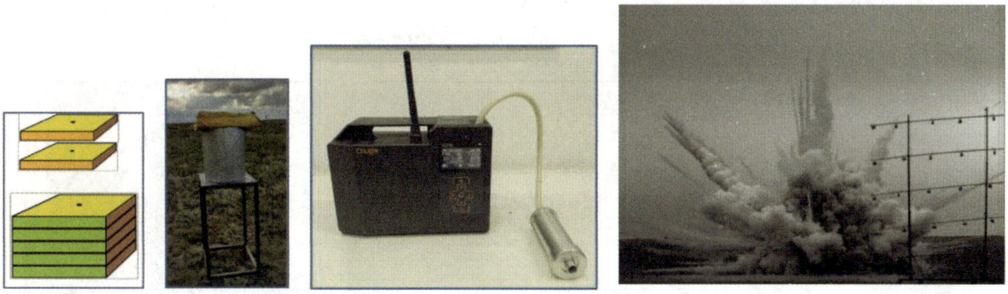

图 4-6　实验用 TNT 炸药、抛撒装置、采样器、塔架网格与现场爆炸抛撒景观

实验获得了爆炸抛撒颗粒物化学危险品形成气溶胶烟云的规律，为建立源强估算模型奠定了基础。同时，在爆炸事故污染物排放的定性识别和定量测试方法上取得了突破。

4.1.3　突发事故污染物生成规律与大气排放特征

4.1.3.1　泄漏事故外场模拟实验及污染物排放规律

通过开展 16 次泄漏事故模拟实验，采用的布局方案见图 4-3，监测分析结果（图 4-7）表明，单点源 SF_6 泄漏实验，受大气环境影响特征明显，早上时间段，气体扩散呈现多峰分布特征；中午时间段，气体扩散分布呈现不规则分布，整体扩散面积明显增加；傍晚时分，气体扩散面积较小，呈现单峰分布，且最大落地浓度区距离源释放点较近。两点源泄漏模拟实验，气体扩散呈明显的“一大一小”多峰分布，不同时段高浓度区域分布形态明显不同，各气体释放源泄漏气体下风向扩散叠加区域多变。三点源泄漏模拟实验，气体扩散呈多峰带状分布，高落地浓度区域覆盖面积较大，下风向扩散浓度叠加位置和形态多变，使高浓度扩散区域分布特征随之变化。

单点源不同高度泄漏扩散，SF_6 气体下风向整体扩散分布区域明显加宽，释放源高度增加，气体在扩散过程中受水平风力的作用也增强，即增加了气体水平方向的扩散距离。

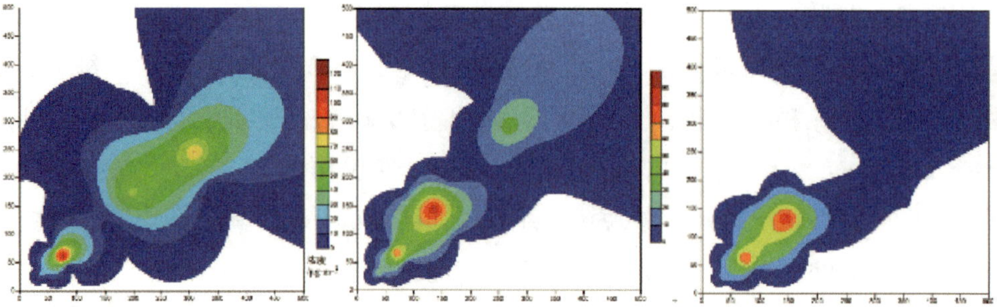

0810 7.38—7.48　　0810 7.56—8.06　　0810 8.13—8.23

单点源，高10 m泄漏实验SF_6扩散分布

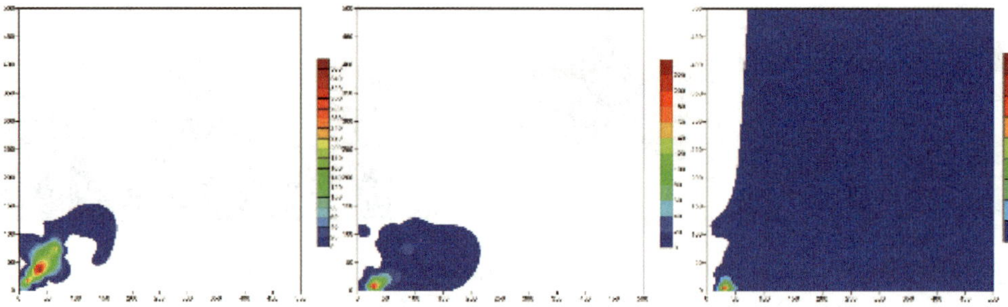

0810 18.57—19.07　　0810 19.08—19.18　　0810 19.21—19.31

风速小于3 m · s^{-1}，单点源，高10 m泄漏实验SF_6扩散浓度分布

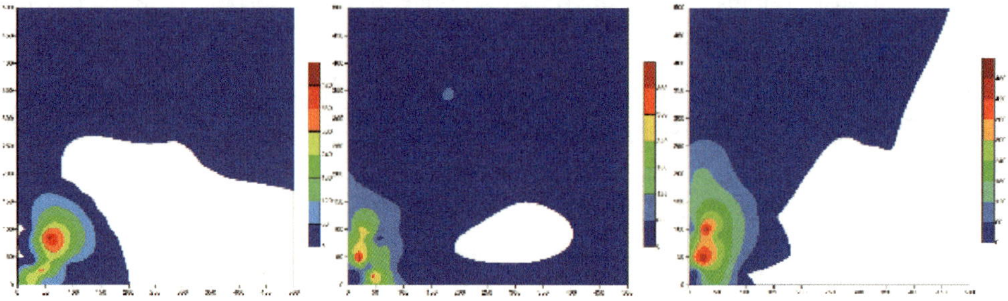

0811 14.51—15.01　　0811 15.13—15.23　　0811 15.32—15.42

两点源高10 m和8 m泄漏实验SF_6扩散分布

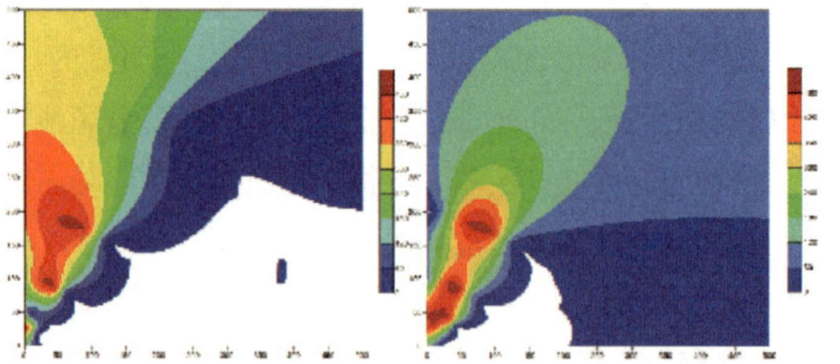

0811 17.28—17.38　　0811 18.04—18.14

三点源高10 m和8 m泄漏实验SF_6扩散分布

图 4-7　泄漏事故外场模拟实验及污染物排放规律

对于多点源释放情景，其下风向的扩散区域的气体浓度可以看作各单点源释放后扩散气体在相应位置的浓度的近似叠加。在开展的外场实验中，三点源实验扩散分布中高值浓度影响区域面积明显最大，两点源泄漏实验次之，单点源泄漏实验最小。

4.1.3.2　池火燃烧模拟实验及污染物排放规律

（1）外场模拟实验

通过开展外场 4 次柴油、2 次汽油池火灾模拟燃烧实验，实验场景见图 4-4。对于柴油燃烧实验，通过塔架网格挂载 CO、SO_2、NO_x、苯、VOC 5 种气体传感器获得池火灾源区的污染物排放规律，结果表明：CO、SO_2、NO_2、VOC 随时间累积的总量变化及各产物的占比表明，稳定燃烧后，CO 约在 51%，VOC 占比 40% 左右。塔架网格测得的各种气体空间浓度表明，CO 的浓度无分层现象，浓度最高约在 8 m 高度处，SO_2 主要集中在采集面的左上侧，NO_2 只在燃烧前期 20 min 内出现，且浓度较低。VOC 在采集面内呈现明显的分层。经过估算，可以得出 1 min 约产生 0.387 m^3（0.48 kg）的 CO 排放量。

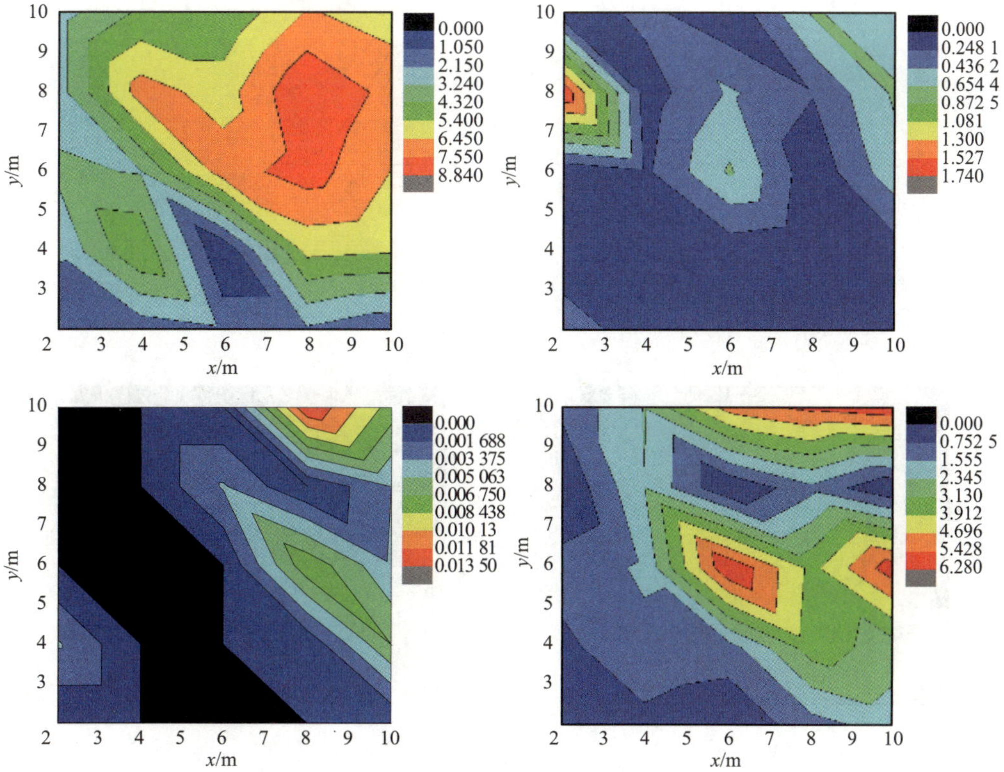

（a）塔架网格上在线测得的柴油池火灾CO、SO_2、NO_2和VOCs垂直面浓度分布

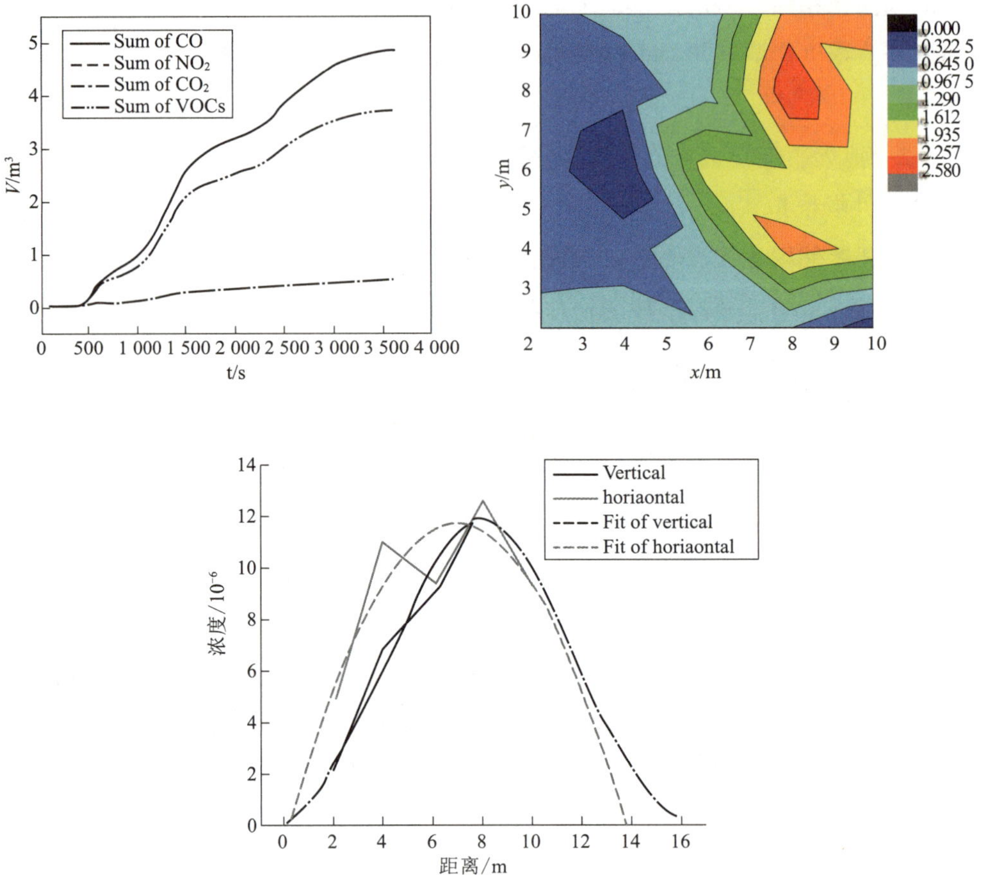

（b）柴油池火灾CO、SO_2、NO_2和VOCs时间累积总量变化、CO浓度时空分布与体积随时间变化

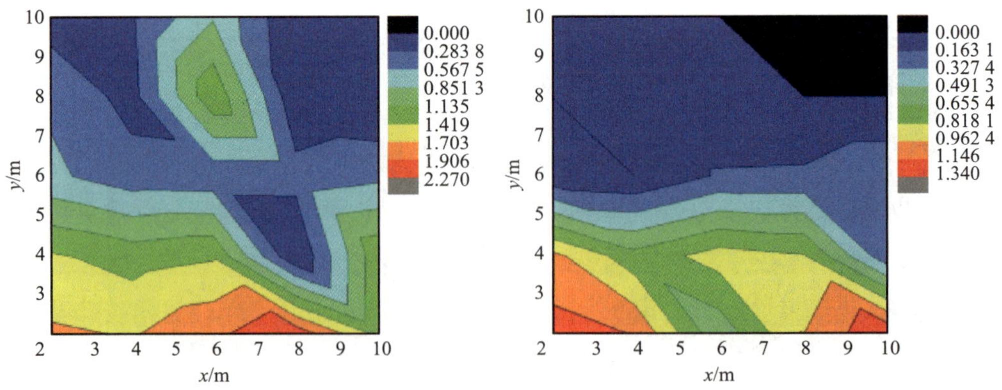

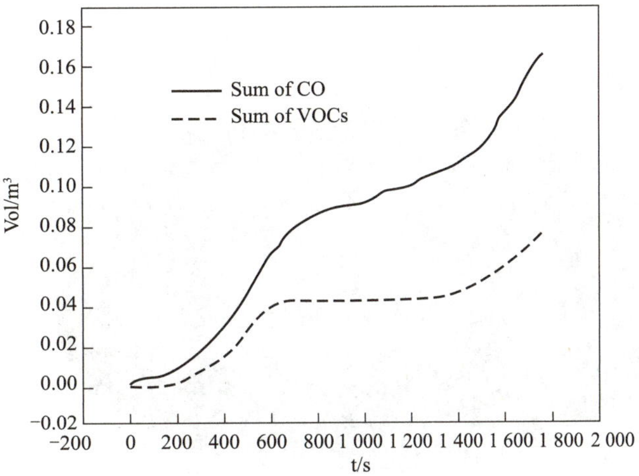

（c）汽油池火灾CO和VOCs时间累积总量变化、CO浓度时空分布与体积随时间变化

图 4-8　柴油池火灾（a）和（b），汽油池火灾（c）污染物排放规律外场实验结果

汽油池火灾模拟实验结果进一步表明，CO 和 VOCs 是火灾产生的主要污染物，排放规律如同图 4-8（c）所示。此外，污染物中还检测到 $PM_{2.5}$ 和 $PM_{1.0}$ 的颗粒物，但排放量比较小。而 VOCs 中的组分比较复杂，如图 4-9 所示。

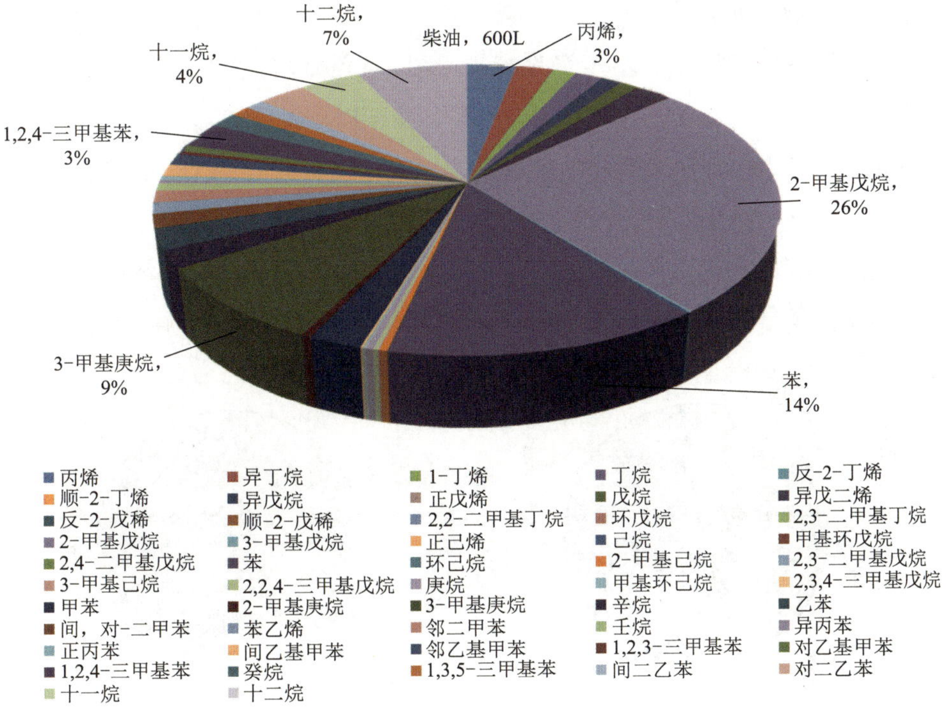

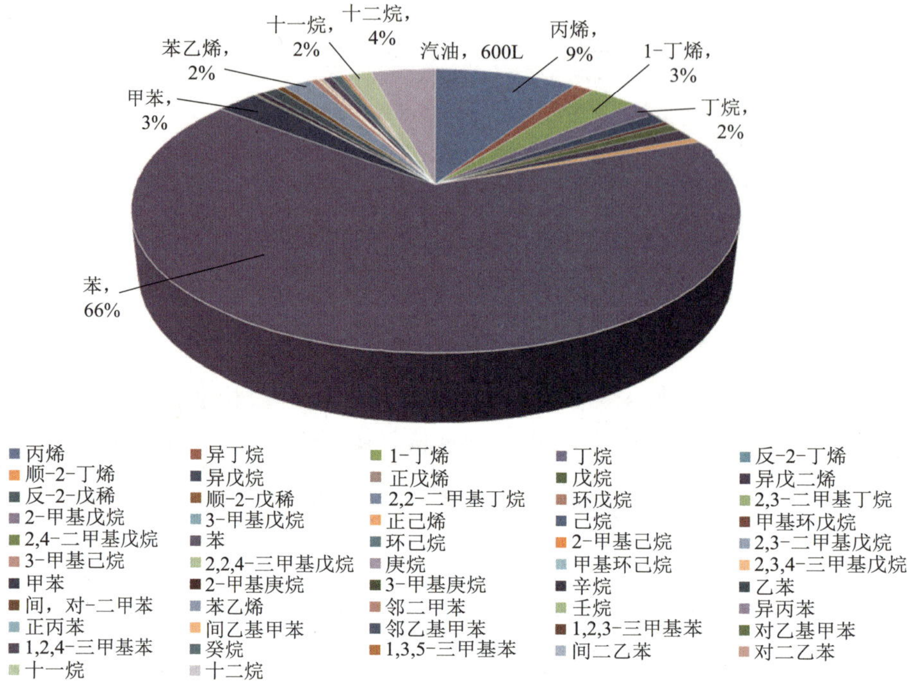

图 4-9　柴油池火燃烧 VOCs 烟气组分和汽油池火燃烧 VOCs 烟气组分

（2）烟气收集实验

室内燃烧馆烟气收集实验（实验场景见图 4-4），包含了不同燃油量、不同油盘直径和不同风速工况条件，共开展 10 次实验，以柴油和汽油为池火燃烧介质，实验在线测得结果包含池火燃烧的质量损失、热释放率变化、CO、TVOC 与颗粒物排放量等，其分析结果如下。

密闭环境下池火燃烧污染物占比量排列前三的是 CO、$PM_{2.5}$、VOCs，燃烧介质无论是柴油还是汽油，CO 的排放率与油盘面积呈现线性关系（图 4-10）。

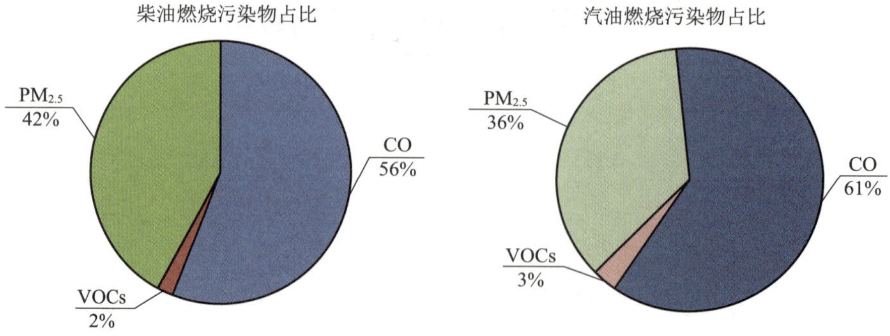

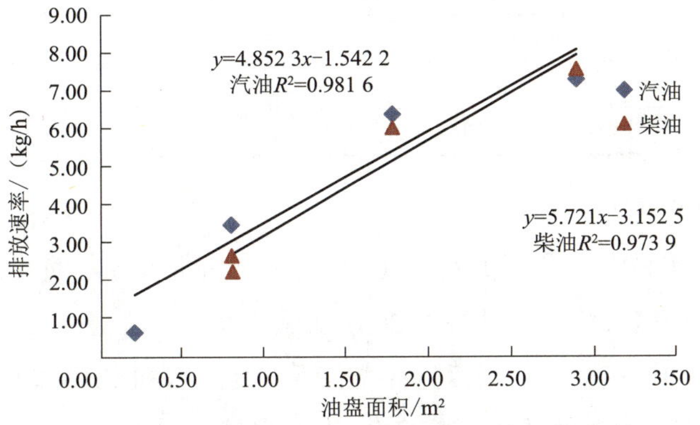

图 4-10　烟气收集实验结果–池火燃烧污染物占比与 CO 排放率随油盘面积变化的关系

进一步获得了总 VOCs 各个组分的占比分布（图 4-11）。最后，依据燃烧的质量损失、热释放率等结果，估算了 CO、SO_2 和 TVOC 的排放因子，见表 4-1。

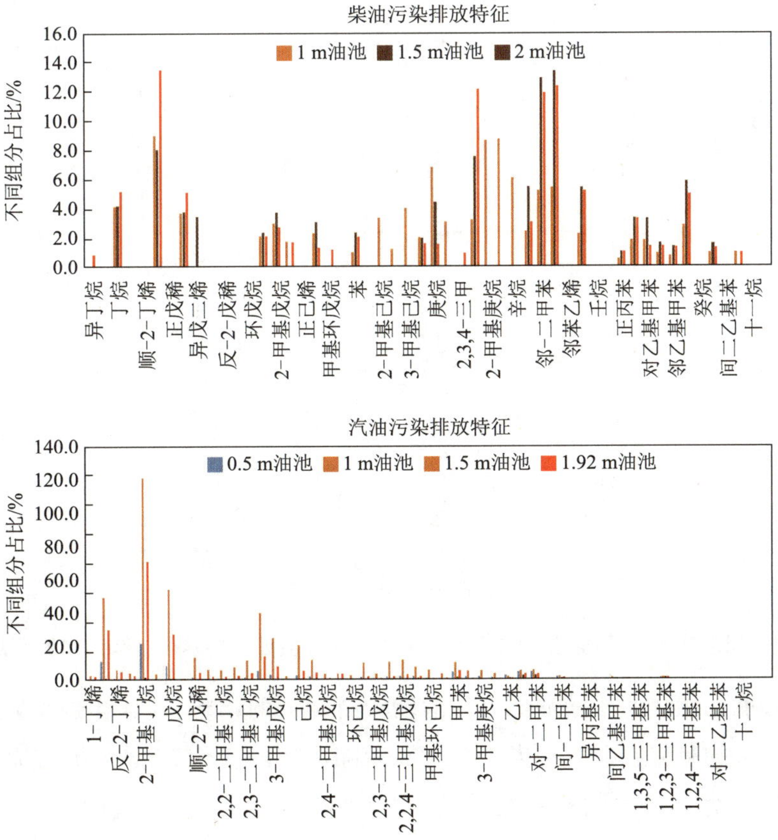

图 4-11　烟气收集实验结果–挥发性有机物排放特征

表 4-1　池火灾燃烧污染物排放因子

排放因子（EF）	CO/(g/kg)	SO_2/(g/kg)	TVOC/(mg/kg)
柴油	20.84	2.61	0.17
汽油	23.50	1.21	1.62

（3）火灾风洞实验

在火灾风洞实验中，采用0.2 m、0.3 m、0.4 m和0.5 m直径油池分别进行汽油、柴油池火灾模拟实验，共进行了26次实验，获得燃烧过程中的CO排量信息。实验结果包括不同风速、不同油盘直径条件下燃烧速率和CO排放量随时间的变化规律，并估算了CO排放因子的相应变化规律，见图4-12。

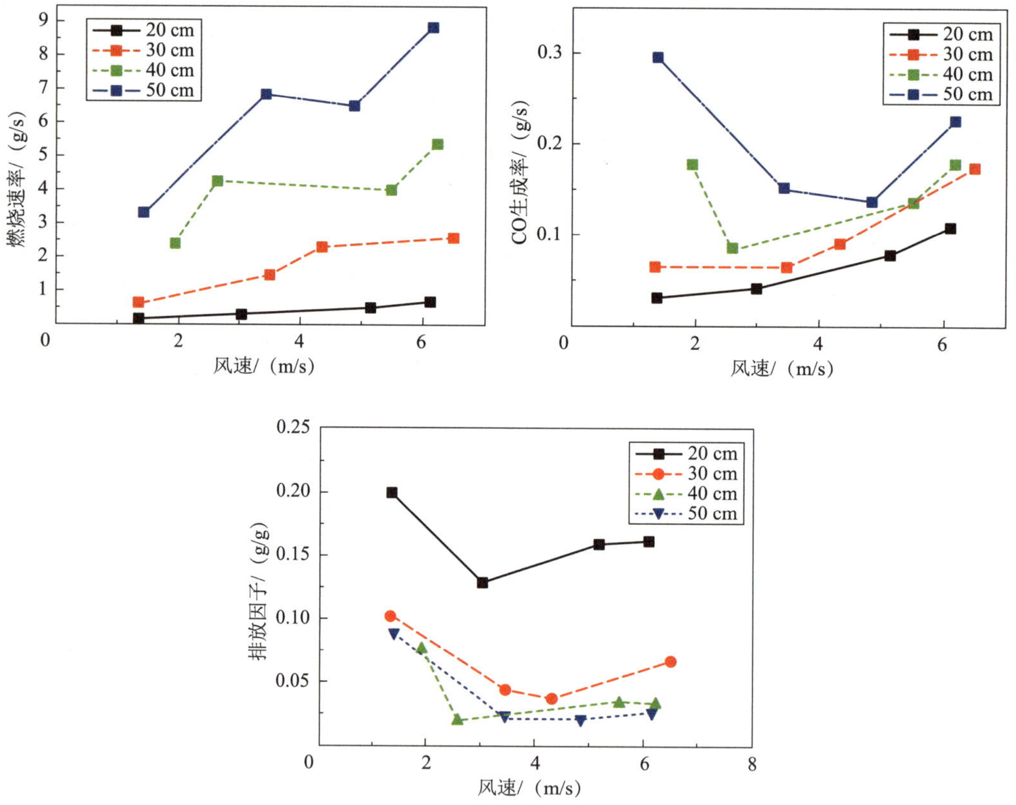

图 4-12　火灾风洞实验结果–燃烧速率、CO生成率和排放因子的随风速和油盘直径的变化规律

结果表明，燃烧速率随油池直径的增大有增大的趋势；CO生成率随油池直径的增大有增大的趋势，但直径大于30 cm后随风速的变化有极小值出现；CO排放因子随风速的增大有波动的现象，但随着风速的增大减小，将趋向于某一定值。

4.1.3.3　危险化学品爆炸抛撒事故污染物排放规律

对于化学危险品的爆炸抛撒，主要模拟突发事故中一些化学危险品不是自己爆炸，而是被爆炸产生的冲击作用抛撒、在抛撒过程中化学危险品发生物理与化学变化，最后形成污染物云团的现象，也是一类复杂的突发事故。模拟的实验原理基于爆炸抛撒物质的机理研究。

以尿素为实验品的实验结果，获得了抛撒形成气溶胶云团的半径增长、二次抛撒物质的时间及其持续时间（可能是冲击波作用下尿素发生了化学反应，生成的另一种气溶胶物质，但需要今后深入探索，见图 4-13）。此外，在线进行了颗粒物浓度检测与有害气体分析，初步测得微量的 $PM_{2.5}$ 和 PM_{10} 的颗粒物，以及可燃气、氧气、硫化氢、氰化氢、VOCs 等。

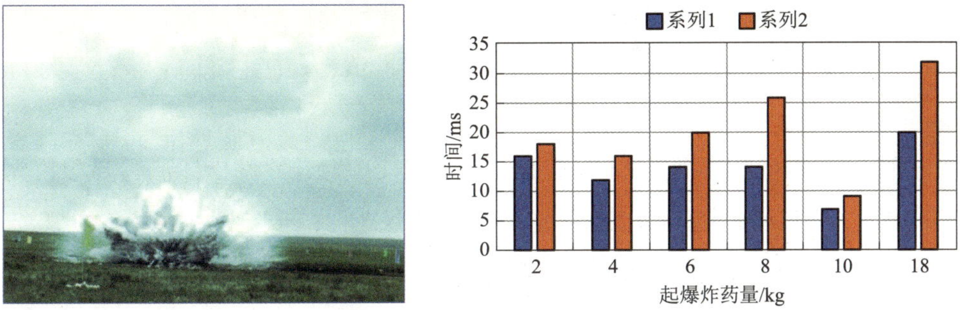

图 4-13 高速摄影记录的二次抛撒物质现象，6 次实验获得的二次抛撒物质时间及其持续时间

以 SiO_2 为实验品的实验结果，主要通过塔架网格挂载采样器采样分析，获得了有效气溶胶的生成率，共 15 次实验，为建立污染物源强估算提供了数据支撑。

4.1.4 突发事故污染物排放源强估算模型与技术

4.1.4.1 突发泄漏事故源强估算模型

在前期实验研究基础上，选取 3 种基本寻优算法，包括遗传算法、粒子群算法和单纯形算法开展两两耦合算法对比研究，包括遗传与粒子群算法耦合（GA-PSO）[2]、遗传与单纯形算法耦合（GA-NM）[3,4]、粒子群与单纯形算法耦合(PSO-NM)[5]。沈泽亚等[6] 发现 PSO-NM 的置信区间最为接近函数理论最优值，并表现出寻优过程的优越性。胡峰等[7] 回顾了以前的研究，并基于草原野外实验的 68 个测试数据集比较了典型成本函数的源参数反演性能。结果表明，偏差平方和形式在源强反演中表现出最好的精度。

在此基础上，采用高斯点源烟羽扩散模型来模拟连续气相泄漏源的扩散浓度，目标函数设为监测浓度与模拟浓度的误差平方和，故反演问题归结为下列目标函数无约束多维极值问题求解，即

$$
\begin{aligned}
\min f(Q_0, x_0, y_0, z_0) &= \sum_{i=1}^{n} (C_{\text{mes}}^{i} - C_{\text{com}}^{i})^2 \\
&= \sum_{i=1}^{n} \left[C_{\text{mes}}^{i} - \frac{Q_0}{2\pi U \sigma_y \sigma_x} \exp\left[-\frac{1}{2} \cdot \frac{(y_i - y_0)^2}{\sigma_y^2} \right] \cdot \right. \\
&\quad \left. \left\{ \exp\left[-\frac{1}{2} \cdot \frac{(z_i - z_0)^2}{\sigma_z^2} \right] + \exp\left[-\frac{1}{2} \cdot \frac{(z_i + z_0)^2}{\sigma_z^2} \right] \right\} \right]^2
\end{aligned} \tag{4-1}
$$

式中，$C(x, y, z)$ 为监测点在 (x, y, z) 位置处的污染物浓度，g/m^3；U 为平均风速，m/s；σ_y 为水平扩散参数，m；σ_z 为垂直扩散参数，m；Q_0 为释放源强，g/s；x_0 为释放源点的横坐标，m；y_0 为释放源点的纵坐标，m；z_0 为释放源点的距地面垂直高度，m；下标 mes 表示测量值，$f(Q_0, x_0, y_0, z_0)$ 为目标函数。

选取美国 1956 年开展的 68 次草原 SO_2 泄漏实验对建立的气体泄漏源参数（源强和位置）进行反演模型的应用研究，并对模型进行初步验证。进而对实验结果也进行了验证计算，图 4-14 是具体的反演计算结果。

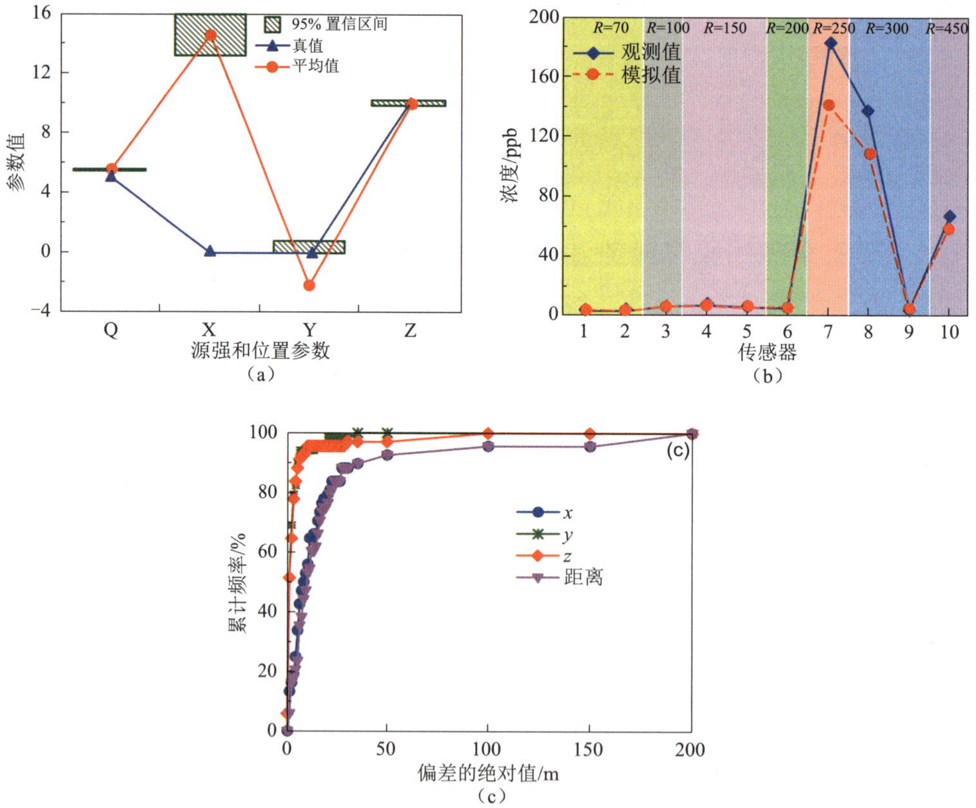

图 4-14　突发泄漏事故源强估算模型对美国 68 次草原结果和对外场实验结果的验证计算

计算结果表明，计算得出的源强值与实验真值较为接近，其相对偏差分别为 -18.37%、27.25%和 36.85%。平均相对绝对偏差小于 30%。模型进一步在燕山石化环境进行了演练和示范实验，结果表明所建立的突发泄漏事故源强估算反演技术是可靠的，具有应急响应的可操作性，能够满足突发大气污染事故应急决策和处置的需求。

4.1.4.2　池火灾事故污染物排放源强估算模型

在外场池火灾模拟实验、烟气收集实验和火灾风洞实验基础上，建立了基于排放因子的池火灾典型污染物的源强估算模型。

$$EF_i = M_i/M_{fuel} \tag{4-2}$$

式中，EF_i 为气态污染物质 i 的排放因子（emission factor），M_i 为气态污染物质 i 的排放总量，M_{fuel} 为油类燃料的燃烧总量，可知排放因子反映了物质燃烧的污染排放强度，是进行污染控制的重要依据[9,10]。

基于燃烧速率和污染物排放因子的源强估算总模型表达式[10]

$$G_{CO} = \dot{m}'' \times EF_{CO} \times A_S \tag{4-3}$$

式中，A_S 为油池面积，$\dot{m}''$为燃烧速率，EF_{CO} 为 CO 的排放因子。

根据获得的燃烧速率随风速的变化规律、排放因子随风速和油池直径的变化规律，池火灾源强估算总模型式（4-3）中燃烧速率和排放因子的表达式应为

$$\dot{m}'' = \alpha(V_m) \times \dot{m}''_0(1 - e^{-k\beta D}) \tag{4-4}$$

$$EF_{CO} = f(D, V_m) = \varepsilon(V_m) \times f'(D) \tag{4-5}$$

式中，V_m 为风速，D 为油池直径，k 和 β 为池火燃烧的热化学参数，系数因子 α 体现的就是风速 V_m 对燃烧速率的影响，系数因子 ε 也与风速 V_m 相关。因此可得模型的完整表示

$$G_{CO} = \alpha(V_m) \times \dot{m}''_0(1 - e^{-k\beta D}) \times \varepsilon(V_m) \times f'(D) \times A_S \tag{4-6}$$

式中，热化学参数可由 Babrauskas 给出的池火灾燃烧速率参数获得[11]，如汽油 Gasoline 燃烧的 $k\beta = 2.1$，$\dot{m}'' = 55 g/(s \cdot m^2)$。

根据火灾风洞实验结果可知，CO 生成率随直径的增大先减小后逐渐趋于某一定值，符合指数衰减规律，因而可拟合出排放因子随直径变化的曲线，进而结合外场验证实验数据（图 4-15），最终可获得系数因子 α、ε 和 f 的具体表达式为

$$\begin{aligned} \alpha(V_m) &= 0.5 + 0.013 \times V_m \\ \varepsilon(V_m) &= \exp(-V_m/0.56) + 0.45 \\ f'(D) &= 3.6\exp(-D/0.2) + 0.35 \end{aligned} \tag{4-7}$$

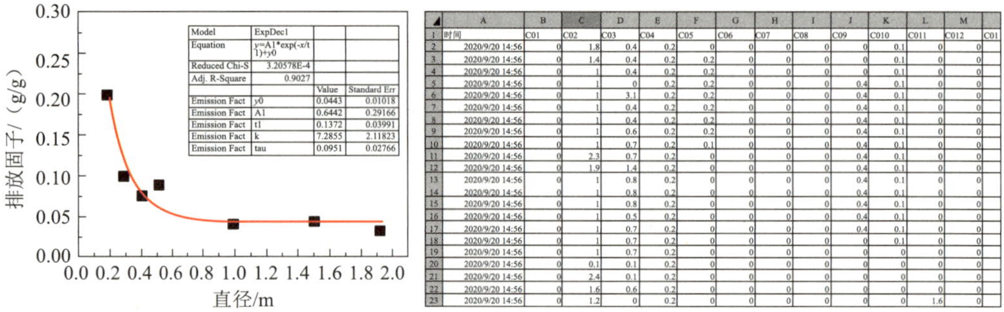

	A	B	C	D	E	F	G	H	I	J	K	L	M	
1	时间	C01	C02	C03	C04	C05	C06	C07	C08	C09	C010	C011	C012	C01
2	2020/9/20 14:56	0	1.8	0.4	0.2	0	0	0	0	0	0.1	0	0	
3	2020/9/20 14:56	0	1.4	0.4	0.2	0.2	0	0	0	0	0.1	0	0	
4	2020/9/20 14:56	0	1	0.4	0.2	0.2	0	0	0	0	0.1	0	0	
5	2020/9/20 14:56	0	1	0	0.2	0.2	0	0	0	0.4	0.1	0	0	
6	2020/9/20 14:56	0	1	3.1	0.2	0.2	0	0	0	0.4	0.1	0	0	
7	2020/9/20 14:56	0	1	0.4	0.2	0.2	0	0	0	0.4	0.1	0	0	
8	2020/9/20 14:56	0	1	0.4	0.2	0.2	0	0	0	0.4	0.1	0	0	
9	2020/9/20 14:56	0	1	0.6	0.2	0.2	0	0	0	0.4	0.1	0	0	
10	2020/9/20 14:56	0	1	0.7	0.2	0.1	0	0	0	0.4	0.1	0	0	
11	2020/9/20 14:56	0	2.3	0.7	0.2	0	0	0	0	0.4	0.1	0	0	
12	2020/9/20 14:56	0	1.9	1.4	0.2	0	0	0	0	0.4	0.1	0	0	
13	2020/9/20 14:56	0	1	0.8	0.2	0	0	0	0	0.4	0.1	0	0	
14	2020/9/20 14:56	0	1	0.8	0.2	0	0	0	0	0.4	0.1	0	0	
15	2020/9/20 14:56	0	1	0.8	0.2	0	0	0	0	0.4	0.1	0	0	
16	2020/9/20 14:56	0	1	0.5	0.2	0	0	0	0	0.4	0.1	0	0	
17	2020/9/20 14:56	0	1	0.7	0.2	0	0	0	0	0.4	0.1	0	0	
18	2020/9/20 14:56	0	1	0.7	0.2	0	0	0	0	0	0.1	0	0	
19	2020/9/20 14:56	0	1	0.7	0.2	0	0	0	0	0	0	0	0	
20	2020/9/20 14:56	0	0.1	0.1	0.2	0	0	0	0	0	0	0	0	
21	2020/9/20 14:56	0	2.4	0.1	0.2	0	0	0	0	0	0	0	0	
22	2020/9/20 14:56	0	1.6	0.6	0.2	0	0	0	0	0	0	0	0	
23	2020/9/20 14:56	0	1.2	0	0.2	0	0	0	0	0	0	1.6	0	

图 4-15　左为 CO 排放因子随直径变化的拟合曲线，右为 2 m 油池燃烧实验获得的池火 CO 排放信息

4.1.4.3　危险化学品爆炸抛撒事故源强正向估算模型

影响爆炸抛撒形成污染物气溶胶云团的因素主要有炸药量与被抛撒物质量（简称比药量）、被抛撒物质的物性参数（相变参数、化学稳定性等）、抛撒装置的结构（中心装药、端部装药等）、约束壳体的强度等。如果固定一种抛撒结构，并去掉约束壳体，则抛撒后形成的气溶胶云团就取决于比药量和被抛撒物质的物性参数。进而选择一种不易发生相变、化学稳定性好的物质，则最终的气溶胶云团就基本取决于比药量的变化了。因此，选择 SiO_2 爆炸抛撒实验结果作为建立源强估算模型的依据是可行的。

假定危险化学品被爆炸抛撒形成气溶胶云团，且污染物主要以气溶胶颗粒形态计算，则其源强估算的方法如下：

$$Q_{\text{aerosol}} = M \cdot \eta(\beta) \tag{4-8}$$

式中，Q_{aerosol} 为生成的气溶胶总量，kg；M 为被抛撒到大气中危险化学品的总量（减去沉降在地面的化学品量），kg；η 为生成有效气溶胶的比例，通常为 β 的函数；β 为炸药量与被抛撒化学品总量的比值（又称比药量）。由 SiO_2 粉体的爆炸抛撒实验结果拟合的气溶胶生成率曲线如图 4-16 所示，获得的气溶胶率与比药量的关系为

$$\eta = 0.547 - 0.545\exp(-68.06\beta) \tag{4-9}$$

式（4-6）和式（4-7）组成的池火灾主要污染物 CO 排放源强估算模型、式（4-8）和式（4-9）组成的爆炸抛撒事故源强正向估算模型，经外场验证实验表明，误差分别为 20.48% 和 8.62%。

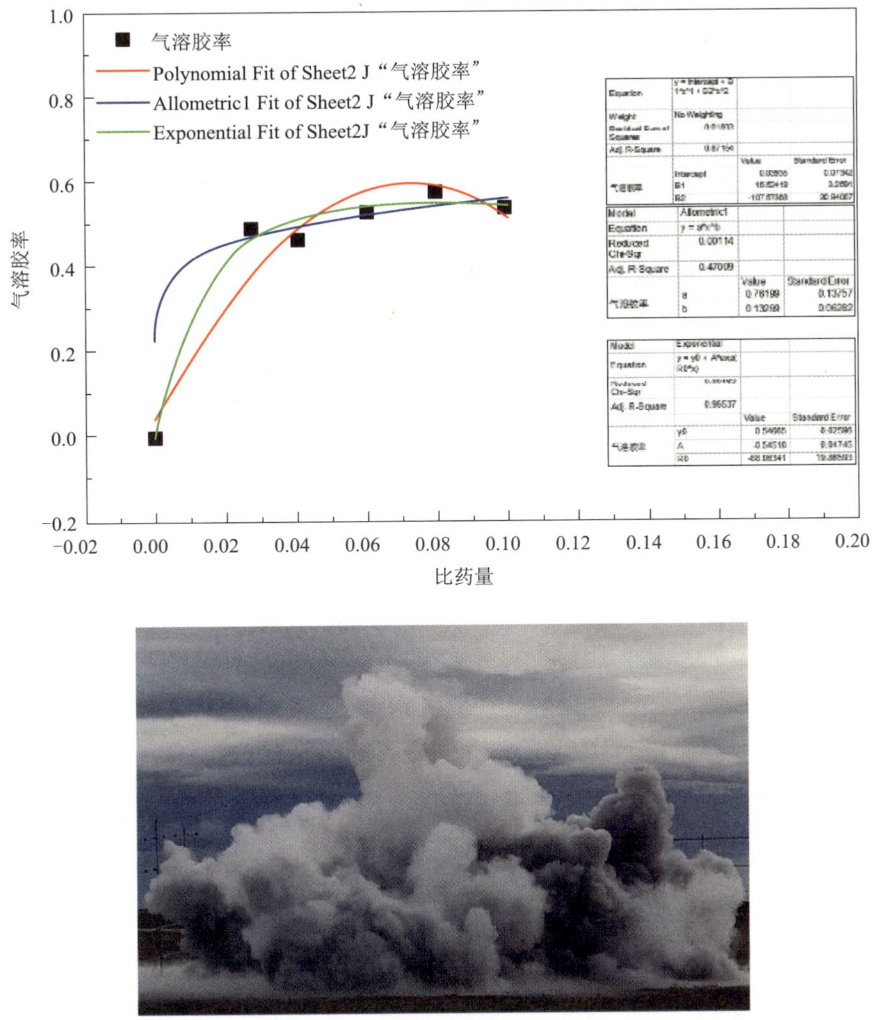

图 4-16　上为气溶胶生成率与比药量关系曲线，下为外场爆炸抛撒验证实验效果

4.1.5　突发事故源强准确估算软件与新技术体系

在泄漏、池火灾和爆炸抛撒事故源强估算技术突破的基础上，形成的突发事故污染物排放源强估算新技术体系，包括风险源数据管理系统及软件、突发大气污染事故污染物定性识别/定量分析技术、突发大气泄漏污染事故源强估算技术、突发池火灾大气污染物排放源强估算技术、突发性爆炸抛撒气溶胶污染源强估算技术、突发大气污染事故源强估算软件体系和突发大气污染事故源强估算技术规范。

4.2 突发大气污染事故立体监测平台研发及应用

突发大气污染事故发生后，应急监测是整个应急工作的重要环节，快速、精准识别突发性大气污染事故中复杂、动态变化环境下的污染物信息能够为决策部门快速、准确地提供事故发生后污染气体的类别、浓度分布、影响范围及发展态势等现场动态信息，突发大气污染事故立体监测能够为管理部门快速有效应对突发大气污染事故提供科学和技术支撑。

根据《突发环境事件应急监测技术规范》（HJ 589—2021），应急监测为突发环境事件发生后至应急响应终止前，对污染物、污染物浓度、污染范围及其动态变化进行的监测。应急监测包括污染态势初步判别和跟踪监测两个阶段。污染态势初步判别为突发环境事件应急监测的第一阶段，突发环境事件发生后，是确定污染物种类、监测项目及大致污染范围和污染程度的过程。跟踪监测为突发环境事件应急监测的第二阶段，指污染态势初步判别阶段后至应急响应终止前，开展的确定污染物浓度、污染范围及其动态变化的环境监测活动。在污染态势初步判别阶段，应以第一时间确定污染物种类、监测项目、大致污染范围及程度为工作原则；在跟踪监测阶段，应以快速获取污染物浓度及其动态变化信息为工作原则。优先选择特征污染物和主要污染因子作为监测项目，根据污染事件的性质和环境污染状况确认在环境中积累较多、对环境危害较大、影响范围广、毒性较强的污染物，或为污染事件对环境造成严重不良影响的特定项目，并根据污染物性质及污染趋势，按可行性原则进行确定。

4.2.1 常见突发大气污染事故应急监测技术

不同于环境大气常规监测技术，突发大气污染事故应急监测普遍使用便携式监测技术在现场直接分析，从而迅速地反映现场污染物组分及浓度等状况，也能降低样品保存、运输对样品浓度和性质的改变。现场监测仪器设备选用宜以便携式、直读式、多参数的现场监测仪器为主，要求能够通过定性半定量的监测结果，对污染物进行快速鉴别、筛查及监测。为迅速查明突发环境事件污染物的种类、污染程度和范围以及污染发展趋势，在已有调查资料的基础上，应当充分利用现场快速监测方法和实验室现有的分析方法进行鉴别、确认。下面将简要介绍目前突发大气污染事故应急响应过程中的常见大气应急监测技术。

4.2.1.1 气体检测管法

气体检测管法是一种经典的环境大气测量方法，在环境大气应急监测中广泛使用，可用于环境空气中氯气、一氧化碳、硫化氢、氯化氢、氰化氢、光气等多种有害气体的现场应急监测。检测管测定快速，操作简单，携带方便且价格便宜，其方法原理为环境空气中的有毒有害气体进入检测管，其中的目标物与检测管中的化学试剂反应产生颜色变化，在一定浓度范围内，变色长度与目标物浓度成正比。

气体检测管法为定性半定量方法，该方法会存在一定气体干扰。若化学性质相同或相近的物质共存，这些物质同时与检测管中的化学试剂反应，导致目标物检测结果偏高；若共存物质与检测管中的化学试剂反应，且反应速度比目标物快，例如使化学试剂氧化，导致目标物检测结果偏低；若共存物质先与检测管中的化学试剂反应，产生的反应物又与目标物反应，会显示与单一反应不同的颜色，导致目标物检测结果不准确；若目标物与检测管中的化学试剂反应，产生的反应物又与共存物质反应，使颜色变深、转化或褪色，导致目标物检测结果不准确。因此，对于一般已知污染物种类的突发环境事件，检测管可发挥较大的作用，但对于那些污染物未知及污染物种类多的情况，尤其是有机污染事件时，仅靠检测管已不能满足现场定性和定量分析的要求，需要更多类型的应急监测设备。

4.2.1.2 电化学气体传感器技术

电化学气体传感器技术是近些年快速发展的一类便携式气体监测技术，可用于环境空气中氯气、硫化氢、氯化氢、一氧化碳、氰化氢、光气、氟化氢、氨气和二氧化硫等有害气体的现场应急监测。该方法同样为定性半定量方法，尘、水分、共存的化学性质相同或相近以及易被氧化或还原的物质都可能对目标物的测定产生干扰，例如，高浓度的氨会对硫化氢电化学传感器产生干扰，硫化氢、二氧化硫、一氧化氮和氰化氢对氨气电化学传感器产生干扰等，测定时可以根据实际情况选择增加相应的预处理管。

目前，国内外能够生产电化学传感器的厂家较多，产品迭代更新较快。除了电化学传感器、半导体式传感器、催化燃烧式传感器和热导池式传感器等各类传感器同样可以作为便携式气体检测仪的核心传感器。便携式气体检测仪得益于体积小巧、售价较低、使用快捷、维护方便、操作简便等优势，是大气应急监测分析中必备的检测仪器以及未来大气应急监测技术发展的重要方向。

4.2.1.3 便携式 FID/PID 技术

便携式火焰电离检测器（FID）和光离子化检测器（PID）被广泛用于 VOCs 的现场应急监测。便携式 FID/PID 仪器具有灵敏度高、使用方便、结构简单、易于操作、成本低等优点。

火焰电离检测器首先由 McWilliam 和 Dewar 等于 1958 年开发。有机化合物与氢气预先混合，并在火焰尖端以空气作为氧化剂进行燃烧。燃烧会分解有机化合物并使其定量电离，产生的离子或电子被位于火焰顶端附近的电极收集。位于焰尖下方的另一个电极提供一个偏置电位，两个电极之间形成一个电场。在两个电极之间流动的电流与产生和收集的离子或电子的数量成正比。

光离子化的概念是由 Lossing 和 Tanaka 等于 1956 年首次提出，每种挥发性有机物都有一个使其电离为分子离子所需的光的阈值能量，若光子能量超过挥发性有机物的电离电位，挥发性有机物就会被电离。光离子化检测器使用紫外线光源将化学品分解为正离子和负离子。当分子吸收高能量的紫外线后，电离激发分子，形成带正电的离子，可以通过检测器进行计数。

便携式 FID/PID 的原理和功能与实验室 FID/PID 几乎相同。然而，许多便携式 FID 的样品入口设计往往导致反应与有机化合物中的碳数不成正比，便携式 FID 上测量的甲烷当量不一定与实验室 FID 当量相符。相较之下，便携式 PID 在灵敏度、测量气体成分、更小的尺寸和重量以及更低的成本方面比便携式 FID 有优势。此外，PID 技术不需要燃烧气体和氧气的参与，因此适合在一些特殊环境中使用，如易燃、易爆和低氧环境。

4.2.1.4 便携式 FTIR 技术

便携式傅里叶变换红外（FTIR）技术是目前应用较为广泛的一种光学应急监测技术，具有体积小、响应时间快、探测种类多、准确度较高等优势。

FTIR 技术的工作原理为，当波长连续变化的红外光照射被测目标化合物分子时，与分子固有振动频率相同的特定波长的红外光被吸收，根据样品的红外吸收光谱与标准物质的拟合程度进行定性，根据特征吸收峰的强度进行定量。但混合样品中某一种组分浓度相对其他组分过高，该组分过宽的吸收峰基部会对其他组分的分析产生干扰。当混合样品中两种或者多种组分的红外光谱吸收峰出现相互重合时，会对分析结果产生干扰，此外，空气中过高湿度或者含尘量较大时，会对测量结果造成一定干扰，则需要增加除湿和除尘装置。

在国家重点研发计划“突发大气污染事故应急预警评估技术与示范研究”项目资助下，中国科学院合肥物质科学研究院针对突发大气污染事故的特点，研制了便携式 FTIR 应急监测设备，能够快速准确定量测量突发事故中产生的挥发性有机物（包括烷烃类、烯烃类、醇类、醛酮类、酚类、醚酯类、卤代烃类等）、有毒有害气体（一氧化碳、氰化物等）等 300 多种污染气体的快速、准确定量分析，探测限可以达到几十 ppb，时间分辨率为分钟级。

4.2.1.5　便携式 DOAS 技术

便携式差分光学吸收光谱（DOAS）技术与 FTIR 技术类似，具有体积小、反应速度快、检测范围广、精度高等优点，是应急监测的理想选择。便携式 DOAS 技术可以准确地量化无机有害气体（如一氧化氮、二氧化氮、二氧化硫、二硫化碳、硫化氢和氨）和 VOCs（如甲醛和苯系物）的浓度，适用于识别和量化近源和下风区域的多种气态污染物种类和浓度。

DOAS 技术的工作原理是将紫外可见光束穿过环境空气样本，然后进入光谱仪，获得紫外可见光谱信息，通过对测量到吸收光谱进行非线性最小二乘拟合，能够定量获得吸收气体的种类和浓度。由于 DOAS 技术主要利用吸收气体在紫外可见波段的吸收光谱，而 FTIR 技术主要利用吸收气体在红外波段的吸收光谱，两种技术在测量组分方面有所区别。与 FTIR 技术相比，DOAS 技术具有更好的检测灵敏度和时间分辨率，并且不易受水汽吸收的干扰。

在国家重点研发计划资助下，中国科学院合肥物质科学研究院开发了具有自主知识产权的便携式 DOAS 应急监测仪器，通过结合 DOAS 算法、光纤光谱仪技术和多次反射池技术，可以快速准确测量有毒有害气体、恶臭气体、苯系列等数十种污染气体，检测限为 ppb 量级，时间分辨率小于 1 min。得益于便携式 DOAS 系统具备高灵敏度、高准确性和快速响应的优势，便携式 DOAS 设备在世界范围内普遍用于突发事件应急监测及工业空气质量监测等。

4.2.1.6　便携式 GC-MS 技术

便携式气相色谱–质谱联用（GC-MS）技术能够测定现场环境空气中的 VOCs，具有测量种类多、测量精度高、灵敏度高等优势，是目前主要的大气有机污染物定性和定量检测的应急监测分析方法，适合近源区和下风向区域多种污染物种的识别与定量。便携式 GC-MS 技术是一种较为理想的应急检测技术，目前，在中国的各省级环境监测机构和部分市级环境监测机构均配备有便携式 GC-MS 仪器。便携式 GC-MS 在突发环境事件应急监测中发挥了重要作用，如 2015 年天津港火灾爆炸事件中使用便携式 GC-MS 仪器分析环境空气中的 VOCs。

GC-MS 技术是将环境空气样品经吸附、热脱附后，进入气相色谱分离，用质谱检测器进行检测。便携式 GC-MS 技术是传统 GC-MS 技术的衍生和发展，与实验室气相色谱相比，体积大幅减小，使用空间紧凑，尽管分离度和灵敏度等性能有所下降，但足以满足应急测量中的要求。需要注意的是，便携式 GC-MS 仪器测量过程中，与一种或多种目标化合物性质接近的挥发性有机物会对测定产生干扰，可以通过调整仪器条件，选择不同极性的色谱柱，或选择更长的色谱柱等方式消除干扰。相较于其他方法仪器，便携式 GC-MS 仪器昂贵，监测成本较高，对操作人员的水平要求较高。

4.2.1.7 被动光谱遥测技术

在被动光谱遥测技术方面，部分欧美国家及韩国等都已经开展了紫外、红外成像遥测方面的研究，获得了工业源、火山和港口轮船等排放源 SO_2、NO_2 及 VOCs 等气态污染物的浓度分布及排放特征，并实现了污染物烟羽的浓度重建。差分吸收光谱遥测技术和傅里叶红外遥测技术在快速测定泄漏气体的种类、事故源的污染排放量、有害烟羽的动态分布、污染气体扩散参数及定量研究点源、连续自动监测系统的优化选点等各研究方向具有重要应用，可实现远距离、快速响应，为科学应对突发性污染事故提供有力的支持和保障。在国家重点研发计划资助下，中国科学院合肥物质科学研究院的科研人员开发出了污染物分布紫外光谱和红外光谱扫描成像应急遥测系统，能够在远距离快速确定危害区域和浓度分布现场态势，在应急监测方面具有较大的价值。

4.2.1.8 车载走航技术

车载走航技术是指利用车载式快速监测设备在行进中连续自动监测，结合定点监测，对污染物进行定性定量分析，并基于地理位置信息显示沿行进路线污染物空间连续分布。车载走航监测系统通常由各类环境监测设备、GPS 接收机、计算机、风速风向仪、车速仪、升降台组成。目前使用较多的监测设备包括便携式紫外差分吸收光谱分析仪、便携式傅里叶红外分析仪、红外光谱成像应急遥测系统、便携式气相色谱质谱仪、质子转移反应质谱和单光子电离飞行时间质谱等。

目前国际上报道较多的突发事故移动实验平台为美国国家环境保护局的 PHILIS（portable high throughput integrated laboratory identification system）应急车和 TAGA（trace atmospheric gas analyzer）车。其中 PHILIS 应急车被设计用于化学战争物质和有毒工业化学品探测使用。TAGA 车是一个设备齐全的移动实验装备，拥有 GC-MS、化学传感器等多种大气痕量气体监测技术，具备实时采集户外大气或排放物的能力，提供应急救援时所需的空气质量监测。

4.2.1.9 无人机技术

随着智能机器人技术的快速发展，无人机执行任务更加多样化，而且无人机的性能更加高效稳定，自动化程度更高，无人机技术通过搭配各类载荷，逐渐应用于大气污染应急监测及溯源方面。与其他监测技术相比，无人机或者机器人可以不受污染物的毒害作用影响以及污染地区地形条件的限制，能够在污染应急事故发生的第一时间，替代环境监测人员遥控进入有毒、有害、缺氧、浓烟、放射性等危险灾害现场进行探测，是一种重要的技术手段。快速到达事故中心现场获得第一手数据资料，能够提高监测人员人身安全、及时获取救援指挥支撑数据、实时构建立体监测传感器网络。

无人机通过加装气体采集装置（如苏玛罐或者采样气袋）来收集事故气体，送至地面进行分析，也可以通过在无人机上安装多种气体传感器或者结合光学远程遥感探测技术，通过无线信号将测量数据实时传输至地面控制平台，并通过与地图信息叠加，快速获得了污染物的分布特征。无人机遥感技术具有立体监测、响应速度快、监测范围广、地形干扰小等优点，能够在较短的时间内掌握环境污染事故类型、污染物类型、污染浓度以及扩散影响等，是今后大气突发事故应急监测技术中的重要发展方向之一。

4.2.1.10 卫星遥感技术

环境突发事件的应急监测需要对突发环境污染产生快速响应，及时准确识别污染来源、影响范围和污染物扩散轨迹。上述介绍的应急监测技术均为地面应急人员使用的应急技术，但实际突发事故应急监测中往往受限于应急人员和应急设备的不足，存在监测空白地带。随着近年来卫星技术的飞速发展，星载传感器从光谱分辨率、通道设置和观测频率上都有了显著提升，卫星遥感技术通过传感器对监测目标区域进行扫描或拍照，可以实现全范围监测。例如，目前遥感监测已经用于大气中二氧化氮、二氧化硫、甲醛、一氧化碳、颗粒物浓度、气溶胶光学厚度、沙尘、热异常点和烟羽等监测。尤其静止卫星通过红外和可见光通道可以识别由爆炸、火灾造成的热异常和污染烟羽，以及烟羽随时间的动态变化。如 Himawari-8、FY-4、GOES-16/17 和 GK-2A 静止卫星，最高可以提供 5～15 min 一次的对地观测，空间分辨率最高可达 500 m，凭借其高频率、高质量的遥感监测能力，卫星遥感技术能够协助环境监管部门快速发现火灾、爆炸等突发环境事件，并对事故点及下风向环境影响持续追踪，在应急监测中具备优良的应用价值。

4.2.2 突发性大气污染事故监测优化布局技术研发

在实际的应急监测中，应急监测设备和人员往往不足，使用有限的设备进行更有效的应急监测同样至关重要。因此，需要建立和优化应急监测网络的布局，以针对突发事件实施充分的响应。鉴于污染监测网络的优化布置，已经进行了一些相关的研究和讨论。例如，已有研究提出了包括多目标优化模型[12]、模糊聚类分析[13]、插值优化点分布技术[14]和模型仿真[15]在内的方法和理论。Wang 等[16]提出了一种基于相关性分析、主成分分析、排队论、聚类分析和一致性分析的空气质量监测网络优化方法。Kao 和 Hsieh[17]建立了一种基于多目标分析方法的工业园区空气质量监测网络优化技术，可以有效评估污染物减排措施的实施情况。Chen 等[18]提出了工业园区监测站选址优化的多目标混合整数规划模型。根据上述研究，对污染物监测网络优化的研究主要集中在常规大气污染物监测网络的分布优化和优化分配的方法和理论上。然而，很少有研究对事故中微观尺度的污染物应急监测布局优化进行研究。目前，在应急监测应用中经常使用功能区分布、网格分布、圆形分布和扇形分布。然而，这些方法需要足够的监测点，无法满足实际的应急需求。针对存在的问题，Cui 等[19]提出了一种突发性大气污染事故应急监测布局优化方法，该方法将大气污染物扩散模型、模糊综合评价方法和后最优分析技术相结合，以确定最佳监测布局方案。基于现场实验的验证测试表明，监测布局优化方法有助于为突发性空气污染事故确定一个充分、优化的应急监测网络。构建的优化布点技术方法介绍如下：

一种基于污染物扩散模型-模糊综合评价理论-后优化分析技术的应急监测点位优化布设方法，该布设方法包括污染物扩散模型、模糊综合评价理论和后优化分析技术，污染物扩散模型对污染物的扩散范围进行精细化模拟，确定应急监测布点范围；模糊综合评价理论可以定量转化处理优化布点中存在的不确定性，表征不同因素对监测布点的影响；后优化分析技术可以对类似网格进行聚类，优化网格的筛选条件。

1）引入气象条件对污染物扩散的影响，结合污染物扩散污染物模型，对污染物进行精细化模拟，确定应急监测的布点范围：

$$c_{iw}(p)=\frac{Q}{2\pi U_w\sigma_y\sigma_z}\times\exp\left(-\frac{y^2}{2\sigma_y^2}\right)\left\{\exp\left[-\frac{(z-H)^2}{2\sigma_z^2}\right]+\exp\left[-\frac{(z+H)^2}{2\sigma_z^2}\right]\right\}$$

$$C_i(p)=\sum_{w=1}^{5}\zeta_w\cdot c_{iw}(p)$$

式中，i 为网格编号；x 为下风向任一点沿主导风向的坐标，m；y 为下风向任一点水平面内垂直于主导风向的坐标，m；z 为下风向任一点的高度坐标，m；Q 为气体释放源强，10^{-9}/s；U_w 为气象情景 w 的风度，m/s；σ_y、σ_z 分别为 y 侧向和 z 竖向扩散系数；H 为气体抬升高度，m；$C_i(p)$ 为网格 i 的污染物综合评价浓度，$\times10^{-9}$；ζ_w 为气象情景 w 的发生概率，%；$c_{iw}(p)$ 为网格 i 在气象情景 w 下的污染物平均浓度，$\times10^{-9}$；π 为常数。

2）根据应急监测布点范围，以污染物释放点为坐标原点，建立地理坐标系，并根据下风向环境敏感点的分布范围确定网格间距，对应急监测布点区域进行网格化设置，明确各网格中心点的位置，并作为应急监测潜在的布设点位。

3）确定应急监测优化布点的影响因素，利用模糊综合评价理论量化影响应急监测布点的多种复杂因素及各因素间的不确定性：

①构建 m 个网格 n 个评价指标的判断矩阵 $A=(a_{ij})_{m\times n}$，$i=1,2,3,\cdots,m$；$j=1,2,3,\cdots,n$。

②判断矩阵归一化，得到归一化矩阵 $B=(b_{ij})_{m\times n}$，其中 $b_{ij}=\dfrac{a_{ij}-a_{\min}}{a_{\max}-a_{\min}}$，式中，$a_{\max}$，$a_{\min}$ 分别为同一指标下不同网格的最优者和最劣者。

③确定 n 个指标的熵权及其综合权重集。第 j 个指标的熵为 $H_j=-\dfrac{1}{\ln m}\left(\sum_{i=1}^{m}f_{ij}\ln f_{ij}\right)$，$f_{ij}=\dfrac{b_{ij}}{\sum_{i=1}^{m}b_{ij}}$，且当 $f_{ij}=0$ 时，$f_{ij}\ln f_{ij}=0$；第 j 个指标的熵权为 $W_j=\dfrac{1-H_j}{n-\sum_{i=1}^{m}H_j}$，并且满足 $\sum_{j=1}^{n}W_j=1$；通过利用得到的 n 个指标的熵权值计算获取指标权重矩阵 $Z_{m\times n}=(z_{ij})_{m\times n}$，其中 $z_{ij}=b_{ij}W_j$，$i\in m$，$j\in n$；对该矩阵进行标准化，得到标准化矩阵（标准化评价指标权重集）$C=(c_{ij})_{m\times n}$。

④构建网格的模糊评价矩阵。设评价集 $E=\{e_1, e_2, e_3, e_4, e_5\}$，即 $E=\{$优，良，中等，差，较差$\}$，结合 i 个网格、j 个评价指标的标准化评价指标权重集 c_{ij}，通过评价指标对评价集 E 的隶属函数建立第 j 个指标在评价集 E 上的模糊子集，采用等腰三角形隶属函数，获取第 i 个网格的 j 个评价指标相对于评语集 e_k 的隶属度 $r_{ij}(e_k)$，进而得到第 i 个网格的模糊评价矩阵 R_i，即 $R=\begin{bmatrix} r_{i1}(e_1) & r_{i1}(e_2) & \cdots & r_{i1}(e_5) \\ r_{i2}(e_1) & r_{i2}(e_2) & \cdots & r_{i1}(e_5) \\ \vdots & \vdots & \vdots & \vdots \\ r_{i5}(e_1) & r_{i5}(e_2) & \cdots & r_{i5}(e_5) \end{bmatrix}$。

⑤利用 $V_i=A\cdot R_i$ 计算综合评价模糊子集，对获取的模糊子集 V_i 进行归一化处理，并根据综合评分高低优选的原则对评价网格进行筛选。

4）以凝聚式聚类分析方法作为后优化分析技术，结合应急监测优化布点评价指标，对模糊综合评价初步筛选结果进行优化，弥补模糊综合评价理论对多种因素及不确定性量化处理的不足，优化模糊综合评价理论的筛选条件：

①将各网格单独看作一类，计算各网格间的最小距离，本研究引用欧氏距离作

为距离度量，其中，欧式距离可表达为

$$\mathrm{dist}(a,\ b)=\sqrt{\sum_{i=1}^{n}(a_i-b_i)^2}$$

式中，$a=(a_1,\ a_2,\ \cdots,\ a_n)$ 和 $b=(b_1,\ b_2,\ \cdots,\ b_n)$ 为潜在布点网格组成的两个样本；n 为潜在监测布点网格的数目。

②通过计算，将距离最小的两个类网格合并成一个新的类别；

③重新计算新类与所有类之间的距离；

④重复步骤②和③，直到所有类别网格最后合并成一类。

5）基于模糊综合评价理论和优化分析技术获取的综合评价结果及筛选条件，确定应急监测点位布设网格。

上述构建的应急监测优化布点技术方法耦合了污染物扩散模型、模糊综合评价理论以及后优化分析技术，综合考虑了不同气象条件对污染物扩散的影响，定量转化了应急监测布点中各因素之类的影响以及不确定性，并对单一评价理论进行了完善，达到了科学、快速获取突发大气污染事故应急监测点的位置和数量信息。利用该方法可以在监测资源有限的条件下用于多种类型的突发大气污染事故的应急监测布点，计算效率快、具有较高的监测覆盖率、监测精度以及普遍的适用性。

4.2.3　我国突发大气污染事故立体监测系统和平台研发

针对我国在突发性大气污染事故应急中污染物快速、精准识别的需求，中国科学院合肥物质科学研究院在国家重点研发计划项目的支持下研发了适应突发事故现场的便携式紫外、红外原位应急监测系统，污染物分布紫外、红外光谱扫描成像应急遥测系统，建立了我国首个集光学遥测、原位探测一体的多平台（应急监测车、无人机/机器人）立体走航监测技术系统。实现了对挥发性有机物、有毒有害气体、恶臭气体等300种气体组分及其分布的“点-线-面”、快速（min）、高灵敏（ppb级）监测，在检测成分、灵敏度、时间分辨、小型化等主要性能指标均达到或超过进口同类仪器，且能满足突发事故现场恶劣环境使用要求，并通过了第三方性能测试，为管理部门应对突发事故提供技术和数据支撑。

4.2.3.1　便携式紫外原位应急监测系统研发

根据便携式、小型、可移动的要求，采用独特设计的光谱探测结构，即差分吸收光谱技术、多次反射池技术、光纤光谱仪相结合，利用多次反射池来增加光程，达到无组织排放现场探测的灵敏度，中国科学院合肥物质科学研究院成功研制出便携式紫外原位应急监测系统，实现对挥发性有机物、有毒有害气体、恶臭气体等多组分的高精度和高稳定性的在线测量，满足对不同园区和测量现场无组织排放、泄漏及应急和监督性监测需求。

研制的便携式紫外原位应急监测系统由光学部分、电子学部分以及气路部分组成，系统结构组成示意图和样机如图 4-17 所示。光学部分包括高稳定紫外光源单元、紫外多次反射池、光纤、光纤光谱仪等。电学部分由电源、信号采集和处理单元等组成。气路部分由过滤装置、采样管线及气泵组成。氘灯光源发出的紫外光经准直镜头准直，经多次反射池增加吸收光程后由出射口出射，经出射镜头准直通过光纤耦合后进入光纤光谱仪，通过光栅色散完成分光形成光谱，光信号被探测器转变为电信号；电信号经前置放大后送入自带高速信号采集 A/D 的 MCU 总控中进行处理；同时，MCU 总控要对 CCD 的温度进行控制；当信号被数字化并传输存入上位机存储器，上位机采用 DOAS 算法对所获得的光谱进行分析处理得到对应气体的准确浓度信息。

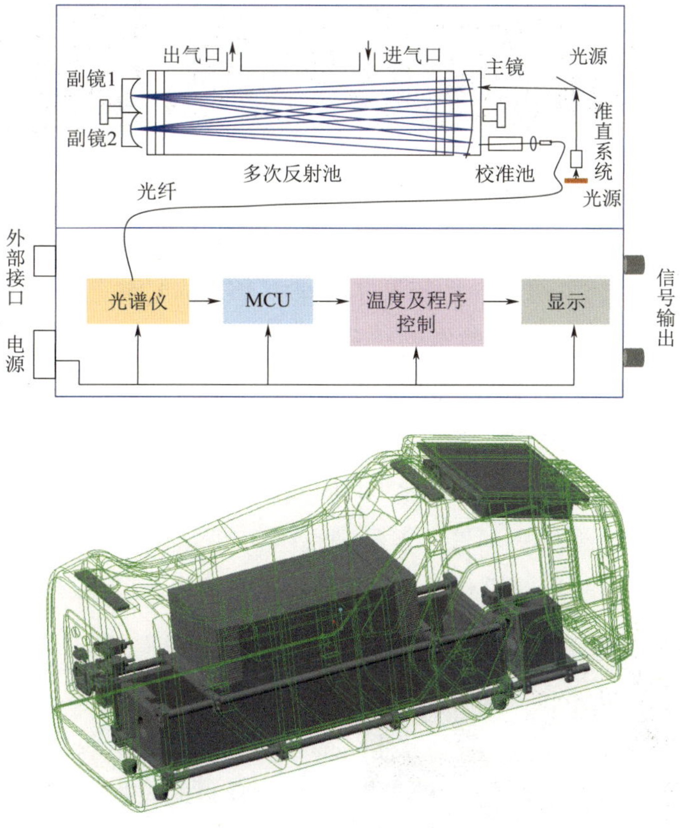

图 4-17　便携式紫外原位应急监测系统结构示意图

系统光源采用 30 W 氘灯，光谱范围覆盖主要的苯系物、恶臭气体及有毒有害气体的吸收波段。为获得较好的光束质量，设计了伽利略望远镜倒置式紫外光学镜头，以提高光束的准直性和光斑的均匀性，控制光束发散角小于 0.5°。为保护氙灯并延长氙灯使用寿命，设计了相应的氙灯散热灯室。多反池采用怀特型，采用碳纤维增强结构强度实现轻量型设计，通过特别设计实现反射次数可调来增加光程，提高系统探测灵敏度。紫外微型光纤光谱仪采用 CT 结构，考虑到测量气体的吸收主要位于紫外波段，系统探测组件采用具有较高量子效率的紫外背照增强型 CCD 探测器，适合在微弱光条件下的应用。氙灯光源、多次反射池及光谱仪实物见图 4-18。数据处理显示单元主要由工控机、显示组件等组成，用于完成数据采集、传输、处理、存储。系统电源采用定制方案，可以为整个系统提供稳定、可靠的多路输出。气体经过过滤器过滤后进入仪器内部，外置气泵为整个气路的流动提供动力，限流小孔可以保证整个多次反射池内气体气压的稳定。

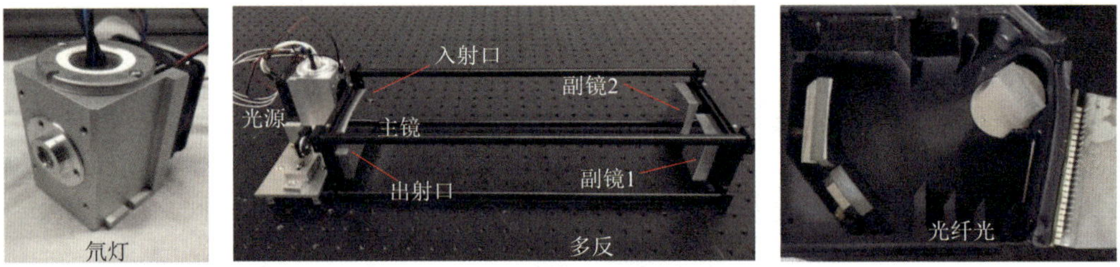

图 4-18　紫外光源系统的实物图及透镜组设计

通过集成主要关键技术以及光机电集成构成样机系统，图 4-19 是形成的便携式紫外原位应急监测系统样机。系统尺寸为 680（长）mm×250（宽）mm×350（高）mm，在关键部件上采用碳纤维杆及航空铝材来达到车载及便携工况对系统稳定的要求，在非关键部件上采用工程塑料等轻质材料来减轻重量，来达到便携的目的，系统采用模块化设计，便于维护及检修，系统供电小于 100 W，重量低于 10 kg，适合于车内固定及便携测量的需求，可进行实时的分析、计算、存储，具有小型、便携特点，可适用于应急监测现场多种有害污染气体（氨、苯、甲苯、二氧化硫、一氧化氮、二氧化氮、1,3-丁二烯和二硫化碳等）的现场自动监测。

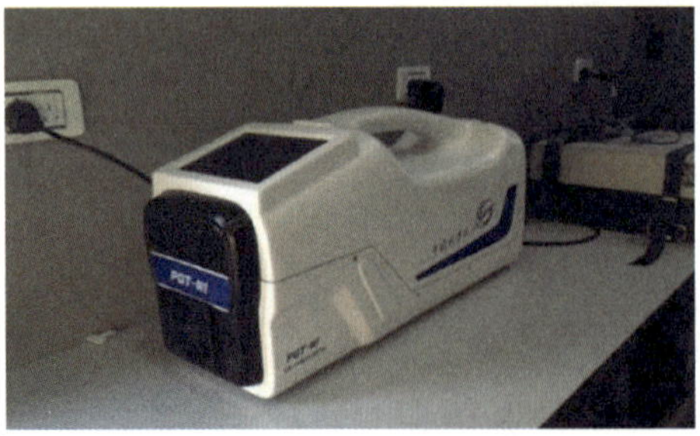

图 4-19　便携式紫外原位应急监测系统

污染气体浓度的定量方法采用差分吸收光谱方法，即基于 Beer-Lambert 吸收定律，经过多次反射池气体吸收，由探测器获得的吸收光谱，通过数字滤波，去除包括瑞利散射、米散射、探测器响应，各种气体的宽带吸收以及光源本身等所引起的一种宽带光谱结构，得到差分吸收密度，通过差分吸收光谱技术分析得到气体的浓度。针对苯系物及恶臭气体等不同气体的紫外吸收特征，采用多种数字滤波方法相结合，考虑同一光谱波段其他吸收气体作为干扰成分参与光谱拟合。特别针对不同温度下的光谱稳定性进行光谱学探测方法的环境适用性研究，根据苯系物、恶臭成分和有毒有害气体在紫外波段的特征吸收特征，考虑同一光谱波段其他气体吸收重叠干扰问题，优化光谱反演波段，开展实验室样气测试，图 4-20 为针对恶臭成分 NH_3、H_2S、乙硫醚等的深紫外波段光谱反演示例。研发的便携式紫外原位应急监测系统在现场实验中进行多次验证实验，能够实现在突发事故现场恶劣环境下，多种有毒有害气体、挥发性有机物和恶臭气体的快速识别和定量分析。

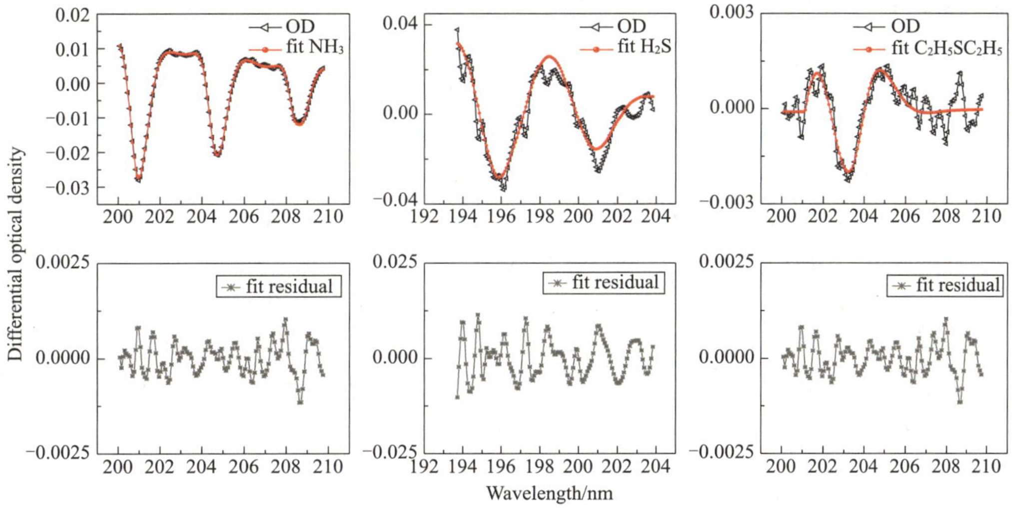

图 4-20　恶臭成分的差分吸收光谱反演示意图

4.2.3.2　便携式红外原位应急监测系统研发

中国科学院合肥物质科学研究院研发的便携式红外原位应急监测系统基于傅里叶变换红外光谱 FTIR 技术，采用抽取式测量方法，系统主要包括光学部分、采样部分和电子学部分，系统实物如图 4-21 所示。光学部分包括红外光源、激光器、红外多次反射式样品池、干涉仪和红外探测器等单元；采样部分包括采样头（含粉尘过滤器）、采样管线和采样泵等；电子学部分主要由电源控制电路、干涉仪驱动电路、激光干涉信号探测电路、单片机控制电路和干涉信号采集等单元组成。利用碳

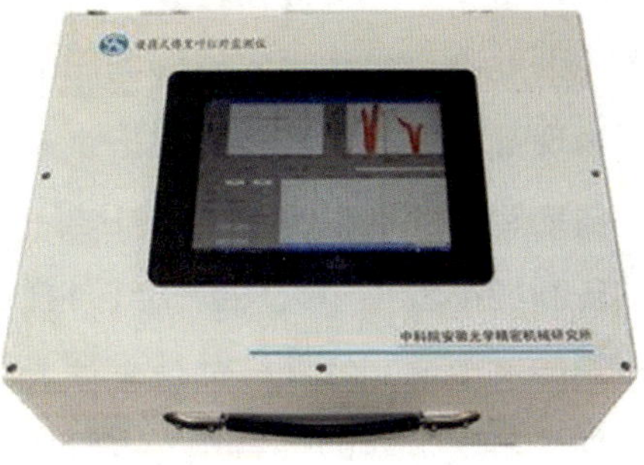

图 4-21　便携式红外原位应急监测系统

硅棒作为系统光源，能够发射出光谱为 2～25 μm 的红外光，覆盖中红外波段；红外光在样品池内多次折转后，增加吸收光程，从而增加吸收强度，提高系统对于目标气体的检测限；干涉仪实现干涉分光，计算机完成红外信号采集处理、光谱复原和气体浓度反演。

研发的干涉仪动镜驱动控制系统，实现干涉仪扫描速度高精度、高稳定性控制，研制了双角镜扫摆式结构的红外干涉仪，保证系统长期运行的一致性和稳定性。设计了基于速度反馈干涉仪扫描驱动控电路，主要由激光检测与整形电路、动镜驱动模块、单片机控制系统组成，系统框图和实物图如图 4-22 所示。其中，用激光参考干涉系统实现扫描速度的精度测量，利用音圈电机实现动镜的往返摆动扫描驱动，利用单片机系统实现扫描系统控制。

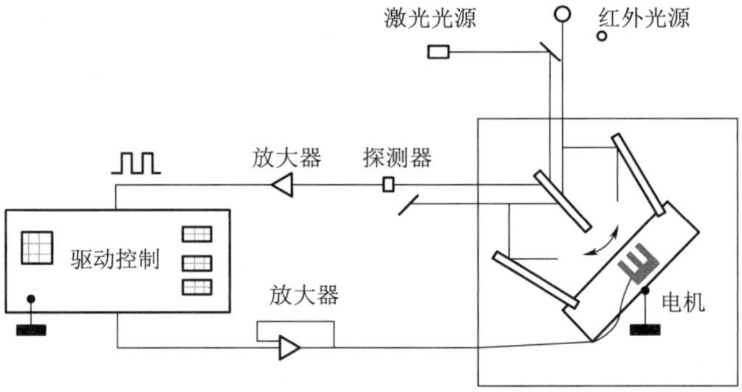

图 4-22　基于速度反馈的干涉仪系统

设计的基于角反射镜式干涉仪结构，可以用角反射镜代替平面反射镜，可以使干涉仪对动镜的倾斜不敏感，从而起到倾斜补偿的作用。如图 4-23 所示，主要由分束片、角反射器、抛物镜、控制机构及红外准直光源组成。两个角反射镜被刚性连接到一起，由于采用了摆动结构，干涉仪对倾斜和剪切都不敏感。因此，虽然经过角反射镜之后的光束返回到分束器上时，与入射光束在分束器上的位置并不相同，但是由于上述对称设计，从干涉仪两臂返回的光束仍然汇聚到分束器的同一位置上，因此不会受到侧向位移的影响。实际应用证明，基于此结构的仪器在各种环境下表现都很好，具有良好的抗干扰能力。干涉仪技术参数包括：波长 2～14 μm，最大扫描距离 1 cm，最高光谱分辨率 1 cm^{-1}，质量 3.5 kg。

研制的小型化多次反射式红外样品池，可以提高系统对于突发大气事故污染气体检测的灵敏度。红外样品池采用光路多次反射怀特型结构，利用 3 块球面镜，实现红外光多次折返的怀特池结构，具有光路长、体积小、质量轻等特点，在一定的基长下提高了吸收光程，结构图和实物图如图 4-24 所示。气路进出口安装有卡套接头，光路进出口安装有密封硅橡胶，具有很好的密封能力。池体采用整体铝合金加工而成，侧面和底面有减轻槽，池体重量控制在 3 kg 以内。并在内部进行表面耐腐蚀处理。3 块镜片镀红外金膜和保护膜，光谱范围覆盖 2～14 μm，反射率＞90%。

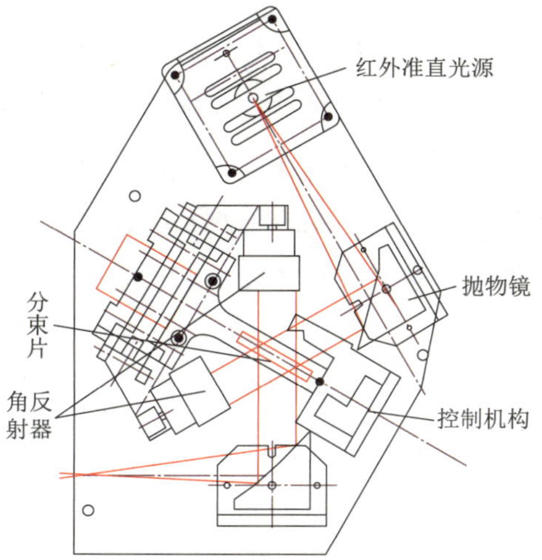

图 4-23　红外干涉仪结构图

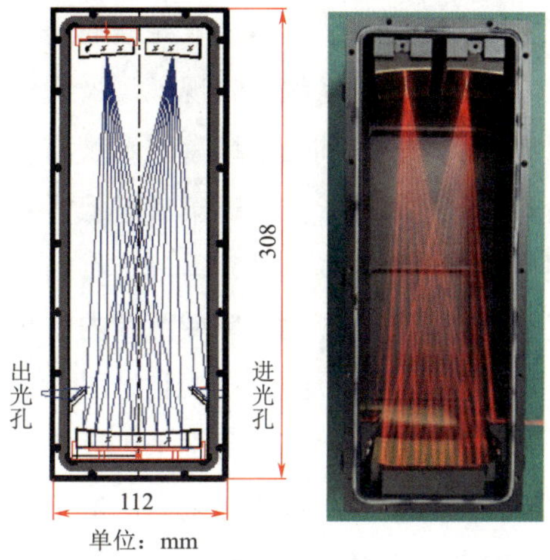

图 4-24　红外样品池结构图和实物图

开展便携式红外原位应急监测系统不同浓度标气测量验证试验，目标气体包括乙烯、乙醇、一氧化碳、二氧化碳等。其中，20～100 ppm 浓度 C_2H_4 的测量结果与实际浓度线性拟合情况如图 4-25 所示，所有相关系数达到 0. 9 以上最大相对误差 5% 以内。通过多次外场测试，表明研发的便携式红外原位应急监测系统可用于突发性大气污染事故产生的挥发性有机物（包括烷烃类、烯炔、烃类、醇类、醛酮类、酚类、醚酯类、卤代烃类等）、有毒有害气体（一氧化碳、氰化物等）的快速、准确定量分析。

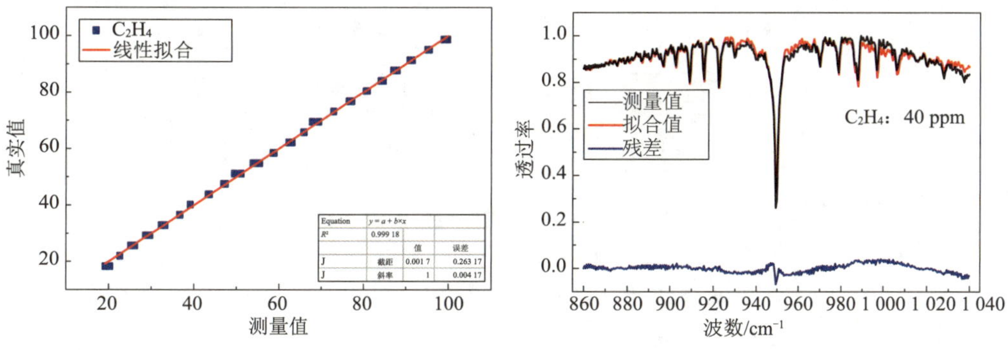

图 4-25　不同浓度测量结果和光谱拟合情况

4.2.3.3 污染分布紫外光谱成像应急遥测系统研发

针对应急监测的实时、快速、远距离精确遥测等要求，我国科研人员开展了紫外成像遥测系统研发和集成工作，完成了污染分布紫外光谱成像应急遥测系统研制。重点突破了恶劣环境下高稳定的快速紫外光谱遥测技术、污染物分布二维重构、可视化及排放通量快速遥测技术。采用基于多种数字滤波方法的多组分 DOAS 定量算法，克服了气体吸收光谱的交叉干扰；研发了集可视化与污染气体分布精确匹配的光学导入系统，实现了污染物分布图像的实时在线显示；突破了光学系统高稳定性控制技术和光谱维持技术，满足测量系统在复杂环境条件下快速、可靠、准确的应急监测要求。通过集成车载污染分布紫外光谱成像应急遥测系统样机并进行优化，并开展外场测试，通过定点扫描的测量方式获取了观测区域的污染物排放浓度及特征，分析了测量区域范围内的污染状况。

开展了污染分布紫外光谱成像应急遥测系统样机研制工作，设计了一套集紫外、可见镜头于一体的光学采集导入系统，系统主要包括光机头部、控制及数据处理单元。通过光学镜头收集太阳散射光，经多芯光纤耦合后进入成像光谱仪，成像在探测器上，经过 AD 转换和采集送入上位机进行数据分析，数据反演结果与可见通道图像实时叠加、分析并显示。图 4-26 为污染分布紫外光谱成像应急遥测系统研究方案。

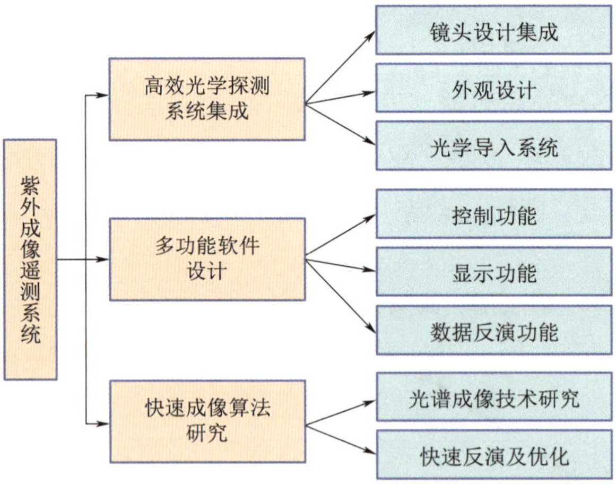

图 4-26 污染分布紫外光谱成像应急遥测系统研究方案

设计了集光纤束及耦合装置、高精度二维转动平台于一体的光学导入单元。为实现高信噪比、高成像质量及与光谱仪孔径匹配等优点，设计了结合多芯耦合的光纤束系统。针对紫外光谱与可见图像同步拼接的要求，为保障视场的同步性，设计了紫外镜头和可见镜头的同轴组合方式，在进行光谱和图像采集时，可同步获取可见图像及光谱信息。系统装配图如图 4-27 所示。

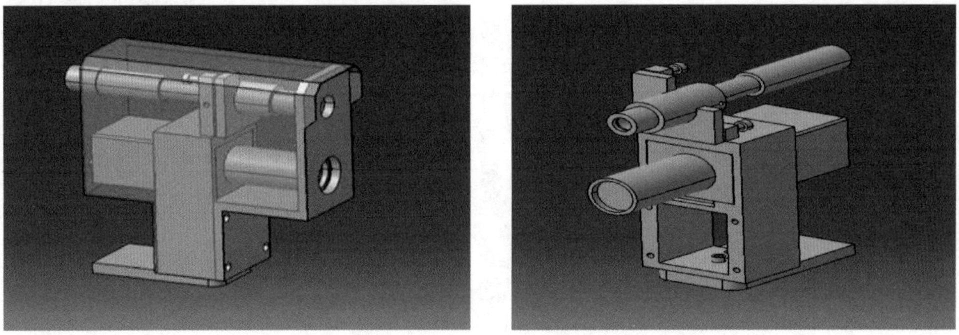

图 4-27　光机头部效果图（镜头、电机等）

设计了紫外光谱遥测系统采集和控制软件，可以完成数据的采集、处理、反演等过程，最终把反演的数值进行显示并自动添加到数据库，以便完成后续的数据管理和处理等功能。软件系统与硬件结合紧密，覆盖整个系统的每个环节，主要功能包括电机控制、光谱采集、计算、存储、显示成图等功能（图 4-28）。

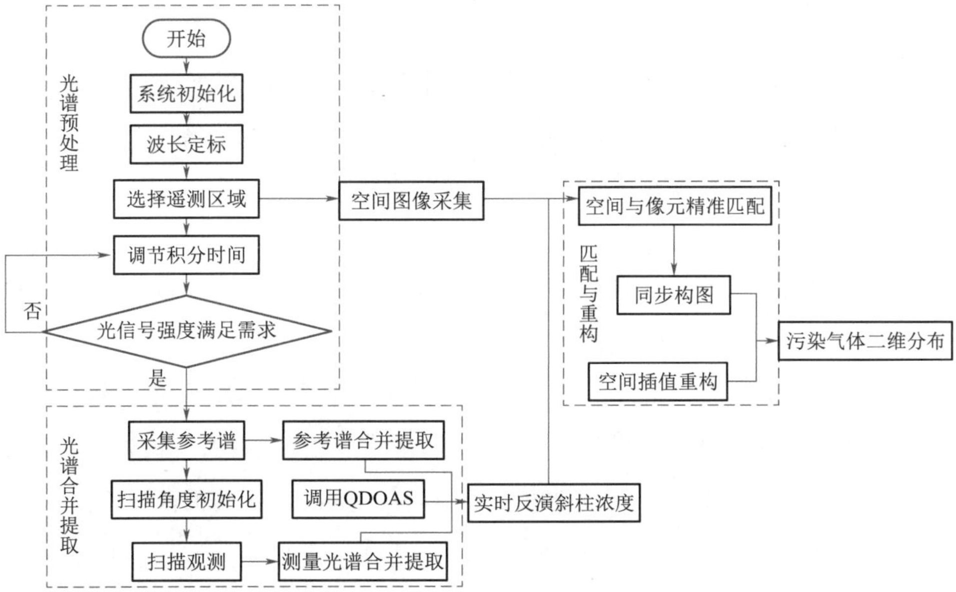

图 4-28　软件设计流程

开展了基于成像光谱遥测技术的污染物二维分布重构研究，研究了基于高斯扩散模型和测量数据相结合的双三次 B 样条曲面数据处理算法，采用该算法对测量结果优化从而得到完整而准确的污染物排放二维分布图。分析了基于线性插值、三次样条插值和克里金插值的3种插值方法对于污染物浓度分布优化的效果，并对3种插值方法进行了对比和交叉验证，并在指数模型与高斯模型下，应用克里金插值分别对视场内不同障碍物情况的扣除与重建情况进行模拟仿真，并且对重建前后的数据进行相关性分析，相关系数均达到0.98以上（图4-29）。

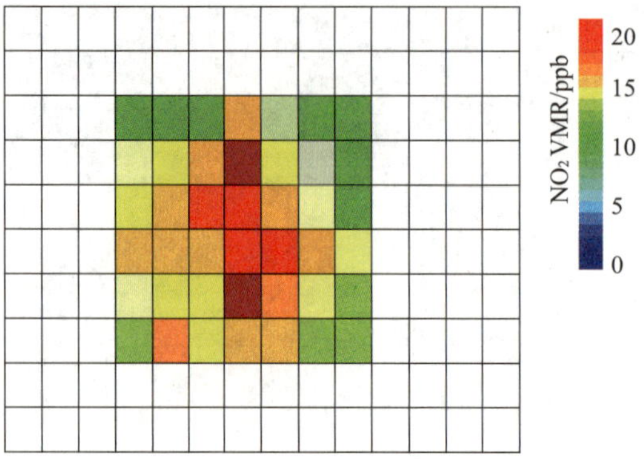

图4-29　浓度插值示意图

通过污染分布紫外光谱成像应急遥测系统能够开展定点扫描成像观测，获取了各测量区域污染物的浓度二维分布，为大气污染现场快速处置提供了参考依据。通过现场定点实时在线监测，获得各点位的实际污染状况，为现场手工采样离线分析提供数据参考，满足关键点位的监测需求。可实现对园区无组织排放和各类突发大气事故现场的污染物的快速准确测量，满足污染现场快速监的需求，通过不同监测手段相结合的方式，辅助大气污染现场快速执法。通过开展车载移动监测作为固定监测系统的延伸，可在时空尺度上有针对性地对重点区域进行加密及追踪监测，可实时、全面掌握现场环境状况，快速获得第一手资料，从而对各类环境事件迅速响应提供实时有效数据。

4.2.3.4　污染物分布红外光谱成像应急遥测系统研发

污染物分布红外光谱成像应急遥测系统如图4-30所示，主要由接收望远镜、可见相机、二维扫描云台、FTIR光谱仪与计算机相连接组成。接收望远镜采用卡塞格林式结构，口径为260 mm；可见彩色变焦相机采用1/3英寸靶面CCD，焦距为4.8～57.6 mm，输出图像分辨率为1 280×960；二维扫描云台的水平和竖直方向角分辨率均为0.01°，水平运动范围0～360°，垂直运动范围-45°～45°，可实时回传两个方向的角位移参数；FTIR光谱仪最高分辨率1 cm^{-1}，采集波段设置为6 000～400 cm^{-1}；利用高温辐射黑体对系统进行标定，得到系统红外可探测视场角度为4 mrad，在像素为1 280×960的可见图像中占据6×6个像素点。

建立了适用于突发大气事故污染气体红外被动遥测模型，研究了红外多组分气体遥测定量反演算法。在使用红外傅里叶变换光谱仪对污染物进行被动遥测时，考虑到污染气团与一般大气辐射特性的不同，建立三层辐射模型，如图4-31所示。

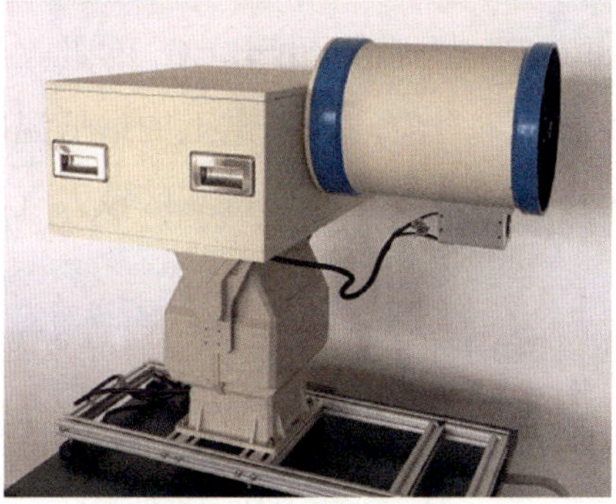

图 4-30　污染物分布红外光谱扫描成像应急遥测系统

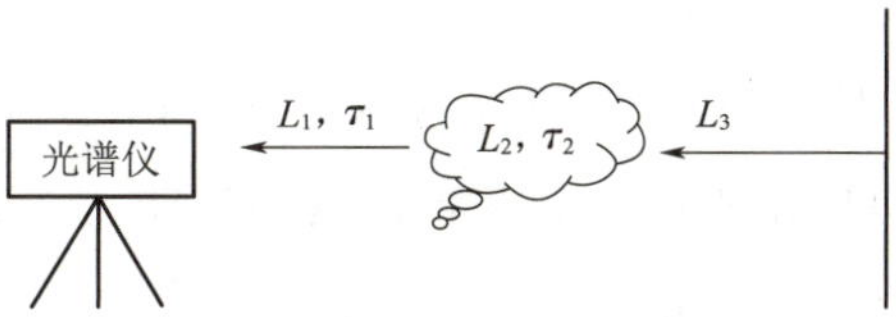

图 4-31　被动遥测三层辐射模型

第三层为远处背景（天空、大地、植被、建筑物）的辐射，第二层为待测区域污染层大气的辐射，第一层为待测区域到探测器之间的大气辐射。如果用 L 表示各层对下一层的辐射亮度贡献，用 B 表示各层自身温度对应的黑体辐射亮度，τ 表示各层透过率，$\bar{v}$ 为对应的波数，下标数字表示层数。则根据辐射传输原理，可得第二层的辐射贡献为

$$L_2(\bar{v})=[1-\tau_2(\bar{v})]B_2(\bar{v})+\tau_2(\bar{v})L_3(\bar{v})$$

同理，探测器通过第一层大气获取的总的辐射贡献可表示为

$$L_1(\bar{v})=[1-\tau_1(\bar{v})]B_1(\bar{v})+\tau_1(\bar{v})L_2(\bar{v})$$

在该模型中，假设第二层中污染气团为均匀分布，当第二层与周边环境处于热平衡时有 $B=B_1=B_2$，实际测量时选取的波段内第一层大气的透过率 $\tau_1\approx1$，将三层大气模型简化为两层模型 ，由此联立可得

$$L_1(\bar{v})=[1-\tau_2(\bar{v})]B(\bar{v})+\tau_2(\bar{v})L_3(\bar{v})$$

从该式可推导出目标气体的透过率表达式为

$$\tau_2(\bar{v})=\frac{L_1(\bar{v})-B(\bar{v})}{L_3(\bar{v})-B(\bar{v})}$$

背景谱获取采用从测量光谱 L_1 中实时提取背景辐射亮度光谱和待测气体层辐射亮度光谱的算法。为了避开大气中水和二氧化碳的吸收波段并减少大气分子对辐射的散射，选择长波段的大气窗口区 800～1 200 cm^{-1}。在 800～1 200 cm^{-1} 波段大气透过率很高，可看作透明，同时很多自然背景如建筑物外墙、森林植被等在该波段都具有一个较高且几乎不变的发射率，与黑体的辐射特性具有高度的一致性，所以背景在测量光谱的亮温谱中表现为一个恒定的基线，由该基线所对应的辐射亮温

即为背景温度，因此可用与该温度相同的黑体辐射亮度光谱来模拟背景光谱 L_3；对于长度大于 100 m 的测量光程，在 650～690 cm^{-1} 波段附近由于 CO_2 的吸收累积效应，大气可看作不透明的，因此在这个波段的光谱对应的亮温谱上的最低温度可认为仅由待测区域环境温度贡献，同温度的黑体辐射亮度可看作待测区域大气辐射亮度 B。

对实测光谱进行定标后，提取背景辐射亮度光谱和待测气体层辐射亮度光谱，在 600～1 200 cm^{-1} 波段对每一点通过普朗克辐射公式反推辐射亮温，代入常量获得数值公式如下：

$$T(v)=\frac{1.44v}{\ln\left\{\frac{1.19\cdot 10^{-12}\left[v^3+8.4\cdot 10^{11}L(v)\right]}{L(v)}\right\}}$$

使用上式计算结果在其中取出最大值、最小值分别作为背景光谱辐射亮温和待测气体层辐射亮温，图 4-32 为显示了使用上述算法针对测量光谱计算出的背景光谱和待测气体层光谱，背景光谱为 280.5 K 的黑体辐射普朗克曲线，待测气体层光谱为 268.03 K 的黑体辐射普朗克曲线，结合测量光谱根据辐射传输模型一节推导出计算出透过率光谱。

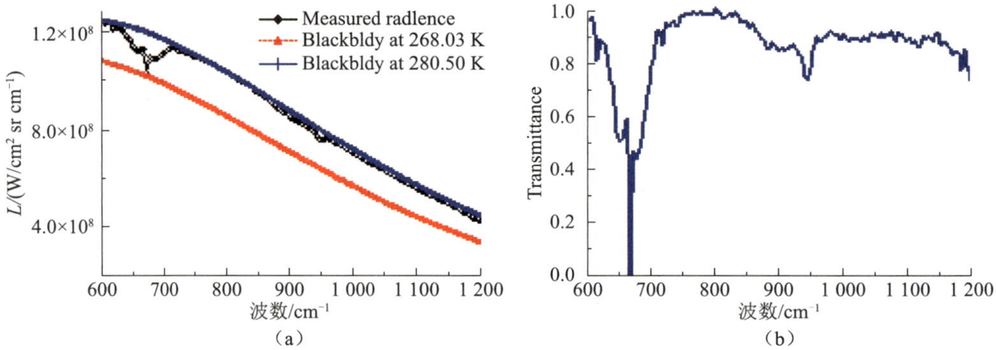

图 4-32　(a) 测量光谱和计算出的背景光谱及待测气体层光谱；(b) 由 a 图计算出的透过率谱

开发了污染物分布红外光谱成像应急遥测系统在线测控软件，实现了系统对于突发大气事故产生污染气体的自动扫描、光谱采集、浓度定量分析和浓度分布可视化呈现。红外遥测系统软件工作流程如图 4-33 所示：①对三部分模块进行自检；②设置 FTIR 光谱仪和可见光摄像机的采集参数，并在可见光图像界面中框选扫描范围，程序以扫描视场不重叠为原则自动规划扫描模块运行参数；③扫描模块带动系统运行至预定扫描点时采集光谱数据、可见光图像和位置参数；④根据采集到的数据生成气体浓度伪彩色分布融合图，同时将图片数据、浓度分布数据和位置信息以文件的方式存储。

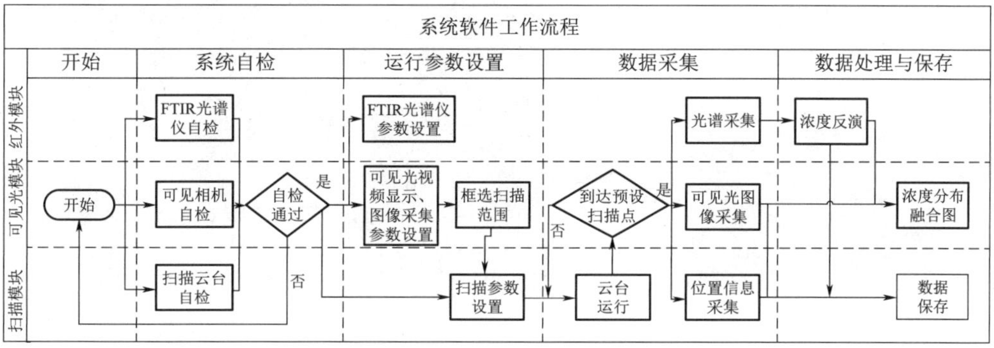

图 4-33　红外遥测系统软件工作流程

在系统自检、参数设置和数据采集部分，均有 3 个模块参与其中：在系统自检阶段三者采取并行运行的方式，充分利用 CPU 资源，实现快速自检；在参数设置部分则是被动遥测模块和可见光模块并行，其中可见光模块参数设置结束后，用户方可在可见光图像上框选需要扫描的范围，进而生成扫描参数，所以这一部分属于并行串行混合运作模式；在数据采集部分则是需要根据扫描机构执行返回的状态参数判断是否为扫描点，再进行 3 种模块并行的采集，一次采集结束还需判断整帧画面是否采集结束，否则继续运行扫描步骤。

在关键技术研发的基础上，研制了污染物分布红外成像应急遥测系统，可实现突发大气事故污染气体（如甲醇、光气、丙烯醛、丙烯腈等）柱浓度二维分布测量，气体扩散态势可视化呈现。系统主要技术指标包括可测量成分如甲醇、光气、丙烯醛、丙烯腈、氢氰酸、三氯甲烷等挥发性有机物，遥测距离为 100 m～1 km 以上，时间分辨率≤10 min，探测灵敏度为 5～50 ppm · m/K，光谱分辨率为 1 cm^{-1}，分析波段为 8～12 μm。

4.2.3.5　突发大气污染事故立体监测平台研发

针对我国在突发性大气污染事故应急中污染物快速、精准识别的需求，中国科学院合肥物质科学研究院成功研发出一套集光学遥测、原位探测及传感器于一体的多平台（应急监测车、机器人、无人机）走航在线监测平台（图 4-34），攻克了突发事故现场复杂背景下光谱探测与解析、污染气团分布及排放通量等快速获取等关键技术，集成了突发大气污染事故的立体走航监测平台，性能参数见表 4-2，形成相关的应用方法规范。

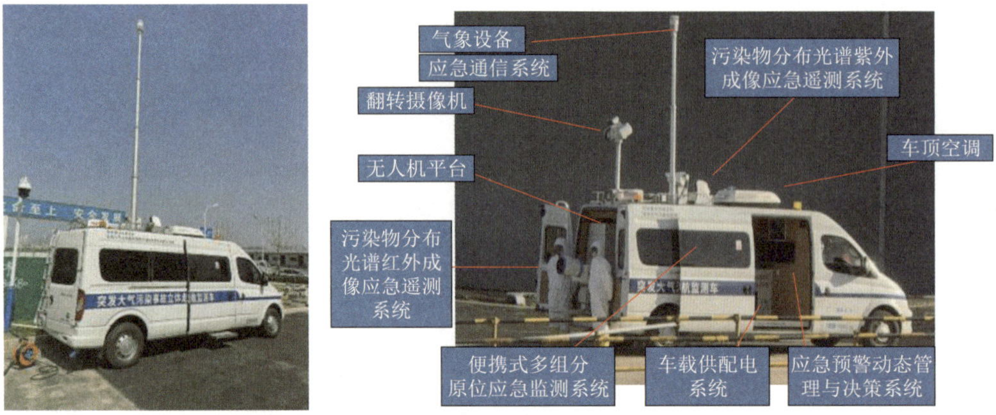

图 4-34　中国科学院合肥物质科学研究院研发的突发事故应急监测车

表 4-2　应急车主要功能及指标

仪器名称	指标	自主研发仪器	国外现有仪器	对比仪器
便携式紫外原位应急监测系统	检测成分	苯系物，氮氧化物，SO_2、甲醛、恶臭类等大于 20 种组分	苯系物，氮氧化物，SO_2、甲醛、恶臭类等 18 种组分	美国 Cerex 公司 Mini HOUND 便携式紫外分析仪
	检测限	ppb 量级	ppb 量级	
	重量	10 kg	21～25 kg	
便携式红外原位应急监测系统	光谱分辨率	1 cm^{-1}	4 cm^{-1}	Gasmet 便携式红外气体分析仪
	最大光程	10 m	5 m	
	检测限	20 ppb	100 ppb	
	数据库	351 种组分	300 种组分	
	功率	85 W	300 W	
	分析单元	内置	外接	
污染物分布紫外光谱扫描成像应急遥测系统	光谱范围	290～450 nm	406～579 nm	德国不莱梅大学成像 DOAS 系统
	光谱分辨率	优于 0.5 nm	约 0.85 nm	
	探测器垂直像元数	512	100	
	测量成分	NO_2、SO_2、HCHO、O_4 等	NO_2、O_4	
	应用场景	火灾，工厂排放，船舶排放，大气边界层观测等	工厂排放，大气边界层观测	
污染物分布红外光谱扫描成像应急遥测系统	光谱范围	600～5 000 cm^{-1}	680～1 500 cm^{-1}	德国布鲁克 SIGIS2
	最高光谱分辨率	0.5 cm^{-1}	0.5 cm^{-1}	
	扫描方式	物方扫描	像方扫描	
	数据库	几百种	几十种	
	应用场景	泄漏、燃烧、爆炸等	泄漏	
	解析算法	无须测量背景光谱	需测量背景光谱	

研发的突发事故应急监测车可以适用于多种突发事故现场，集成了适用于恶劣环境现场的小型化、轻量化、多传感器的气体测量单元，并与无人机、机器人系统联合应用，突破事故现场恶劣环境下的气体采集、系统冷却、信号通信、自动巡航及自主路径规划等技术，提高了无人机、机器人集成系统在突发事件现场危险环境的可靠性及安全性。通过开展车载光学监测系统（原位、遥测）及常规应急监测仪器设备集成、携带小型高灵敏传感器的无人机和机器人集成、机器人-无人机的交互与指挥系统以及移动式应急预警动态管理与决策系统集成，形成综合多种污染物监测、气象参数监测、定位及通信技术的突发事故立体走航监测平台（图 4-35）。

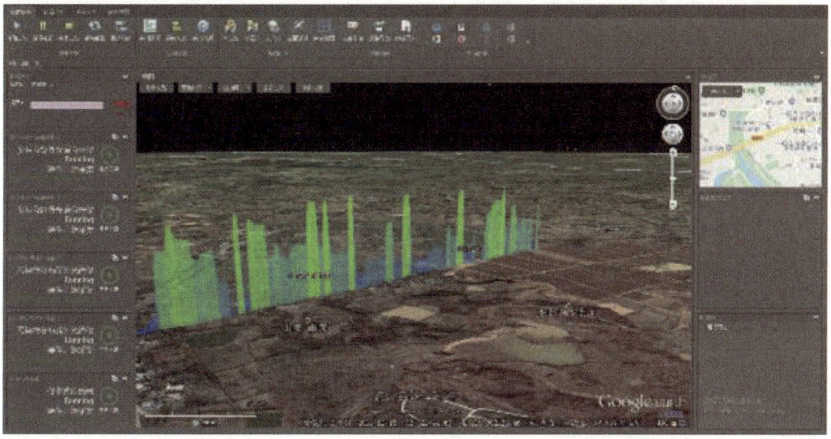

图 4-35　突发事故立体走航监测平台软件功能界面

突发事故应急监测车配以专用的走航分析软件，可驻点和移动观测，系统具有极强的机动性，可对 SO_2、NO_2、H_2S、VOCs 等有毒有害气体进行连续、实时、快速监测，为用户提供快速的、可视化的污染空间分布结果，进一步分析污染来源、形成机理等，为相关决策部门等提供强有力技术支撑。突发事故应急监测车是环境应急监测工作的重要组成部分，已经从单一的交通运输工具，逐渐发展成为功能齐全、仪器设备配置完整、满足环境应急监测需求的现代化流动的现场指挥部，实验室和专家系统。

4.2.4　应急立体监测平台典型应用

4.2.4.1　应用背景

2020 年 11 月 9 日，浙江衢州高新技术产业园区某公司的露天桶装高沸物发生突发性爆炸。为评估此次爆炸对周边生态环境影响，中国科学院合肥物质科学研究院研究人员第一时间赶往现场，利用自主研发的突发大气污染事故立体走航监测车对爆炸园区周边环境进行走航测量，对爆炸着火点开展远距离遥测。实验期间的时间及气象信息如表 4-3 所示，监测走航路径和敏感点如图 4-36 所示。

表 4-3　实验测量参数

测量时间	测量设备及方式	测量组分	风场信息
2020-11-10 5：40—7：45	便携式红外/紫外原位应急监测系统，走航测量	苯（C_6H_6），二氧化硫（SO_2），二氧化氮（NO_2），一氧化氮（NO），氯化氢（HCl），氟化氢（HF），1,1,1-三氯乙烷（$C_2H_3Cl_3$），1,2-二氯乙烷（$C_2H_4Cl_2$），二氯醚（$C_2H_4Cl_2O$），1,1 二氯乙烷（$C_2H_4Cl_2$）	东北风， 2～4 m/s
2020-11-10 10：30—13：45	便携式红外/紫外原位应急监测系统，下风向定点测量 被动红外/紫外遥测系统，遥测	走航：氯化氢（HCl），1,2-二氯乙烷（$C_2H_4Cl_2$），乙烯（C_2H_4），1,1,1-三氯乙烷（$C_2H_3Cl_3$） 定点遥测：二氧化碳（CO_2），二氧化硫（SO_2），二氧化氮（NO_2）	东北风， 3～5 m/s
2020-11-10 13：45—15：10	便携式红外/紫外原位应急监测系统/车载双光路差分吸收光谱仪应急监测系统，走航测量	苯（C_6H_6），二氧化硫（SO_2），二氧化氮（NO_2），一氧化氮（NO），氯化氢（HCl），氟化氢（HF），三氯甲烷（CH_3Cl）1,1,1-三氯乙烷（$C_2H_3Cl_3$），1,2-二氯乙烷（$C_2H_4Cl_2$），乙烯（C_2H_4）	东北风， 3～5 m/s

图 4-36　走航监测路径和敏感点位置

4.2.4.2　实验设备

走航监测车搭载了便携式红外/紫外原位应急监测系统，污染物分布红外/紫外光谱成像应急遥测系统，车载集成软件根据应急监测需求，集成了实时数采、多模块数据展示、视频监控等功能模块；可以实现便携式多组分原位应急监测系统、污染物分布光谱成像应急遥测系统等多监测系统的实时接入及数据展示。实物图详见图 4-37。

图 4-37　突发大气污染事故立体走航监测车

4.2.4.3　实验结果

（1）走航观测结果

在爆炸厂区周边分别于 2020 年 11 月 10 日 5：40—7：40 和 13：45—15：10 时间段开展走航观测。

1）5：45—7：45 时段：污染气体空间浓度分布如图 4-38 所示（分布图中色柱上下限对应浓度最大最小值，浓度从低到高对应的色柱为蓝→红）。

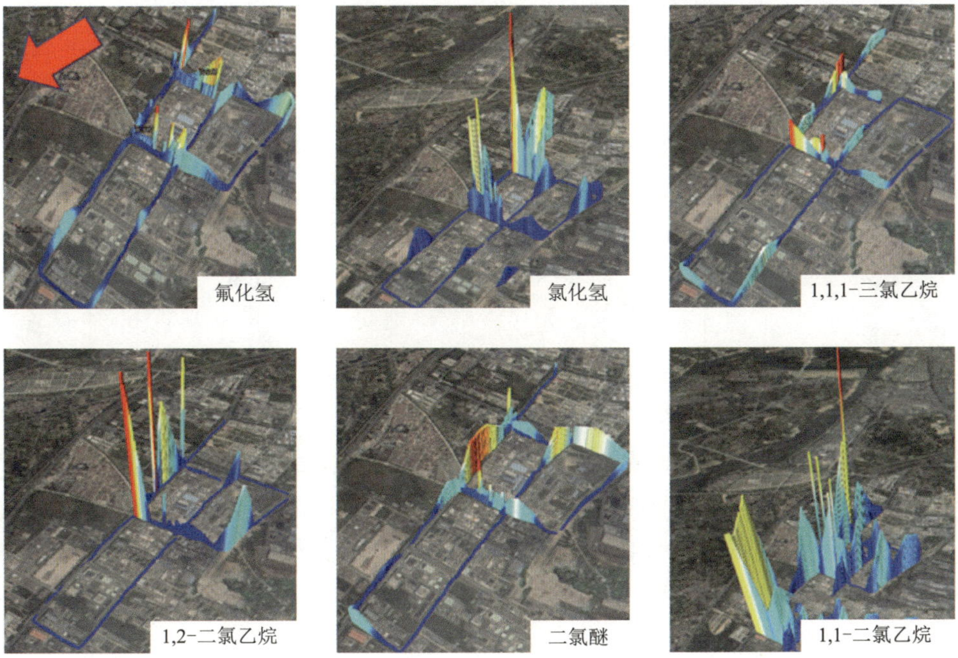

图 4-38　5：45—7：45 时段污染气体空间分布

2）13：45—15：10 时段：污染气体空间浓度分布（分布图中色柱上下限对应浓度最大最小值，浓度从低到高对应的色柱为蓝→红），如图 4-39 所示。

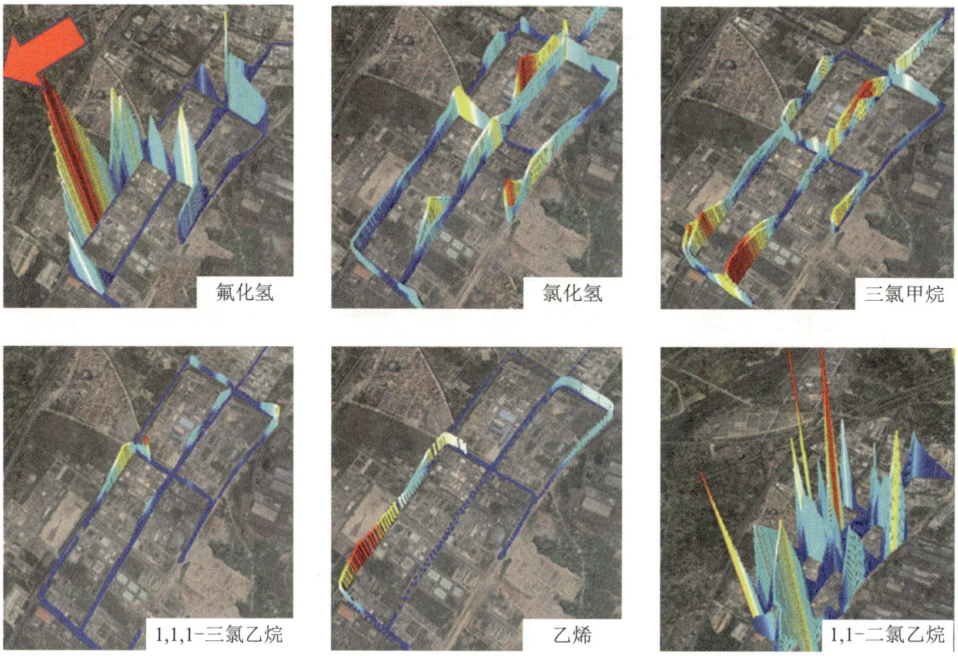

图 4-39　13：45—15：10 时段污染气体空间分布

两个时段各污染物走航观测结果统计如表 4-4 所示。

表 4-4　污染气体浓度测量结果数据

测量时间	气体名称	最大值/$\times10^{-9}$	最小值/$\times10^{-9}$	平均值/$\times10^{-9}$
5：45—7：45 时段	氯化氢	1 646.1	0.001	182.97
	氟化氢	406.68	0.07	70.38
	1,1,1-三氯乙烷	226.11	0.05	28.35
	1,2-二氯乙烷	1 225	0.02	75.25
	1,1 二氯乙烷	1 756.8	0.16	461.05
	二氯醚	311.311	0.03	57.70
	一氧化氮	261.1	9.2	54.1
	二氧化氮	2 233	0	145
	二氧化硫	135.9	0	18.5
	苯	140.4	4.7	28.4
	甲苯	28.6	0	2.2
	氨气	41.6	6	17.6

续表

测量时间	气体名称	最大值/$\times10^{-9}$	最小值/$\times10^{-9}$	平均值/$\times10^{-9}$
13：45—15：10 时段	氯化氢	1 751	0.06	140.32
	氟化氢	429.92	0.18	117.15
	1,1,1-三氯乙烷	223.44	0.015	18.27
	1,2-二氯乙烷	1 893.6	0.000 7	189.09
	三氯甲烷	329.97	0.02	89.15
	乙烯	163.16	0.05	18.93
	一氧化氮	304.8	5.2	53.9
	二氧化氮	1 488.6	0	43.4
	二氧化硫	69.5	0	8.4
	苯	72.5	0	24.5
	甲苯	8.2	0	1.1
	氨气	14.6	0	2.3

（2）被动遥测观测结果

10：40—13：40 开展下风向定点遥测，根据对光谱的定性分析及调研硅氟厂排放气体和便携式红外测量结果，可以发现硅氟厂主要的氯、氟代 VOCs 气体的吸收主要在 2 500～3 300 cm^{-1}，而由于气体浓度和温度的限值，被动红外光谱在该波段没有响应，因此在此次测量中，被动红外遥测系统给出爆炸燃烧产生的 CO_2 的扩散态势（图 4-40）。

从结果可以看出，事故期间 CO_2 的浓度分布态势基本跟烟羽形状一致，最大值浓度值为 148.5×10^{-6}，排放通量为 501.92 mg/s；可见明显的 SO_2 排放及传输过程，最大值达到 20×10^{-6}，排放强度超过 13 mg/s，且在近地面出现污染层，层高约 3.5 m；未看到厂区排放及传输的 NO_2，最大值出现在路面，约 10×10^{-6}，初步判断为过往车辆的排放导致。

4.2.4.4　实验结论

1）通过上午和下午两个时段的走航结果可以发现，此次爆炸燃烧的主要产物为氯化氢、氟化氢、1,1 二氯乙烷、氮氧化物等。上午和下午的两次走航观测均有较高值出现，最大值达到$\times10^{-6}$ 量级，氟化氢浓度相对较低，最高值为 400×10^{-9} 左右，1,1,1-三氯乙烷最高值为 200×10^{-9} 左右。

2）对比上午和下午两个时段的走航结果可以发现，上午时段出现的 1,1 二氯乙烷和二氯醚在下午的测量过程中浓度值几乎接近于 0。推测是随着时间变化，爆炸燃烧状态的改变导致的气体种类发生变化。而下午的测量中出现上午没有的乙烯

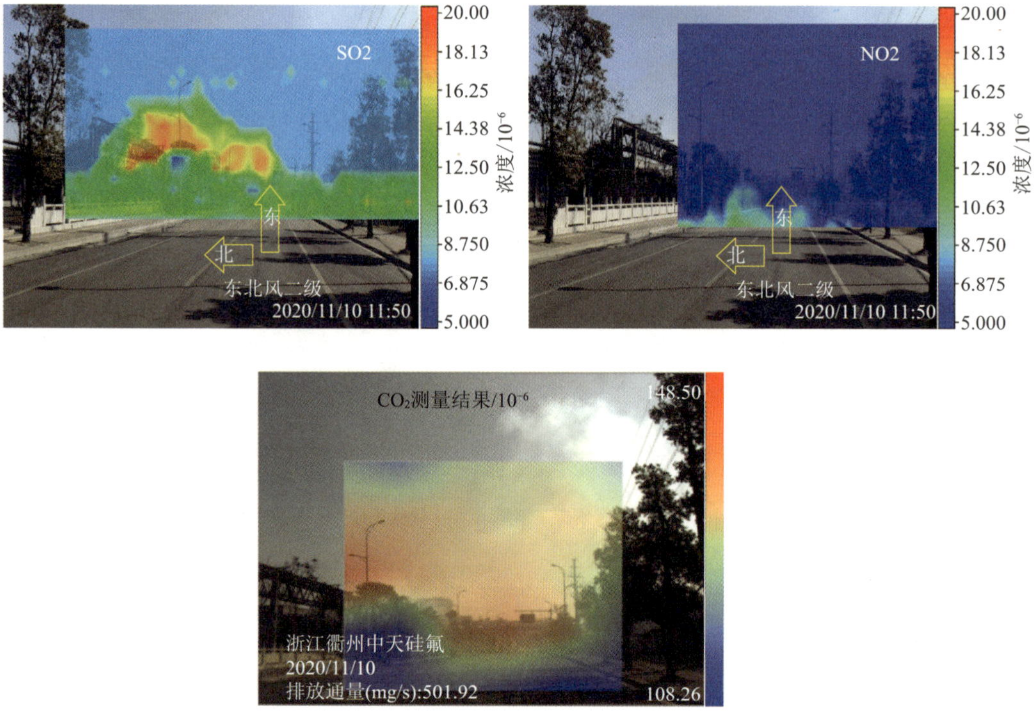

图 4-40　被动遥测 SO_2、NO_2、CO_2 分布

和三氯甲烷，或许是由于周边的厂区在上午测量时段没有进行生产活动，而在下午的测量过程中进入正常生产状态而产生的污染气体。

3）在便携式红外多组分气体分析系统在燃烧烟羽下风向进行定点测量的过程中，周围车辆和建筑的影响，造成风场的局部湍流，因此污染气团并不是以恒定的量进入仪器采样池，从而造成时间序列的波动性。通过分析气体的最高值可以发现测量气体的最高值均出现在 11：30—12：00 时间段，与测量过程中的时间情况吻合。

4）利用红外和紫外遥测成像系统定点观测得到了 CO_2、NO_2 和 SO_2 浓度分布，其中 CO_2 柱浓度最大值为 148.5×10^{-6}，排放通量为 501.92 mg/s；SO_2 柱浓度最大值达到 20×10^{-6}，排放强度超过 13 mg/s。

4.3　突发大气污染事故风险快速预警模型开发与集成及事故溯源技术

4.3.1　国内外在大气扩散模式领域的发展概况

4.3.1.1　气象场预报模式

扩散模拟的是否准确，关键在于气象场的模拟。目前国内大多采用成熟的中尺度气象模式 WRF（weather research forecast），WRF 模式系统是由美国多家研究部门及大学共同开发的新一代中尺度数值天气预报模式。

WRF 模式采用高度模块化、并行化和分层设计技术，集成了迄今为止中尺度数值模拟方面的新研究成果，2013 年 9 月已经更新至 3.5.1 版本，动力框架为 ARWV3。WRF 模式具有可移植、易维护、可扩充、高效率等特性，将为本课题的应用示范提供了便捷的途径。

WRF 模式为完全可压缩以及非静力模式，采用 F90 语言编写。水平方向采用 Arakawa C 网格点，垂直方向则采用地形跟随质量坐标。WRF 模式在时间积分方面采用三阶或者四阶的 Runge-Kutta 算法。利用先进的数值计算方法，WRF 提供了多重区域、从几千米到数千千米的灵活分辨率、多重嵌套和可移动网格，与一般计算平台上典型的实时预报能力相适应，并为理想化动力研究以及完整物理的数值气象预报与区域气候模拟提供支持。WRF 模式的优点还包括多维动态内核、更为合理的模式动力框架、先进的三维变分资料同化系统中包含与之协调的资料同化系统等，不仅可以用于真实天气的个案模拟，也可以用其包含的模块组作为基本物理过程探讨的理论根据。随着物理过程参数化方案等的改进，WRF 模式系统更加成熟和完善，良好的开源性和用户平台使 WRF 模式具有更强的灵活性和改进空间。目前，WRF 模式系统已经成为提高从云尺度到天气尺度等不同尺度天气特征预报精度的重要工具之一，被广泛应用于科研和业务预报工作中。

WRF 模式运行的流程和各部分程序如图 4-41 所示。模式运行可以分为 ideal 和 REAL 两个路径，对应理想模拟和实际数据模拟。生成初始场的过程包含静力平衡调整。前处理系统 WPS 用于设定网格，生成地图、地形高度和土地利用信息，将外部数据插值到模式网格上。模式需要输入的三维变量主要包括风速分量，位温，比湿，土壤各层的温度、湿度，同时还需要一系列二维变量，如地表静态数据等。利用 WRFDA 模块和观测数据更新初始场，能够减小初始误差。WRS、REAL 和 WRF 模式输出的数据均为 netCDF 格式。输出结果可用一系列后处理软件进行可视化处理，如 NCAR Graphics NCL、GrADS、RIP4 等。

4.3.1.2　大气扩散模式

目前在国内外广泛应用的大气扩散模式主要有以下几种：

√ CALPUFF

√ CAMx（Comprehensive Air Quality Model With Extensions）

√ WRF-Chem（Weather Research and Forecasting model coupled to Chemistry）

√ SLAB（An Atmospheric Dispersion Model for Denser-Than-Air Releases）

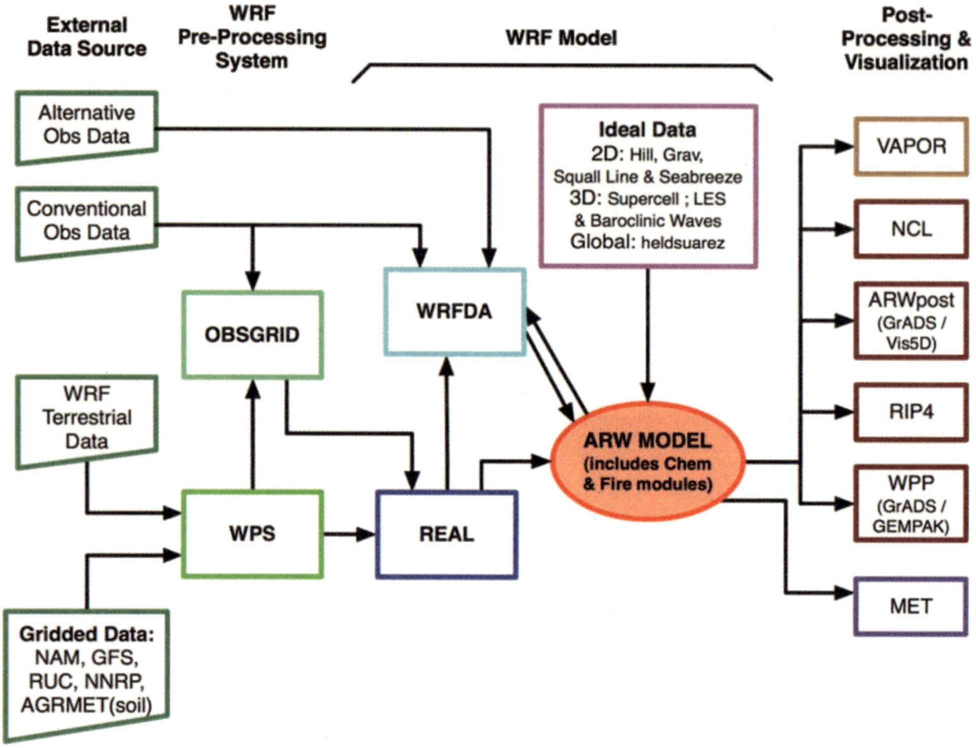

图 4-41 WRF 模式运行流程

√ ALOHA（Areal Locations of Hazardous Atmospheres）

其中 CALPUFF 模式是 USEPA 推荐的由 Sigma Research Corporation（现在是 Earth Tech，Inc 的子公司）开发的空气质量扩散模式，它由 CALMET 气象模块、CALPUFF 烟团扩散模块和 CALPOST 后处理模块三部分组成。

CALPUFF 是用于非定常、非稳态的气象条件下，模拟污染物扩散、迁移以及转化的多层、多物种的高斯烟团扩散模式，它模拟的尺度可以从几十米到几百千米，在近距离模式可以处理如建筑物下洗、浮力抬升、动力抬升、部分烟羽穿透和海陆交互影响等过程，在远距离可以处理如干、湿沉降，化学转化，垂直风修剪和水上输送等污染物清除过程。模式可以处理逐时变化的点源、面源、线源、体源等污染源，可选择模拟小时、天、月以及年等多种平均模拟时段，模式内部包含了化学转化，干、湿沉降等污染物去除过程，充分考虑下垫面的影响，输出结果主要包括逐时的地面网格和各指定受体点的污染物浓度。CALPUFF 模式的结构见图 4-42。

CALMET 模式是利用质量守恒连续方程，在三维网格模拟域中描述小时风场与

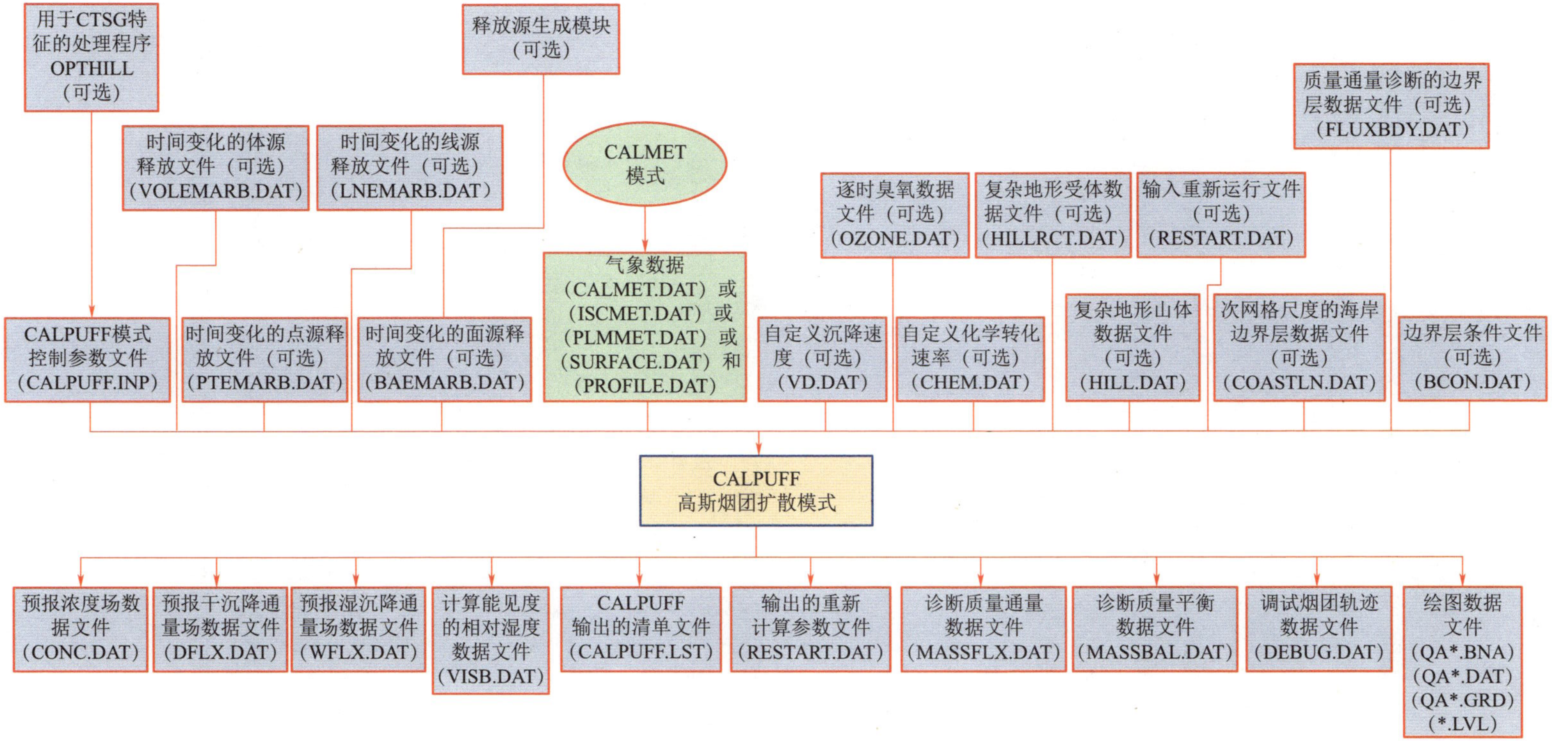

图 4-42　CALPUFF 模式的结构

注：CTSG 一次网格尺度的复杂地形模块。

温度场的气象模块，其核心部分包括诊断风场以及微气象场模式。它通过质量守恒连续方程对风场进行诊断，在输入模式所需的常规气象观测资料或大型中尺度气象模式输出场后，CALMET 模式将自动计算并生成包括逐时的风场、混合层高度、大气稳定度和微气象参数等的三维风场和微气象场资料。此外，CALMET 模式在三维风场模拟过程中详细考虑了地形的动力学影响、倾斜气流和阻塞效应。CALMET 模式的结构图见图 4-43。

4. 3. 1. 3 事故溯源模式

在大气污染事件发生时，能否利用即时的监测数据对污染源的位置进行快速辨识，是解决问题最重要的一步。这对于大气污染的管控以及改善空气质量意义重大。目前应用于大气污染溯源的方法主要有以下 3 种：基于源清单和扩散模式的源解析、受体模型的溯源技术和逆向模拟方法。

（1）基于源清单和扩散模式的源解析

扩散模式方法基于污染源的排放清单，通过对大气扩散模型的数值计算，模拟污染物传输、扩散、化学反应以及沉降等过程，以此为基础对单个污染源对受体点污染物浓度的贡献情况进行定量估算。

（2）受体模型的溯源技术

受体模式在污染物从源到受体质量守恒且呈线性关系的假设下，通过分析受体点污染气体的化学成分和物理特性，推断估算各类污染来源的贡献率，多用于解析大气污染物来源。为解决受体模式中大气 $PM_{2.5}$ 化学组成测量的不确定性、源成分谱的共线性和判断二次来源的问题，研究者开发了各种不同模型来降低方法的不确定性。例如，将有机分子示踪物作为模型的拟合物种的 CMB-MM 有机示踪物法，将气体引入 CMB 模型运算，通过约束气体成分来降低不同源之间的共线 CMB-LGO 法。此方法不依赖气象资料和源清单，与扩散模式方法相比更为简便，但对同种类污染源集中的工业园区，此方法失效。

（3）逆向模拟方法

逆向模拟方法是结合气象过程，逆向运用空气质量模式，获得污染源的时间和空间分布，包括直接逆推模型和概率匹配模型。直接逆推模型由污染源与监测点之间的正向浓度响应关系直接进行污染源参数的反向试算，区别于传统的正向试错法。

4. 3. 1. 4 自适应网格空气质量模式

（1）自适应网格空气质量模式的研究进展

在“一个大气”的概念下，空气质量模式将整个大气作为研究对象，需充分

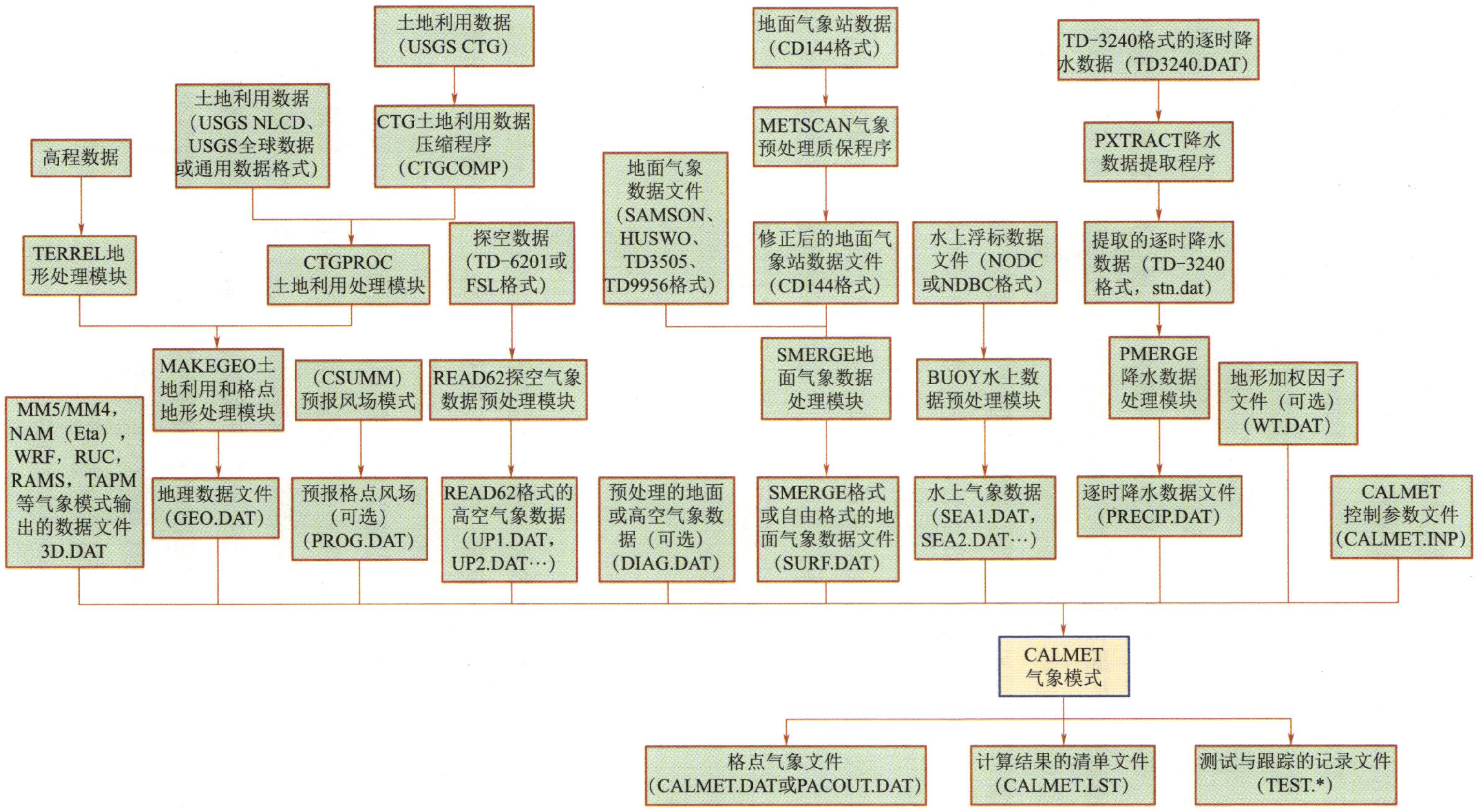

图 4-43　CALMET 模块结构

注：USGS—美国地质调查局；NCDC—美国国家气候资料中心；CTG—组合格式网格；NLCD—美国国家土地覆盖数据库；FSL—美国预报系统实验室；SAMSON—太阳和气象地面观测网数据；HUSWO—美国逐时气象观测数据；TD3505—NCDC 集成的地面逐时气象数据格式；TD9956—美国空军逐时地面气象数据；NODC—国家海洋资料中心（美）；NDBC—国家浮标资料中心（美）。

考虑各空间尺度上的大气物理和化学过程，在这些复杂过程在相互影响作用下，实际大气污染过程都存在不同程度的跨尺度现象。为了模拟跨尺度污染现象，模式一般有两种处理方法：第一种是采用嵌套网格技术，这是目前空气质量模式所普遍采用的方法；第二种是采用自适应网格方法。目前，自适应网格方法在空气质量模式中实际模拟应用相对较少，但在过去 10 多年的发展过程中也取得了一定进展。Tomlin 等首次使用非结构自适应网格方法对大气污染问题进行了模拟测试与应用，其自适应网格方法属于 h-自适应方法：根据浓度梯度，判断是否对三角网格单元进行拆分或者合；对于三维网格，则是对四面体网格单元进行相应处理，可实现垂直方向上的网格自适应调整。Tomlin 等采用的自适应网格方法先后被用于模拟核污染扩散过程以及欧洲中心的大气污染形成过程。

Srivastava 等提出了另外一种自适应网格方法（属于 r-自适应方法）：基于结构网格的自适应算法，根据浓度曲率变化以及所设插值误差，对网格节点的位置进行变动以确保局地误差得到有效控制，但网格的总节点数和对应的几何拓扑结构均保持不变。基于此自适应算法，Garcia-Menendez 等在通用多尺度空气质量模式 CMAQ 基础上成功研发了对应的变网格模式 AG-CMAQ，并对实际的生物质燃烧事件进行了对比模拟，与城市站点观测也进行了对比分析。相较于 CMAQ 模式结果，AG-CMAQ 模式能有效地降低数值扩散，更好地刻画出污染输送过程的烟流结构，而且模拟结果与观测结果也更为接近。

Constantinescu 等根据嵌套网格设计思路提出了基于块状结构网格的自适应算法。整个模拟区域被分割成了不同大小级别的块状单元，而每个块单元实际都是由相同数量（NXB×NXB）的网格单元所构成。根据浓度曲率误差估计，对每个块状单元进行判断处理，逐级降低（提高）块状单元大小直至满足误差界限要求。

Zheng 等首次利用各向异性自适应网格方法（hr-方法）对京津冀地区 100 多个电厂点源进行动态自适应追踪模拟，模式能很好地模拟刻画出电厂污染物排放后的细长烟流结构，并实现远距离动态自适应追踪。Zheng 等耦合大气光化学模块 CBM-Z，可对电厂 NO_x 进行高精度动态自适应追踪，模拟不同污染间复杂的跨尺度化学传输过程，突破传统固定网格模式的模拟局限性，成功模拟再现电厂点源排放的 NO_x 细长烟羽结构及其对应的臭氧生消演变过程。

（2）非结构自适应网格的优势和发展前景

1）动态自适应强：自适应网格方法与有限元方法关系密切，是自适应有限元方法的重要组成部分。由于有限元方法能够保证几何灵活性和支持局部高阶逼近，只需在网格单元上增加自由度就可实现高阶逼近；而自适应网格模型可在不同单元用不同阶逼近，使得局部单元的大小和阶数是可变的，因此非结构自适应网格可利用其自适应网格技术，根据天气过程、人口和地形等分布特征在全国或者特定模拟区域构建一个统一且更为客观合理的自适应网格，不需要嵌套且能自动地在人口密集、天气活动频繁区逐步调整加密网格，而在其他地区可适当降低分辨率，能更好地解析具有社会经济重要性的区域。

2）模式计算性能好：通过区域分解技术实现高性能并行计算。

3）数值稳定性强：模式的数值算法能够保持质量和能量守恒性。

4）网格模拟精度高：通过局部分辨率的提高保证模式边界条件的高精度表达，更好地表征模式地形分布。

（3）Fluidity-Atmosphere 模式

对于大气污染问题，Fluidity 模式也取得不少研究成果，但主要还是针对小尺度或者微尺度的大气污染过程进行理想化模拟试验，因为对于这些小尺度问题，模式可利用大涡模拟（LES）方法求解 NS 方程，然后基于模拟得到的湍流风场，对污染物的平流扩散过程进行同步求解，模拟得到对应的污染输送过程。图 4-44 则给出了高架点源污染物排放的烟流模拟结果。

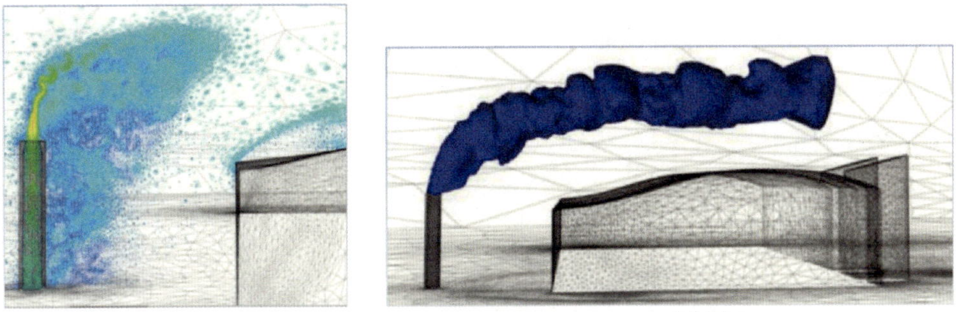

（a）垂直烟流　　（b）弯曲烟流

图 4-44　Fluidity 模拟得到的垂直烟流和弯曲烟流（AMCG2014）

4.3.2　突发事故大气扩散快速模拟预报系统结构

采用 CALPUFF、ALOHA 和 SLAB 模式作为“大气扩散预报与事故应急回顾性模拟分析模式”的扩散模式，采用 NAQPMS 模式加自适应网格的技术作为“突发大气事故溯源及模拟预测模式”的模式，下面介绍系统研发所采用的关键技术。

4.3.2.1 大气扩散预报与事故应急回顾性模拟分析

由于 ALOHA 和 SLAB 模式属于“短、平、快”类型的大气扩散模式，即运行速度快（几秒内就可完成全部计算）、对气象数据的需求很少（只需单点某一时刻的风速风向，没有考虑气象场的变化），而且也不需要下垫面参数，无预报功能，只能提供事故现场几小时内的诊断。因此不再对其做进一步的开发，将来只作为用户在事故发生初始阶段对事故的初步判断用。我国研究人员最终决定对 CALPUFF 模式进行重点开发，形成以气象预报模式 WRF 和 CALPUFF 模式相结合的“大气扩散预报与事故应急回顾系统（软件）”[20]。

（1）硬件系统

本系统的硬件采用工作站（计算省市范围）或集群（计算全国范围）通过磁盘阵列与高性能 PC（Windows 系统）相结合的方式（图 4-45）。对于突发性的大气事故，要做到快速的模拟计算，受制约的主要是气象预报的计算时效。如果要模拟未来 72 h、网格精度为几千米的气象场通常需要几个小时（省市范围的采用工作站，全国范围的则必须采用计算集群），显然无法满足 10 min 内完成全部计算的要求。为了能够快速预报模拟突发性大气事故的扩散，我们搭建了一个由高性能工作站或集群（Linux 系统）、高性能 PC（Windows 系统）和磁盘阵列组成的系统，工作站通过磁盘阵列和 PC 用高速网连接，具体工作方式如下：

根据脚本设置，工作站或集群每天定时下载美国国家环境预报中心提供的 GFS 气象数据［Global Forecasting System 全球（天气）预报系统］，然后 WRF 模式自动进行未来 72 h（3 d）气象预报模拟计算，并将模拟计算的全国气象场存储在磁盘阵列（同时也积累了历史气象资料），确保每天有未来 72 h 的气象预报场数据（风速、风向、气温、气压、湿度、降水等）可供使用，使其成为一个“永不休息的值班员”，实现预报过程的无人值守和全自动化。

而一旦事故发生，用户只需输入源项和一些基本的设置参数，用 PC 机中的 CALPUFF 模式利用储存在磁盘阵列未来 72 h 的气象场数据进行大气扩散模拟计算。同时，用户可根据当时获取的单点气象数据使用 ALOHA 或 SLAB 模式模拟计算，以最快的速度获取事故后果评价。

此外，该系统可利用磁盘阵列存储历史气象资料 FNL 数据和 GFS 数据及典型事故数据对历史上发生的事故案例做回顾性分析，还可培训系统操作者。

（2）大气扩散动态模拟系统（软件）

“大气扩散预报与事故应急回顾性模拟”软件的系统结构见图 4-45，计算流程见图 4-46。

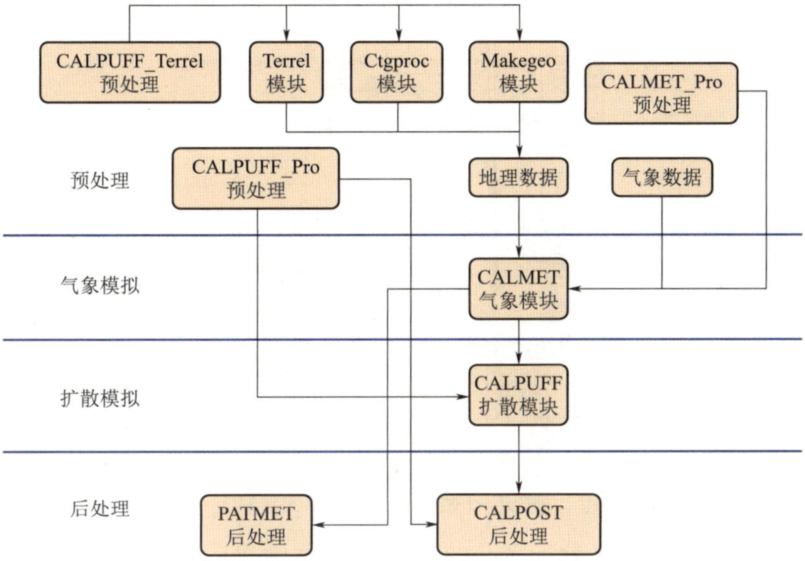

图 4-45　突发大气污染事故应急预警软件系统结构

1）精细化气象场预报。虽然 WRF 模式采用了套网格等技术与算法，但由于 WRF 属于中尺度气象模式，输出的风场精度最高不过几千米，无法满足模拟微小尺度污染物扩散的要求。为了适用于突发事故的气象场精细化方案，特别是微小尺度，实现对天气过程、中尺度环流和局部地形影响等多因子多尺度的快速有效预报。软件内置我国全国范围内高分辨率地形高程数据和土地利用数据（网格精度 30 m，分别为 1 137 个 1° 1°的数据文件），通过 WRF 模式和 CALMET 诊断模式的结合，生成要求的高分辨率风场数据[21]，使系统可反映局部地形、地表粗糙度细节对气象场和大气扩散过程的影响，为微小尺度的扩散模拟打下了坚实的基础。

2）大气扩散动态模拟系统。开发的“突发大气污染事故应急预警软件系统”使用户可以通过输入相应的参数参量形成一系列控制文件（参数输入文件、运行脚本文件，根据事故发生地的经纬度能够快速生成计算区域的网格数据文件等）来运行各模块，控制文件均为纯文本格式，容易操作，而且包含了用户所需的关于模型选项、默认值和变量单位等信息。借助 CALPUFF 模式完成浓度场和干、湿沉积场的计算，免除了大量的手工输入参数，实现了快速运行。根据事故源可快速设置计算参数。此外，该软件还可对以往的事故案例进行回顾性评价，对用户掌握大气扩散规律提供了有益的帮助。

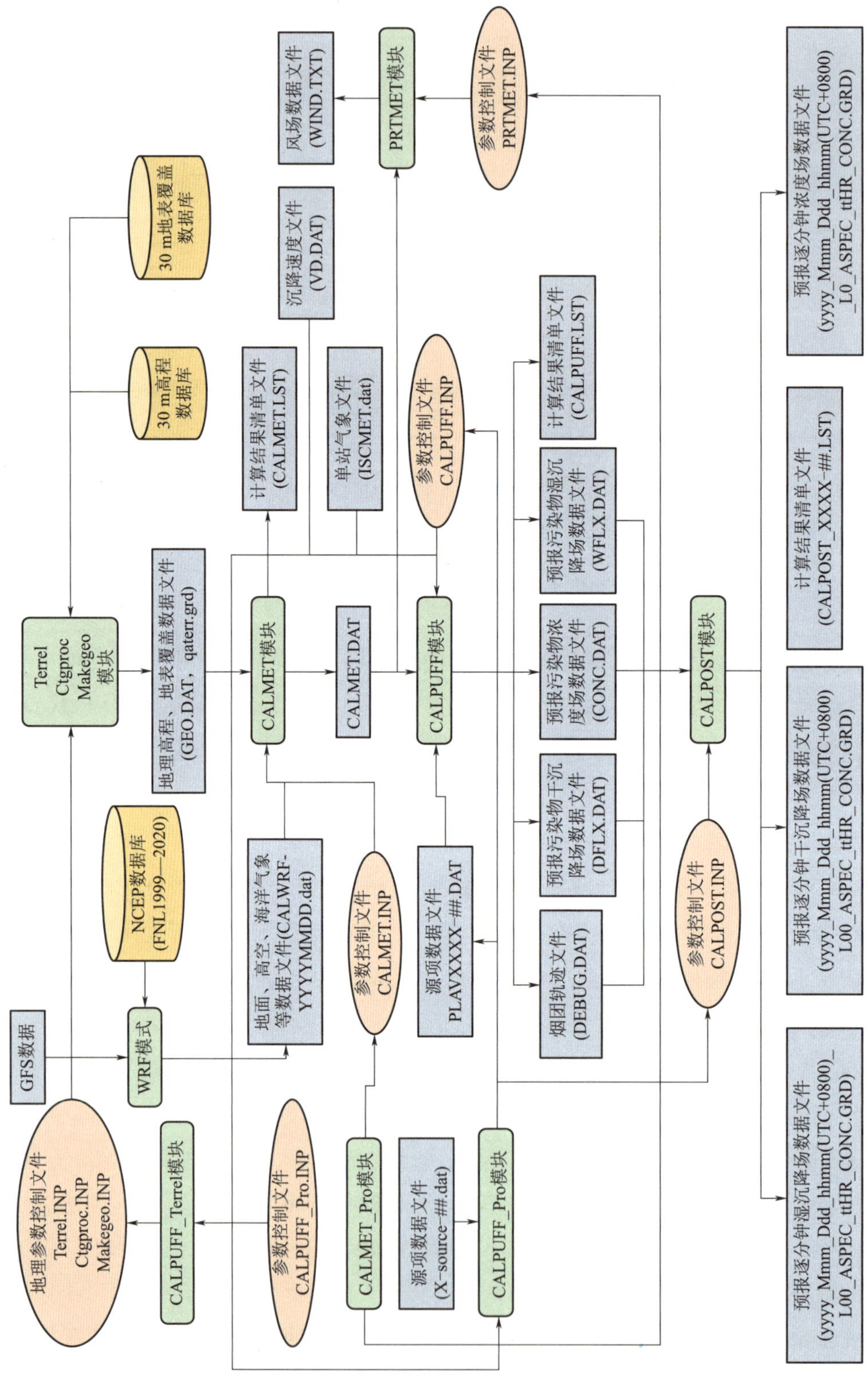

图 4-46 突发大气污染事故应急预警软件计算流程

用户可利用系统内置的全国 30 m 精度的海拔高程数据和地表覆盖数据库，就可以获取高精度网格的三维风场，计算大气污染物在任意地点的扩散迁移结果，快速有效地预报我国任一位置的突发大气事故造成的后果影响。该系统主要包含 CALPUFF_ Terrel 模块、CALMET_ Pro 模块和 CALPUFF_ Pro 模块 3 个模块。

CALPUFF_ Terrel 模块是根据事故发生地的经纬度和计算区域的网格距及范围，自动生成 CALPUFF 模式自带的 TERREL 地形前处理模块、CTGPROC 土地利用前处理模块、MAKEGEO 融合地形和土地利用的地理数据前处理模块的输入参数文件和运行脚本，生成用于 CALMET 模块和 CALPUFF 模块的地形参数文件。

CALMET_ Pro 模块是根据事发地的经纬度、计算区域的网格距及范围以及 TERREL 模块、CTGPROC 模块和 MAKEGEO 模块输出的地理数据文件，自动生成 CALMET 模块和 PRTMET 模块的输入参数文件和运行脚本。

CALPUFF_ Pro 模块是根据事发地的经纬度、计算区域的网格距及范围、释放源参数以及 CALMET 模块输出的气象场数据文件 CALMET. dat 或者单站气象数据文件 ISCMET. dat，自动生成 CALPUFF 模块和 CALPOST 模块的输入参数文件和运行脚本。

正是这 3 个模块将 WRF 模式与 CALMET 模式和 CALPUFF 模式实现了快速耦合，使用户不仅可以模拟各种事故源排放：长时间释放（如火灾），瞬时释放（爆炸），间歇泄漏和多源释放，多种污染物、不同类型排放源（点源、线源、面源、体源）等突发条件下的大气扩散进行预报预警，还可使 CALPUFF 模式通过应急模拟操控指令和扩散模拟过程的内部判断，自动匹配气象场数据区域与扩散模拟区域，快速计算出未来至少 72 h 的三维浓度场；全部结果的时间分辨率可达到 10 min，网格精度可达到 50 m，并在 10 min 内完成全部计算。

3）CALPUFF 模式的湍流参数化方案。鉴于 CALPUFF 模式系统的默认模拟方案往往具有局限性，不能准确描述城市下垫面的复杂非均一性，此外，气象资料的时间分辨率大多为 1 h，而复杂下垫面边界层结构的重要变化发生的时间尺度常远小于 1 h。因而 CALPUFF 模式系统在城市下垫面接近排放源附近不能够准确模拟浓度分布。因此将此问题作为重点研究的对象。主要手段是我国研究人员利用多年来在不同下垫面获取的湍流资料对近地层湍流参数化方案进行修正，给出多种参数化方案，代替 CALPUFF 默认的近地层湍流速度归一化标准差参数化方案。

CALPUFF 模式根据输入数据的不同，提供 5 种不同的扩散选项，分别如下：

①利用湍流测量的水平、垂直速度脉动标准差 σ_v 和 σ_w 计算扩散参数；

②利用微气象学参数（u_*、w_*、L 等）内部计算 σ_v 和 σ_w，再计算扩散参数；

③郊区利用 PG 扩散参数（利用 ISCST 的多段近似），城市利用 McElroy-Pooler 扩散参数；

④同③，PG 扩散参数的计算利用 MESOPUFF Ⅱ的方程；

⑤稳定和中性条件下，利用 CTDM 的扩散参数，不稳定情况下利用方案。

3 种不同的输入数据分别为：

①湍流直接测量的 σ_v 和 σ_w（扩散选项①和⑤中的中性或稳定）；

②来自 CALMET 或其他气象模式的微气象学尺度参数 u_*、w_*、L 和 h，利用这些尺度参数，根据相似性理论计算水平和垂直扩散参数（扩散选项②）；

③PGT 等级以及用户选择的 ISCST 扩散参数（扩散选项③和⑤中的不稳定情况）或 MESOPUFF Ⅱ中的 PGT 郊区扩散参数（扩散选项④）。

最理想的方案是利用直接测量的湍流速度方差或湍流强度计算扩散参数。然而，观测数据的质量在选择扩散参数计算方案时非常重要。例如，i_z 是较难测量量，i_z 的不准确会导致模拟结果比利用常规资料的计算结果差。CALPUFF 推荐的默认扩散选项为第二种方案，即利用相似性理论和由常规气象观测和地表特征导出的微气象学参数计算扩散参数。

CALPUFF 模式中设置 3 套网格，分别为气象网格、计算网格和采样网格，需要根据不同的计算区域，选取不同的网格距。为使模式有足够的分辨率，需要尽可能地缩小网格距，但如果网格距取得太小，计算的时间成本将会急剧增加。通常，气象网格和计算网格的格点距相同，采样网格可以根据需要，在计算网格的基础上加密。采样网格越疏，模拟耗时越短。但采样网格的疏密对格点浓度，尤其是近场浓度具有较大的影响。

在复杂地形下垫面，近地面层的湍流特征与平坦下垫面有所不同，而 CALPUFF 采用的近地面层湍流脉动速度标准差参数化方案为 Panofsky 在平坦均一下垫面得到的拟合公式，与研究区域实际的湍流特征存在差异。为了研究修正后的地表参数和地理信息以及研究区域实际的湍流特征规律对当地近场扩散的影响，我们设计 3 个比对模拟实验，即采用仅修正地理信息的相似性理论方案、仅修改近地层湍流参数化方案的相似性理论方案、同时修改地理信息和近地层湍流参数化方案的相似性理论方案分别模拟第一次释放的近场浓度分布。对近地层湍流参数化方案的修正为采用根据 30 m 高度实测归一化湍流速度标准差与稳定度参数的拟合关系代替 CALPUFF 默认的不稳定条件下近地层湍流速度归一化标准差参数化方案。

因而，对于复杂地形和非均一下垫面，土地利用及其相应的地表参数的修正对近场扩散模拟的影响大于单纯修正近地层湍流参数化方案。土地利用的变化改变了地表的能量平衡，CALMET 在陆地上采用能量平衡方法计算每个时间步长的格点微气象学参数，输入微气象学参数的改变会造成相似性理论方案模拟的污染物的扩散规律发生变化。而湍流参数化方案的修正仅改变了计算方案中的系数，其对湍流扩散的影响与改变输入微气象学参数相比较小[22]。

4.3.2.2 突发大气事故溯源及模拟预测

（1）软硬件平台

1）软件平台。为实现模式代码编译、模式并行计算、各种数据格式的处理以及模式结果的绘图展示，需要在系统平台上安装以下软件：Linux 操作系统、PGI 编译器（Fortran 程序编译器）、MPICH 或 MVAPICH、GrADS、NCL。

2）硬件平台。高性能计算平台是保证 APOPS-MG 系统时效性的基础，APOPS-MG 系统的需求，需在每日 8：00 前完成未来 48 h 气象预报，WRF 气象模拟计算过程对计算平台需求较高；污染模式需在几分钟内完成事故发生后 2 h 内的恶臭污染场模拟，相对来说，对计算平台需求没有气象预报过程高。为了满足 WRF 模式区域设置、预报时长、时效性要求，列出 APOPS-MG 系统所需的基本硬件条件。

①IBM 刀片服务器：2 节点，每节点 2 个 CPU，每 CPU 4 核，节点的典型配置为 2.26 GHz，16 GB 内存，146 GB SAS 硬盘，4X IB DDR 卡。

②光纤磁盘存储：控制器主频≥1.6 GHz，可用容量 100 T 以上。

③其他：包括机柜、光纤交换机、以太网交换机、网络交换机、空调机等。

（2）APOPS-MG 系统结构及运行流程（软件）

突发性恶臭污染应急响应数值预报系统 APOPS-MG 系统运行于 Linux 平台下，以 MPI 并行库为支持，通过一系列相互调用的 Linux shell 脚本和 Fortran 程序组合形成。系统运行于 Linux 平台，模式系统运行通过 Linux 指令或 Linux 脚本实现，可实现并行运算，同时可以实现自动化运行。该系统的数据采用 NC 和 GrADS 的二进制格式，以便模式结果的处理与展示。其输入、输出均通过目录结构来组织，了解模式系统的目录结构是实现预报系统运行、维护的基础。APOPS-MG 系统的主目录为/disk1/APOPS-MG，在该目录下，分别有 MG，INPUT，WRFv3，OUTPUT 等子目录，其总体目录结构如图 4-47 所示。

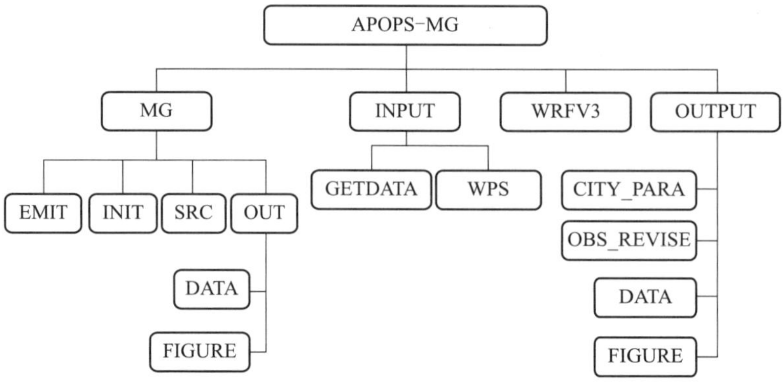

图 4-47　APOPS-MG 系统的目录结构

（3）模式的参数化方案

恶臭模式系统需要更加精细的气象预报输出，输出结果的时间间隔设置为 12 min，积分补偿为 80 s，预报总时长为 48 h。此外，模式的区域设置也有所不同，其中第一层嵌套水平分辨率为 27 km，第二层为 9 km，第三层为 3 km，第四层为 1 km。

恶臭污染物扩散模块采用欧拉模型，并将污染物扩散分为平流、扩散、沉降、化学转化等子模块。由于大部分污染物的反应活性较低，且化学转化过程在模拟计算时耗时较长，因此在应急预报中很难满足其时效性的要求，固恶臭模式系统在应用于应急时间的模拟预报时不考虑化学转化过程。

1）物理参数化方案选择。利用敏感性测试方法对 MM5 模式各物理参数化方案筛选，最终确定以下物理参数化方案（高媛媛等，2007；王自发等，2009）。

①Grell 积云参数化方案：当网格距为 10 ～30 km 时可选取该方案，该方案基于扰动和准扰动理论，能平衡非对流性降水和对流性降水，考虑了降水效率的切变效应。当网格距＜5 km 时，不选用积云参数化方案。根据模拟区域设置，D1 和 D2 采用该方案，D3 和 D4 不采用积云参数化方案。

②简单冰相显式微物理过程：运用微物理过程显式预报云和降水场，并考虑冰相过程，不存在过冷水，零度层以下雪迅速融化。

③云辐射方案：该方案涉及长短波与云和晴空之间的相互作用，除给出地面辐射通量外，也提供大气温度倾向变化。

④MRF 边界层参数方案：又称 Hong-Pan 边界层参数方案。若选用该方案，地表温度模拟必须选择五层土壤温度模块。

⑤五层土壤温度模块：利用垂直扩散方程模拟预报 1 cm、2 cm、4 cm、8 cm、

16 cm 土壤温度，底层温度固定，在垂直方向上可分辨温度的日变化，从而加快了地面温度的响应速度。

2）积分步长及输出频率设置。MM5 模式积分步长设置为 80 s，数据输出频率设定为 720 s，每日世界时零时开始预报，滚动预报 48 h。

3）精细插值。突发性大气污染事件的发生规模存在很大的不确定性，其影响范围可从数十米直至数千千米，针对不同规模的污染事件，选择合适的模式分辨率是突发性大气污染应急预报的前提。我们确定当突发事故现场的范围≥1 km 时，气象场水平分辨率从 27 km 至 1 km 通过模式三重嵌套技术生成；相反，气象场通过精细插值技术得到（为了提高计算时效，不能继续采用嵌套技术）。精细插值技术主要采用双线性插值方法，将气象预报场分辨率从 1 km 插值成 50 m，得到事故发生地 10 km×10 km 区域的气象场（称 D5）。

APOPS-MG 是多尺度三维欧拉模型，考虑了污染物排放，平流输送，湍流扩散，干、湿沉降，气相/液相化学等过程。

在突发性大气污染预报中，将 APOPS 模型设置为选择母、子两重嵌套区域。其母、子两重嵌套区域的选择依据突发性大气污染事件的发生规模，具体选择依据见表 4-5。

表 4-5　APOPS-GM 双重嵌套区域选择依据

预估影响范围		嵌套区域选择	模式分辨率
10 km 以下	母区域	D4	1 km
	子区域	D5	50 m
10 ～100 km	母区域	D3	3 km
	子区域	D4	1 km
100 ～1 000 km	母区域	D2	9 km
	子区域	D3	3 km
1 000 km 以上	母区域	D1	27 km
	子区域	D2	9 km

4.3.3　突发事故大气扩散快速模拟预报系统功能

该系统可针对突发性大气污染事故在第一时间（10 min 内完成全部计算）准确掌握污染物扩散范围，该系统集成先进的气象预报数值模式、大气污染扩散模式，形成多尺度、多种污染物、各种释放源（点源、线源、面源、体源、瞬时源、间歇源等）突发条件下的大气扩散预报预警模型集成系统。此系统具有预报和回顾性评价功能，有较高的时空分辨率（网格尺度 50 m，时间分辨率 10 min），预报时效 72 h。通过对近 30 年的湍流和示踪物实验资料进行系统性分析，建立各种不同下垫面条件下的湍流扩散参数化方案。并通过大涡模拟技术建立了复杂下垫面普适的湍流参数化方案，进一步将其耦合于扩散模型，建立微小尺度预报预警模型。在无湍流廓线观测资料的情况下，采用较高时间分辨率的诊断风场，结合修正后的相似性理论方案，实现了微小尺度气象场、高分辨率复杂地形污染的扩散模拟，利用系统集成的全国 30 m 精度的海拔高程数据库和地表覆盖数据库，可快速有效地预报我国任一位置的突发大气事故造成的后果影响。

为了检验系统是否能够正常稳定运行；在不同气象条件和排放源情形下软件能否达到考核所要求的三项主要性能指标，并在满足模拟性能指标要求下的推荐模拟方案（主要考虑气象场时空分辨率）设置[23-25]。通过对系统进行了大规模的测试。该软件不仅主要技术指标均达到了立项时的要求，而且正常稳定运行，通过了专家组检测。

中国科学院大气物理研究所在区域空气质量预报系统 NAPQMS 基础上，发展了突发性恶臭污染应急预报系统 APOPS-GM，对事故发生区域进行快速定位、精细插值等。污染物扩散模型以嵌套网格模式系统 NAQPMS 为核心，考虑污染物平流、湍流扩散和沉降等过程，重点突破恶臭事故源项的仿真模拟，实现实时监测源耦合。同时，充分发展和利用先进的计算优化、并行集成、快速检索等技术，构建可快速定位突发性恶臭污染事件产生的污染源，实时模拟预测污染物演变过程的多尺度动态仿真预测预警系统，可实现空间分辨率 50 m、时间分辨率 10 min、预报时间 72 h 的气象场预报。

4.4 应急预警动态管理与决策平台研发与示范应用

在真实突发大气污染事故应急处置的过程中，科学、完善的大气污染事故应急响应系统是制定合理应急预案、采取有效应急处置措施的重要基础。大气污染应急系统这个概念最初是由美国军方提出的，其陆续开展了一些外场实验（如 Project Prairie Grass 和 Ocean Breeze/DryGulch）建设[26,27]。之后，欧盟委员会开发了实时在线决策支持系统（RODOS）[28]。美国开发了国家大气释放咨询中心（NARAC），可快速预测空气中放射性核素对环境的污染和健康影响[29]。与国外相比，我国在大气应急系统方面的研究起步较晚，在 20 世纪 90 年代才开始发展突发事件应急系统，但初期主要集中于核事故应急场景。自 2007 年之后，发展了与气象场预报相结合的突发性大气污染预警系统等[30,31]，韩素芹等[32] 结合中尺度数值预报模式与随机游动粒子—烟团模式，建立了天津市突发大气污染事故应急预警系统。黄昕等[21] 开发了 WRF-CALPUFF 耦合系统。安俊岭等[33] 完成了国家“863 课题”项目资助的首个由监测系统、预报系统、数据库三部分组成的突发性大气污染监测与预报技术集成移动平台。结合中国在应急响应决策系统的研究与应用方面存在的不足以及现实需求，在国家重点研发计划项目支持下，我们基于突发事故污染排放规律探究，快速溯源、污染扩散快速精细化模拟、应急优化监测布点等技术研发及多技术评估研究成果，研究多技术集成信息动态反馈机制，首次提出了“溯源—模拟—监测”动态交互反馈全链条突发大气污染事故应急预警评估技术方法，成功研发了我国具有自主知识产权的、兼有科学性、先进性和可业务化的突发大气污染事故应急预警动态管理与决策平台，并基于外场应急演练开展了应急平台示范应用。该平台集智能启动、基础信息管理、事故溯源、模拟与风险评估、布点与综合监测、动态决策支持等多功能于一体，涵盖了“溯源—模拟—监测—评估”全链条的突发大气污染事故应急预警评估技术，可为突发事故全面、高效、准确的监测预警评估及有效应急处置提供技术支持。

4.4.1　研发应急预警动态管理与决策平台

本部分首先建立我国应急支持基础信息数据库，进一步基于以上章节构建的关键应急技术，研究多技术集成信息动态反馈机制，在此基础上提出并建立了突发大气污染事故应急预警方法和系统平台，最后基于外场应急演练开展应急系统示范应用研究。

4.4.1.1　应急支持基础信息数据库建立

在风险源数据库研究结果基础上，利用文献调研、互联网信息搜集等方式建立了有毒物理基础信息数据库、典型案例库、有毒物浓度健康评估标准库，并利用计算机语言对这些信息进行了建库处理。

（1）有毒物基础信息库

建立有毒物信息数据库，掌握有毒物的基础理化性质信息、环境标准、监测方法和应急处理处置方法等信息，可为应急管理部门提供有毒物优先监测控制类别及科学合理处置事故提供依据。

本部分查询参考了《化学品分类和危险性公示　通则》（GB 13690—2009）、《化学品安全标签编写规定》（GB 15258—2009）、《危险化学品仓库储存通则》

（GB 15603—2022）以及《危险化学品目录（2015 版）》，其中，重点参考了由国家安全监管总局会同工业和信息化部、公安部、环境保护部、交通运输部、农业部、国家卫生计生委、质检总局、铁路局、民航局制定的《危险化学品目录（2015 版）》，对该文件包含 2 828 种不同类别有毒化学品的理化性质信息、环境标准、监测方法和应急处理处置方法等信息进行互联网及文献调研，最终建立起涵盖 1 331 条危险化学品信息（包括理化性质信息、环境标准、监测方法和应急处理处置方法等）的有毒物基础信息数据库。

（2）突发事故案例数据库

突发事故发生类型各异，事故发展情形复杂，因而导致应急处置过程复杂、方法各异。科学、有效地应对和处置突发事故，不仅要求应急指挥人员具备优良的基础知识积累（如有毒物化学反应、毒性效应等），而且很大程度上需要具有充分的事故处置实战经验。因此，在应对真实突发事故情形下，以往事故案例的积累显得尤为重要，通过建立典型突发事故案例数据库，便于应急人员通过对大量历史事故进行分析、学习，掌握典型事故有效处置、应对方法，为真实事故现场下的安全应急、有效应急提供决策依据。

本书通过查阅文献、书籍以及互联网方式收集近年来突发环境污染事故案例 173 例，主要涉及危险化学品泄漏、火灾、爆炸，其中泄漏事故 144 例，火灾爆炸 29 例，主要包括事故经过、应急处置、事故原因、事故后果等基础信息。

（3）有毒物浓度健康风险评估标准数据库

在真实应急处置过程中，由于事故导致人类与有毒化学物质的接触机会增多，当人类与有毒物质暴露于危险环境中一定时间时，可能会导致出现不同程度的中毒影响，因此，有毒物释放的后果评价是应急指挥中的重要工作。紧急暴露浓度标准是危险化学品释放后污染物对生态环境和人体健康影响的重要依据，因此，本书对有毒物释放后安全暴露浓度标准进行了调研、整理研究，重点收集了美国工业卫生协会制定的《紧急响应计划指南》（ERPG），ERPG 将有毒气体对人体健康的危害程度可分为 ERPG-1、ERPG-2、ERPG-3 3 个等级，其中，ERPG-1 是指健康人员持续暴露于有毒气体环境约 1 h，除短暂的不良健康影响或不当的气味外，不会有其他不良影响的最大容许浓度；ERPG-2 是指人员暴露于有毒气体环境中约 1 h，不会对身体造成不可恢复之伤害的最大容许浓度；ERPG-3 是指人员暴露于有毒气体环境中约 1 h，不会对生命造成威胁的最大容许浓度。然而，该标准的制定缺乏严格的毒理学依据，适用性不包括敏感人群，同时，该标准评估暴露 60 min 时的伤害程度，因此，本书进一步收集整理了 USEPA 制定的《急性暴露指导水平》（AEGLs），AEGLs 是由美国国家咨询委员会与国家研究委员会制定的急性暴露浓度标准，以为国家、政府、企业处理突发事故（如泄漏）提供科学依据，该标准适用于短时、突发性的事故风险评估，不适用于评估化学物质的长期影响。根据对人员影响程度的不同，该标准划分为 3 个风险等级浓度 AEGL-1、AEGL-2、AEGL-3，与 ERPG 不同，AEGLs 每个风险等级下包括 5 个暴露时间段（10 min、30 min、1 h、4 h、8 h）的浓度标准。不同等级具体定义为：AEGL-1 是指空气中有毒污染物浓度标准，超过该值，一般人群，包括敏感人员，感到明显不适、愤怒、或者某些特殊症状，但对人的影响是可逆的；AEGL-2 是指空气中有毒污染物浓度标准，超过该值，一般人群，包括敏感人员，表现为不可逆的或其他严重的，长期持久的不良健康影响，或受损的逃生能力；AEGL-3 是指空气中有毒污染物浓度标准，超过该值，能严重影响一般人群包括敏感人员的生命健康或造成人员致死。两种标准（ERPG、AEGL）下的部分化学物质的值见表 4-6，表 4-7。考虑到两个库中涵盖的物种并不完全一致，可相互作为补充，因此，本书将上述收集到的风险浓度标准共同纳入数据库，形成更为完善的有毒物质健康风险评估数据库，同时对应急系统的数据资料库进行了进一步的补充。

表 4-6　ERPGs 部分物质　　单位：10^{-6}

化学物质	ERPG-1	ERPG-2	ERPG-3
氨	25	200	1 000
苯	50	150	1 000
氯苯	1	10	25
溴	0. 2	1	5
1,3 丁二烯	10	50	5 000
丙烯酸丁酯	0. 05	25	250
二硫化碳	1	20	500
四氯化碳	20	100	750
氯	1	3	20
三氟化氯	0. 1	1	10
甲醛	1	10	25
六氯丁二烯	3	10	30
六氟丙烷	NA	1	50

续表

化学物质	ERPG-1	ERPG-2	ERPG-3
六氟环丙烷	10	50	500
氯化氢	3	20	100
氰化氢	NA	10	25
氟化氢	5	20	50
硫化氢	0.1	30	100
乙硼烷	NA	1	3
双烯酮	1	5	50
二甲胺	1	100	500
光气	NA	0.2	1
五氧化二磷	5	25	100
环氧丙烷	50	250	750
苯乙烯	50	250	1 000
三氧化硫	2	10	30
二氧化硫	0.3	3	15
四氟乙烯	200	1 000	10 000
四氯化钛	5	20	100
甲苯	50	300	1 000
乙酸乙烯	5	75	500

注：NA 表示尚未分析。

表 4-7　AEGLs 部分物质　　单位：10^{-6}

乙基硫醇 CAS 编号：75-08-1				暴露时间	
	10 min	30 min	60 min	4 h	8 h
AEGL1	1.0	1.0	1.0	1.0	1.0
AEGL2	150	150	120	77	37
AEGL3	450	450	360	230	110
二硫化碳 CAS 编号：75-15-0				暴露时间	
	10 min	30 min	60 min	4 h	8 h
AEGL1	17	17	13	8.4	6.7
AEGL2	200	200	160	100	50
AEGL3	600	600	480	300	150

续表

环氧乙烷 CAS 编号：75-21-8				暴露时间	
	10 min	30 min	60 min	4 h	8 h
AEGL1	NA	NA	NA	NA	NA
AEGL2	80	80	45	14	7.9
AEGL3	360	360	200	63	35
光气 CAS 编号：75-44-5				暴露时间	
	10 min	30 min	60 min	4 h	8 h
AEGL1	NA	NA	NA	NA	NA
AEGL2	0.60	0.60	0.30	0.080	0.040
AEGL3	3.6	1.5	0.75	0.20	0.090
甲基二氯硅烷 CAS 编号：75-54-7				暴露时间	
	10 min	30 min	60 min	4 h	8 h
AEGL1	0.90	0.90	0.90	0.90	0.90
AEGL2	50	22	11	5.5	5.5
AEGL3	310	110	50	13	13
丙烯亚胺 CAS 编号：75-55-8				暴露时间	
	10 min	30 min	60 min	4 h	8 h
AEGL1	NA	NA	NA	NA	NA
AEGL2	83	25	12	2.5	1.2
AEGL3	170	50	23	5.1	2.4
环氧丙烷 CAS 编号：75-56-9				暴露时间	
	10 min	30 min	60 min	4 h	8 h
AEGL1	73	73	73	73	73
AEGL2	440	440	290	130	86
AEGL3	1 300	1 300	870	390	260

注：NA 表示尚未分析。

4.4.1.2　多模型集成信息动态反馈机制

（1）多模型集成信息动态反馈机制研究

为了解决“快速、准确、全面”地监测和评估突发污染事故的技术难题，实现源强估算、密集网优化布点监测、模型模拟实时动态更新和修正，开展“溯源—模拟—布点监测”交互反馈机制研究。突发大气污染事故溯源—模拟—布点—监测系统层次的反馈循环，首先是通过给予 1 个初始源强，利用突发大气污染事故应急关键技术层的交互反馈关系，获取该事故源强和扩散环境状态下的污染物扩散模拟特征和应急监测布点方案，以获取有效的实时监测数据，然后利用该监测数据进行源强反演，更新源强大小，进入新一轮的技术层次反馈，进而实现突发事故应急关键技术层次的反馈循环，直至应急处置方案满足事故处置要求。反馈机制示意图如图 4-48 所示。

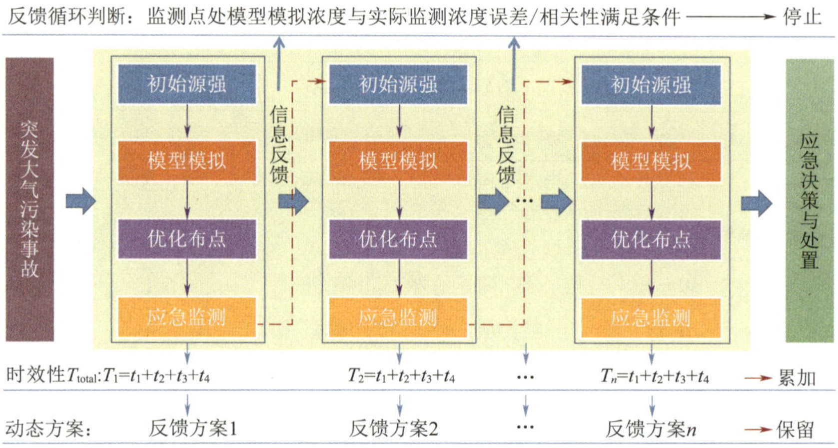

图 4-48　多技术集成反馈机制示意图

（2）突发事故大气污染应急预警与决策支持方法建立

我国研究人员提出一种多技术融合的突发大气污染事故应急预警动态管理与决策支持方法[34]，具体包括如下步骤。①突发事故捕捉识别模块：事故发生后，应急人员根据接警信息对突发事故基础信息进行录入及备案。②基础信息管理模块：根据事故接警信息查询基础数据库信息并调取展示事故相关信息资料。③模拟预测与健康风险评估模块：实现气象预报模型常态化运行及预报结果动态展示；根据事故接警信息，对有毒气体污染扩散时空分布动态模拟预测，获得污染影响范围，在此基础上结合人体急性健康效应浓度标准；划定健康风险区域，生成动态健康风险预报场并进行展示。④优化监测布点模块：基于扩散模拟-健康风险评估结果并结合实际应急监测资源及地理信息（周边敏感点、交通、人口密度、地形、河流等），获得优化监测布点建议方案并进行展示。⑤现场综合监测模块：根据优化布点建议方案，利用在线监测设备获得实时监测数据。⑥源强动态更新反馈模块：利用现场实时监测数据与扩散模型进行事故源强的动态更新，并将源强更新结果传递反馈给扩散模型进行污染预测结果的动态更新。⑦专家会商模块：利用网络通信技术建立应急指挥中心与事故应急现场的音频连接，实现指挥中心与事故现场的信息交互反馈；利用网络通信技术实现指挥中心与应急领域专家音频连接，为事故现场处置决策提供科学、有效的建议。以上均接入同一网络平台，建立一个多技术融合的突发大气污染事故动态应急预警评估与决策支持系统。各系统可独立运行，也可通过不同技术模块之间的数据传递开展协同工作。

4.4.1.3　应急预警动态管理与决策平台建立

基于突发大气污染事故应急预警动态管理与决策支持方法，利用关键应急技术（事故源参数估算、多模型污染扩散模拟）、基础信息库、实验数据、应急优化布点和多技术集成信息动态反馈机制等研究成果，提出并建立了集平台启动、基础信息管理、事故溯源、模拟与风险评估、布点与综合监测、动态决策支持 6 个子系统于一体，涵盖“溯源—模拟—监测—评估”全链条突发大气污染事故应急预警方法和系统。在局地（工业园区）大气污染发生后，通过人工接警或传感器在线监测系统识别突发事故，人工/智能启动应急平台；基础信息数据库提供整个应急过程所需的基础信息资料；模拟与风险评估系统主要预测未来气象场及污染物时空分布，进一步根据污染物暴露浓度标准划定风险区域；布点与综合监测系统主要提供应急监测点位建议方案，实现对敏感点的在线监控，动态决策支持系统是实现指挥中心与事故现场、应急领域专家的信息交互，在数据库信息、污染预测、风险评估、综合监测等子系统结果的基础上，对事故形势进行综合研判，合理制定应急处置方案。本系统应用于真实环境下突发大气污染事故应急处置，有助于决策者及时、准确地把握污染发展态势，最大限度地减少人员伤亡、财产损失以及清除污染等将起着关键作用。系统界面及体系结构如图 4-49、图 4-50 所示。

图 4-49　应急系统登录主界面

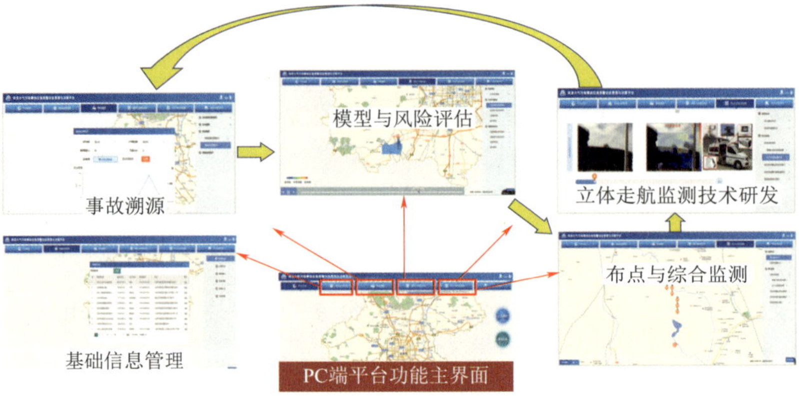

图 4-50　应急系统体系结构

4.4.2　应急预警动态管理与决策平台功能示范及应用

4.4.2.1　基于外场实验应急平台功能示范

为验证应急预警系统平台的科学性及实用性，研究团队于 2019 年 7 月 19 日在北京市房山区燕山石化厂区周边的飞燕石化环保科技发展有限公司组织、开展了基于外场实验事故模拟情景的应急平台功能示范。

（1）外场实验概况

利用 WRF 气象预报系统对燕山石化地区进行预报模拟，考虑气象预报模式精细化模拟预报结果，同时，于实验当天，根据实验当天气象传感器的实际监测结果判断当天是否开展实验。与此同时，为方便指挥组判断实验期间气象条件，在最高的泄漏释放点处设置风旗，以能够更加真实地反映风向和风速波动情况，为实验开展和下风向布点提供指导。SF_6 扩散示踪试验释放点设置在北京飞燕山石化环保科技有限发展公司的办公楼层顶，释放高度约 26 m，演练时间为 2019 年 7 月 19 日全天。

表 4-8　外场实验信息统计表

编号	采样时间	释放高度/m	释放速率/(g/s)	风向/(°)	风速/(m/s)
S1	11：16—11：21	26	36.22	121.54	0.78
S2	11：30—11：35	26	43.47	172.30	0.56
S3	11：41—11：46	26	43.47	140.75	0.50

（2）突发事故模拟案例情景

本次应急演练模拟燕山石化厂区（以厂区周边的北京飞燕石化环保科技发展有限公司替代）危险化学品储罐顶部出现意外损坏，导致大量有毒气体（以 SF_6 代替）泄漏扩散，势态难以控制，造成事故周边地区大气环境污染，给周边居民区健康安全带来威胁。应急演练第一现场位于燕山石化厂区，为突发大气污染环境事故事发现场，第二现场位于京飞燕石化环保科技发展有限公司，作为临时事故应急指挥中心。

（3）应急平台功能示范

1）应急接警。事故发生后，应急值班人员接警，根据报警人提供信息对应急系统启动模块进行信息设置并提交，系统根据录入信息执行数据库自动查询、调取和相关技术模块后台运行命令。值班人员上报事故信息至应急部门领导，并调动应急人员赶赴现场（图 4-51）。

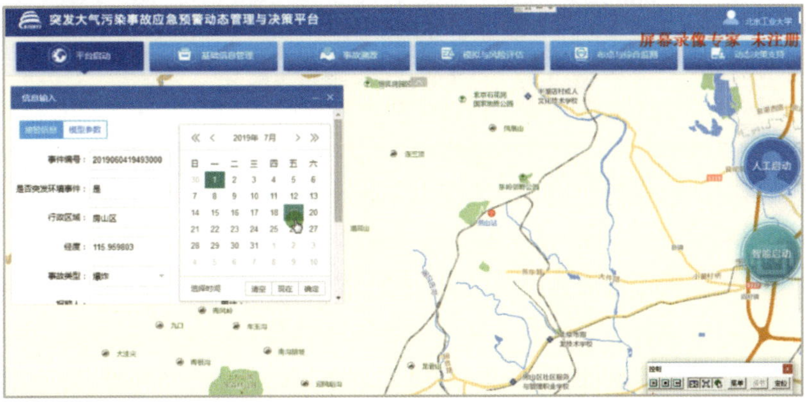

图 4-51　系统运行参数输入界面

2）应急数据库基础信息支持。系统启动后，首先根据接警人员录入的信息迅速搜索匹配数据库信息，自动调取生成应急决策支持信息报告（图 4-52～图 4-56），为指挥人员提供包括事故风险源、周边敏感点、应急预案库等在内的决策判断支持信息，该模块响应时间 0.75 s。

图 4-52　涉事企业自动定位及相关数据库支持信息自动调取

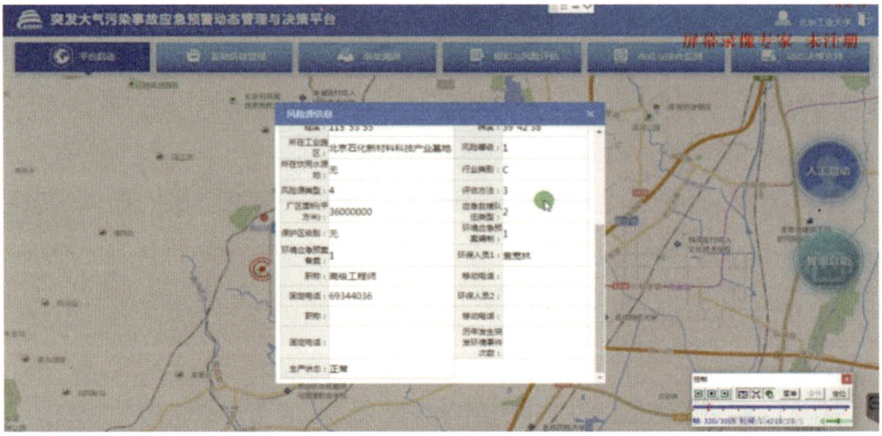

图 4-53　涉事企业风险源信息展示

图 4-54　有毒物应急处置信息展示

图 4-55　涉事企业周边敏感点（教育、卫生、居民小区等）展示

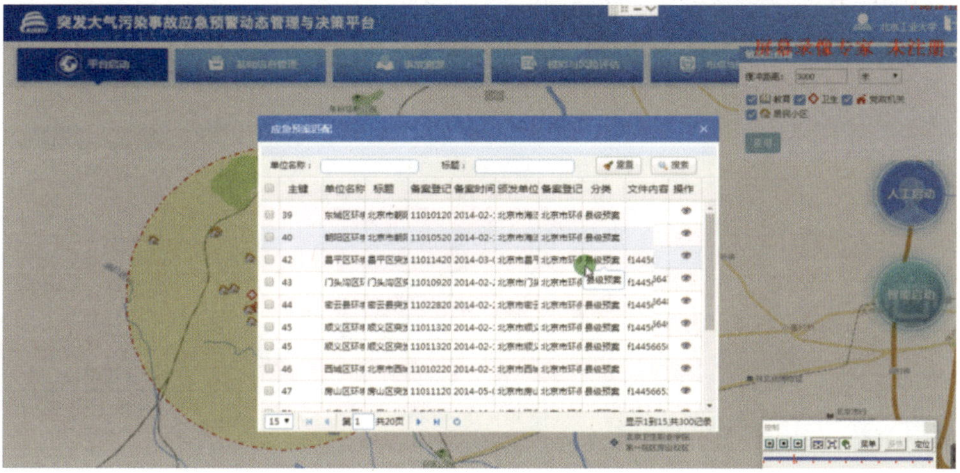

图 4-56　应急预案展示

3）数据反馈循环与应急决策动态支持。

①模型动态预测支持。

基于常态化气象预报（图 4-57），利用小尺度污染数值模型预测未来事故污染动态扩散发展变化特征（图 4-58），在本次事故模拟中，为后续检验应急系统各技术模块信息动态反馈更新机制，应急人员随机设置偏离实际源强数值（本次源强输入值 35 000 kg/h），污染预测模块从提交模型参数至污染预测结果生成时间约为 9 min。

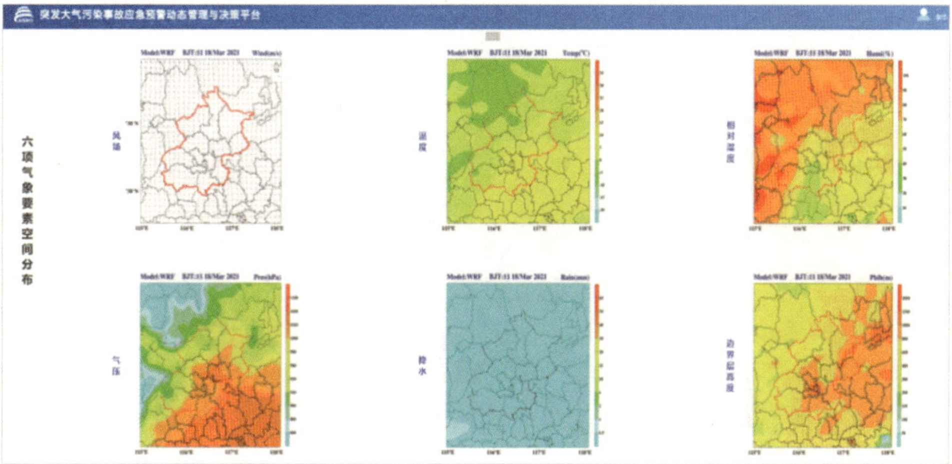

图 4-57　气象场预测展示

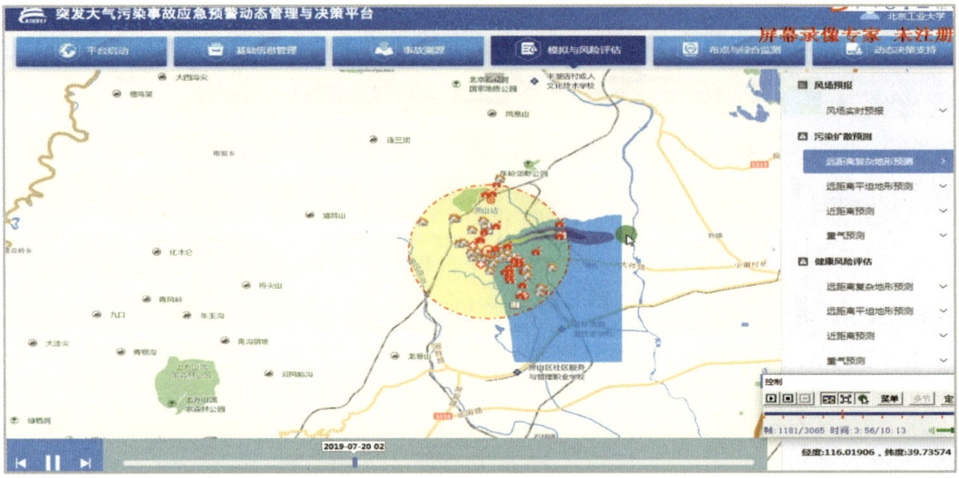

图 4-58　污染动态扩散预测展示

②基于“模型—监测”数据反馈的应急监测支持。

启动应急布点功能，基于模型模拟、健康风险评估结果，结合实际经验信息，生成布点建议方案（图 4-59），实现“模拟—布点监测”的信息反馈修正功能。该模块从提交基本参数至得到应急布点方案的响应时间为 49 s。

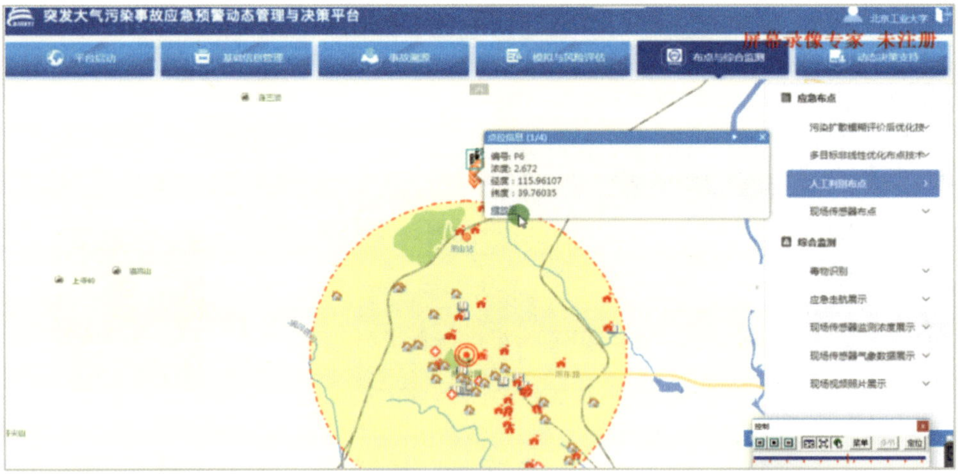

图 4-59　建议应急监测点位

应急人员携带在线传感器监测设备到达事故现场后，应急指挥人员根据应急系统提供的建议布点方案，在事故周边敏感点进行监测设备的布设和现场监测，结果如图 4-60、图 4-61 所示。

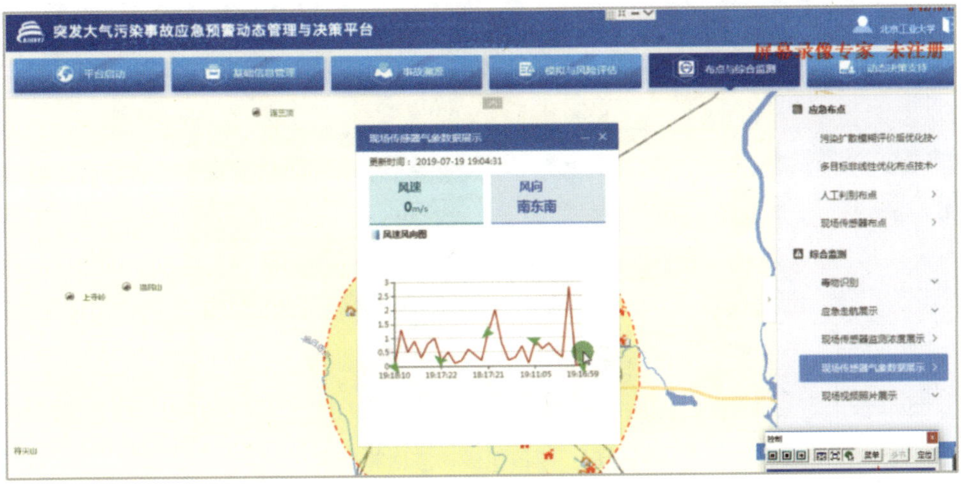

图 4-60　事故现场气象实时监测结果展示

图 4-61　现场污染物浓度实时监测结果展示

③基于“监测—溯源”数据反馈的事故源动态变化源强信息更新。

现场污染监测信息自动反馈到应急系统，经系统源信息更新判别功能，发现模拟结果严重偏离实际，指挥中心人员操作系统，启动源强估算技术模块，系统自动调取传感器反馈数据，完成污染源强估算，演练期间溯源系统基于污染监测结果进行了 4 次源强信息动态更新，最终得到满足条件的源强估计值 34. 02 kg/h，与实际值（43. 47 kg/h）明显接近，相对偏差为 21. 7 %（图 4-62）。

④基于“溯源—模拟”数据反馈的污染动态预测信息更新。

源强信息更新后，自动传递反馈到污染预测模拟模块，更新污染预测结果（图 4-63、图 4-64）。

图 4-62　事故源强动态估算结果

图 4-63　模型自动获取源强更新结果

图 4-64　模型模拟更新后预测结果展示

4）应急处置与演练结束。

根据最新浓度预测结果，调整监测点位，随着有毒气体泄漏源经应急人员处置，现场传感器监测污染物浓度不断降低，待浓度水平较低后，结束本次演练。

4.4.2.2　应急平台落地应用及综合性示范演练

研发的突发大气污染事故应急预警与决策平台在北京市环境应急与事故调查中心落地应用，参与执行日常应急值守任务，实现了对北京市天气预报业务的常态化运行以及对北京市典型重大风险源（燕山石化）的污染智能监控，有效提升了相关政府部门对突发事故的应急响应能力（图 4-65）。该平台已在北京市环境应急与事故调查中心试运行，执行日常值守任务，支撑北京市 2019 年、2020 年典型火灾、爆炸事故应急处置。

图 4-65　燕山石化应急演练现场

2020 年 10 月 18 日，由北京工业大学牵头的国家重点研发计划“突发大气污染事故应急预警评估技术与示范研究”项目研究成果示范性应急演练在北京燕山石化开展。本次演练由北京市生态环境局、北京工业大学、中国科学院合肥物质科学研究院和北京大学主办，燕山石化公司承办。本次演练情景设置为燕山石化储运厂牛口峪罐区储罐根部阀门泄漏，大量物料泄漏，造成事故周边地区大气环境污染，给周边居民的健康安全带来威胁，北京市环境应急于事故调查中心接到事故报警后，立即启动应急预案，应用“突发大气污染事故应急预警评估技术与示范研究”项目成果突发大气污染事故应急预警与决策支持平台和突发大气污染事故立体走航监测车开展应急处置行动。本次演练以真实化工园区泄漏突发事故污染预警、监测、处置和评估为主线开展全链条应急处置行动。演练内容包括企业先期处置行动、基于突发大气污染事故应急预警与决策支持平台信息化指挥、突发大气污染事故立体走航监测车应急监测，以及专业应急处置队伍的应急处置行动。项目成果风险源数据库、源强估算软件、立体走航在线监测系统、模式预警与快速溯源系统以及突发大气事故预警评估技术规范等贯穿演练过程，得到集中展示。

此次演练中，北京工业大学自主研发的应急预警与决策平台落地应用于北京市环境应急与事故调查中心，在本次综合应急演练，事故发生后立即启动应急响应程序，贯穿预警、监测、处置和评估的全链条应急过程，为事故现场应急指挥决策、处置提供了重要技术支撑；中国科学院合肥物质研究院研制的突发大气污染事故立体走航监测车应用于突发大气污染事故的应急监测，实现了对事故现场挥发性有机物、毒害和恶臭气体等 300 种气体组分快速定量识别、浓度分布快速监测，能够对突发事故污染气团分布、扩散态势进行快速识别，对事故现场及周边有毒有害气体的时空分布进行应急移动监测。

图 4-66　事故现场应急处置、立体走航监测

本次演练内容包括企业先期处置行动、基于突发大气污染事故应急预警与决策支持平台信息化指挥、突发大气污染事故立体走航监测车应急监测以及专业应急处

置队伍的应急处置行动。固定式突发大气污染事故应急预警与决策支持平台主要包括平台启动、基础信息、事故溯源、模拟与健康风险评估、综合监测、动态决策支持六大功能模块，将信息获取、污染预测预警、应急监测、风险评估、应急决策支持等多功能集成于一体，解决了突发大气污染事故应急响应过程中的快速溯源、准确评估、科学预警难题。

参考文献

[1] 孙玉友，张冀峰，申振宇，等. 天津港“8・12”爆炸事故现场勘验经验和启示［J］. 工程爆破，2017，23（1）：4.

[2] 潘勇，郭晓东. 一种基于遗传算法改进的粒子群优化算法［J］. 计算机应用与软件，2011，28（9）：3.

[3] 肖宏峰，谭冠政. 单纯形搜索在遗传算法中的融合研究［J］. 计算机工程与应用，2008，44（18）：4.

[4] 何宁，徐波，孙恩吉. 基于改进遗传-单纯形混合算法的危险气体泄漏溯源分析［J］. 中国安全生产科学技术，2017，13（11）：5.

[5] Fan S K S，Liang Y C，Zahara E. Hybrid simplex search and particle swarm optimization for the global optimization of multimodal functions［J］. Engineering Optimization，2004，36（4）：401-418.

[6] 沈泽亚，郎建垒，程水源，等. 典型耦合优化算法在源项反演中的对比研究［J］. 中国环境科学，2019，39（8）：3207-3214.

[7] 胡峰，郎建垒，毛书帅，等. 典型优化目标函数下源参数反演性能对比研究［J］. 中国环境科学，2021，41（5）：2081-2089.

[8] Cui J X，Lang J L，Chen T，et al. Investigating the impacts of atmospheric diffusion conditions on source parameter identification based on an optimized inverse modelling method［J］. Atmos. Environ. 2019，205：19-29.

[9] McGrattan K.，Miles S.（2016）. Modeling Fires Using Computational Fluid Dynamics（CFD）. In：Hurley，M. J.，et al. SFPE Handbook of Fire Protection Engineering. Springer，New York，NY. https：//doi. org/10. 1007/978-1-4939-2565-0_32.

[10] Argyropoulos C D，Sideris G M，Christolis M N，et al. Modellingpollutants dispersion and plume rise from large hydrocarbon tank fires in neutrally stratified atmosphere［J］. Atmospheric Environment，2010，44（6）：803-813.

[11] Babrauskas V. Estimating large pool fire burning rates［J］. Fire Technology，1983，19（4）：251-261.

[12] Wang B H，Liang Y T，Zheng T C，et al. Multi-objective site selection optimization of the gas-gathering station using NSGA-Ⅱ. Process［J］. Saf. Environ. Prot. 2018，119：350-359.

[13] Li R R，Dong Y Q，Zhu Z J，et al. A dynamic evaluation framework for ambient air pollution monitoring［J］. Appl. Math. Model. 2019，65：52-71.

[14] Kassteele J，Stein A，Dekkers A，et al. External drift kriging of NO_x concentrations with dispersion model output in a reduced air quality monitoring network［J］. Environ. Ecol. Stat. 2009，16：321-339.

[15] Hao Y F, Xie S D, 2018. Optimal redistribution of an urban air quality monitoring network using atmospheric dispersion model and geneticalgorithm [J]. Atmos. Environ. 177: 222-233.

[16] Wang C C, Zhao L J, Sun W J, et al. 2018. Identifying redundant monitoring stations in an air quality monitoring network [J]. Atmos. Environ. 190: 256-268.

[17] Kao J J, Hsieh M R, 2006. Utilizing multiobjective analysis to determine an air quality monitoring network in an industrial district [J]. Atmos. Environ. 40: 1092-1103.

[18] Chen M, Wang S J , Xu Q, 2015. Multiobjective optimization for air-quality monitoring network design [J]. Ind. Eng. Chem. Res. 54 (31): 7743-7750.

[19] Cui J X, Lang J L, Chen T, et al. 2019. Emergency monitoring layout method for sudden air pollution accidents based on dispersion model, fuzzy evaluation, and post-optimality analysis [J]. Atmos. Environ. 222: 117124.

[20] 李俊徽，耿焕同，谢佩妍，等. 基于 WRF-CALMET 的精细化方法在大风预报上的应用研究 [J]. 气象，2017，43 (8)：1005-1015.

[21] 黄昕，李蒙蒙，张振州，等. 突发性大气环境污染事件应急预警技术开发及应用 [J]. 安全与环境学报，2012，12 (6)：252-257.

[22] 朱好. 复杂下垫面大气扩散实验与模拟研究 [D]. 北京：北京大学，2011.

[23] 郑宇凡，蔡旭晖，康凌，等. 大气扩散应急预报的风场不确定性影响研究 [J]. 北京大学学报（自然科学版），2019，55 (5)：878-886.

[24] 舒璐，杨宏，马丹阳，等. WRF 水平分辨率对 CALPUFF 模拟污染物浓度的影响 [J]. 环境保护科学，2019，45 (6)：84-91.

[25] 康凌，朱好，黄倩倩，等. CALMET 时空分辨率对 CALPUFF 模拟浓度场的影响 [J]. 北京大学学报（自然科学版），2021，57 (6).

[26] Ehrhardt J, 1997. The RODOS system: Decision support for off-site emergency management in Europe [J]. Radiat. prot. dosim, 73 (1-4): 35-40.

[27] Bradley M M, 2007. NARAC: An emergency response resource for predicting the atmospheric dispersion and assessing the consequences of airborne radionuclides [J]. Environ. Radioact, 96: 116-121.

[28] Ehrhardt J, 1997. The RODOS system: Decision support for off-site emergency management in Europe [J]. Radiat. Prot. Dosim. 73 (1-4): 35-40.

[29] Project Prairie Grass, a Field Program in Diffusion: Volume 1 [M]. Air Force Cambridge Research Center, 1958.

[30] 雷正翠，张备，臧晓钟，等. 基于 HYSPLIT4. 8 的常州市大气污染扩散应急响应系统研究 [J]. 安徽农业科学，2010，38 (24)：13527-13530.

[31] 董娟，许连丰，曾戊忠. 珠海市中小尺度大气扩散应急数值预报模式系统 [J]. 气象研究与应用，2007，28 (S2)：10-11.

[32] 韩素芹，蔡旭晖，李培彦，等. 天津市突发事故条件下大气污染的应急模拟 [J]. 中国环境科学，2009，29 (9)：919-923.

[33] 安俊岭，向伟玲，韩志伟，等. 突发性大气污染监测与预报技术集成移动平台 [J]. 中国环境科学，2011，31 (8)：1241-1247.

[34] 陈添，毛书帅，郎建垒，等. 一种突发大气污染事故动态应急预警评估与决策支持方法和系统 [P]. 北京市：CN201911320897. 5，2024-03-29.

第5章 移动污染源排放快速在线监测技术

5.1 研究背景

近几十年来，改善环境空气质量一直是全球社会面临的最大挑战之一。移动污染源排放中的超细颗粒物（UFPs）、VOCs、碳氧化物（CO_x）和 NO_x 等物质对人类健康、大气能见度和全球气候有不利影响，因此它们是国家空气污染物排放控制法规的重点。此外，移动源排放污染问题已成为我国亟待解决的重大社会、民生问题，其在线监测技术需求迫切。针对移动源排放进行相关监测仪器的研发与产业化应用，将为我国移动污染源监管提供重要技术设备，并促进各项标准的顺利实施。其中，机动车超标排放快速识别系统的研发，将为快速有效执法提供数据支持和集成化管理平台，实现对城区交通拥堵、尾气污染等项目的实时管理。

UFPs 和 VOCs 的测量技术已引起众多研究者的关注。同时，尾气超标车辆的自动快速识别技术也成为研究热点。一些公司先后开发了一系列针对移动源排放的 UFPs（颗粒质量浓度、颗粒数浓度、粒径分布）、VOCs、NO_x 等的监测仪器。目前，欧盟已经启动了 PMP（Particle Measurement Program）计划，开发一种新的车辆排放超细颗粒物的测量系统。系统从台架试验发展到高精度、便携、快速、在线、现场测量技术，建立了相关监测方法、技术和标准体系。例如，2014 年 9 月开始实施的欧洲Ⅵ标准将汽油直喷（GDI）的颗粒物数浓度（PN）的排放限值从欧洲Ⅴ标准的 6×10^{12} 个 · km^{-1} 降低到 6×10^{11} 个 · km^{-1} 以下。由于移动源的流动性和排放成分（包括 UFPs、VOCs 和 CO_x）的复杂性，很难对其进行实时、有效监管。同时，大多数移动污染测量仪器和设备仅适用于台架试验。对在线、多组分、小型化的监测技术和仪器有着迫切的需求。

国际上，以欧美为代表的发达国家（地区）在污染源颗粒物在线检测技术方面研究较早，相继研发了移动污染源超细颗粒物（稀释取样、粒径分级、粒子计数）、VOCs（氢火焰离子化检测-质谱分析、光谱遥测）等系列监测技术设备，从台架实验测试向更高精度、便携式、快速、在线、原位测量技术方向发展，同时形成了比较完备的监测方法、法规与标准体系。发动机的废气在排放到大气后，温度会迅速降低，其中包含的颗粒物会冷凝增长，从而影响实际的测量精度，因此如何实现移动污染源排放超细颗粒物的高温在线采样是关键；国外适用于移动污染源台架实验的颗粒物测量技术已经成熟，正逐步向原位快速在线测量技术研发与应用方向发展；同时，移动污染源 VOCs 检测系统的发展较为成熟，一般是多参数集成系统且已经商业化。USEPA 标准中 TO-14、TO-15、PAMS、TO-17 对 VOCs 的检测作出了明确的技术要求[2]，但大多是需要采样后离线分析，样品存储和前处理过程极易造成 VOCs 活性成分损失，从而影响测量的准确性。开发便携式、车载式 VOCs 原位、快速、在线以及覆盖区域性的综合检测设备，是重要发展趋势和方向[3]；美国及欧洲国家和地区对尾气检测技术的研究较为进且实施机动车排放法规较早。从 1974 年开始，美国开始执行怠速法排放检测技术，该方法要求汽车停在原地进行检测，使用便携式仪器操作简单，但是数据代表性较差[4]。1990 年后，美国不断完善工况法检测（如 ASM、IM240 等），提出 IG240 工况法，可连接底盘测功机，提供稳态与瞬态模拟状态测试，能够将检测结果用各成分的质量进行表述，但是因为仪器设备昂贵，测试过程复杂，一般不适宜普通配置和应用。与此同时，随着遥感检测技术的发展，汽车尾气遥感检测技术开始在美国和其他国家及地区得到发展和应用[5]。

国内对移动污染源超细颗粒物排放测量技术的研究尚处于起步阶段，超细颗粒物测试设备仍依赖国外进口。而国内针对移动污染源颗粒物采样方面的研究则更加少[6]。随着发动机排放控制技术的发展和国家排放法规的日益严格，上述方法在实际应用时暴露出诸多局限性，如测量精度低、实时性差，现场采样困难、无法在线测量等，因此亟待发展一系列具有自主知识产权的先进移动污染源超细颗粒物在线测量仪器和设备；国内移动污染源检测主要集中于总碳氢化合物的测量，VOCs 排放特征及清单研究甚少，尤其缺乏原位、在线及区域性测量技术应用于排放特征研究。我国由于相关研究起步较晚，有关机动车 VOCs 排放的研究还比较薄弱，关于机动车排放 VOCs 特征研究尚少，建立源成分谱的数据不足，且随着发动机技术和燃油品质的改进，源成分谱也需要及时更新；对于尾气排放法规的制定和执行都相对较晚，检测设备发展的起步就远落后于发达国家，在 2003 年以前，检测系统基本都是依靠进口[7]。随着汽车技术的快速发展，使用尾气检测装置进行故障分析和环境检测的需求越来越多[8]，为了弥补检测技术和手段的不足，国家大力支持移动源监测技术的研究和改进[9]，在

“十三五”项目“移动污染源排放快速在线监测技术研发及应用示范”的支持下，我国的 UFPs 和 VOCs 检测设备在技术上取得了极大的进步[10]。我国机动车尾气遥测技术日趋成熟，亟须进一步提高超标排放快速识别水平，以满足机动车监管的迫切需求。

5.2　移动源排放在线监测技术研究进展

移动源排放在线监测技术的研究正在世界范围内进行。近年来，许多研究机构和公司开发了移动源排放监测技术和设备。这些技术被用于测量超细颗粒物的 PN、超细颗粒物的粒径分布（PSD）、VOCs、CO_x 和 NO_x。经过 5 年的努力，我国在用于移动源在线和现场监测技术和仪器方面取得了重大进展。为了提高颗粒测量系统的测量精度，采用细颗粒采样器进行气体的稀释和 VOCs 的去除。车辆和船舶排放的 PN 和 PSD 分别由颗粒物数浓度监测仪和超细颗粒物粒径谱仪监测。同时，开发了机动车排放遥测技术以达到快速识别排放超标机动车的目的。为了在实际工作条件下快速在线测量移动源 VOCs，开发了多款 VOCs 监测仪器，并应用于不同的应用领域。此外，成熟的技术和仪器有助于相关执法部门完善移动源监测的法律法规。

5.2.1　超细颗粒物在线监测技术

5.2.1.1　超细颗粒物采样技术

在采样技术方面，国内的研究主要集中在对分流稀释技术的研究。通过建立数学模型，一些研究人员比较和分析了全流和分流稀释采样系统的超细颗粒物采样结果。结果表明，分流取样系统可以取代全流稀释取样系统。Deng 等[11]设计了基于预测控制的分流稀释采样系统，采样系统实现了精确的比例采样。测试结果表明，与全流稀释采样系统相比，新系统的精度提高了 42.4%。基于文丘里原理，Yu 等[12]设计了一个稀释比稳定为 1∶8、标准偏差为 0.032 的喷射式稀释器，并基于新的稀释器完成了车辆排放分流稀释采样系统的集成。对于高浓度颗粒的稀释（超过 4 个数量级），新稀释器的实际稀释比和理论稀释比之间的相对误差小于 0.006 3，满足应用要求。Xiao 等[13]采用两级加热设计了分段温控热扩散管，可有效去除挥发性成分，延长超细颗粒物的有效停留时间，并提高待测颗粒物的通过效率。合理的尾气稀释采样系统是测量移动源排放超细颗粒物的必要部分。通过高精度稀释，提高测量系统的量程；通过采样系统去除 VOCs，显著提高测量精度。国内的研究在高稳定性稀释和 VOCs 去除方面都取得了重大进展。

5.2.1.2 超细颗粒物数浓度监测技术

在粒子数浓度测量方法的研究中，国内学者主要关注基于扩散电荷静态测量的粒子荷电机理。Yang 等[14]采用静态电流测量方法研究了静电场中粒子的荷电机理，实验研究了不同放电参数、颗粒物数浓度和颗粒物特性等参数对超细颗粒物荷电量的影响机制。基于粒子扩散电荷和电迁移的原理，中国科学院合肥物质科学研究院的团队构建了粒子荷电和电迁移的理论模型，并提出了一种带有离子阱的对冲荷电方法。对于 23 nm 以上的纳米颗粒，新荷电器的荷电效率为 62%[15]。该团队还设计了一种基于微电流检测技术的高灵敏度、低噪声、宽量程的静态法拉第杯静电计，实验结果如图 5-1 所示，均方误差噪声和峰间噪声分别为 0.31fA 和 1.55fA[16][17]。在此基础上，完成了基于喷射稀释和气溶胶静电计的超细颗粒物数浓度测量系统的集成。

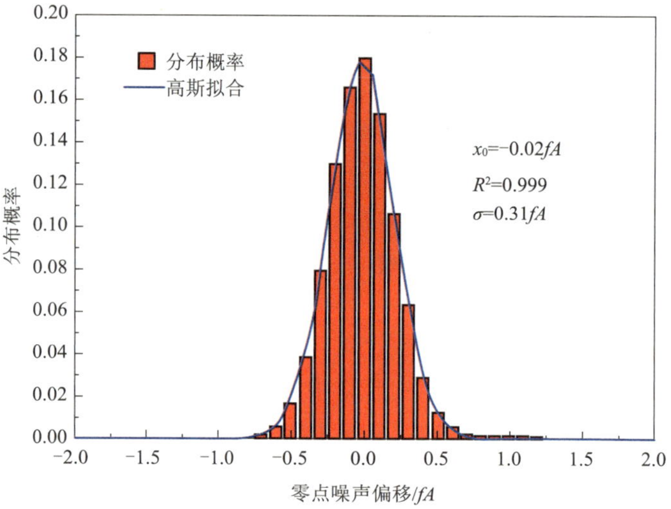

图 5-1 静态法拉第杯静电计噪声结果图

如图 5-2 所示，当系统运行时，清洁的鞘气流入电离室并携带、排出电离室中产生的高浓度自由离子。当带有超细颗粒物的采样气流被引入单极性电晕荷电器时，高浓度的自由离子与超细颗粒物碰撞以对其荷电。控制放电电压以保持自由离子的浓度，维持荷电过程的稳定性。荷电后，将粒子和离子的混合物引入离子阱区域以去除离子。然后将带电粒子送入静电沉积器，通过势阱电压去除小于 23 nm 的超细颗粒物，势阱电压可以改变以调整沉积粒径。最后，直径超过 23 nm 的粒子被送入气溶胶静电计，与灵敏的金属过滤器碰撞，粒子损失的电荷量被转换成微电流。采样气体中超细颗粒物的数量浓度在进一步的工作中得到计算、反演以及校准[15]。

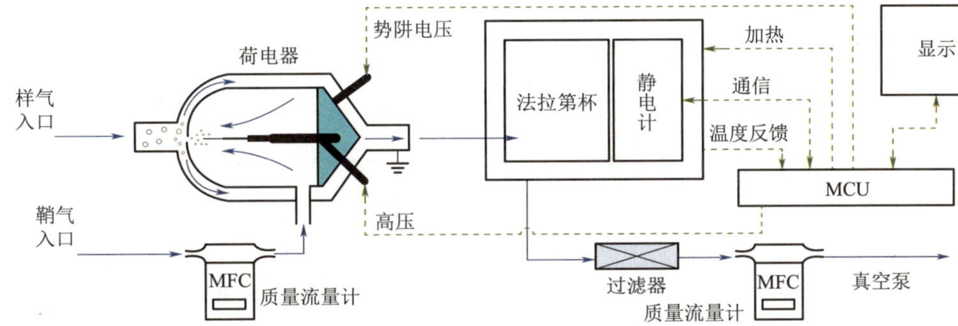

图 5-2　超细颗粒物数浓度监测系统原理

Yu 等[15]在车辆排放试验平台上进行了 PN 测量系统和 APC489（奥地利 AVL List GmbH）之间稀释和冷却后颗粒物数浓度测量的对比试验。实验结果表明，PN 测量系统的结果与 APC489 一致，相关性 R^2 高于 87%。Tian 等[18]基于气溶胶静电计法，设计了一种快速探测器，可同时测量 23 nm～2. 5 μm 颗粒的质量浓度和数浓度，PN 测量系统的结果与 AVL489 的结果具有良好的线性关系，相关系数为 96%。

5. 2. 1. 3　超细颗粒物粒径谱监测技术

超细颗粒物粒径分布的测量对于研究移动源尾气排放具有重要意义。由于快速在线测量的需求，基于空气动力原理和电迁移原理的测量方法更适用于粒径分布的测量。移动源尾气中排放的颗粒物主要集中在小粒径范围内，且浓度较高。因此，基于电迁移原理的测量方法最适合于移动源超细颗粒物的粒径分布情况测量。

超细颗粒物粒径谱仪是一款监测机动车排放尾气颗粒物粒径分布情况的仪器，图 5-3 是超细颗粒物粒径谱仪的测量原理。尾气首先进入单极性颗粒物荷电模块，荷电模块产生高浓度带电离子与尾气中的颗粒物发生碰撞，使尾气中的颗粒物高效荷电。经荷电模块后的带电粒子被送入粒径分级单元，通过精确控制粒径分级单元中小型平板电迁移分析仪上的扫描电压便可以获取对应偏转电压下的粒径。经分级后的带电颗粒物与法拉第杯中的敏感滤网电极碰撞丢失电荷，后经静电计测量带电颗粒物丢失的微电荷量，经过进一步的反演计算出对应电荷量下颗粒物的数浓度，即可绘制出机动车尾气颗粒物的粒径谱分布；结合颗粒物的尾气粒子模型和粒径分布情况，也可通过反演算法得到精确的颗粒物质量浓度[19]。

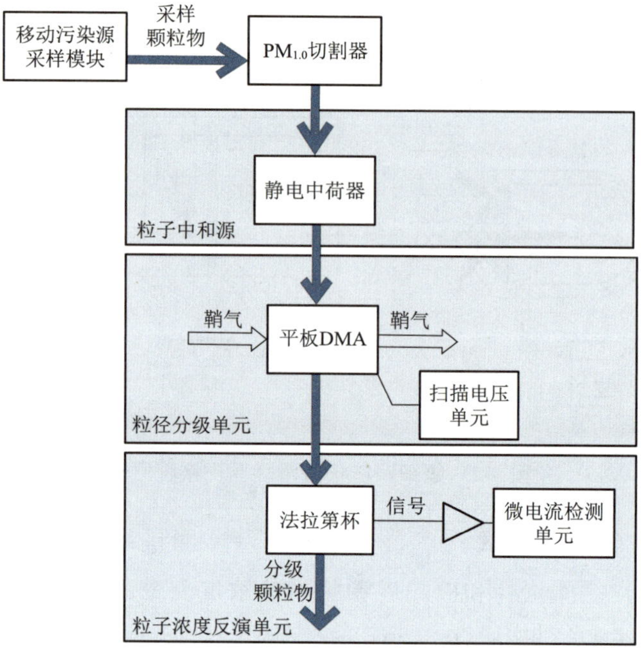

图 5-3　超细颗粒物粒径谱仪的测量原理

为了解决在小空间（$d<5$ mm）内的超细颗粒物高效分级问题，结合小型平板电迁移分级方案和微细加工工艺开发了一种小型平板电迁移分析仪。通过对粒子轨迹的模拟和关键参数的优化，该小型平板电迁移分析仪可以实现 20～500 nm 范围内的超细颗粒物的高效分级。当分级区高度误差范围为±1%时，小型平板电迁移分析仪具有较好的分级效果[20]。图 5-4 为小型平板电迁移分析仪的工作原理图，其中，其中 x 和 y 分别代表横坐标和纵坐标，样气沿着 y 轴方向垂直进入分级区域，并在入口处与沿着 x 轴方向流动的鞘气相遇。分级区域中的电场线垂直于上下两极板，在电场与鞘气的共同作用下，对某一粒径段的颗粒物进行分级。下面是带电粒子的电迁移率的计算公式：

$$Z_p = \frac{\mathrm{ne}C^*}{3\pi\mu D_p} \tag{5-1}$$

式中，Z_p 为带电粒子的电迁移率；ne 为粒子电荷；C^* 为坎宁安修正因子；μ 为气体黏度；D_p 为粒子粒径。

假设没有粒子惯性和扩散效应，小型平板电迁移分析仪的粒径与理论电压计算如下：

$$D_P = \frac{\mathrm{ne}C^* VWL}{3\pi\mu H Q_{\mathrm{sh}}} \tag{5-2}$$

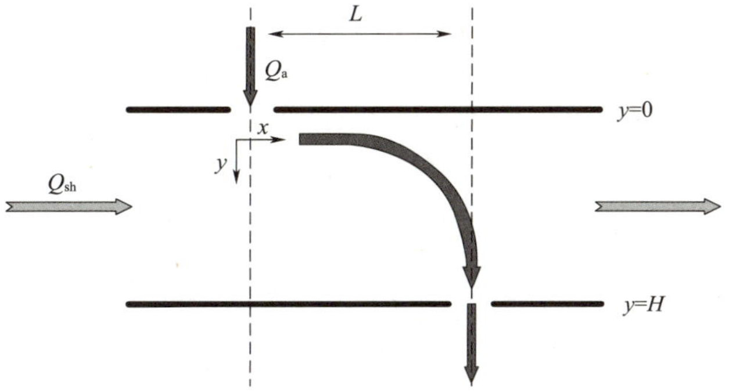

图 5-4　小型平板电迁移分析仪的工作原理

$$V=\frac{3\pi\mu HQ_{sh}D_pH}{neC^*VWL} \tag{5-3}$$

式中，V 为理论电压；H，L 和 W 为分级区尺寸；H 为上下两极板之间的距离；L 为分级区域的长度；W 为垂直于 xy 面的分级区域宽度；Q_{sh} 为鞘流流速。从式中可以看出，当粒径一定时，理论电压（V）随分级区尺寸比（H/WL）减小而减小。

除超细颗粒物分级方法外，中国科学院智能机械研究所团队还研究了基于静电捕集法的颗粒物测量技术。该技术设计了一个圆盘结构的法拉第杯[21]，采用弹簧探针电极连接法拉第杯和高灵敏度弱电流放大器。微型法拉第杯静电计具有颗粒收集效率高、体积小的优点。

超细颗粒物粒径反演算法是粒径分布测量中不可或缺的一部分。中国科学院智能机械研究所的团队开发了一种基于粒子电迁移原理的内嵌式反演算法，研究在选定外荷电效率、荷电分布概率函数下，选择合适的小型平板电迁移分析仪的分级电压和流场参数来减小荷电颗粒物电迁移率过度交叠，将非负最小二乘算法与事后平滑方法相结合，以减少多重荷电带来的颗粒物带电量过多的问题。该反演算法可在 ARM 嵌入式芯片上运行，适用于低成本、低功耗的应用。综合数据结果表明，单峰气溶胶分布的相对误差几乎都小于 20%[22]。

5.2.2　挥发性有机物在线监测技术

5.2.2.1　C1～C3 挥发性有机化合物监测技术

汽车等移动源排放的低于 C3 的 VOCs 主要包括甲烷、丙酮和乙烯。由于汽车尾气中这些气体的含量较少，且气体环境复杂（高温高湿），国内外相关研究工作有限，气体传感器是一种很有前途的 VOCs 在线监测技术。自 20 世纪 50 年代首次开发氧传感器以来，钇稳定氧化锆（YSZ）由于高离子导电率、良好的热稳定性和机械稳定性，被应用于汽车尾气检测、工业生产废气排放监测等领域，基于 YSZ 固体电解质的传感器成为目前实用化最成功的传感器之一。

对于 YSZ 基混成电位型气体传感器，采用 YSZ 固体电解质作为离子传输层，YSZ 基板上方的两侧分别设置传感器的敏感电极和参考电极，基板设置了加热丝，提供器件所需的工作温度。在敏感电极上同时发生两个电化学反应，形成局部电池。当两个电化学反应速率达到动态平衡时，即阳极电流与阴极电流的大小相等、方向相反时，产生的电位为混成电位[23,24]。混成电位的大小与反应的动力学过程有关。以丙酮为例，混成电位机理如图 5-5 所示。

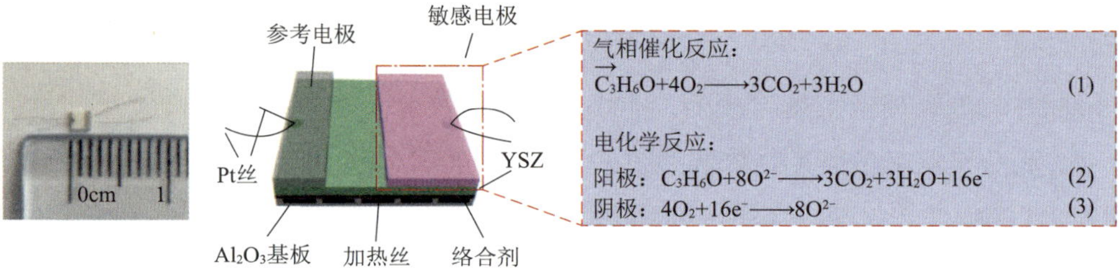

图 5-5　YSZ 基混成电位型丙酮传感器结构及敏感机理示意图

当待测气体接触敏感电极时，在穿越敏感电极过程中发生图 5-5 中的气相催化反应（1），该过程会消耗掉一部分待测的气体，导致到达三相界面参与反应的气体浓度降低。当气体到达敏感电极与固体电解质的界面处，会发生电化学反应（2）和（3），形成电化学电池：

空气中：O_2，敏感电极/YSZ/参考电极，O_2

丙酮中：$C_3H_6O+O_2$，敏感电极/YSZ/参考电极，$C_3H_6O+O_2$

可以使用 Bulter-Volmer 方程来解释混成电位机理[25,26]。当敏感电极暴露于丙酮+空气中时，阴极和阳极反应的电流密度可以表示为

$$i_{\text{acetone}}=i^0_{\text{acetone}}\exp[16\alpha F(V-V^0_{\text{acetone}})/RT] \tag{5-4}$$

$$i_{O_2}=i^0_{O_2}\exp[-16\beta F(V-V^0_{O_2})/RT] \tag{5-5}$$

式中，i_{acetone} 和 i_{O_2} 为两个电化学反应的交换电流密度；V 和 V^0_{acetone} 分别为电极电位和平衡电极电位；α 和 β 为传递系数，F 为法拉第常数；R 和 T 分别为气体常数和工作温度。i_{acetone} 和 i_{O_2} 可以通过以下动力学方程表示：

$$i^0_{\text{acetone}}=M_1C^a_{\text{acetone}} \tag{5-6}$$

$$i^0_{O_2}=-M_2C^b_{O_2} \tag{5-7}$$

式中，C^{a}_{acetone} 和 $C^{b}_{O_2}$ 分别为在 TPB 处的丙酮和氧气的浓度；M_1、M_2、a 和 b 为常数。阴极电流和阳极电流以相反的方向流动，当阴极和阳极电化学反应的速率相等时，达到动态平衡，i^{0}_{acetone} 和 $i^{0}_{O_2}$ 数值相同但方向相反。敏感电上得到混成电势为

$$V_m = V_o - mA\ln C^{0}_{\text{acetone}} + nA\ln C^{b}_{O_2} \tag{5-8}$$

其中，V_o 和 A 分别为

$$V_0 = \frac{RT}{(16\alpha + 16\beta)F}\ln\frac{M_2}{M_1} + \frac{16\alpha V^{0}_{\text{acetone}} + 16\beta V^{0}_{O_2}}{16\alpha + 16\beta} \tag{5-9}$$

$$A = \frac{RT}{(16\alpha + 16\beta)F} \tag{5-10}$$

由此可知，传感器的响应值与气体浓度的对数呈线性关系。当氧气浓度恒定时，混成电位与丙酮浓度的对数线性相关；反之，则与氧气浓度的对数线性相关。通常将该线性关系的斜率称为混成电位型气体传感器的灵敏度。

吉林大学研发团队对 C3 以下 VOCs、甲烷、乙烯和丙酮传感器分别进行了研究，主要在敏感电极材料的种类、微观形貌及其制备方法上进行了系列实验，提高传感器的灵敏度、选择性和响应速度，目前甲烷、乙烯、丙酮传感器检测下限分别可达到 5×10^{-6}、20×10^{-6} 和 200×10^{-9}（超出项目指标）；传感器对待测气体的响应均是小于 20 s，其中甲烷和丙酮传感器的响应时间可缩短到 5 s 左右；与文献中数据相比，自研的传感器件工艺简单、响应快、检测下限低的优点，而且稳定性良好。

图 5-6 是几种典型传感器的特性，传感器的输出信号为电压，随着待测气体浓度的变化，传感器输出为秒级响应，响应值随着待测气体浓度的增加而增大，数据具有良好的可重复性。

5.2.2.2 C3 以上挥发性有机化合物监测技术

国际上，质谱技术成为 VOCs 快速检测和来源解析的重要分析方法，且发展较为成熟，如美国 Inficon 的 HAPSITE 系列，德国 Bruker 公司的 MM1、MM2 车载质谱仪系列，英国 Kore 公司的 MS-200，美国普渡大学研制的 Mini10、Mini11 微型式手持质谱仪[27]等，均为用于 VOCs 的在线检测的小型化质谱。国内从事小型化质谱技术自主研发的研究团队[28-30]包括暨南大学、广州禾信仪器股份有限公司、厦门大学、天津大学、中国计量院等。目前，国内外团队开发的小型 VOCs 检测质谱仪器普遍应用于环境空气检测或固定污染源监测，国内针对移动源尾气 VOCs 检测开发的质谱设备仅有广州禾信仪器股份有限公司开发的便携式车载 VOCs 质

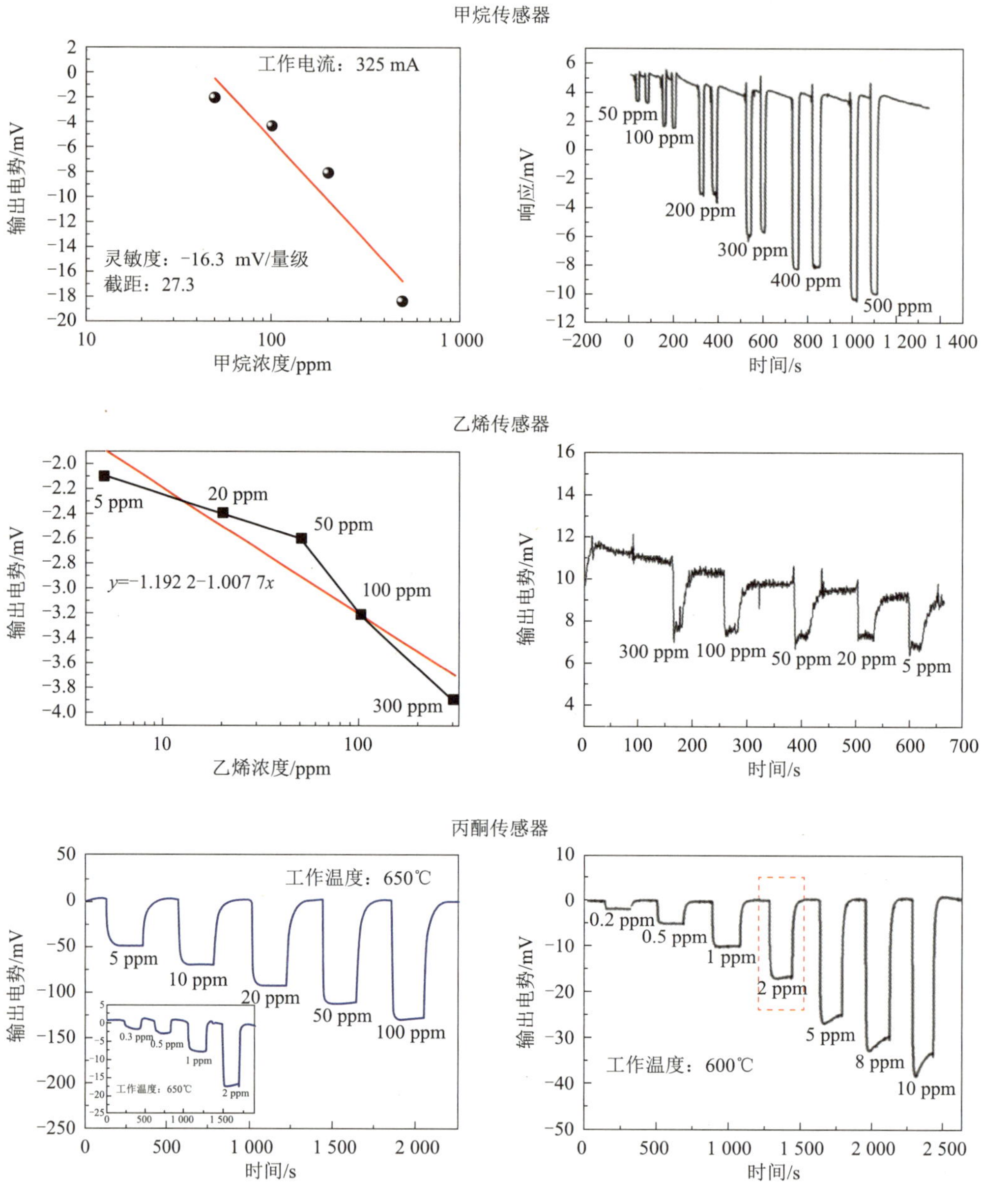

注：1 ppm = 10^{-6}。

图 5-6　研制的甲烷、乙烯和丙酮传感器典型特性曲线

谱仪 DT 100。该仪器具备在秒级分析周期内对 $1\times10^{-9}\sim10\times10^{-6}$ 量级的 VOCs 进行定性定量分析的能力，可有效用于移动污染源 VOCs 的车载船载或车辆台架测试。

DT 100 基于数字线形离子阱质谱技术、单光子电离源技术开发、膜进样技术开发，其原理结构图如 5-7 所示。仪器工作时，样品气体经过聚二甲基硅氧烷

（PDMS）膜富集导入反应室，经真空紫外灯（10.6 eV）电离，产生分子离子，通过特殊的离子门设计技术将离子引入离子阱，以数字方波将离子囚禁在离子阱中，结合共振激发技术，对离子进行线性扫描，获得完整分子离子信息的质谱图，实现对样品的定量和定性分析。

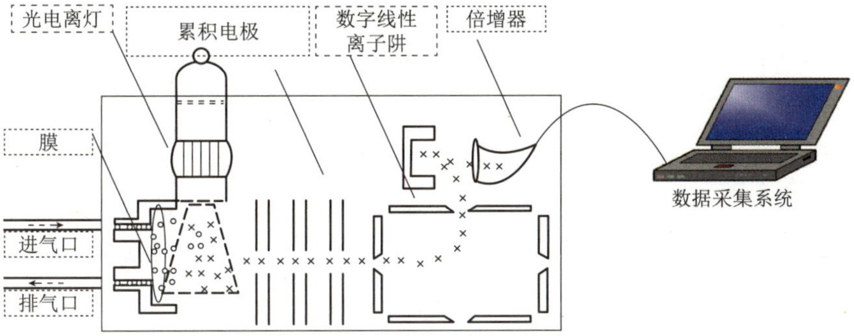

图 5-7 质谱仪原理结构

数字线性离子阱质量分析器被设计为由两对分别称为 X 电极、Y 电极的矩形电极和两个分别称为端盖 1（EC1）和端盖 2（EC2）的不锈钢端盖组成。X 和 Y 电极由新的陶瓷镀金工艺制成[31]。每片极片都分为中间电极（middle electrode）和边电极（side electrode）（图 5-8）。平面矩形电极的使用会导致离子阱中电场负高阶场的成分增加，产生分辨较差的质谱信号。边电极和中间电极电压的比值可以被调节，用以弥补因使用平面矩形电极导致的离子阱中电场负高阶场成分增加的缺陷，从而提高质谱信号的质量。

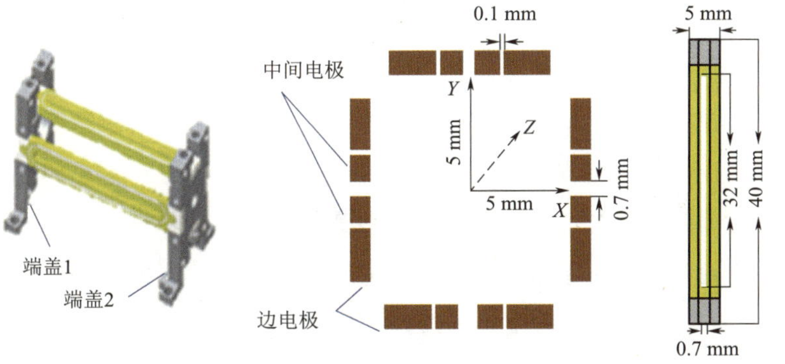

图 5-8 离子阱质量分析器

5.2.2.3 C3～C9 挥发性有机化合物监测技术

（1）开放光路红外傅里叶变换光谱 VOCs 遥测系统

开放光路 FTIR 遥测系统通过开放式测量，对光路内的机动车尾气吸收光谱完成在线非接触测量和分析，通过获得的多组分气体吸收光谱，结合基于数字合成校准谱在线定量分析反演算法，计算得到各污染物组分的浓度。

中国科学院合肥物质科学研究院研发的开放光路 FTIR 设备主要分为四大部分，第一部分为由光源、干涉仪、探测器等组成的 FTIR 光谱仪，其功能主要为产生并探测红外光谱信号；第二部分为望远镜，用来发射和接收红外光；第三部分为反射镜，可反射并集中红外光束；第四部分为软件处理系统，用于光谱处理、多组分定量分析、设备的自动连续控制。

系统选择覆盖中红外波段的高稳定红外光源，覆盖了 500～5 000 cm^{-1} 的红外波段。图 5-9 为整个系统的总体结构示意图。其工作过程是：红外光源发射的红外光束经过发射望远镜准直，并穿过外界开放式环境中的待测污染气体后，由接收望远镜接收，并聚焦汇聚于干涉仪腔内，通过探测器接收检测干涉信息，最后将采集到的干涉图发送至控制和分析计算机。计算机通过 FFT 将干涉图转换为光谱，由此得到整个测量区域的吸收光谱，吸收光谱包含了待测气体的浓度信息。

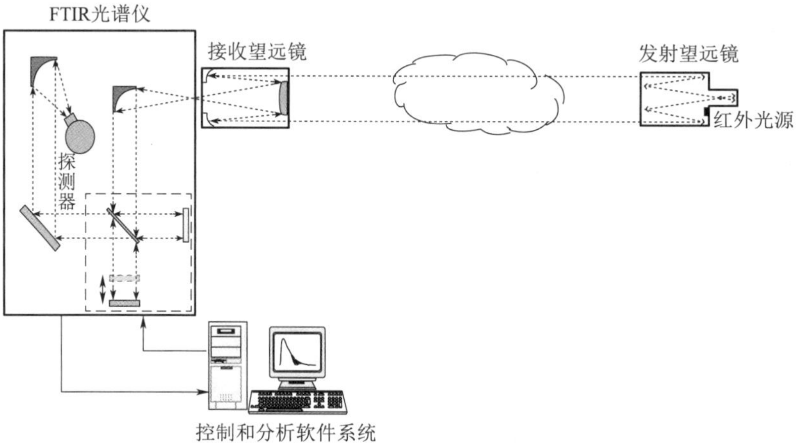

图 5-9　开放光路红外光谱遥测系统结构示意图

FTIR 光谱仪是整个开放光路 FTIR 系统的核心装置，傅里叶变换红外光谱的基本原理是：红外辐射进入迈克尔逊干涉仪，经干涉仪调制后产生干涉图，然后对测量到的干涉图进行傅里叶变换得到红外辐射光谱图。所以，干涉仪是 FTIR 光谱仪的核心组件，干涉仪的基本功能是产生两束相干光束，并使之以可控制的光程差相互干涉以给出干涉图。辐射光投射到分束器，被分束器等分成两束，两束光经两块摆动的反射镜反射后再次通过分束器，由于两块摆动的反射镜作用使到达探测器时的两束光产生了光程差，在探测器上测量到干涉图信号。

对实测 FTIR 光谱进行定量分析，实现目标组分的浓度反演，是使用开放光路 FTIR 系统进行移动源挥发性有机物在线监测的最终目的。在光谱定性识别的基础上，中国科学院合肥物质科学研究院开展了开放光路 FTIR 定量分析方法的研究，具体为采用人工合成背景光谱的方法，实现对开放光路 FTIR 背景光谱的处理，并利用基于非线性最小二乘拟合算法的定量反演方法，将实测透过率光谱与标准光谱进行拟合，实现了 VOCs 浓度的定量反演。其中，最小二乘拟合后得到的残差谱理论上包含了仪器噪声和模型误差等信息。

由于水汽吸收谱线广泛分布于中红外波长区，空气中有机物的红外吸收光谱都会受水汽吸收光谱不同程度的干扰，尤其当有机物浓度较低时，影响更为明显。因此在对 VOCs 进行定量分析时，必须消除水汽干扰影响。首先，分析目标气体与水汽的特征光谱，选择水汽吸收相对较弱的特征波段作定量分析区域；利用外场测量的光谱结合现场气象参数生成纯水汽吸收光谱，用于和实测吸收光谱的多次迭代运算，减少水汽的干扰；最后把水汽的剩余残差光谱作为待测气体与目标气体一同进行多组分定量分析，此种处理方法可有效地消除水汽对目标气体定量分析精度的影响。

目前，一些商业化的气体红外光谱数据库只能用于定性的比对分析，需要建立与开放光路 FTIR 设备测量参数相适应的气体特征光谱数据库。中国科学院合肥物质科学研究院利用国际上公开的较高分辨率红外光谱库，进行部分气体的自测以修订不同测量条件下的光谱数据，建立符合研发设备的测量参数（光谱分辨率、视场角、切趾函数）并可进行温度、气压修正的红外光谱数据库，用于定量分析，并采用基于数字合成校准谱的多组分定量分析算法。在定量分析前，一般都需要建立标定模型。因此，快速生成校准光谱是定量分析中的关键一步。利用建立的红外光谱数据库，提取目标气体的吸收线参数；通过对环境温度、气压的修正，输入测量路径长度以及预设的气体组分和浓度，依据单层大气辐射传输模型，生成理想状态下的大气透过率谱，与测量设备的仪器线型函数 ILS 进行卷积，生成定量分析需要的校准光谱。

在生成校准光谱的基础上，通过深入研究国内外先进的定量分析算法，结合前期积累，建立合成校准谱与测量光谱的对应模型，实现基于合成校准谱的线性最小二乘拟合定量反演算法，光谱反演流程如图 5-10 所示。算法从根本上克服了传统开放光路测量条件下的背景基线动态波动干扰和朗伯-比尔定律低分辨率条件下的非线性效应。从而从算法上大幅提高了开放光路 FTIR 测量的精度和准确度。

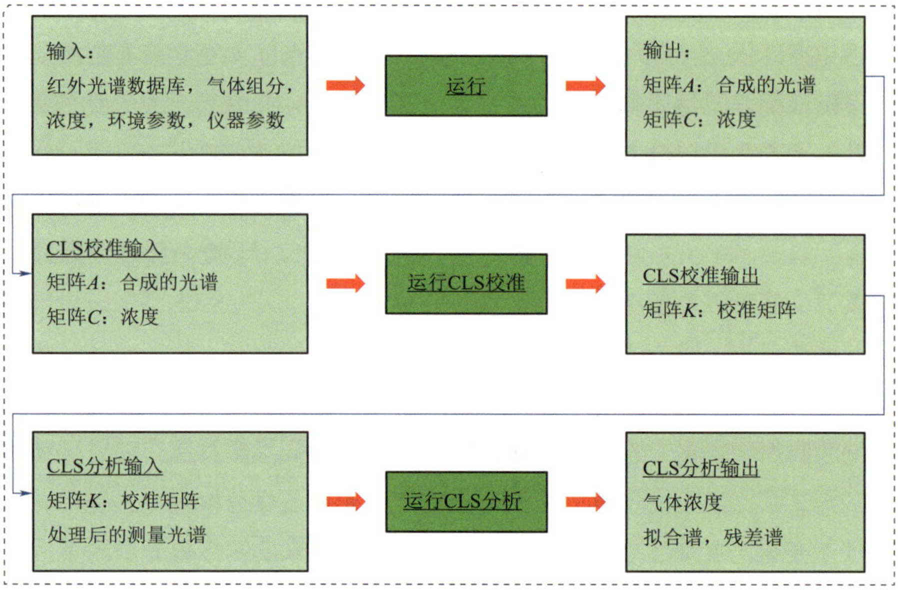

图 5-10　多组分定量分析流程

（2）开放光路差分吸收光谱 VOCs 遥测系统

在 VOCs 区域污染检测方面，长光程差分光学吸收光谱（LP-DOAS）技术已用于苯系物遥测研究[32]。开放光路长光程差分吸收光谱遥测系统的监测原理是朗伯-比尔定律，基于痕量气体成分对光辐射（紫外/可见）的“指纹”特征吸收实现定性和定量测量，可同时测量多种气体成分，并且不需要在现场对仪器进行校准。非接触测量，不改变被测气体的性质和浓度，不存在采样损耗。可实时、连续、长期运行，能反映一个区域的平均污染程度，不需要多点取样，监测范围广，数据具有代表性。这使得主动 DOAS 具有较高的精度，并且由于涉及较长的光路，也具有很高的灵敏度。如中国科学院合肥物质科学研究院、希腊的塞萨洛尼基亚里士多德大学、韩国的光州科学技术院、台湾科技部、复旦大学等高校或科研机构，均采用 DOAS 系统测量大气中苯系物 VOCs。实现对移动源主要污染物中的苯系物 VOCs 的区域测量具有重要的实际应用价值。此外，一些制造商还生产商用 DOAS 仪器，如 OPSIS DOAS 分析仪（AR500，OPSIS AB，瑞典）和 Cerex DOAS 分析仪（Sentry，Cerex Monitoring Solutions，LLC，USA）。

中国科学院合肥物质科学研究院的科学家成功研制出具有自主知识产权的新型 VOCs DOAS 仪器。光学组件包括光源、高质量光路发射和接收集成望远镜、角反射器和光谱仪。电子部分由 CCD 探测器、系统控制、数据采集与处理等部分组成，如图 5-11 所示。光学部分包括光源，高质量光路发射接收一体望远镜，角反射器和光谱仪。电子学部分由 CCD 探测器，系统控制及数据采集、处理部分组成。光源发出的光通过耦合透镜汇入光纤，传输至望远镜系统，经望远镜中的主镜准直为平行光射向远处的角反射镜，从角反射镜反射回的光被主镜汇聚，经次镜再次反射，最后聚集在光纤束的入射端面。光通过光纤耦合到光谱仪的入射狭缝，经光谱仪分光后被 CCD 接收。CCD 将光信号转变为电信号送入计算机中进行处理，最后应用 DOAS 算法对其进行分析处理得到气体浓度信息。

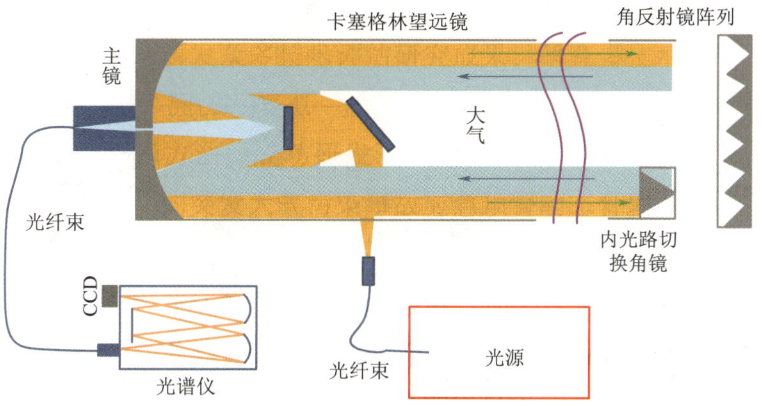

图 5-11　基于开放光路的差分吸收光谱 VOCs 遥测系统示意图

采用 VOCs DOAS 系统，对苯、甲苯、乙苯、邻二甲苯、对二甲苯、间二甲苯、苯乙烯、苯酚、二氧化氮和二氧化硫的 1 000 m 光路检测限分别为 0.36×10^{-9}、0.44×10^{-9}、0.31×10^{-9}、0.67×10^{-9}、0.09×10^{-9}、0.32×10^{-9}、0.14×10^{-9}、0.03×10^{-9}、0.68×10^{-9} 和 0.09×10^{-9}。示值误差小于 3.56%（满量程），精度优于 2.14%，响应时间小于 48 s。与商用仪器参数相比，AIOFM-CAS VOCs DOAS 系统表现出良好的性能。

5.2.3　机动车排放遥测技术

机动车尾气排放是我国大气复合污染的重要来源之一，对其进行在线监测是实现我国大气区域污染联防联控的技术基础。为满足我国高污染排放车辆快速筛查和现场执法需求，近年来我国机动车尾气遥感技术不断发展。

在机动车排放遥测技术和仪器研制方面，我国学者主要基于光学监测技术和水平测量方式开展尾气遥测的方法研究。韩晓红等[33]设计了基于差分吸收光谱技术的机动车尾气遥测装置，采用最小二乘法得到 NO 和 1,3-丁二烯的最低检测限分别为 3×10^{-6} 和 0.5×10^{-6}；于光保等[34]提出基于 QCLAS 的发动机 CO 体积分数遥测方案，降低了 48.28% 的温度变化对中红外 CO 光谱测量的影响。然而当多车道内同时有车辆通过时，道边水平遥测系统将无法区分不同车辆的排放情况。安徽宝龙环保科技有限公司于 2017 年研制了立式尾气遥测设备（RSSs），如图 5-12 所示。当汽车通过机动车尾气垂直遥测系统时，遥感系统主机基于非分散红外技术和中红外激光吸收光谱技术，根据朗伯-比尔定律测量光强的衰减，分析得到尾气排放 CO、CO_2、HC、NO 的气体浓度[35]，系统通过五棱镜旋转实现激光扫描，获得整个道路横截面上车辆排放尾气的光谱信息从而进行非接触式测量。马磊等[36][37]设计了扇形光幕实现光路垂直分布，利用回归反射技术实现车辆全覆盖测量。

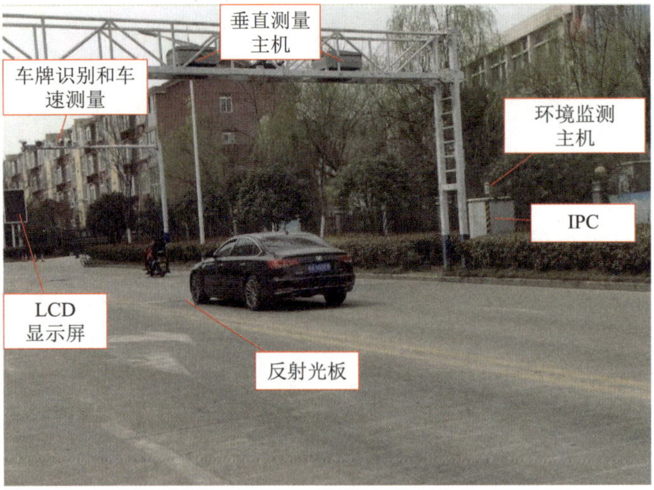

图 5-12　机动车尾气垂直式光学遥测系统

可调谐半导体激光吸收光谱技术具有高灵敏、高选择性、响应速度快的特点，适用于尾气组分测量。垂直式机动车尾气遥测系统结构如图 5-13 所示，其中，温度驱动模块和电流驱动模块控制红外激光器输出激光，锯齿波发生模块连接于电流驱动模块上，控制激光器扫描通过目标气体的吸收谱线。激光经分束器后，光强较强的一路为测量光路，经光纤连接至系统垂直收发光学装置中，经过准直器后照射路面或铺设于路面上的回归反射板上，反射光由垂直收发光学装置收集并聚焦于光电探测器，测量经过遥测系统下方的机动车尾气组分浓度；而光强较弱的一路为参考光路，通过参考光路气室后由光电探测器接收。两路探测器将包含待测气体浓度信息的光信号转换为电信号，经由 I/V 转换、信号放大滤波后，由数据采集卡完成模数转换，最终通过专用上位机软件进行光谱处理和浓度反演[38]。

在尾气高温热湍流影响下，存在遥测信号畸变、微弱吸收光谱解析困难，造成机动车尾气难以快速准确遥测。中国科学院合肥物质科学研究院长期从事机动车排

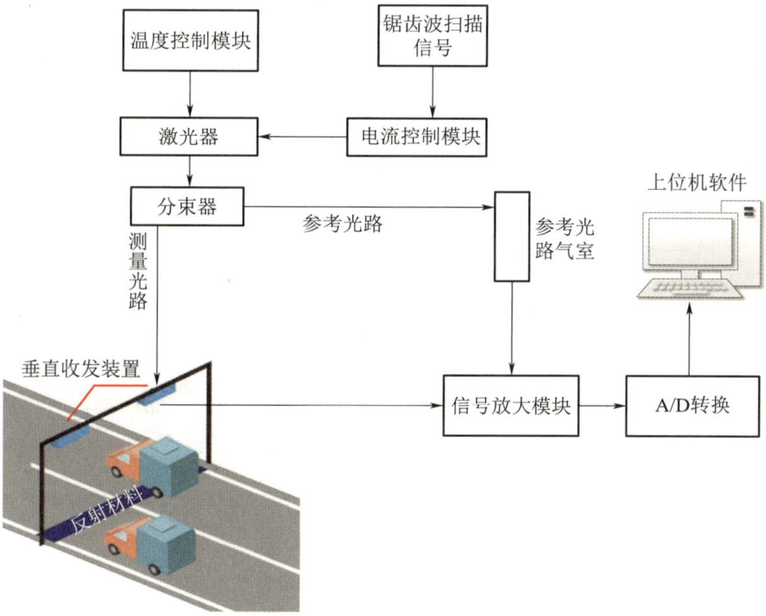

图 5-13　垂直式机动车尾气遥测系统结构

放遥测技术与光谱处理算法的研究工作，突破了尾气光谱探测及处理关键技术，建立特征光谱高灵敏快速处理算法实现尾气快速遥测。

为了减少湍流噪声、减轻激光闪烁对尾气测量的影响，唐七星等[39,40]提出了同频双波长激光吸收光谱数据处理方法，使半导体激光器交替工作在两种扫描状态。一个扫描周期通过待测气体吸收线（P 波），另一个扫描周期不通过待测气体吸收线（Q 波），利用不同扫描状态分析单周期内的大气湍流规律，同频双波扫描信号示意图如图 5-14 所示。

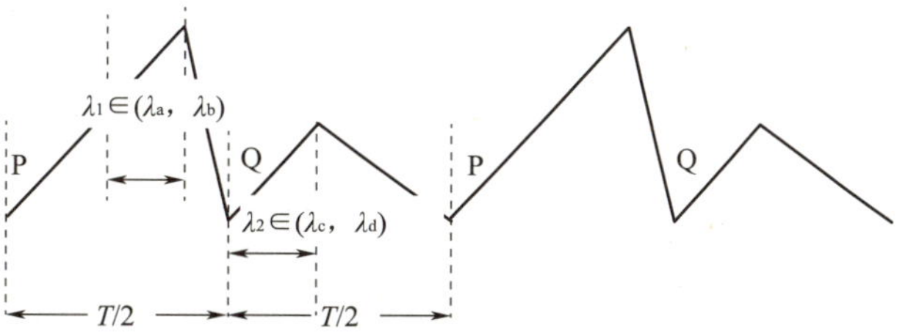

图 5-14　同频双波扫描信号示意图

激光传输遵循朗伯-比尔定律：

$$\text{P 波：} I_1(\lambda_1,t) = I_{01}(\lambda_1,t)\exp[-S^*\Phi Pc(\lambda_1,t)L]\exp[-\sigma_1(\lambda_1,t)L] \tag{5-11}$$

$$\text{Q 波：} I_1(\lambda_1,t+\Delta) = I_{01}(\lambda_2,t+\Delta)\exp[-\sigma_2(\lambda_2,t+\Delta)L] \tag{5-12}$$

式中，$I_{01}(\lambda_1, t)$、$I_{02}(\lambda_2, t+\Delta)$ 分别为两种波束的中心波长 λ_1、λ_2 的入射光强；$I_1(\lambda_1, t)$、$I_2(\lambda_2, t+\Delta)$ 分别为两种波束的中心波长 λ_1、λ_2 的透射光强；S^* $(cm^{-2}atm^{-1})$ Itν 为吸收线强；Φ 为归一化线型函数；P 为气体压强，c，x-j. 为气体浓度。σ_1、σ_2 分别为由气体颗粒和其他气体在 λ_1、λ_2 引起的散射和吸收损失；L 是吸收路径长度；Δ 是极小时间间隔，假设 $\sigma_1(\lambda_1, t)=\sigma_2(\lambda_2, t+\Delta)$。气体浓度 c 表示为

$$c(\lambda_1,t)=\frac{1}{S^*\Phi PL}\ln\frac{I_1(\lambda_2,t+\Delta)}{I_1(\lambda_1,t)} \tag{5-13}$$

对光谱信号进行分段拟合并对叠加区域求加权平均值，拟合得到吸收谱信号与非吸收谱信号的闪烁噪声信号，通过闪烁噪声修正吸收谱信号。闪烁噪声修正后，尾气测量光路下光谱信号最大波动值幅度由 12.854% 降到 4.635%，光谱信号起伏变化明显得到抑制，如图 5-15 所示。

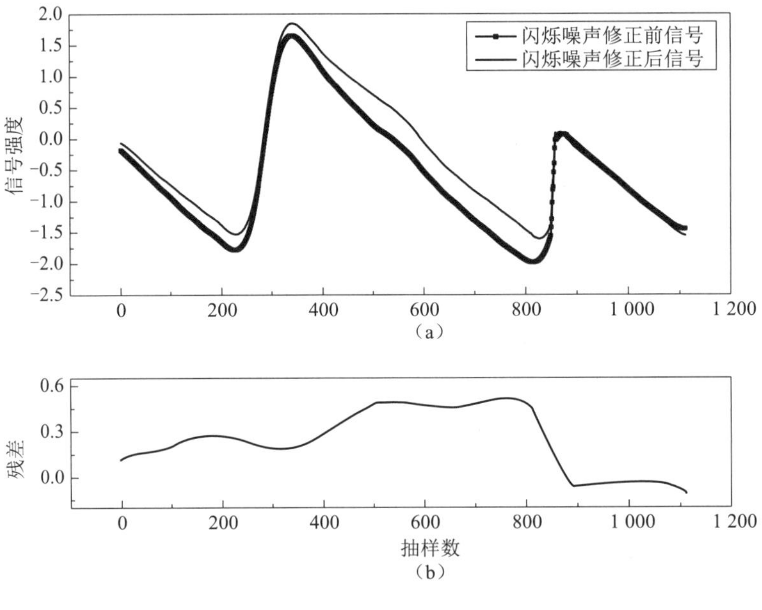

图 5-15　（a）为闪烁噪声修正前后光谱信号，（b）为闪烁噪声信号

为减弱环境和系统噪声影响，消除遥测信号畸变，鲁一冰等[41]设计了一种自适应层进式 SG 平滑滤波算法，实现了自适应选取算法的拟合阶数和滑窗大小，对光谱信号进行降噪处理，还原信号所携带的待测气体浓度信息。对尾气测量的带噪 CO 和 CO_2 吸收光谱滤波后，积分吸光度测量最大误差分别从 18.1% 和 8.49% 降低到 3.9% 和 4.12%，光谱信号使用不同滤波方法对比结果如图 5-16 所示。

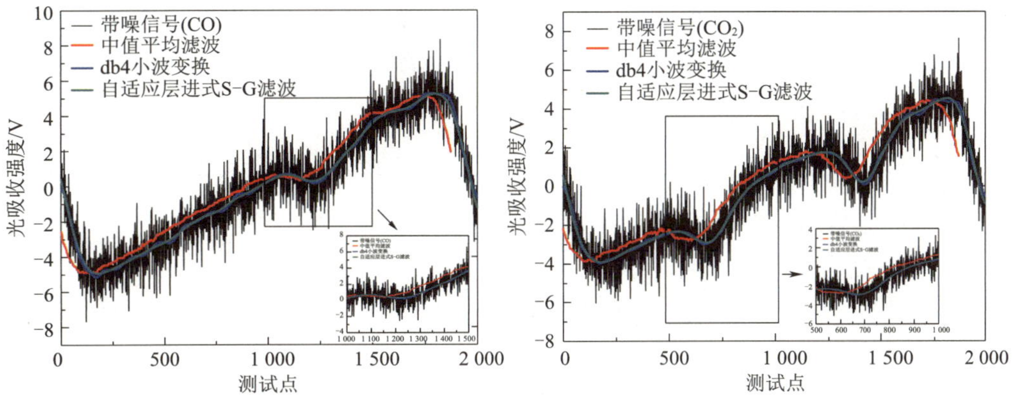

图 5-16　带噪吸收光谱信号使用不同滤波方法对比结果

为避免多车道环境对机动车尾气测量准确性的影响，鲁一冰等[42]提出快速线型拟合算法，对光谱吸光度信号进行 Voigt 线型拟合，提高气体浓度反演准确性。Voigt 线型的归一化函数形式如下：

$$K(x,y)=\frac{y}{\pi}\int_{-\infty}^{\infty}\frac{\mathrm{e}^{-t^2}}{y^2+(x-t)^2}\mathrm{d}t \tag{5-14}$$

在光谱处理领域，通常使用高斯-埃尔米特方法替代 Voigt 函数：

$$K_{\mathrm{GH}}(x,y)=\frac{y}{\pi}\int_{-\infty}^{+\infty}\mathrm{e}^{-t^2}f(t)\,\mathrm{d}t\approx\frac{y}{\pi}\sum_{i=1}^{n}w_i f(t_i) \tag{5-15}$$

式中，n 为采样点数；t_i 为 n 点埃尔米特的解；w_i 为高斯积分法的权值。高斯-埃尔米特模型包含 n 组累加，取决于所选的采样点数，同时每项累加式中包含迭代求解过程，因此计算量较大。

为提高线型拟合速度，实现快速反演，将 Voigt 函数中的高斯函数部分，使用闭合三角形函数进行替代，使用与高斯线型等面积和半宽作为约束条件，得到以下近似式：

$$f(t)=\mathrm{e}^{-t^2}\approx\frac{1}{2}\sqrt{\frac{\pi}{\ln 2}}\left(1-\frac{|t|}{2\sqrt{\ln 2}}\right),\quad |t|\leqslant 2\sqrt{\ln 2} \tag{5-16}$$

将式（5-16）代入式（5-4）可得

$$\begin{aligned}K_{\mathrm{TRI}}(x,y)&=\frac{y}{\pi}\int_{-\infty}^{\infty}\frac{\mathrm{e}^{-t^2}}{y^2+(x-t)^2}\mathrm{d}t\\&=\frac{y}{\pi}\frac{1}{2}\sqrt{\frac{\pi}{\ln 2}}\int_{-2\sqrt{\ln 2}}^{2\sqrt{\ln 2}}\frac{1-|t|/2\sqrt{\ln 2}}{y^2+(x-t)^2}\mathrm{d}t\\&=\frac{y}{2\sqrt{\pi\ln 2}}D(x,y,2\sqrt{\ln 2})\end{aligned} \tag{5-17}$$

建立的光谱快速线型拟合的三角替代模型，优化设计了吸光度快速 Voigt 重构过程，平均耗时为经典高斯-埃尔米特方法的 15.81%。通过构建的特征光谱高灵敏快速处理算法获得吸收谱线的积分吸光度，并结合压力、光程、气体线强参数精确反演气体浓度，可以实现尾气组分快速、高灵敏在线监测。

5.3 综合应用示范研究

移动源排放在线监测技术的研究正在全球范围内展开。同时，还提出了许多测量方法并建立了相关技术体系。近年来，移动源排放的检测技术和设备得到了发展,图 5-17 展示了自主研发的多种移动污染源监测仪器。此外，移动源监测技术和仪器应用机动车实际道路和船舶实际航道的排放测试。

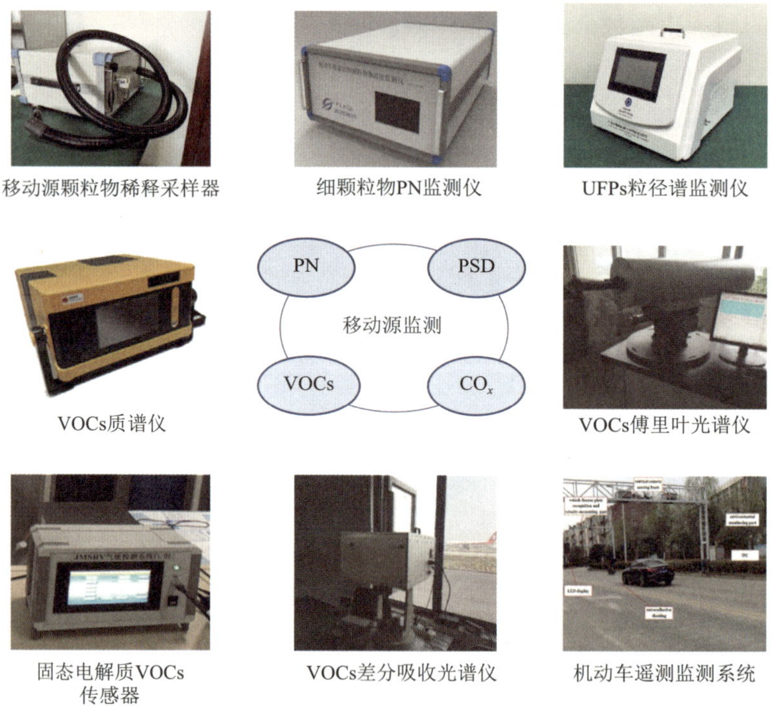

图 5-17 监测移动源的细/超细颗粒物 UFPS、VOCs 和 CO_x 排放的各类仪器

5.3.1 机动车实际道路排放测试

2020 年 10 月，中国汽车技术研究中心有限公司采用与法规 PEMs 测试设备比对的试验方法，将所有项目自研设备通过系统集成，组成移动污染源排放快速在线

监测技术系统，在北京市区及北京市延庆区（北京 2022 年冬奥会主会场）开展了不同类型、油品机动车的综合应用示范工作。参与应用示范的测试车辆为包含轻型汽油车、重型柴油客车和重型柴油货车等车辆类型在内的 10 辆车，车辆排放水平涵盖国Ⅱ～国Ⅵ。项目自研 UFPs 数浓度快速检测器、便携式粒径谱分布快速检测器（PUPS）、便捷式数字离子阱质谱仪和机动车超标排放快速识别系统分别监测了车辆尾气的颗粒物数量排放、颗粒物粒径谱、VOCs 排放和超标排放。图 5-18 为综合应用演示总体方案示意图。

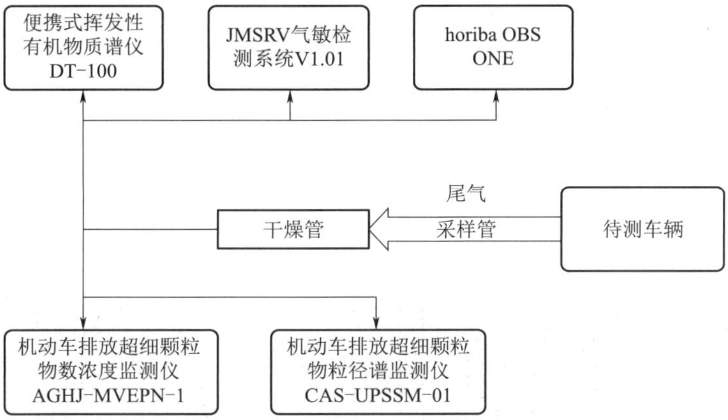

图 5-18　综合应用演示总体方案示意图

在为期 10 d 的综合应用示范中，项目自研移动污染源排放快速在线监测设备显示出较高的稳定性，测试结果稳定可靠。应用示范结果表明，UFPs 数浓度快速检测器和法规 PEMS 排放检测设备（日本 Horiba OBS-ONE）测量的颗粒物数量浓度排放因子具有相同的数量级（图 5-19）。UFPs 数浓度快速检测器测得的国Ⅲ重型柴油客车的 PN 排放浓度为 2.62×10^{14} 个 · km^{-1}，是国Ⅴ重型柴油客车 PN 排放浓度的 3 倍，表明随着机动车排放标准逐渐严格，重型柴油车的颗粒物数量逐渐降低。图 5-20 显示了 PUPS 检测到的国Ⅳ重型柴油货车的尾气 PSD 情况。从图中可以看出，PUPS 检测到的 PSD 排放可以随着车速的变化快速响应，且重型柴油货车在城区行驶过程中行驶状态复杂多变，尾气排放数浓度整体偏高。同时，重型柴油货车排放的颗粒物峰值粒径随速度变化会出现偏移且会出现多峰分布，但颗粒物数浓度主要集中在 10～30 nm。在加速阶段，颗粒物粒径分布会出现多峰状，峰值粒径在10～30 nm 和 100～200 nm。通过车辆排放快速识别系统测量的车辆尾气排放值低于法规 PEMs 设备测得的值，但两者的 CO_2 浓度、CO/CO_2 比值、NO/CO_2 比值在趋势上相近，具有一定的相关性，相关系数 R^2 在 0.6～0.75。

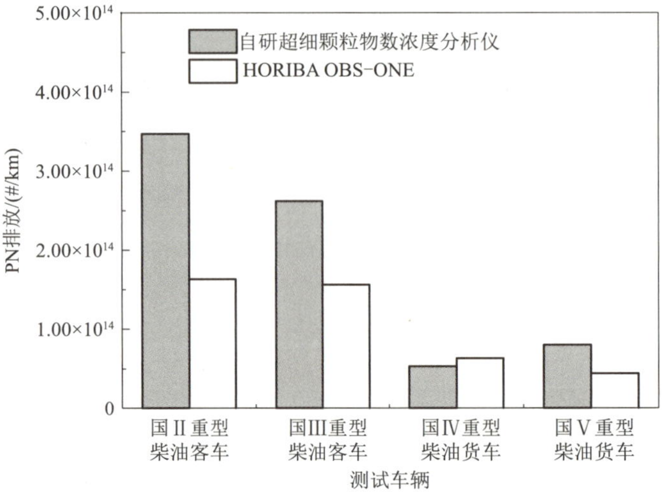

图 5-19　UFP 数浓度快速检测器和法规 PEMs 设备 HORIBA OBS-ONE 之间 PN 测试结果的比较

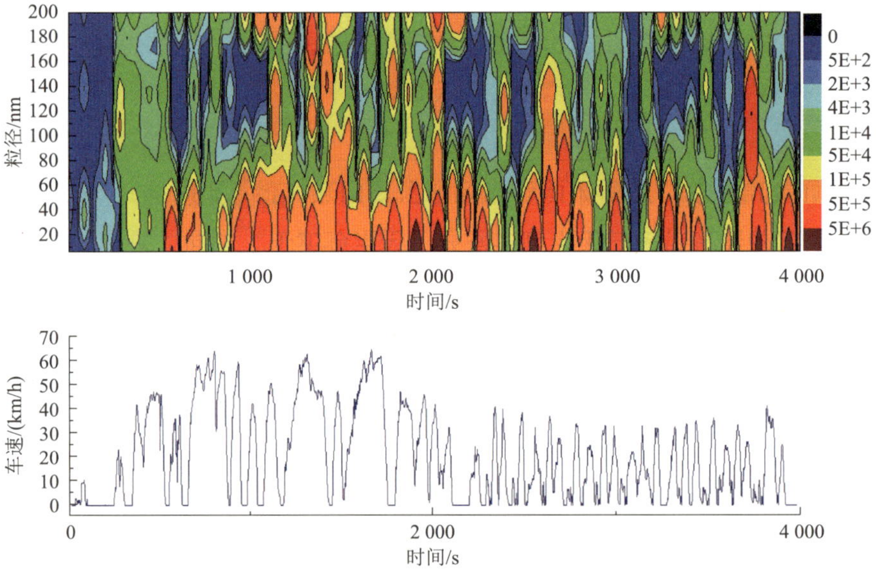

图 5-20　PUPS 检测的中国四号重型柴油卡车排气颗粒的粒度分布

通过便捷式数字离子阱质谱仪测量到的 VOCs 排放可分为六类，即烷烃、烯烃、苯系物、硫醇、有机胺（含氮有机物）和含氧有机物（图 5-21）。根据被测物质的分类和对比，发现汽油车尾气排放的 VOCs 主要为苯系物和烯烃，其中苯系物占 35% 以上、烯烃占 24% 以上；柴油车尾气排放的挥发性有机物主要是含氧有机化合物和烯烃，其中含氧有机化合物的比例为 23%～44%，烯烃的比例为 22%～50%。对比汽油车和柴油车的尾气 VOCs 排放，最大的区别在于汽油车尾气中占比最高的为苯系物，而柴油车尾气中占比最高的为含氧有机物。便捷式数字离子阱质谱仪的成功应用示范为我国汽车尾气排放监测提供了有效手段。

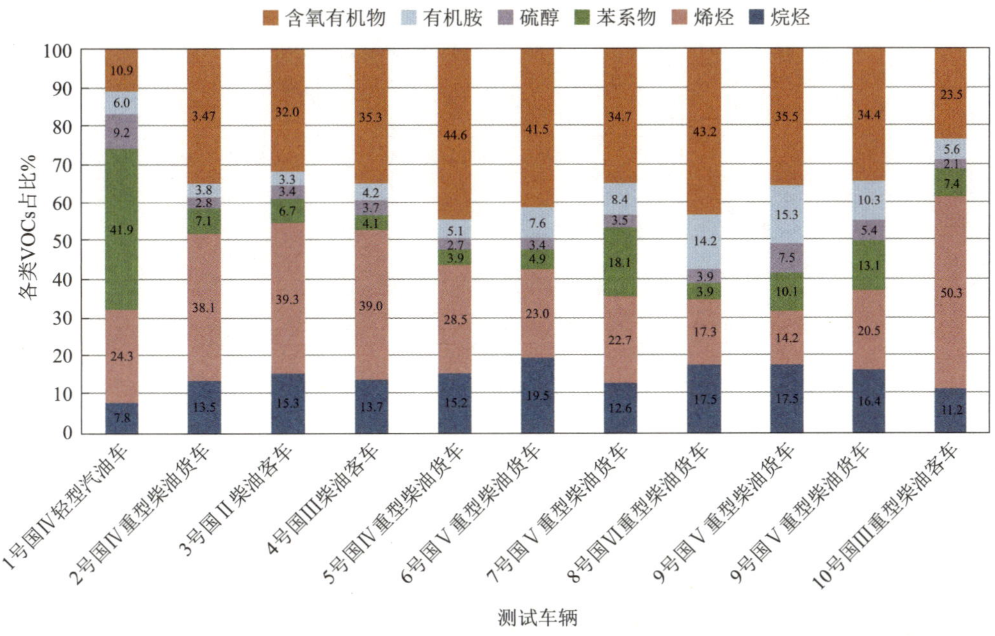

图 5-21　通过便捷式数字离子阱质谱仪测量到的不同车辆 VOCs 排放

5.3.2　船舶排放在线监测

船舶排放的测试方法主要有遥测、发动机台架和实船测试 3 种，其中实船排放试验的结果能够最好地反映船舶的实际排放水平。本书采用实船排放试验方法，在京唐港监测了货船和客船在不同工况条件下（离港、巡航、机动航行和进港）的 PN 和 VOCs 排放，试验持续了约 14 d。船舶尾气采样口设置于排气上部烟道室，尾气经稀释器稀释后进入排放测量仪，以监测不同工况下的颗粒物和 VOCs 排放情况。

图 5-22 是船舶在不同工况下的颗粒物排放情况，从图中可以看出，货船的 PN 排放在离港条件下达到最大值（约 3×10^6 个 · cm^{-3}），而由于客船的速度和方向频繁变化，因此其在所有工况条件下的 PN 排放都很高（约 4×10^6 个 · cm^{-3}）。客船与货船的 PN 排放存在明显区别，表明内陆水道和海上水道之间的颗粒物排放量存在显著差异。

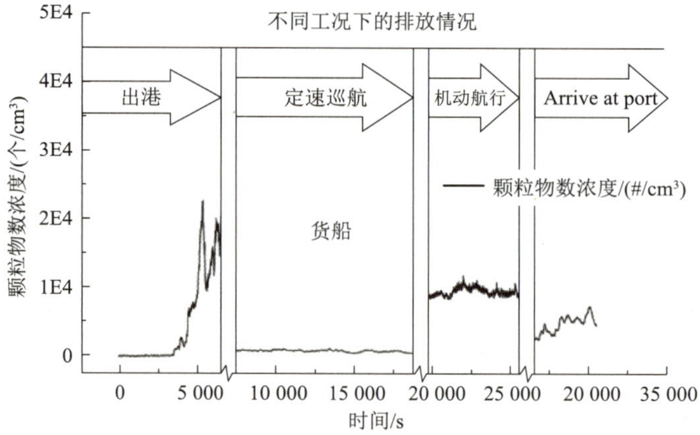

（a）货船

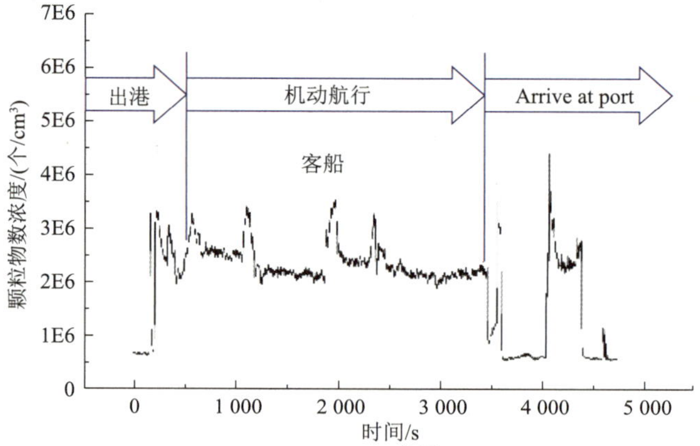

（b）客船

图 5-22　船舶在不同工况下的颗粒物排放结果

图 5-23 是货船、客船在不同工况下的 VOCs 排放情况。从图中可以看出，货船在启动过程中的尾气 TVOC 浓度会显著升高，而在机动巡航时浓度最低。因此，监控船舶尾气污染需要重点对港口、锚地进行 VOCs 监测管控。相对于客船，货船排放的 VOCs 主要物质除了烷烃、烯烃和苯系物外，还有较高浓度的硫醇物质，说明货船使用的燃料中硫化物含量较高。为减少有毒有害的 VOCs 等物质对环境和人体健康造成影响，应加强船舶油品质量的提升，为船舶加装尾气处理装置。

5.3.3　机场排放综合监测

机场排放综合监测试验在合肥新桥国际机场进行，监测方法包括基于点的快速采样和远程光学遥测，可以快速监测民航飞机起飞、着陆和滑行阶段的尾气排放特性，同时对机场的空气污染排放状况进行了多维评估。

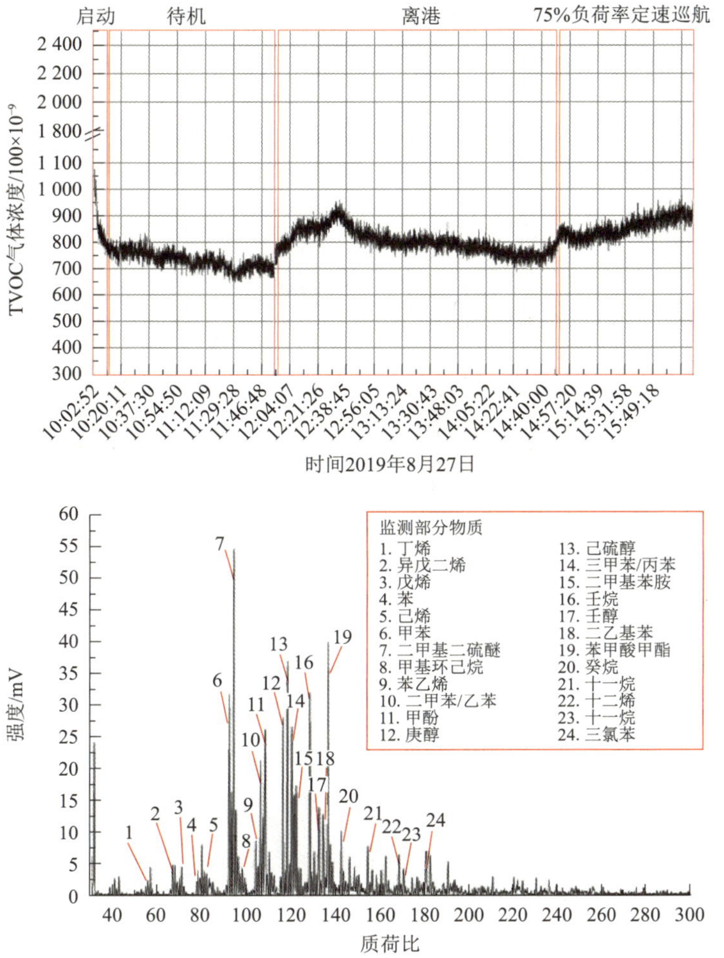

（a）货船

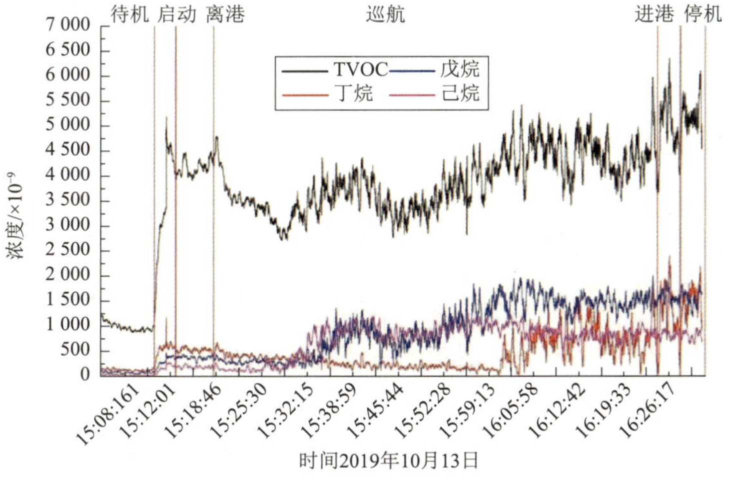

（b）客船

图 5-23　船舶不同工况下的 VOCs 排放测试结果

经现场考察，选择新桥机场跑道北滑台和北消防站作为双站观测点，双站之间横穿起降跑道，横向距离 467 m，可有效观测飞机的起飞和着陆过程。用于点采样的质谱仪放置在滑行跑道 100 m 范围内，图 5-24 和图 5-25 分别显示了在机场监测一周和 2 h 内的 VOCs 变化情况。

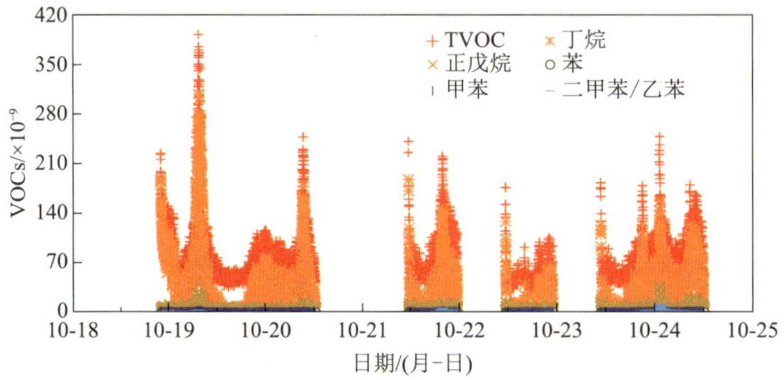

图 5-24　一周内监测到的机场跑道 VOCs 浓度变化情况（2019 年）

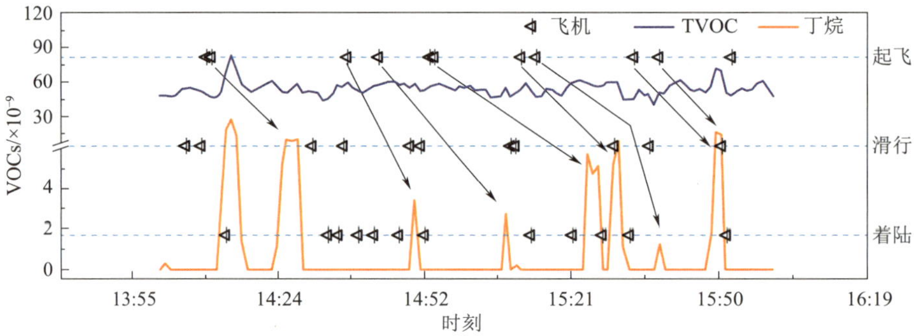

图 5-25　2 h 内监测到的机场跑道 VOCs 浓度与飞机着陆和起飞之间的关系

从图 5-25 中可以看出，整个机场跑道 VOCs 浓度变化与机场每天 2～3 次繁忙的着陆与起飞呈正相关，监测结果可以直接反映机场移动源的排放情况。在监测期间，当清晨机场跑道上有标志线规划和重型机械施工时，VOCs 的异常浓度变化也得到了有效监测。航空燃油特征物丁烷的变化趋势与飞机起飞滑行显著正相关，这是因为监测点靠近起飞侧的跑道。丁烷污染物从跑道转移到监测点的延迟时间为 1～5 min，这是因为监测点距离跑道约 100 m，污染物的传递受气象因素尤其是风向和温度的影响造成不同的延时。

开放光路 DOAS 能够实时快速获得光路上 SO_2、NO_2、O_3、苯系物等污染物平均浓度。飞机运行会产生明显的 NO_x 和 SO_2 污染，导致 NO_2 和 SO_2 的区域平均浓度略有上升。但由于机场区域场地空旷，污染物快速扩散，机场区域的整体污染水平较低。飞机排放的苯系物很低，表明苯系物并非飞机排放的主要污染物。起飞阶段的污染物浓度明显高于滑行与降落阶段，符合发动机的运行状态。

5.4 发展与展望

随着中国大气污染防治工作的加强，其对污染精确控制的要求日益迫切。在移动源排放的监测和控制方面，将开发手持、便携式和遥感技术和仪器，并进行合作应用，例如，对机动车和非道路移动源排放的非接触式监测，对车辆燃料的复杂成分的快速检测。此外，人工智能和移动5G也将在未来发挥重要作用，涉及空气质量监测网络。总体而言，移动源排放污染物在线监测技术正朝着多组分、小型化和智能化方向发展。该技术的研究和开发正朝着以下方向发展。

在移动污染源监测领域，结构紧凑、检测实时性好的仪器逐渐成为超细颗粒物的研究热点，因此应推广颗粒物传感与车载诊断（OBD）技术。为识别机动车排放超标、柴油颗粒过滤系统故障、人为屏蔽等违法行为和现象，机动车颗粒物排放实时监测系统为机动车污染防治的各种措施提供有效平台和载体，为综合执法提供有效的实时监测数据。同时，发展现场高温环境测量技术也具有重要意义。由于稀释冷却采样过程中尾气可能发生物理化学反应，影响实际道路排放结果的测量，需要进一步发展未稀释车辆超细颗粒物排放的高温现场在线测量技术。此外，遥感技术应该广泛用于车辆排放监测。在采集大量车辆排放数据后，采用生成对抗网络等高效的人工智能算法，提高遥感车辆排放传感和过量识别装置的准确性和鲁棒性，确保遥感技术能够成为检测多个车辆超标排放的有效手段。

参考文献

[1] US EPA. Compendium Method TO-17, Determination of volatile organic compounds in ambient air using active sampling onto sorbent tubes [S].

[2] US EPA. Compendium Method TO-15, Determination of Formaldehyde in Ambient Air Using Adsorbent Cartridge Followed by High Performance Liquid Chromatography (HPLC) [S].

[3] BELANGER J, PARE J, TURPIN R, et al., Evaluation of microwave-assisted process technology for HAPSITE's headspace analysis of volatile organic compounds (VOCs) [J]. Journal of Hazardous Materials, 2007, 145 (1-2): 336-338.

[4] ZHOU X, ZHOU B, ZOU M, et al. Comparsion testing study of exhaust pollutant sunder remote sensing conditions and high speed idle conditions [J]. Journal of environmental monitoring in China, 2011, 27 (05): 82-85.

[5] ZHANG Y, STEDMAN D H, BISHOP G A, et al. Worldwide on-road vehicle exhaust emissions

study by remote sensing [J]. Environmental Science & Technology, 1995, 29 (9): 2286-2294.
[6] 苏茂辉. 汽车排放测量技术与方法研究 [D]. 武汉: 武汉理工大学, 2006.
[7] 国民经济和社会发展第十二个五年规划纲要 [R]. 2010.
[8] CHAN C K, YAO X. Air pollution in mega cities in China [J]. Atmospheric Environment, 2008, 42 (1): 1-42.
[9] 国家中长期科学和技术发展规划纲要 (2006—2020年) [R]. 2006.
[10] WANG H Q, ZHOU J T, LI X, et al. Review on recent progress in on-line monitoring technology for atmospheric pollution source emissions in China [J]. Journal of Environmental Sciences, 2022: 8-54.
[11] DENG L, ZHU H G, WANG K. Study on partial flow particle dilution sampling system based on predictive control [J]. Automobile Technology, 2017 (9): 58-62.
[12] 余同柱. 机动车尾气超细颗粒物采样与数浓度在线测量关键技术研究 [D]. 合肥: 中国科学技术大学, 2018.
[13] XIAO M D, ZHANG Z, RUAN B, et al. Design and performance test of thermal diffusion tube [J]. Acta Scientiae Circumstantiae, 2020 (9): 136-142.
[14] YANG Z D, ZHENG C H, CHANG QY, et al. Fine particle migration and collection in a wet electrostatic precipitator [J]. Air Waste Manage. Assoc. 2017, 67 (4): 498-506.
[15] YU T Z, YANG Y X, LIU J G. Design and evaluation of a unipolar aerosol particle charger with built-in electrostatic precipitator [J]. Instrum. Sci. Technol., 2018, 46 (3): 326-347.
[16] YANG Y X, YU T Z, ZHANGJ S, et al. On the performance of an aerosol electrometer with enhanced detection limit [J]. Sensors, 2018, 18 (11): 3889.
[17] YANG Y X, YU T Z, ZHANG J S, et al. Design and evaluation of an aerosol electrometer with low noise and a wide dynamic range [J]. Sensors, 2018, 18 (5): 1614.
[18] TIAN W D, TAN J W, GE Y S, et al. Development of rapid detector for motor vehicle particulate matter [J]. Instrum. Tech. Sens. 2021 (6): 46-49.
[19] 周纪彤, 王焕钦, 胡俊涛, 等. 便携式机动车超细颗粒物粒径谱仪研制 [J]. 大气与环境光学学报, 2020, 15 (6): 13.
[20] CHEN M J, WANG H Q, SUNQ, et al. Simulation of miniature PDMA for ultrafine-particle measurement [J]. Atmosphere, 2019, 10 (3): 116.
[21] SUN Q, HU J T, WANG H Q, et al. Design and evaluation of a mini-Faraday cup for portable ultrafine particle sizer [C]. IOP Conference Series: Earth and Environmental Science, 2019, 227: 062040.
[22] YANG J, WANG H Q, ZHOU J T, et al. A build-in data inversion method to retrieve aerosol size distributions for a portable ultrafine particle sizer (PUPS) [J]. IEEE Access. 2021, 9: 2879-2889.
[23] STANKOVA M, VILANOVA X, CALDERER J. Detection of SO_2 and H_2S in CO_2 stream by means of WO_3-based micro-hotplate sensors [J]. Sensors and Actuators B: Chemical, 2004, 102 (2): 219-225.
[24] NAKAGOMI S, FUKUMURA A, KOKUBUN Y. Influence of gate bias of MISiC-FET gas sensor device on the sensing properties [J]. Sensors and Actuators B: Chemical, 2005, 108 (1-2): 501-507.
[25] WANG L, KUMAR R V. A new SO_2 gas sensor based on an Mg^{2+} conducting solid electrolyte [J]. Journal of Electroanalytical Chemistry, 2003, 543 (2): 109-114.
[26] ZANOBETTI A, SCHWARTZ J. Cardiovascular damage by airborne particles: Are diabetics more

susceptible? [J]. Epidemiology, 2002, 13 (5): 588-592.

[27] OUYANG Z, COOKS R G. Rectilinear ion trap and mass analyzer system and method: U. S. Patent 6, 838, 666 [P]. 2005-01-04.

[28] TAN G B, GAO W, HUANG Z X, et al. Vacuum ultraviolet single-photon ionization time-of-flight mass spectrometer [J]. Chinese Journal of Analytical Chemistry, 2011, 39 (10): 1470-1475.

[29] QING J, HUANG Z, ZHANG Y, et al. A miniaturised electron ionisation time-of-flight mass spectrometer that uses a unique helium ion removal pulsing technique specifically for gas analysis [J]. Analyst, 2013, 138 (12): 3394-3401.

[30] GAO W, TAN G B, HONG Y, et al. Development of portable single photon ionization time-of-flight mass spectrometer combined with membrane inlet [J]. International Journal of Mass Spectrometry, 2013, 334: 8-12.

[31] MU H, JIANG G Y, DING L, et al. Method for manufacturing ion optical device [P]. US9192053, 2015-11-17.

[32] LU X, QIN M, XIE P H, et al. Ambient BTX Observation nearby Main Roads in Hefei during Summer Time [J]. Aerosol Air Qual. Res. 2017, 17 (4): 933-943.

[33] HAN X H, LIU Y M, GUO J. Motor exhaust telemetry device based on differential optical absorption spectroscopy [C]. 17th International Conference on Optical Communications and Networks. Zhuhai (ICOCN 2018), China. Nov: 16-19.

[34] 于光保，熊远辉，罗中杰，等．QCLAS 在 JLMPGF6. 5 发动机 CO 体积分数测量中的应用 [J]. 激光技术，2019 (4): 488.

[35] XIE H, ZHANG Y J, HE Y, et al. Automatic and fast recognition of on-road high-emitting vehicles using an optical remote sensing system [J]. Sensors, 2019, 19 (16): 3540.

[36] 马磊，王小虎，姚新宇，等．一种光路垂直分布的道路柴油货车尾气遥测系统及方法 [P]. 发明专利，公开号：CN110987868, 2020.

[37] 刘进，王小虎，徐锦坤，等．一种垂直式机动车尾气不透光度监测装置 [P]. 发明专利，公开号：CN109085123, 2018.

[38] 鲁一冰．机动车尾气垂直遥测技术研究及光谱处理算法设计 [D]. 合肥：中国科学技术大学，2018.

[39] TANG Q X, ZHANG Y J, CHEN D, et al. Laser absorption spectroscopy data processing method based on co-frequency and dual-wavelength and its application [J]. Optics express, 2018, 26 (4): 4459-4469.

[40] 唐七星，张玉钧，陈东，等，调谐激光吸收光谱波长偏移修正算法研究 [J]. 光谱学与光谱分析，2018, 38 (11): 3328-3333.

[41] 鲁一冰，刘文清，张玉钧，等，一种自适应层进式 Savitzky-Golay 光谱滤波算法及其应用 [J]. 光谱学与光谱分析，2019, 39 (9): 2657-2663.

[42] 鲁一冰，刘文清，张玉钧，等，一种单光谱吸收积分吸光度快速计算方法及应用 [J]. 光学学报，2018, 38 (12): 1214001.

第 6 章
全耦合空气质量预报技术

“十三五”期间，在我国自主研发的原区域空气质量预报模式系统 NAQPMS 基础上，进一步研发了全球尺度空气质量模式系统 GNAQPMS，实现 GNAQPMS/NAQPMS 与全球气象模式 GWRF/区域气象模式 WRF 双向在线耦合，发展了我国的全耦合空气质量预报模式系统；集成了新研发的气溶胶核化增长机制、二次气溶胶形成新机理、多源资料同化、二次污染物来源数值解析等技术以及自适应网格空气质量模式，示范应用于中国环境监测总站。

6.1 全耦合空气质量预报模式系统简介

1960 年，美国首次利用数值天气预报模式开展污染潜势预报，1970 年至今，空气质量预报模式约每 10 年更新一代，以反映相关科学认识的进步、数值方法的改进以及计算机技术的革新。目前，空气质量预报模式正在从离线耦合向在线全耦合模式过渡。全耦合模式指全球、区域、城市尺度的气象模块与化学模块实现双向在线耦合，且各尺度的物理、化学过程处理方案一致的模式[1]。发展全耦合模式的目的是避免单向耦合模式的不确定性，主要包括 3 个方面。第一，不同模式实现单向耦合时因空间分辨率的不同需要插值，插值会给模式结果带来不确定性；第二，单向耦合模式的物理、化学过程处理方案不一致也会给模式结果带来不确定性；第三，也是最主要的是单向耦合模式无法反映浓度场对气象场的反馈作用，该作用重污染期很重要。2016 年以前世界上全耦合模式仅有 3 个，即 GU-WRF/Chem[1]、GEM-AQ[2]、GATOR-GCMOM[3]，仍在发展之中，我国还没有全耦合模式。

“十三五”期间，在自主研发的原区域空气质量预报模式系统 NAQPMS 基础上，进一步发展了我国自己研发的全球尺度空气质量模式系统 GNAQPMS[4]，实现 GNAQPMS 模式在众核和通用 CPU 架构平台上获得 2.55～3.71 倍加速[5]，以及全球气象模式 GWRF/区域气象模式 WRF 与 GNAQPMS/NAQPMS 双向在线耦合，发展了我国的全耦合模式（全球、区域、城市尺度的气象模块与化学模块实现双向在线耦合，且各尺度的物理、化学过程处理方案一致）（图 6-1）。2017 年 11 月建立 1°→0. 33°→0. 11°（约 10 km）的全球-区域-城市多尺度业务预报调试系统，实现 7～14 d 全球中期数值预报的目标，并在中国环境监测总站集群科研区开展业务应用示范工作；结合大气污染攻关需求，引入气候短期预测模式产品，开展大气污染形势季节性预测。结合卫星遥感、本地调研资料及源排放模型技术，优化了全球多尺度模式系统的污染物源排放量[6-8]。集成了项目研发的气溶胶核化增长机制、二次气溶胶形成新机理、多源资料同化、二次污染物来源数值解析等数值模拟技术。在多模式集合预报系统中增加一个新的模式成员，即自适应网格空气质量模式（图 6-1）。

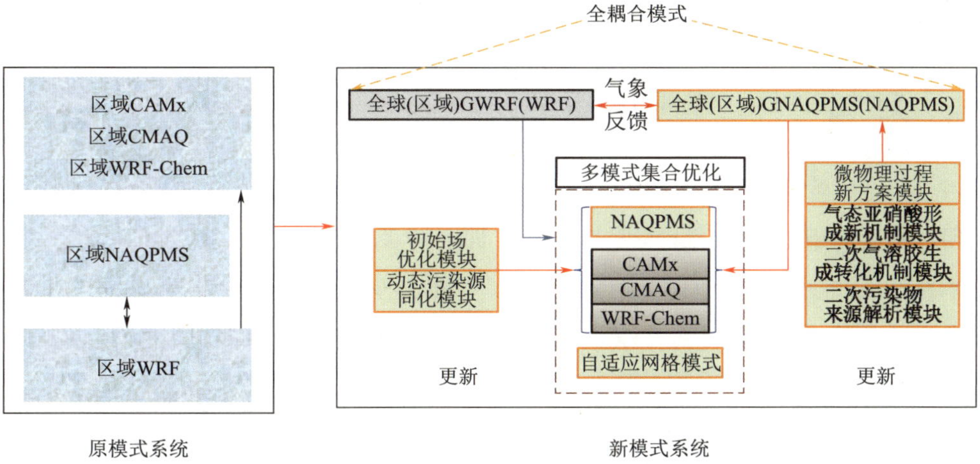

图 6-1　全耦合空气质量预报模式系统框架

2018 年全年所研发的全耦合多尺度空气质量预报模式系统多模式多元线性回归集合结果表明，$PM_{2.5}$ 平均预报准确率前 5 d（120 h 内）为 81%，4～7 d 为 78%，7～14 d 为 71%。重污染预报能力评估表明，新模式系统（原业务系统）提前 9(6) d 预报出 $PM_{2.5}$ 重污染天，新模式系统（原业务系统）提前 7(4) d 预报出连续 3 d 中度及以上污染过程（如 2018 年 12 月 1—2 日的重污染个例）。

下面重点介绍自适应网格空气质量模式（Fluidity-Atmosphere）发展、关键模块研发、全耦合空气质量预报模式系统发展及其示范应用。

6.2　Fluidity-Atmosphere 发展

基于英国帝国理工学院应用计算与建模小组研制的自适应网格流体模式 Fluidity，研发了自适应网格空气质量模式 Fluidity-Atmosphere。

6.2.1 自适应网格生成算法优化和守恒插值方案设计

为精细刻画我国污染源的分散式局地强排放特征，对自适应网格生成算法进行优化：根据高分辨率污染源清单数据，通过最大、最小网格边长限制，在污染物高排放地区自动加密网格，构建与源强相对应的自适应最优网格。选取污染源排放强度为研究变量 q（一种示踪物浓度）和 g（另一种示踪物浓度）作为网格自适应的关键判据，计算两者的 Hessian 矩阵 H_q 和 H_g。在最大网格边长 $l_{\max}$ 和最小网格边长 $l_{\min}$，最大各项异性比 p 及对应插值误差 ε_q 和 ε_g 限定下，对 $\varepsilon_q^{-1}H_q$，$\varepsilon_g^{-1}H_g$ 进行矩阵奇异值分解并限制其特征值 $\widetilde{\lambda}_i(i=1，2，3，m=p，g)$：

$$\widetilde{\lambda}_i^m=\max\left\{\min\left[\frac{1}{l_{\min}^2},\max\left(\lambda_i,\frac{1}{l_{\max}^2}\right)\right],\frac{1}{p^2}\max_{j=1,2,3}\left\{\min\left[\frac{1}{l_{\min}^2},\max\left(\lambda_j^m,\frac{1}{l_{\max}^2}\right)\right]\right\}\right\} \tag{6-1}$$

得到限制后的矩阵 $\varepsilon_q^{-1}H_q|\widetilde{\lambda}_p$，$\varepsilon_g^{-1}H_g|\widetilde{\lambda}_g$，即对应关键判据的度量张量（$M_q=\varepsilon_q^{-1}H_q$ 和 $M_g=\varepsilon_g^{-1}H_g$），采用矩阵奇异值分解将 M_g 转到 M_q 空间，并限制 M_g 的特征值得到 $\widehat{M}_g$，将 $\widehat{M}_g$ 转换回原欧拉空间得到整合后的度量张量 $M(q，g)$。设置自适应前后网格的边长，对 $M(q，g)$ 进行光滑处理和比例调整，建立 $M(q，g)$ 与最优网格的一一映射，构建超级网格 T_S 包含原网格 T_D 和新自适应网格 T_T 的所有节点，并将 T_D 和 T_T 的网格单元细分成若干个小的网格单元。将原网格 T_D 数据通过伽辽金投影插值到超级网格 T_S（图 6-2），然后将超级网格 T_S 数据伽辽金投影插值到新网格 T_T，以确保质量守恒。

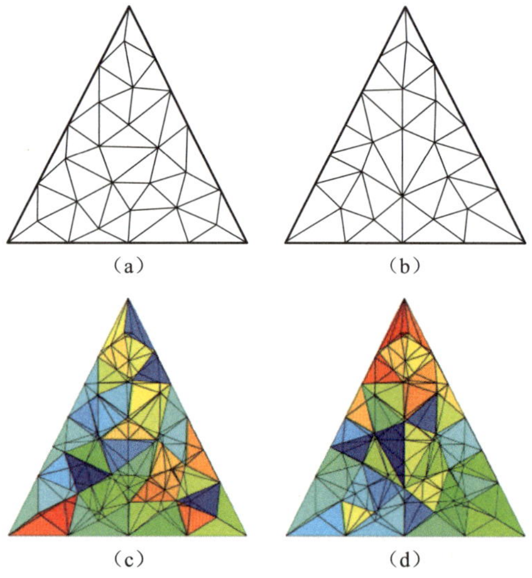

图 6-2　超级网格（supermesh）生成［其中（a）、（b）为同一区域两个不同的非结构网格，（c）、（d）为生成的超级网格；（c）中着色显示（a）中网格，（d）中着色显示（b）中网格］

6.2.2 Fluidity-Atmosphere 中大气模块动力方程组构造及检验

根据典型中小尺度天气过程的特征，构造 Fluidity-Atmosphere 的大气运动方程组，将重力分量的影响加入动量方程，引入干湿空气状态方程，调整 Fluidity-Atmosphere 大气模块动力框架中平流扩散方程的计算形式、动量方程的密度项，使之成为适用于中尺度动力框架预报方程组：

$$
\begin{cases}
\dfrac{\partial u}{\partial t} = -\boldsymbol{u}\nabla \cdot \boldsymbol{u} - \dfrac{1}{\rho_r}\nabla p - \boldsymbol{g} - f\boldsymbol{k} \times \boldsymbol{u} + D_u \\
\dfrac{\partial Q_v}{\partial t} = -\nabla \cdot (Q_v\boldsymbol{u}) - \rho_d w \dfrac{\partial q_{v0}}{\partial z} + \rho_d S_{q_v} + D_{Q_v} \\
\dfrac{\partial \boldsymbol{\Theta}}{\partial t} = -\nabla \cdot (\boldsymbol{\Theta u}) - \rho_d w \dfrac{\partial \theta_{r0}}{\partial z} + \rho_d S_{\theta_r} + D_{\Theta} \\
p = p_0\left(\dfrac{\rho_d R_d \theta_r}{p_0}\right)^{\gamma} \\
\dfrac{\partial \rho_d}{\partial t} = -\nabla \cdot (\rho_d \boldsymbol{u})
\end{cases}
\tag{6-2}
$$

式中，$\nabla = \dfrac{\partial}{\partial x}\vec{i} + \dfrac{\partial}{\partial y}\vec{j} + \dfrac{\partial}{\partial z}k$，$\rho_d$ 为干空气密度，t 为时间，$\boldsymbol{u}$ 为三维矢量速度场，$\rho_r = \rho_d + \rho_v = \rho_d(1+q_v)$ 为实际的大气密度，p 为气压场，g 为重力加速度，f 为科里奥利力，$\boldsymbol{k}$ 为垂直方向单位矢量，$D_{u_i} = \dfrac{\partial}{\partial x_j}\left[\overline{\mathscr{K}_M}\left(\dfrac{\partial u_i}{\partial x_j} + \dfrac{\partial u_j}{\partial x_i}\right)\right]$ 为黏性系数（由湍流动能方程确定），$C = \rho_d c' = \rho_d[c - c_0(z)]$，$c_0(z)$ 为只与垂直方向有关的基本态参量（这里 c 代表位温 θ 和水汽 q_v，$\boldsymbol{\Theta} = \rho_d\theta' = \rho_d[\theta - \theta_0(z)]$，$Q_v = \rho_d q_v' = \rho_d[q_v - q_{v0}(z)]$，$w$ 为垂直速度分量，S_c 为源汇项，$D_C = \dfrac{\partial}{\partial x_j}\left[\overline{\mathscr{K}_H}\left(\dfrac{\partial C}{\partial x_j}\right)\right]$ 为平流扩散项，R_d 为干空气气体常数，$\theta_r = \theta(1+1.608q_v)$ 为修正后的位温，$p_0 = 1\ 000.0Pa$，$\gamma = \dfrac{c_p}{c_v} = 1.4$。

Fluidity-Atmosphere 分别采用连续伽辽金、间断伽辽金、控制体积方法和 θ 方案进行空间和时间离散（一般采用 Crank-Nicolson 方案 $\theta = 0.5$），其空间离散格式为

$$
\begin{cases}
\dfrac{\boldsymbol{M}_U}{\Delta t}(\boldsymbol{U}^{n+1} - \boldsymbol{U}^n) + A(\boldsymbol{U}^{n+\theta_U})\boldsymbol{U}^{n+\theta_U} + \boldsymbol{C}\boldsymbol{p}^{n+1} - \boldsymbol{B} + \mathbf{Cor}\boldsymbol{U}^{n+\theta_U} = \boldsymbol{s}_U \\
\dfrac{\boldsymbol{M}_F}{\Delta t}(\boldsymbol{F}^{n+1} - \boldsymbol{F}^n) + A(\boldsymbol{U}^{n+\theta_F})\boldsymbol{F}^{n+\theta_F} = \boldsymbol{s}_{\mathbf{F}}, (\boldsymbol{F} = Q_v, \boldsymbol{\Theta}) \\
\Delta t\boldsymbol{C}^T\boldsymbol{M}_U^{-1}\boldsymbol{C}\Delta\boldsymbol{p}^{n+1} = \boldsymbol{M}_\rho\dfrac{\Delta\rho^{n+1}}{\Delta t} + \boldsymbol{C}^T\boldsymbol{u}_*^{n+1} - \boldsymbol{M}_b q \\
\boldsymbol{M}_\rho\dfrac{\Delta\rho^n}{\Delta t} + \boldsymbol{C}^T\boldsymbol{U}^n = \boldsymbol{M}_b q
\end{cases}
\tag{6-3}
$$

式中，$R = (R_1, R_2, \cdots, R_Y)$ 为包含所有节点值的向量（$\boldsymbol{R} = \boldsymbol{U}, p, \rho, \boldsymbol{\Theta}, Q_v$），$Y$ 为节点总数，$\boldsymbol{M}_U\left(M_{U,\ ij} = \int_\Omega \boldsymbol{N}_i \cdot \boldsymbol{N}_j \mathrm{d}\Omega\right)$ 是速度的质量矩阵，$\boldsymbol{A}(\boldsymbol{U}^{n+\theta_U})$ 为动量方

程的平流矩阵，$\boldsymbol{C}\left(C_{ij}=\int_{\Omega}\boldsymbol{N}_i\cdot\nabla\boldsymbol{M}_j\mathrm{d}\Omega\right)$ 为气压梯度矩阵，$\boldsymbol{B}\left(B_i=\int_{\Omega}\boldsymbol{N}_i\cdot\boldsymbol{g}\rho'\mathrm{d}\Omega\right)$ 为重力矩阵，$\mathbf{Cor}\left[\mathrm{Cor}_{ij}=\int_{\Omega}\boldsymbol{N}_i\cdot(2\boldsymbol{\Omega}\times\boldsymbol{N}_j)\mathrm{d}\Omega\right]$ 为科里奥利力矩阵，$\boldsymbol{M}_\rho\left(M_{\rho,\,ij}=\int_{\Omega}M_i\boldsymbol{N}_j\cdot\boldsymbol{n}\mathrm{d}\Omega\right)$，$\boldsymbol{M}_b\left(M_{b,\,ij}=\int_{\partial\Omega}M_i\boldsymbol{N}_j\cdot\boldsymbol{n}\mathrm{d}\Omega\right)$ 和 $q=\boldsymbol{u}\cdot\boldsymbol{n}$，$\boldsymbol{S}_U$，$\boldsymbol{S}_F$ 为包含扩散项和边界条件的源汇项矩阵，$\boldsymbol{R}^{n+\theta_R}=\theta_R\boldsymbol{R}^{n+1}+(1-\theta_R)\boldsymbol{R}^n(0\leqslant\theta_R\leqslant1)$，$\Omega$ 为计算区域，$\partial\Omega$ 代表计算区域的边界，单位向量 $\boldsymbol{n}$ 指向区域 $\boldsymbol{\Omega}$ 边界的外法线方向。

在 Fluidity-Atmosphere 中，我们采用非线性迭代的 θ 半显式半隐式时间离散方案进行积分，数值迭代直到收敛或者达到用户设定的迭代次数上限为止。采用平流试验、重力波试验验证了 Fluidity-Atmosphere 动力框架的性能，最后比较了 Fluidity-Atmosphere 自适应技术的计算效率。

6.2.2.1 平流试验检验

采用水平平流试验、地形追随平流试验、多组风场对比和地形对比水平平流试验，评估 Fluidity-Atmosphere 自适应网格、经典高度坐标 Cut-Cell 网格、地形追随网格（图 6-3）的平流绝对误差 $E_a=|q_i(x,\ z)-q_q|$ 和二维平流过程 $L_2=\sqrt{\frac{1}{\sum_i q_a^2V_i}|q_i(x,\ z)-q_q|^2V_i}$ 误差，结果见表 6-1。

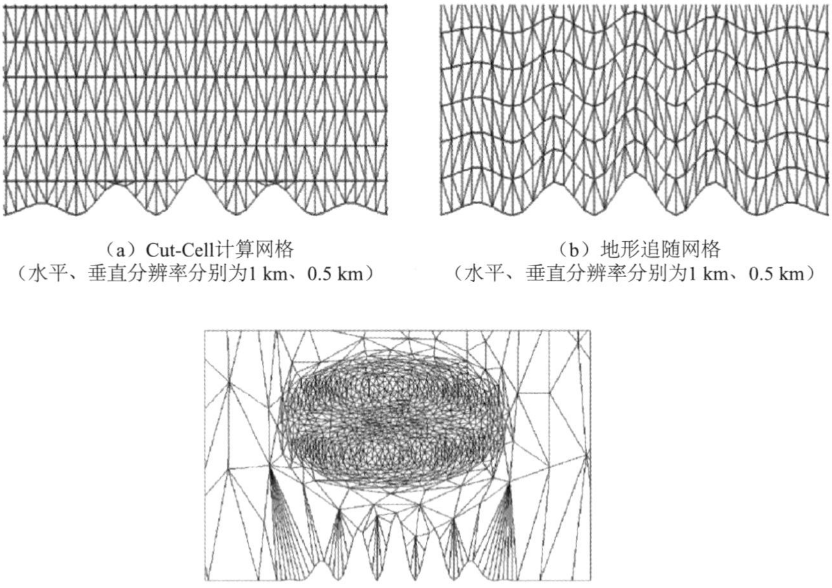

（a）Cut-Cell计算网格（水平、垂直分辨率分别为1 km、0.5 km）

（b）地形追随网格（水平、垂直分辨率分别为1 km、0.5 km）

（c）各向异性自适应网格（网格的最大、最小尺寸分别为5 km、0.1 km）

图 6-3 Fluidity-Atmosphere 平流扩散方案对比试验所采用的计算网格

表 6-1　$t=5\ 000$ s（平流经过山顶时刻）和 $t=10\ 000$ s（平流结束时刻），Cut-Cell 网格、地形追随网格、自适应网格的平流 L_2 误差

二维平流试验		Cut-cell 网格		地形追随网格		自适应网格	
		$t=5\ 000$ s	$t=10\ 000$ s	$t=5\ 000$ s	$t=10\ 000$ s	$t=5\ 000$ s	$t=10\ 000$ s
水平平流试验		3.03×10^{-2}	3.96×10^{-2}	1.03×10^{-1}	1.69×10^{-1}	1.03×10^{-3}	1.46×10^{-3}
地形追随平流试验		1.12×10^{-1}	1.51×10^{-1}	3.82×10^{-2}	4.50×10^{-2}	3.49×10^{-3}	3.50×10^{-3}
多风场试验	线性向上	1.56×10^{-2}	1.78×10^{-2}	5.62×10^{-2}	7.01×10^{-2}	1.44×10^{-3}	2.34×10^{-3}
	线性向下	1.56×10^{-2}	1.78×10^{-2}	5.15×10^{-2}	7.01×10^{-2}	1.09×10^{-3}	1.57×10^{-3}
	波状	9.13×10^{-2}	1.15×10^{-1}	2.70×10^{-1}	3.67×10^{-1}	4.11×10^{-3}	4.48×10^{-3}
多地形试验	一峰	3.05×10^{-2}	3.99×10^{-2}	3.77×10^{-2}	5.59×10^{-2}	1.03×10^{-3}	1.43×10^{-3}
	五峰	3.03×10^{-2}	3.96×10^{-2}	1.03×10^{-1}	1.69×10^{-1}	1.03×10^{-3}	1.46×10^{-3}
	十峰	3.03×10^{-2}	3.97×10^{-2}	3.72×10^{-1}	5.40×10^{-1}	1.03×10^{-3}	1.45×10^{-3}

试验结果表明，首先，自适应网格首先能显著减小 Cut-Cell 网格和地形追随网格的水平平流误差，自适应网格的平流误差保持在 $O(10^{-3})$；其次，地形追随平流试验和多风向平流试验说明，自适应网格的平流误差不受平流风向的影响；最后，多地形试验表明，自适应网格的平流误差也不受地形复杂度的影响，平流误差始终保持在 $O(10^{-3})$ 数量级，这是 Cut-Cell 网格和地形追随网格所不具备的能力。自适应网格的平流误差主要受数值方法、网格最大最小边长和度量标准的影响。

6.2.2.2　重力波试验检验

采用二维、三维理想重力波试验验证了 Fluidity-Atmosphere 动力框架的性能，三维理想重力波的试验结果表明：Fluidity-Atmosphere 模拟的重力波能够向下游和向上稳定传播，Fluidity-Atmosphere 的数值解光滑且稳定。在图 6-4（a）中过山波稳定地从山顶向上传播，其强度随高度增加而逐渐衰减；在 $Z=2$ km 的水平 $X-Y$ 截面上［图 6-4（b）］，垂直速度的等值线平滑且呈对称分布；在 $X=32$ km 地形下游的垂直截面中可以看到相同的对称分布特点［图 6-4（c）］；在 $Z=800$ m 的水平截面上［图 6-4（d）］，轮廓的最外层出现了明显的噪声，这是由于 Fluidity-Atmosphere 根据速度梯度实施网格自适应，而速度的量级和噪声相当，在网格自适应过程中会因无法分辨而错误地捕获并放大地形附近的噪声。通过稀疏网格或引入散度衰减算子，能够减小 Fluidity-Atmosphere 自适应网格模拟不恰当的网格高分辨率激发的伪振荡。

Fluidity-Atmosphere 模拟与经典的模拟结果[9]相近，但在底部存在一些噪声。在 $Z=2$ km 的水平 $X-Y$ 截面上，图 6-4（b）过山波的中心位置和振幅与 Lock 等[9]的结果符合良好。值得注意的是，当 $x>36$ km 时，过山波等值线的中心位置［图 6-4（a）］略高于 Lock 等[9]的位置。

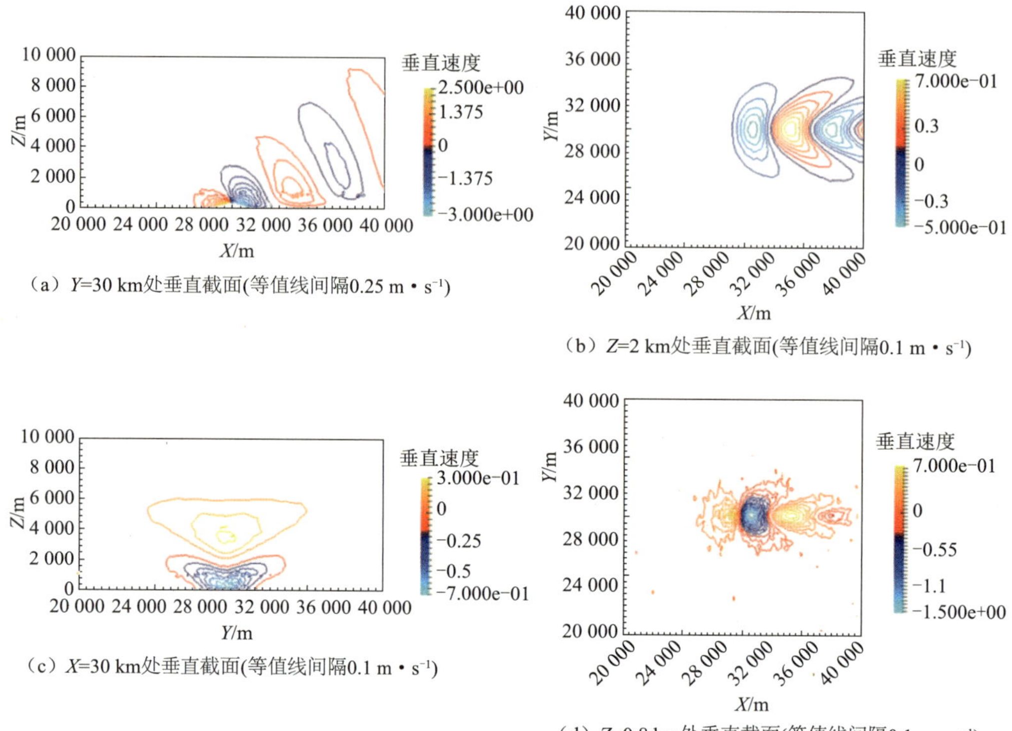

（a）Y=30 km处垂直截面(等值线间隔0.25 m・s⁻¹)

（b）Z=2 km处垂直截面(等值线间隔0.1 m・s⁻¹)

（c）X=30 km处垂直截面(等值线间隔0.1 m・s⁻¹)

（d）Z=0.8 km处垂直截面(等值线间隔0.1 m・s⁻¹)

图 6-4　三维重力波试验的垂直速度等值线分布（地形的最大高度为 400 m）

6.2.3　Fluidity-Atmosphere 大气模块动力框架与物理过程耦合及效果检验

目前，绝大多数模式广泛采用等距均匀网格，而 Fluidity-Atmosphere 的自适应网格是三维各向异性分布，无法与现有的模式参数化方案相互匹配。我们设计了一套网格索引的新算法：包括垂直索引（图 6-5）和均一化索引（图 6-6），该垂直索引算法确保自适应后的网格点能够在垂直方向按高度直接检索（亦可以按垂直层分布顺序检索）全空间的计算格点，而均一化索引保证了格点能够快速搜索到水平相邻的格点。

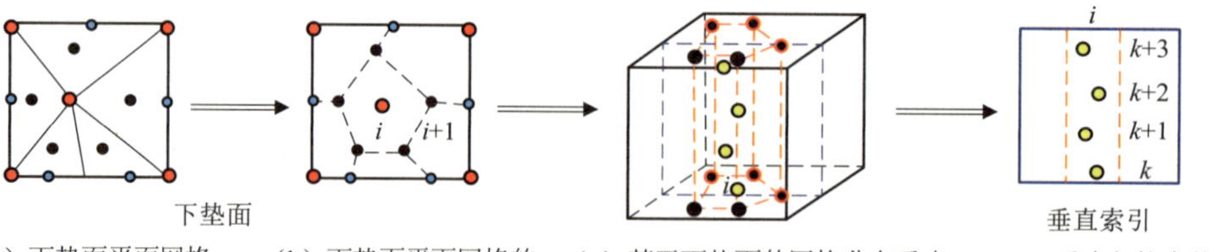

（a）下垫面平面网格　（b）下垫面平面网格的对偶重构　（c）基于下垫面的网格分布垂直投影得到一组垂直气柱　（d）垂直气柱内的网格按高度排序

图 6-5　Fluidity-Atmosphere 引入的网格垂直索引新方案示意图

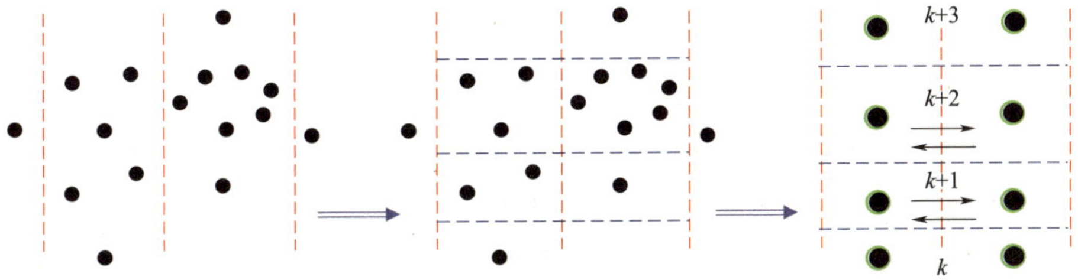

（a）垂直索引完成后，每一个垂直气柱内的格点分布网

（b）用户根据研究需要划定垂直层（蓝色虚线，可以按高度平均划分，也可以按地形追随划分，也可以根据需求自定义

（c）对数插值于每一个垂直气柱内的每一层拟合出一个均值代替该气层

图 6-6　Fluidity-Atmosphere 引入的网格均一化索引方案示意图

通过构造垂直索引和均一化索引后，Fluidity-Atmosphere 的各向异性自适应网格获得均匀分布的格点索引系数，从而打通了 Fluidity-Atmosphere 的各向异性自适应动力框架与物理过程耦合的关键通道。借助该通道，Fluidity-Atmosphere 与 Kessler 云微物理参数化、Kain-Fritsch 积云对流参数化、MRF 非局地边界层参数化方案实现耦合，耦合后的 Fluidity-Atmosphere 预报方程组为

$$
\left\{
\begin{aligned}
&\frac{\partial \boldsymbol{u}}{\partial t} = -\boldsymbol{u}\nabla\cdot\boldsymbol{u} - \frac{1}{\rho_r}\nabla p - \boldsymbol{g} - f\boldsymbol{k}\times\boldsymbol{u} + D_u \\
&\frac{\partial Q_v}{\partial t} = -\nabla\cdot(Q_v\boldsymbol{u}) - \rho_d w\frac{\partial q_{v0}}{\partial z} + \rho_d S_{q_v} + D_{Q_v} \\
&\frac{\partial \Theta}{\partial t} = -\nabla\cdot(\Theta\boldsymbol{u}) - \rho_d w\frac{\partial \theta_{r0}}{\partial z} + \rho_d S_{\theta_r} + D_\Theta + F_{CC} \\
&p = p_0\left(\frac{\rho_d R_d \theta_r}{p_0}\right)^{\gamma} \\
&\frac{\partial \rho_d}{\partial t} = -\nabla\cdot(\rho_d\boldsymbol{u}) \\
&\frac{\partial Q_c}{\partial t} = -\nabla\cdot(Q_c\boldsymbol{u}) + \rho_d S_{q_c} + D_{Q_c} \\
&\frac{\partial Q_r}{\partial t} = -\nabla\cdot(Q_r\boldsymbol{u}) + \rho_d S_{q_r}
\end{aligned}
\right. \tag{6-4}
$$

其中，云水通量 Q_c 和雨水通量 Q_r 是 Kessler 云微物理参数化方案新增的预报变量和对应的平流扩散方程，使之能够描述云中水汽和水凝物的动力学效应和相互转换；根据 Kain-Fritsch 积云对流参数化方案的设计，在位温平流方程中增加倾向项 $F_{CC}=\frac{L}{\pi}\frac{\overline{\mathrm{d}q}}{\mathrm{d}t}-\frac{\partial(\overline{w'\theta})}{\partial z}$，第二项考虑了积云系统内的气流上升和下降造成的质量变化和补偿以及积云和环境之间的水汽质量的卷入和卷出等过程，同时考虑凝结物的拖曳作用；根据 MRF 边界层参数化方案的设计，在混合层中，$D_C=\frac{\partial}{\partial z}\left[K_c\left(\frac{\partial C}{\partial z}-\gamma_c\right)\right]$，$\boldsymbol{R}=$

$\vec{v}$，Θ，Q_v，Q_c 混合层之上采用自由大气扩散。

利用对流过程的激发和超级单体的分离试验检验了 Fluidity-Atmosphere 模拟效果，Fluidity-Atmosphere 能够良好模拟对流系统的发生发展过程，准确模拟超级单体激发和分离。对流过程和超级单体的分离过程模拟试验均在如下 71 核的计算机上运算：2. 30 GHz(Intel R Xeon R)CPU E5-2697 v4，内存为 256 GB。Fluidity-Atmosphere 的计算格点数见表 6-2。试验结果表明，在高分辨率条件下，自适应网格数值模拟所需要的计算格点数远小于固定网格，这主要得益于对流过程的发展空间范围较集中，在对流活动不剧烈的区域自适应网格的空间分辨率可以降到足够低。

表 6-2　对流过程和超级单体发展过程采用固定网格和自适应网格的空间网格点数对比

网格类型		分辨率/km			
		0. 125	0. 25	0. 5	1. 0
对流模拟的计算格点数	自适应	—	99 312	36 031	6 565
	固定	—	1 703 025	218 489	28 749
	比率	—	5. 8%	16. 5%	22. 8%
超级单体模拟的计算格点数	自适应	188 291	187 628	184 713	164 589
	固定	66 151 841	8 346 321	1 062 761	137 781
	比率	0. 3%	2. 2%	17. 4%	119. 4%

6. 2. 4　Fluidity-Atmosphere 气象模块与大气化学模块的耦合及效果检验

NAQPMS 模式中 CBMZ（Carbon Bond Mechanism Z）气相化学机制、干湿沉降过程等模块耦合于 Fluidity-Atmosphere。以 SO_2 电厂点源为例，自动锁定局地强排放位置并对其网格加密，其周边低排放地区则适当降低网格分辨率，以有效刻画华北地区分散式污染局地强排放特征，以 2013 年 1 月 10—14 日的污染过程为例检验了模拟性能。自适应网格模式成功模拟了各点源排放产生的细长烟流结构，仅当水平分辨率为 2. 5 km 时，等距均匀的嵌套网格模式模拟与自适应网格模式模拟相近。与等距均匀的嵌套网格模式相比，自适应网格模式显著提高 SO_2 模拟能力，复杂地形城区标准平均偏差由 73. 0% 降至 15. 2%，相关系数由 0. 67 升至 0. 93（表 6-3）。

表 6-3　Fluidity-Atmosphere（Adapt）与等距均匀的嵌套网格模式（15 km）模拟华北 59 城市站点二氧化硫浓度统计结果对比

城市所处地形	平均值/($\mu g \cdot m^{-3}$)		标准平均偏差		均方根误差/($\mu g \cdot m^{-3}$)		相关系数	
	15 km	Adapt	15 km	Adapt	15 km	Adapt	15 km	Adapt
较平坦	69. 8	95. 9	26. 5%	0. 9%	48. 1	21. 2	0. 89	0. 97
复杂	73. 8	231. 8	73. 0%	15. 2%	335. 1	136. 8	0. 67	0. 93

电厂 NO_x 烟羽引起的 O_3 生消演变过程是大气光化学污染的典型代表，一直是大气污染数值模拟的研究热点和难点。传统的嵌套网格空气质量模式无法根据污染源强自动优化网格分辨率，电厂点源排放的高 NO_x 会被低分辨率网格分摊降低，从而无法准确刻画 NO_x 与臭氧的非线性反应机理。利用 Fluidity-Atmosphere，模拟了美国田纳西州 Cumberland 电厂烟羽中臭氧生消变化过程，并与飞机观测数据作对比。新研发的自适应网格空气质量模式 Fluidity-Atmosphere 良好模拟局地强排放及 O_3 演化过程（图 6-7）[10]。

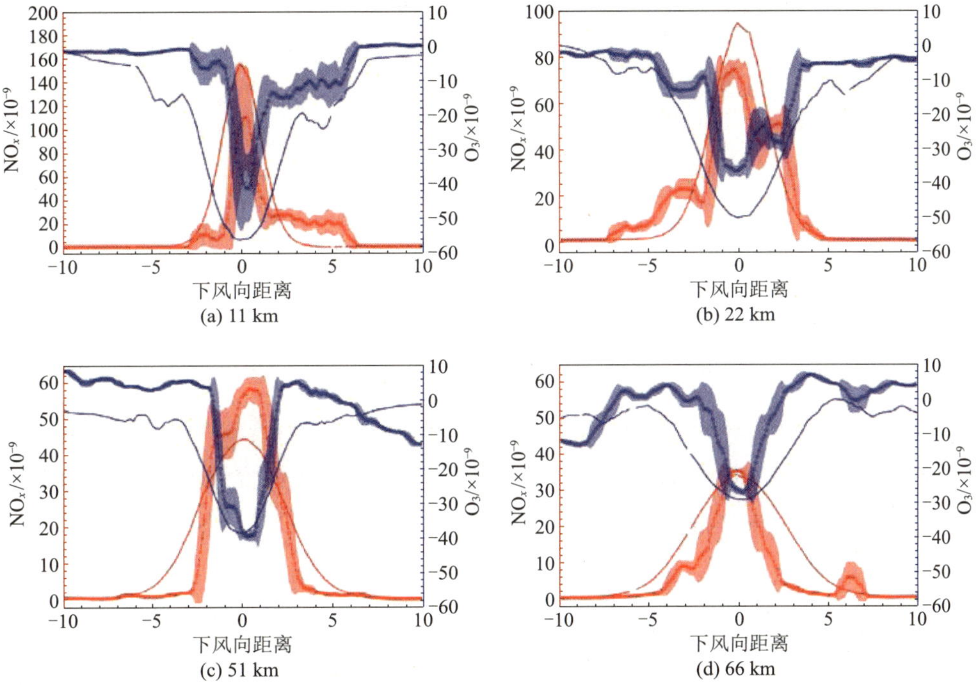

图 6-7　在 Cumberland 电厂下风向距离为 11 km、22 km、51 km、66 km 处 NO_x 和 O_3 观测（带阴影区域的虚线）与 Fluidity-Atmosphere 模拟（实线）对比

6.3　关键模块研发

6.3.1　稳定边界层参数化方案改进

湍流垂直交换系数最小值（*Kz*min）是边界层参数化方案中用来修正湍流扩散的一个小量，表示在自由大气中或在强稳定边界层中模式无法解析的非常弱的湍流扩散。在 ACM2（Asymmetric Convective Model version 2）[11]、BouLac[12] 方案中

Kzmin 既是湍流垂直热量交换系数的最小值，也是湍流垂直动量交换系数的最小值。与夏季相比，冬季大气层结通常更加稳定，重污染更加频发，因此挑选了 2014 年冬季污染与清洁天的个例来测试 *Kzmin* 变化对气象要素模拟的影响。13 个例子（1 月 8—15 日、20—24 日）中污染天 7 个（11 日、13—15 日、22—24 日），清洁天 6 个（8—10 日、12 日、20—21 日）。利用 ACM2 和 BouLac 方案，选用不同 *Kzmin* 进行模拟，具体设置见表 6-4。

表 6-4　ACM2 和 BouLac 方案中 *Kzmin* 不同设置

边界层方案	ACM2	BouLac
$Kzmin/(m^2 \cdot s^{-1})$	0. 01（default）	0. 1（default）
	0. 2	0. 2
	0. 5	0. 5
	0. 55	

改变 *Kzmin* 对污染天夜间稳定条件下 2 m 气温、相对湿度的模拟有显著影响，对清洁天的影响相对较小。污染天夜间稳定条件下不同边界层参数化方案模拟的 2 m 气温存在明显差异，主要是 *Kzmin* 设置不同所致。当 *Kzmin* 增大时，模拟的 2 m 气温增高，2 m 相对湿度减小，位温垂直梯度减小，水汽垂直分布无明显变化，模拟的 10 m 风速无明显影响。ACM2 和 BouLac 方案均明显低估冬季污染天夜间 2 m 气温，可能是模式低估夜间稳定边界层中湍流垂直混合强度，导致近地层冷却形成的冷空气堆积于近地面。

在 CMAQ 模式（Community Multiscale Air Quality model[13]）中，*Kzmin* 以函数的形式表示，与下垫面类型有关，其大小介于 0. 01 与 1。根据前文模拟结果，ACM2 方案对污染天和清洁天多种气象要素模拟较好，故将 CMAQ 模式中 *Kzmin* 的计算方法引入 ACM2 方案，具体计算方法如下：

$$Kzmin = 0.01 + (1.0 - 0.01) \times P_{urb}(Z \leqslant Z_{max}) \tag{6-5}$$

$$Kzmin = 0.01(Z > Z_{max}, Z_{max} = 500.0) \tag{6-6}$$

$$\text{Water}: P_{urb} = 0; \text{Other}: P_{urb} = \text{Landusef}(\text{Urban}) / [1.0 - \text{Landusef}(\text{Water})] \tag{6-7}$$

Landusef 是 WRF 模式（Weather Research and Forecasting model[14]）中一个变量，表示特定地表类型在某一格点所占比例。

改进后 ACM2 方案对 2 m 气温模拟准确性明显提升（图 6-8）[15]，污染天改进效果最明显，2 m 相对湿度模拟也有一定改善；垂直方向上水汽分布的模拟与改进前相比变化不大。

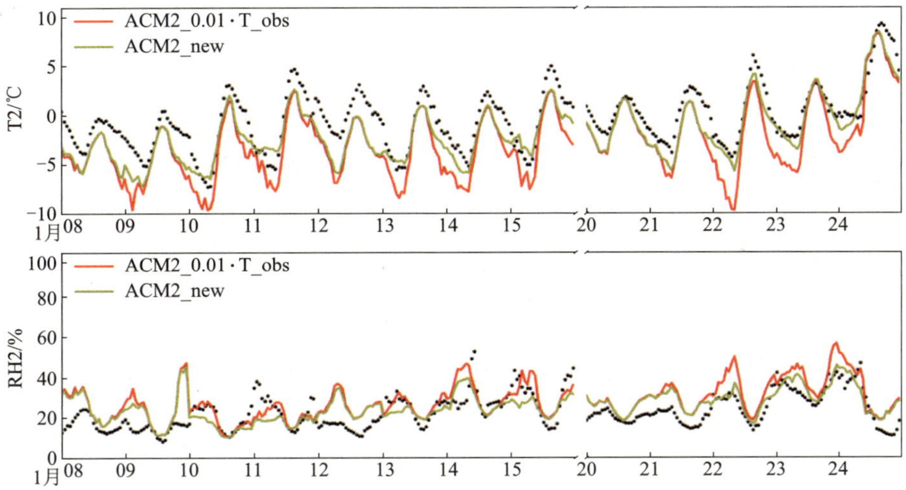

图 6-8　改进前后的 ACM2 方案模拟与观测的 2 m 气温以及相对湿度随时间变化

6.3.2　气态亚硝酸潜在来源模块研发

OH 自由基在大气化学中居核心地位，许多大气环境污染问题，如光化学污染、酸雨、霾的形成与演变等，均与 OH 自由基有关。OH 自由基主要来源有 HO_2 自由基与一氧化氮（NO）反应、O_3 光解、气态亚硝酸（HONO）光解、过氧化氢（H_2O_2）光解、O_3 与烯烃反应。HONO 光解对 OH 自由基的初级贡献可达 30%～80%，但 HONO 详细形成机制迄今还不完全清楚，HONO 研究已成为目前大气化学/大气环境领域的难点和热点之一。

三维空气质量模式中 HONO 默认形成机制为最主要的气相生成过程，即 OH 自由基与 NO 反应。除气相生成外，源排放[16-19]和非均相反应生成[20-29]是 HONO 的两个最主要来源。两者详细形成机制迄今还不完全清楚，所以三维空气质量模式通常不考虑这两者，致使 HONO 模拟浓度严重低于观测值（图 6-9）[30-34]。

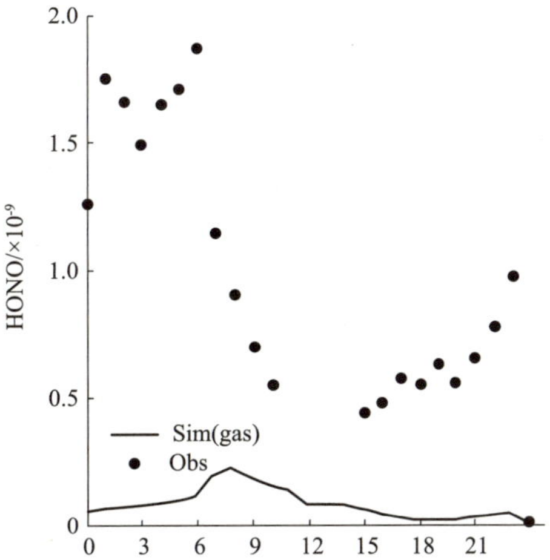

图 6-9　仅考虑 HONO 气相生成过程的空气质量模式模拟的 HONO 浓度［黑实线：Sim（gas）］日变化与其观测（黑点：Obs）对比[30-34]

将 HONO 6 种潜在来源（机

动车尾气排放、土壤排放、室内排放、生物质燃烧排放、气溶胶和地表面的非均相反应）模块化后，耦合于空气质量模式[35]。HONO 6 种潜在来源加入空气质量模式后，HONO 模拟的日变化显著改善［日均值北京大学站由 0.06×10^{-9} 升至 1.36×10^{-9}（增幅达 95%），榆垡站由 0.03×10^{-9} 增至 0.69×10^{-9}（增幅达 95%），望都站由 0.05×10^{-9} 升至 1.48×10^{-9}（增幅约 96.6%）；标准平均偏差北京大学站由 −96% 变为 −18%（降幅达 78%），榆垡站由 −96% 变为 −3%（降幅为 93%），望都站由 −97% 变为 −21%（降幅约 76%）］（图 6-10 至图 6-11）[35-36]。交通源、地表面和气溶胶表面的非均相反应是夜间近地面 HONO 的主要来源；地表面和气溶胶表面的非均相反应是白天近地面 HONO 的主要来源，对白天近地面 HONO 模拟浓度的贡献分别约为 66% 和 19%；白天北京、天津城区中心室内排放对近地面 HONO 浓度贡献为 3%～28%，与交通源的贡献相近（图 6-12）[35]。

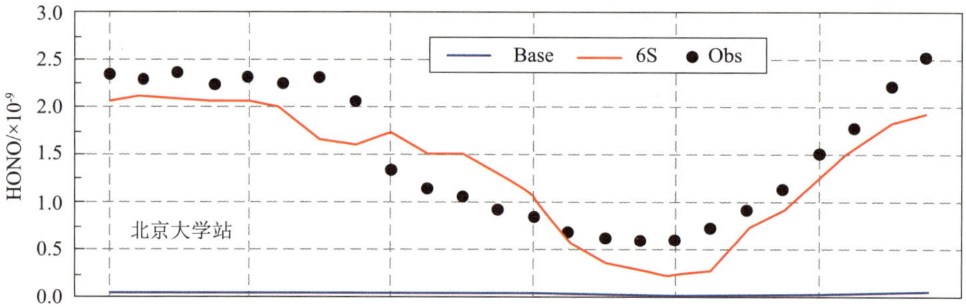

（a）

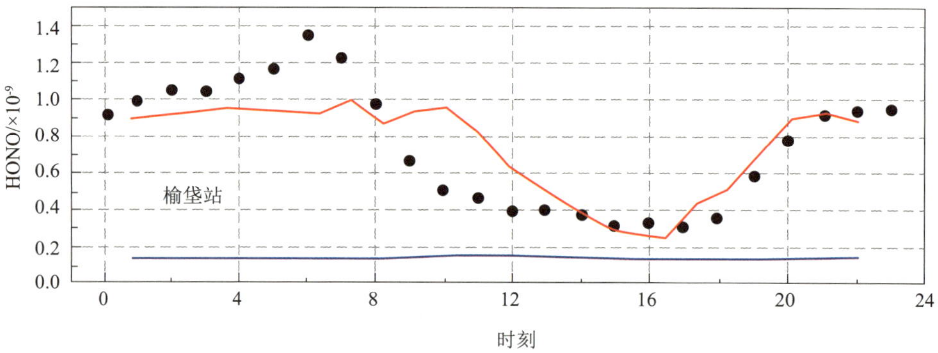

（b）

图 6-10　2006 年 8 月 15—31 日仅考虑 HONO 最主要的气相生成过程（Base：OH+NO→HONO）和 HONO 6 种潜在来源（6S：交通源排放、生物质燃烧排放、土壤排放、室内排放、气溶胶表面和地表面非均相反应）时北京大学站、榆垡站 HONO 浓度模拟与观测日变化对比[35]

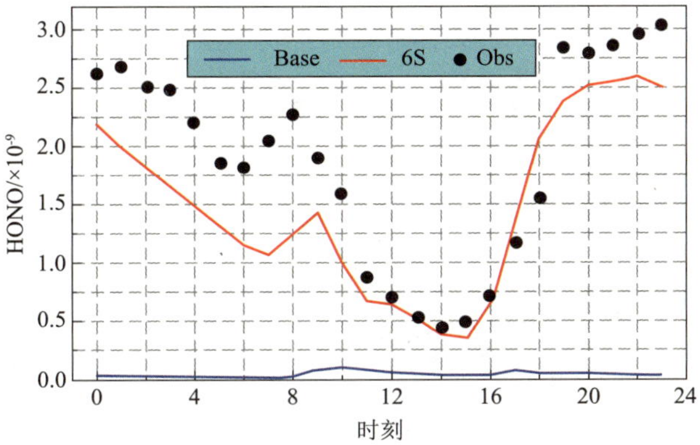

图 6-11　2017 年 11 月 29 日—12 月 3 日仅考虑 HONO 最主要的气相生成过程（base：OH+NO→HONO）和 HONO 6 种潜在来源（6S：说明见图 6-10）时河北望都站点 HONO 浓度模拟与观测日变化对比[36]

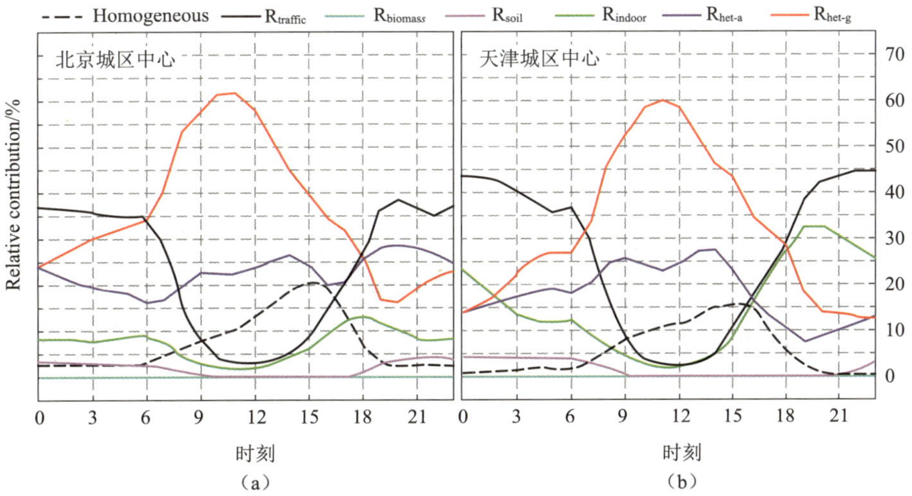

图 6-12　HONO 各来源（Homogeneous：OH+NO→HONO；$R_{traffic}$：交通源排放；$R_{biomass}$：生物质燃烧排放；R_{soil}：土壤排放；R_{indoor}：室内排放；R_{het-a}：气溶胶表面非均相反应；R_{het-g}：地表面非均相反应）对 2006 年 8 月北京、天津城区中心近地面 HONO 浓度的相对贡献[35]

HONO 6 种潜在来源显著改善 2016 年 7 月华北平原 O_3 峰值模拟（图 6-13）。主要原因是 HONO 6 种潜在来源加速了 O_3 生成率（HO_2 自由基、甲基过氧自由基、乙酰过氧自由基等与 NO 反应）、损耗率（O_3 光解产生 $O^{1(D)}$ 与水汽反应、O_3 与 OH 自由基反应、O_3 与 HO_2 自由基反应等）（图 6-14），增加 O_3 净生成率（图 6-15），提升 O_3 峰值浓度。HONO 6 种潜在来源引起日最大 8 小时平均（MDA8）O_3 浓度增幅达 $(5\sim20)\times10^{-9}$。

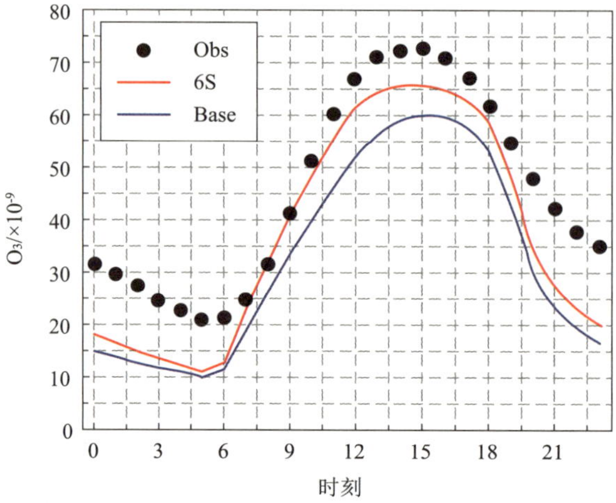

图 6-13　2016 年 7 月华北 69 站点 O_3 模拟与观测平均日变化

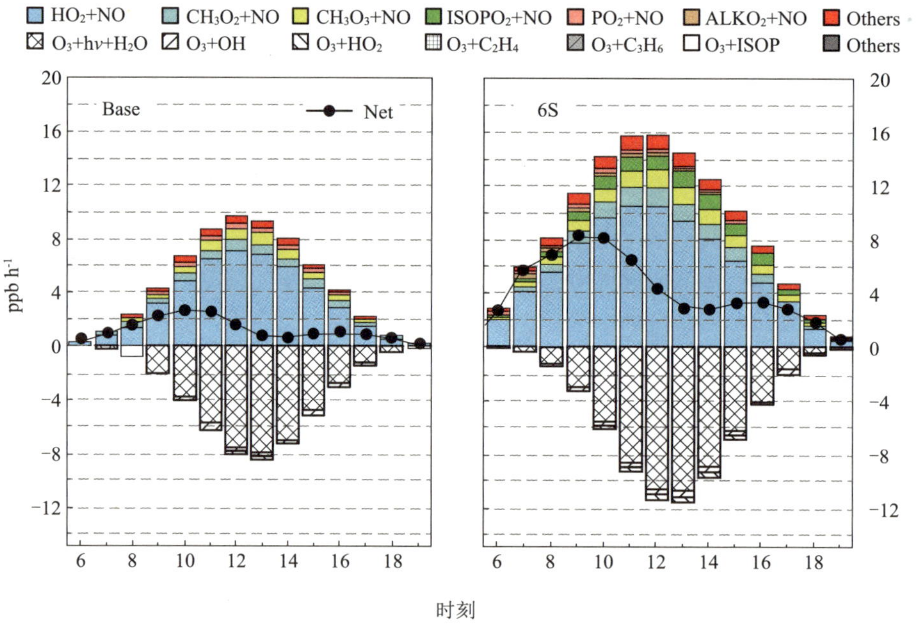

图 6-14　2016 年 7 月华北 69 站点 O_3 生成率、损耗率、净生成率平均日变化

6.3.3　气溶胶核化增长机制模块研发

气体硫酸不足以解释新粒子生成和增长速率，观测实验证明有机物贡献突出[37-39]。所以，我们构建了有机物参与成核和粒子增长的微物理过程模拟新框架，用挥发性分档（VBS）方法更新了原两产物法，增加了有机气体参与核化和增长的机制（图 6-15），并耦合于全球-区域-城市多尺度嵌套网格空气质量模式。

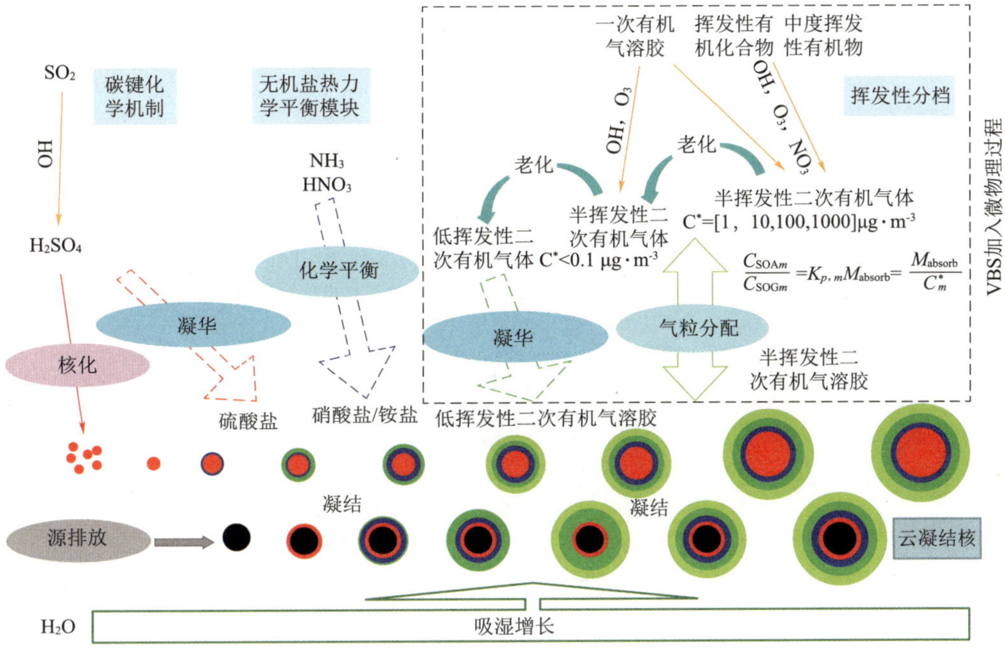

图 6-15　微物理过程模拟新框架（有机物参与成核和增长）[4]

在耦合了气溶胶微观动力学模块（APM）的嵌套网格空气质量模式（NAQPMS+APM）中耦合了 VBS 模块，实现了氧化态和挥发性分档的二次有机气溶胶（SOA）模拟，使模式可以计算一次有机物的挥发再老化过程、人为和生物前体物氧化形成 SOA 过程。

选取目前空气质量模式中广泛采用的 VBS 方法，饱和蒸汽浓度 $C^*=\{1, 10, 100, 1\,000\}$ μg · m^{-3}[40]。人为源或生物源排放到大气中的 VOCs 会被 OH 自由基等氧化形成半挥发性有机物（SVOC），$VOC+OH\rightarrow\sum\alpha_i\cdot SVOC_i(i=1, 4)$，$\alpha_i=\beta\cdot\alpha_i^{high}+(1-\beta)\cdot\alpha_i^{low}$，$\alpha_i^{high}$、$\alpha_i^{low}$ 分别表示高、低 NO_x 浓度下 SOA 产率（表 6-5），β 为分支系数，$\beta=L_{NO+RO_2}/(L_{NO+RO_2}+L_{RO_2+RO_2}+L_{RO_2+HO_2})$，$L_{NO+RO_2}$、$L_{RO_2+RO_2}$、$L_{RO_2+HO_2}$ 依次表示 RO_2 自由基与 NO 反应、与 RO_2 自由基反应、与 HO_2 自由基反应的损耗率。

表 6-5　不同饱和蒸汽浓度（$C^*=\{1, 10, 100, 1\,000\}$ μg · m^{-3}）下 SOA 产率

前体物	高 NO_x 浓度				低 NO_x 浓度			
	1	10	100	1 000	1	10	100	1 000
ARO1	0. 003	0. 165	0. 300	0. 435	0. 075	0. 225	0. 375	0. 525
ARO2	0. 002	0. 195	0. 300	0. 435	0. 075	0. 300	0. 375	0. 535
OLET	0. 001	0. 005	0. 038	0. 150	0. 005	0. 009	0. 060	0. 225
OLEI	0. 003	0. 026	0. 083	0. 270	0. 023	0. 044	0. 129	0. 375

续表

前体物	高 NO_x 浓度				低 NO_x 浓度			
	1	10	100	1 000	1	10	100	1 000
ISOP	0.000	0.023	0.015	0.000	0.009	0.030	0.015	0.000
TERP	0.012	0.122	0.201	0.507	0.107	0.092	0.359	0.607
IVOCs	0.030	0.194	0.264	0.376	0.030	0.194	0.264	0.376

注：ARO1 和 ARO2 为芳香烃，主要成分依次为甲苯和二甲苯；OLET 和 OLEI 分别是 C ═C 键位于终端和中间的烯烃；ISOP 为异戊二烯；TERP 为单萜烯。中度挥发性有机化合物（IVOCs）的产率选自 Koo 等[40]，其余均选自 Murphy 等[42]。

大量研究结果表明，部分 VOCs 光化学反应途径与大气中 NO_x 的浓度有关[41]。当 NO_x 浓度较高时，会导致 SOA 的产率显著降低。

人为源和生物源 VOCs 氧化形成的 SVOC 还将进一步被 OH 自由基氧化，反应速率常数取 2×10^{-11} $cm^3 \cdot mol^{-1} \cdot s^{-1}$，产物的饱和蒸汽浓度是反应物的 1/11。人为源和生物源排放的一次有机气溶胶（POA）与 OH 自由基的反应速率常数取 4×10^{-11} $cm^3 \cdot mol^{-1} \cdot s^{-1}$，部分转化为被氧化的有机气溶胶（OOA），产物的饱和蒸汽浓度是反应物的 1/11。与 VOCs 多级氧化机制相同，人为源 POA 生成的氧化产物会进一步老化，反应速率取 2×10^{-11} $cm^3 \cdot mol^{-1} \cdot s^{-1}$。

基于 VBS 方法，在微物理模块中考虑低挥发性有机物对细粒子特别是新粒子增长的贡献，采用动力学方法显式计算低挥发性有机气体的凝结增长过程，减小了新粒子粒径增长速率的模拟误差。使用气态硫酸和有机气体的浓度可以很好拟合所观测的新粒子生成速率[43]。拟合公式中未考虑气温影响，气温是影响成核速率的关键因子，气温升高会降低成核速率。观测表明，四季中夏季北京的新粒子形成事件最少。因此，我们考虑了气温对成核速率的影响，$J_{H_2SO_4\text{-}OrgT} = J_{H_2SO_4\text{-}Org} \cdot e^{[\cdot(\Delta H/k)\cdot(1/T-1/T0)]}$，$J_{H_2SO_4\text{-}Org} = k_m \cdot [H_2SO_4]^2 \cdot [NucOrg]$，$J_{H_2SO_4\text{-}OrgT}$ 为考虑气态硫酸、有机气体和气温的成核速率，k_m 为预前因子，取 3.27×10^{-21} $cm^6 \cdot s^{-1}$，$[H_2SO_4]$ 为气态硫酸浓度，$[NucOrg]$ 为参与成核的有机气体浓度，k 为玻尔兹曼常数，T 为气温，T_0 为参考气温，ΔH 为焓。

研究结果表明，有机物成核和凝结增长明显改善新粒子生成的模拟，人为低挥发性有机物显著促进我国东部新粒子增长[4]。模式再现了典型污染事件中气溶胶数浓度、质量浓度及粒径演变（图 6-16），揭示了典型污染生消过程的微观动力学成因：清洁阶段，大量新粒子生成，平均粒径<10 nm；随 $PM_{2.5}$ 浓度升高，其平均粒径快速增至>60 nm，包裹物厚度也快速增加；污染累积初期，硫酸盐浓度增加明显，后期硝酸盐浓度增升更显著（表 6-6）。

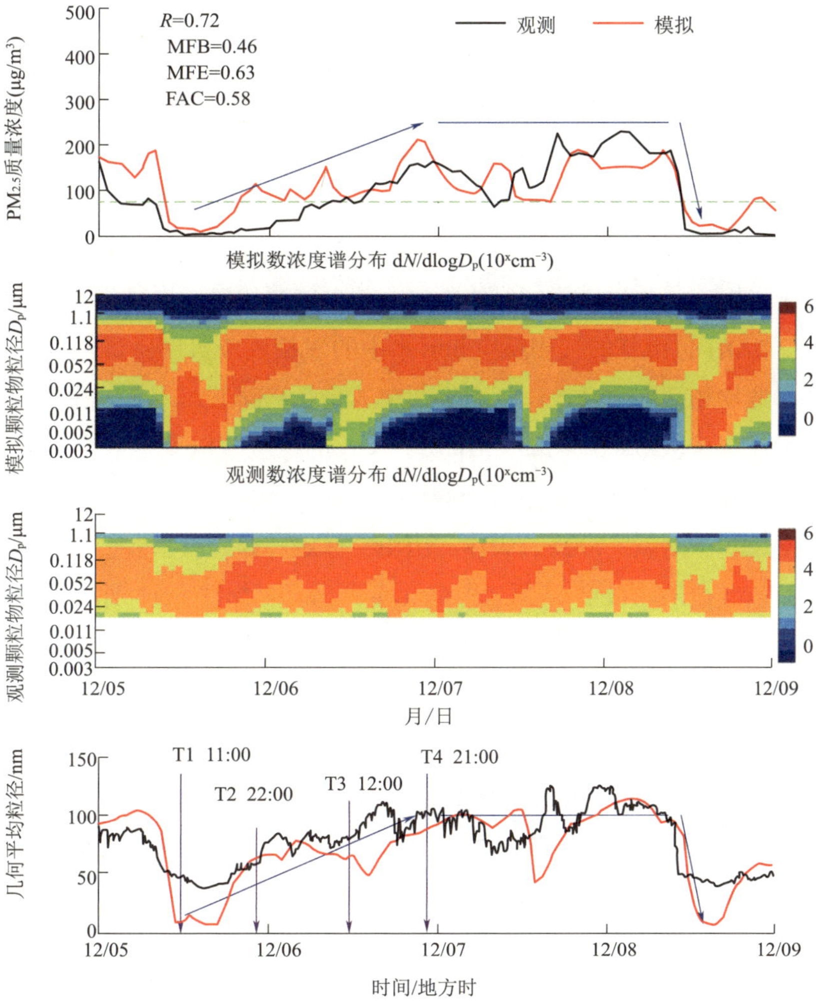

图 6-16　典型污染事件中气溶胶数浓度、质量浓度及粒径演变过程模拟与观测对比

表 6-6　典型污染事件中气溶胶质量浓度及粒径演变（GMD：平均粒径；D：包裹物厚度）

时刻	T1	T2	T3	T4
$PM_{2.5}$/(μg·m^{-3})	21.3	131.3	184.4	234.2
SO_4^{2-}/(μg·m^{-3})	1.2	11.3	8.2	19.0
NO_3^-/(μg·m^{-3})	5.5	8.5	36.9	21.9
NH_4^+/(μg·m^{-3})	1.9	6.2	12.8	12.5
GMD/nm	6.9	62.4	67.5	84.3
D_{BC}/nm	0.9	4.7	6.0	10.3

6.3.4 二次气溶胶生成转化机制模块研发

近年来的研究认为硫酸盐非均相生成对霾有重要影响，但其反应机理仍存在较大争议，H_2O_2、O_3、O_2、NO_2 和 HONO 等氧化途径均被认为可能对硫酸盐非均相生成有一定贡献。我们探究了华北平原重污染期间硫酸盐生成的主要机制，并评估了各生成途径的相对重要性。

试验Ⅰ采用空气质量模式的原始版本，其中硫酸盐生成途径包含传统的二氧化硫（SO_2）与 OH 自由基的气相反应和云水中的液相反应机制；试验Ⅱ在试验Ⅰ基础上加入了非均相锰催化反应；试验Ⅲ则在试验Ⅱ基础上加入了以往研究中提出的气溶胶液相反应，包括 SO_2 与 O_3、H_2O_2、NO_2 的反应，以及过渡金属催化氧化反应（包括锰催化、铁催化、铁锰联合催化）。

华北平原 6 个站点（北京、天津、唐山、保定、德州、新乡）在 2016 年 12 月重污染期间硫酸盐平均浓度为 24.1～36.6 μg · m^{-3}。如图 6-17 所示，试验Ⅰ中硫酸盐模拟浓度相比于观测值低估了 90%，表明传统的气相和液相氧化生成硫酸盐途径只能解释重污染期间硫酸盐生成量的 10%。试验Ⅱ中加入了气溶胶表面的非均相催化氧化反应后，硫酸盐模拟值在整个区域内有较大的提升，相较于观测值仅低估了 1%。试验Ⅱ硫酸盐模拟值在华北平原多个站点都与观测结果接近，总体上可以再现重污染期间硫酸盐浓度的大小和空间分布，表明气溶胶表面的锰催化反应可能是重污染期间硫酸盐生成的重要途径[44]。

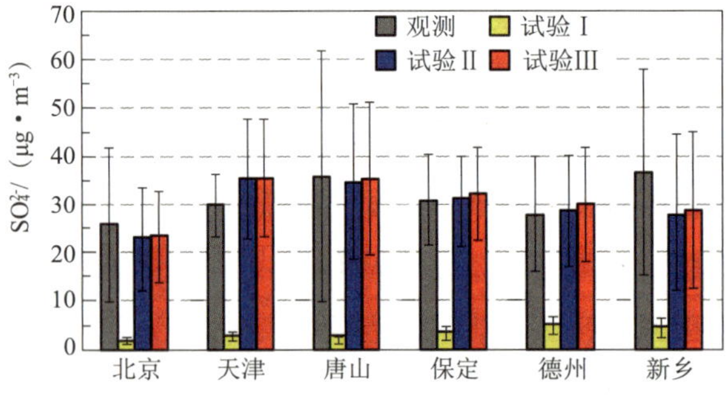

（a）华北平原6站点硫酸盐浓度模拟与观测对比

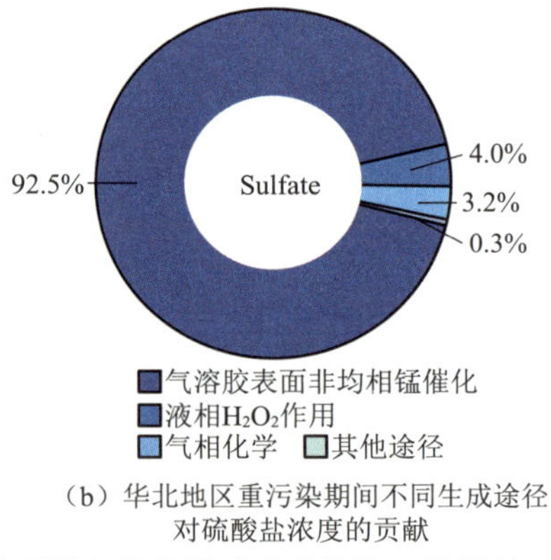

（b）华北地区重污染期间不同生成途径对硫酸盐浓度的贡献

图 6-17 2016 年 12 月 3 个重污染个例中硫酸盐浓度以及不同生成途径对硫酸盐浓度的贡献

模拟结果显示华北平原中大部分地区污染期间平均的气溶胶表面积浓度超过 10 cm · m^{-3}，为表面反应提供了大量的反应场所。随着污染加重，气溶胶表面积浓度将逐渐增加，进一步促进了非均相反应。此外，在重污染期间高浓度的 SO_2[（79±60）μg · m^{-3}] 为硫酸盐的生成提供了充足的前体物；颗粒物中较高的锰浓度［(88±49) ng·m^{-3}］则为催化反应提供了大量的催化剂，有利于非均相锰催化反应的进行。试验Ⅲ中硫酸盐模拟浓度与试验Ⅱ接近，说明其他气溶胶液相反应的贡献相对较小。图 6-17（b）展示了重污染期间不同化学生成途径对硫酸盐的贡献。硫酸盐生成主要来源于 3 个化学途径，按贡献大小依次为气溶胶表面的锰催化氧化反应（92.5%±3.9%）、气溶胶液相中 H_2O_2 氧化 SO_2 的反应（4.0%±3.7%）、气相 OH 氧化 SO_2 反应（3.2%±0.6%）[44]。

虽然实验室研究发现在高离子强度下，液相 H_2O_2 氧化 SO_2 生成硫酸盐的速率快速增加，但在试验Ⅲ中区域平均的 H_2O_2 浓度（0.7×10^{-9}）相较于试验Ⅱ(0.1×10^{-9}）降低了 85%，表明该反应中伴随着硫酸盐生成，H_2O_2 被大量消耗。H_2O_2 的生成速率可能是该反应中硫酸盐生成速率的限制因素。除上述主要反应途径外，其他硫酸盐生成途径的贡献之和约 0.3%。其中气溶胶液相中 O_3 和 NO_2 氧化 SO_2 的比例分别为 0.2% 和 0.1%，而气溶胶液相过渡金属催化氧化（锰催化、铁催化、铁锰联合催化）的比例均小于 0.1%。液相 O_3 和 NO_2 氧化反应只有在气溶胶 pH 达到 5～6 时才会起到显著作用，但基于观测数据和热力学模型计算的结果表明华北冬季重污染期间气溶胶 pH 通常在 4～5，因而以上反应对重污染期间硫酸盐的贡献很小。气溶胶液相过渡金属催化反应速率会随着离子强度的增加指数降低，WRF-Chem 模式中 ISORROPIA-Ⅱ模块在线计算的华北平原重污染期间离子强度平均值为 30～50 mol·L^{-1}。因此，华北平原的高离子强度将使液相过渡金属催化反应被抑制。云雾液相化学途径重污染期间对近地面硫酸盐浓度的贡献几乎为 0，原因可能是重污染期间大气层结稳定，通常有逆温发生，边界层内垂向混合弱，导致近地面排放的硫酸盐生成的前体物难以输送到高空；同时高空云中生成的硫酸盐也难以输送到地面，并且重污染时近地面极少有雾形成，因此云雾液相化学途径对重污染期间硫酸盐浓度的贡献可忽略[44]。

有机气溶胶（OA）模拟的传统算法（后称 Complex SOA 算法）是从清单到化学过程的参数化模型，基于 VBS 方法估计人为源和天然源 VOCs（AVOCs 和 BVOCs）前体物生成的 SOA 及其多代老化过程，并考虑异戊二烯等前体物液相生成 SOA 过程，还粗略估算了半挥发性/中度挥发性 VOCs（S/IVOCs）对 SOA 的贡献。为了突破 Complex SOA 算法中对前体物清单（特别是 S/IVOCs 排放清单）和 SOA 生成的化学过程认识上的不足，我们使用了 Simple SOA 算法（基于外场观测获得的参数约束 SOA 的生成）。Simple SOA 算法对 SOA 的模拟不考虑具体的化学过程。Simple SOA 模拟人为源与生物质燃烧排放贡献时，基于外场观测中 SOA/ΔCO 的比值作为 SOA 产率来估计 SOA 的生成。该算法假定 CO 和 SOA 前体物（SOAP）具有相同的排放源且排放成比例，前体物在流出过程中逐渐生成SOA且产率为100%，CO浓度只受混合过程和干湿沉降的影响。因此，Simple SOA算法使用相对更准确的人为源CO清单以排除S/IVOCs清单不确定性的影响，且利用外场观测的SOA/ΔCO比值排除混合过程和干湿沉降对SOA生成效率影响。

将Simple SOA算法应用于中国地区时，我们首先利用流动观测车的走航实验约束机动车排放ΔSOA/ΔCO，基于我国观测数据和外场实验数据改进参数化方案。走航氧化实验的结果显示，SOA生成量（OA_{AE}）在霾天可达100 μg · m^{-3} 以上。图6-18是我们研究与之前研究的氧化实验对比，结果显示研究中的OA_{AE}远高于其他地区，森林中OA_{AE}最低为<5 μg · m^{-3}。高OA_{AE}值表明实际道路车辆排放是重要SOA来源。交通源的研究之间OA_{AE}差异较大可能源于采样位置的差异导致排放强度和大气稀释差别较大。与清洁天相比，霾天OA_{AE}值增加了1.8倍，表明霾天可能受到输送的影响，人为源SOA前体物增多。我们进一步改进了SOA生成潜势的定量方法，通过斜率法获得了北京轻型汽油车在路排放SOA最大生成潜势（$\Delta OA_{AE}/\Delta CO$），冬季为44 μg · m^{-3} · ppm^{-1}，夏季为9 μg · m^{-3} · ppm^{-1}，对应等效

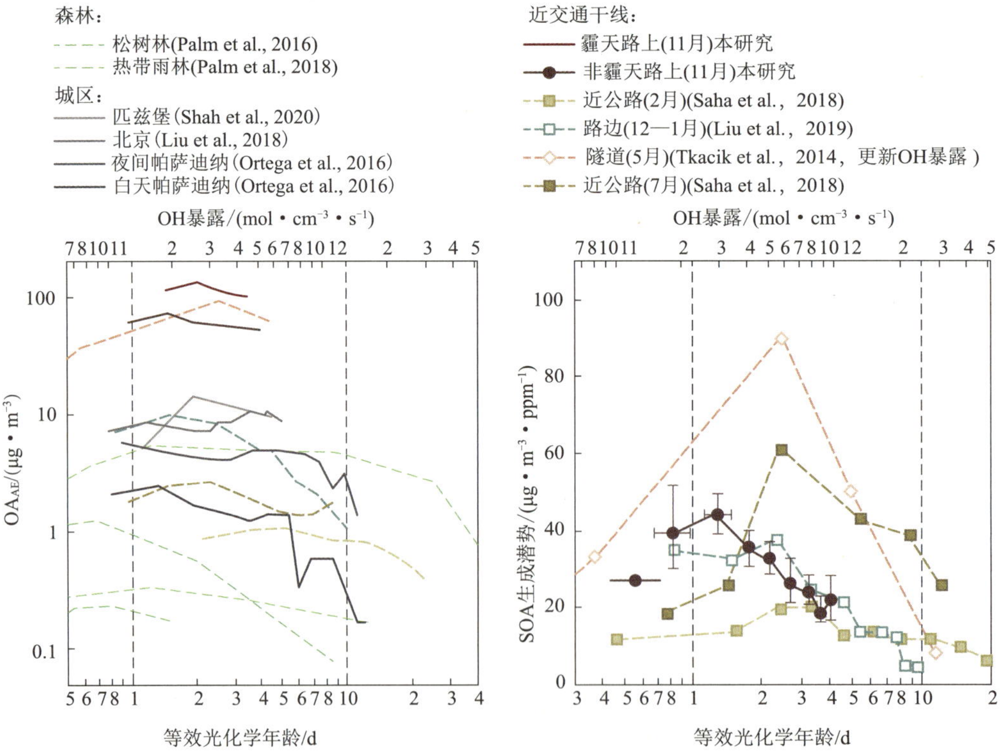

图6-18 观测所得SOA生成潜势对比

光化学龄（OH = 1.5×10^6 mol · cm^{-3}）为 1～1.5 d 和 2～3 d，冬季峰值时间出现早于夏季。

将 0.5°×0.625°网格精度下 Simple SOA 算法模拟值与北京地区长期在线观测数据进行对比，结果见表 6-7。与传统 SOA 模型算法相比，Simple SOA 算法提高了 OA 质量浓度 5.67～13.17 μg · m^{-3}，标准平均偏差（NMB）提高了 41%～88%，冬季最显著。将全国包括长江三角洲、珠江三角洲、京津冀在内等多地的 OA 在线测量数据与 GEOS-Chem 模式中默认 Complex SOA 算法、Simple SOA 算法模拟比较可以发现，Simple SOA 算法的模拟效果（NMB = 0.26，R = 0.70）在 NMB 和 RMSE 两指标上均优于 Complex SOA 算法（NMB = 0.45，R = 0.70），同时优于前期在中国使用 Complex SOA 算法模拟 SOA 的研究（模拟结果低估超过 40%）。这说明 Simple SOA 算法可以在一定程度上克服污染地区前体物清单的不确定性，并显著提高模拟中 SOA 的生成速率。

表 6-7 两种 OA 算法模拟值与北京长期在线观测值的比较 单位：μg · m^{-3}

	冬季	春季	夏季	秋季
在线质谱 OA 观测值	36.01	23.31	24.25	27.34
Complex SOA 算法（M1）	20.56/−0.42	9.72/−0.59	13.91/−0.43	13.20/−0.54
Simple SOA 算法（M2）	33.74/−0.05	15.39/−0.35	19.93/−0.18	21.94/−0.23
模拟效果提升：M2/M1-1	64%/88%	58%/41%	43%/48%	66%/57%

进一步将模拟的一次有机气溶胶（POA）、SOA 质量浓度与全国在线观测的 POA 和已氧化 OA（OOA）质量浓度对比，可以明确 OA 模拟偏差的主导因素，其结果如图 6-19 所示。Complex SOA 算法低估了 POA 和 SOA 的质量浓度，NMB 分别为 0.43 和 0.20。其中 POA 的低估在冬季以外的季节都较为严重（NMB 均小于 0.7），SOA 在秋、冬两季都低估较多（NMB 均小于−0.5）。Simple SOA 算法对 POA 和 SOA 的模拟效果都较好，NMB 分别为 0.14 和 0.03。Simple SOA 算法中较好的 POA 模拟效果说明清华大学编制的中国多尺度排放清单模型（MEIC）提供的 POA 清单可以较好地表现大气环境中的颗粒态 SVOCs。这也表明 Complex SOA 算法中 POA 低估不太可能是由排放量的偏差所导致，可能受季节性的气温变化和 OA 质量浓度变化的影响使得冬天有较多 SVOCs 进入颗粒相而其他季节则停留于气相。Simple SOA 算法能有效模拟高人为源排放下中国的高 SOA 生成效率，并应用于空气质量、人体健康等方面的评估。

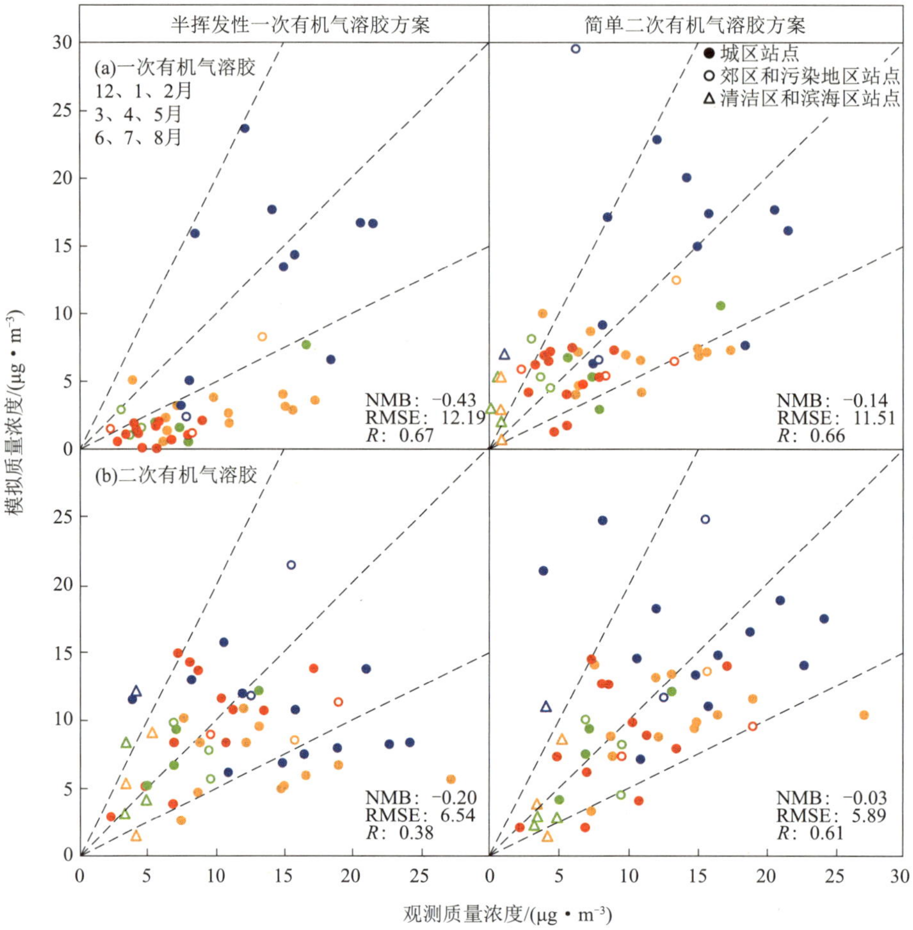

图 6-19　Complex SOA 算法和 Simple SOA 算法模拟比较

6.3.5　多源资料同化模块研发

在气象同化方面，选择目前美国业务系统所用气象资料格点统计插值同化系（GSIV3.5），优化了背景误差协方差计算方案，重新统计了研究区域的背景误差协方差而不是之前的全球背景误差协方差，并通过试验验证；依据大量历史观测资料，重新估计了中国区域掩星资料的误差，并实施掩星资料的偏差订正；修改了中国区域的雷达、卫星、地面自动站等资料的观测算子和数据接口，实现多源资料同化（图 6-20）。同化试验表明，同化调整了风场并优化了近地面气温，引起边界层高度抬升（图 6-21），利于污染带

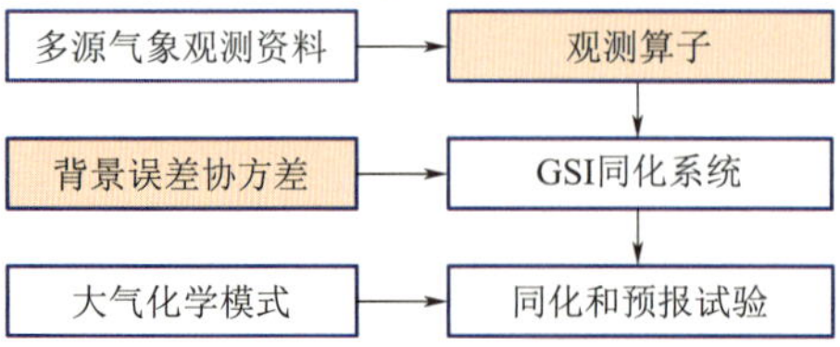

图 6-20　多源气象资料同化技术路线示意图

$PM_{2.5}$ 浓度降低，京津冀地区平均偏差由 22.38 μg·m^{-3} 降至 14.83 μg·m^{-3}（下降了 34%），均方根误差由 37.87 μg·m^{-3} 降至 32.45 μg·m^{-3}（降低了 14%）[45]。

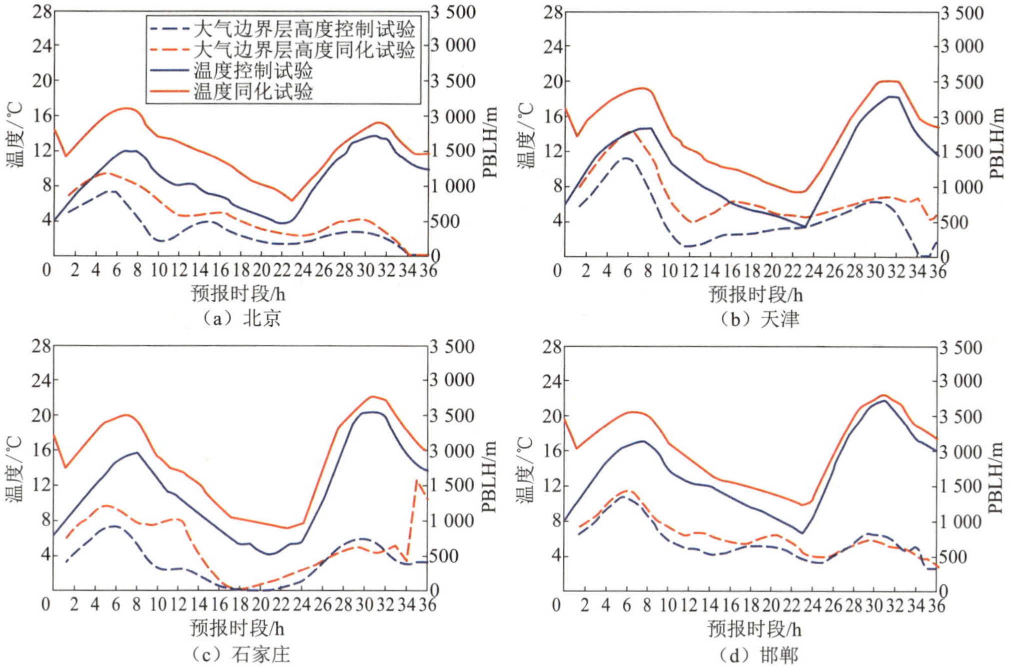

图 6-21　控制试验与同化试验地面温度和边界层高度模拟对比

在多源大气化学资料同化方面，基于 MIE 散射理论编写区分物种和粒径段同化气溶胶光学厚度（AOD）的观测算子及其伴随算子，实现卫星 AOD、地面常规监测、激光雷达等多源观测资料同化。仅同化地面资料，$PM_{2.5}$ 均方根误差可降低 50% 以上，同化效应可持续 48 h（图 6-22）[46]。

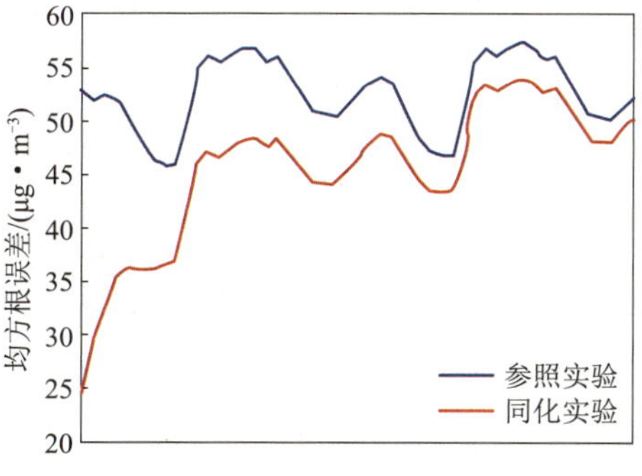

图 6-22　$PM_{2.5}$ 浓度预报的验证指标曲线[46]

在联合同化方面，迄今为止大多数大气化学同化都只同化单一平台的观测资料，多平台的观测资料同化多集中于不同仪器观测的同一变量（如同时同化多个卫星的 AOD，同化卫星和地面所测的 AOD），不同观测平台的同化一般仅限于两个不同变量（如同时同化地面颗粒物浓度和 MODIS AOD）。考虑到激光雷达消光系数廓线能够提供边界层详细的气溶胶垂直分布信息，所以发展地面监测站+激光雷达+AOD 的联合同化方法有助于气溶胶浓度分析场具有更好的垂直分布特征，利于气溶胶的过程分析和模式预报。我们改进了 WRF-Chem 模式资料同化研究平台（WRF-Chem/DART）中化学场初值和动态污染源联合同化系统，完成激光雷达和国控站点 6 种污染物监测的前向算子编写和调试工作，实现 WRF-Chem/DART 对卫星、地面监测站、激光雷达等多平台大气化学观测资料的协同同化。其中国控站点的监测算子已被 DART 开发团队接受，加入 WRF-Chem/DART 新版本。

6.3.6　二次污染物来源数值解析模块研发

受体模型［化学质量平衡（CMB）、正交矩阵分解因子（PMF）］不能很好解析污染物的区域输送贡献和二次污染物的来源贡献，也无法预报或预测污染物来源贡献；我们研发了二次无机气溶胶和臭氧来源数值解析模块，良好反映了非线性化学作用且计算效率高，对二次污染物的生成量按示踪前体物浓度占比分配，使受体与来源一一对应，从而准确解析二次污染物的行业和地域来源贡献（图 6-23），已应用于京津冀地区。

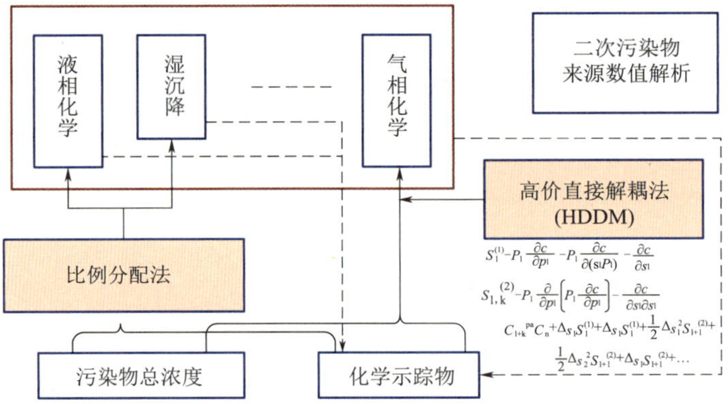

图 6-23　二次气溶胶和臭氧来源数值解析技术路线示意图

目前，$PM_{2.5}$ 源解析的方法以受体模型法为主。由于 $PM_{2.5}$ 中二次无机盐气溶胶（如硫酸盐、硝酸盐、铵盐）难以通过对源的直接测定获得源成分谱，加之不同排放源可能有相似的源成分谱（源成分谱的共线性问题），此时受体模型法很难准确判定二次无机盐气溶胶的来源。此外，受体模型未能将气象和化学生成等过程纳入考虑，也未能区分本地排放源和外来输送的贡献。空气质量模式基于污染源排放清单和气象场，用数值方法模拟污染物在大气中输送、化学转化、干湿沉降等过程，在此基础上估算不同地区、不同行业污染源排放对受体点污染物浓度的贡献。空气质量模式可采用敏感性分析或示踪技术对污染物进行来源解析。

空气质量模式具有描述污染物在大气中物理和化学过程的优点，可以解析二次气溶胶与其前体物之间的化学转化过程，从而可以直接判定二次气溶胶的来源，且解析结果不局限于观测点位，可以获得源解析结果的空间分布，并可以区分本地排放源和外来输送的贡献。空气质量模式的不足主要体现在污染源排放清单的不确定性方面。

目前，O_3 来源解析方法主要分为两大类：一类是观测为基础的方法（OBM），该方法是根据臭氧与前体物观测数据，判断 O_3 生成的敏感性，并利用受体模型（如 CMB、PMF 方法）定量解析各 VOCs 污染源对 O_3 及其前体物的贡献。该方法对于臭氧生成敏感性的判断主要采用相对增量反应活性、经验动力学模拟方法、光化学指示剂法（如 $p_{H_2O_2}/p_{HNO_3}$、H_2O_2/HNO_3、H_2O_2/NO_2、$HCHO/NO_2$ 等）。OBM 方法不依赖于详细的排放源强信息，可以避免由排放清单引起的不确定性，但其对观测数据准确性与代表性要求高，且该方法是一个诊断模型，无法预测污染物浓度。另一类是基于源排放的模型法（EBM）。EBM 方法是以不同尺度数值模式定量描述臭氧前体物从排放到生成 O_3 所经历的大气物理化学过程，定量估算不同地区和不同类型污染源排放对大气中臭氧及其前体物的贡献。目前，主要方法有源关闭法（Brute-force method）、直接解耦法（DDM/HDDM）、源示踪法等[47]。源关闭法虽然原理简单，易于操作，但计算量大，且忽略了非线性影响。目前最常用的方法是源示踪法，利用示踪方式对模拟区域内 O_3 及相关前体物进行标记，通过模拟得到模拟区域内污染物在任意格点上浓度贡献。另外，还有 NAQPMS 在线源解析技术、WRF-Chem 中在线源解析方法、CMAQ-ISAM 等众多基于空气质量模式的 O_3 来源解析方法[47]。基于模式的方法可以模拟大气环境中化学反应、输送等过程，利用过程分析等方法定量解析 O_3 及其前体物的区域来源和行业来源，因此目前被广泛用于 O_3 的来源解析，其结果的不确定性主要在于源清单、边界层气象过程、复杂的大气化学过程。

针对二次无机气溶胶来源的解析问题，基于综合源解析方法（Integrated Source Apportionment Method，ISAM[48]），开发了二次无机气溶胶数值源解析模块。ISAM 通过加入活性示踪物，标识并追踪各类污染物在大气中输送、转化、沉降过程，利用质量守恒估算不同排放源对空间各点污染物浓度的贡献。ISAM 可以追踪的二次无机气溶胶包括硫酸盐（ASO_4）、硝酸盐（ANO_3）、铵盐（ANH_4），及其前体物二氧化硫（SO_2）、气态硫酸（SULF）、氮氧化物（NO_x）、氨气（NH_3）以及直接排放的硫酸盐（PSO_4）、硝酸盐（PNO_3）、铵盐（PNH_4）。二次无机气溶胶的标识物如表 6-8 所示。

表 6-8　二次无机气溶胶来源追踪类别和相关物种

类别	排放源	大气浓度和干湿沉降量
硫酸盐	SO_2，SULF，PSO_4	ASO_4I，ASO_4J，SO_2，SULF
硝酸盐	NO，NO_2，HONO，PNO_3	ANO_3I，ANO_3J，HNO_3，NO，NO_2，HONO，NO_3，N_2O_5，NTR，PNA，PAN，PANX
铵盐	NH_3，PNH_4	ANH_4I，ANH_4J，NH_3

注：表中气溶胶符号后缀 I 和 J 代表爱根核和积聚模态。

基于 ISAM，研发了一个对流层 O_3 来源解析数值模块，以示踪方式追踪臭氧及其前体物（NO_x 和 VOCs）在大气中发生的各种过程（包括源排放、沉降、输送、化学变化等）。根据研究的需要，可以对不同地域或不同种类的污染源分别设置示踪因子，将臭氧的来源归因于不同地区、不同类型的污染源贡献。

6.4　全耦合空气质量预报模式系统发展及示范应用

在自主研发的原区域空气质量预报模式系统 NAQPMS 基础上，发展了我国的全耦合多尺度（81 km、27 km、9 km、3 km）空气质量预报模式，即实现全球/区域气象模块（GWF/WRF）与自主研发全球/区域化学模块（GNAQPMS/NAQPMS）双向在线耦合，且各尺度的物理、化学过程处理方案一致。在中国环境监测总站集群科研区开展业务应用示范工作，引入气候短期预测模式产品，开展大气污染形势季节性预测。

构建了相对完善的京津冀和关中大气污染源排放处理系统。结合国际通用的污染物排放源清单构建模式系统基础源排放清单；引入 Mobile 6.2 机动车排放模型，采用每日模式预测的气温、湿度动态修订机动车排放模型排放因子，并结合京津冀道路机动车交通数据，构建精细化北京机动车源排放及天津、河北主要道路机动车排放数据，优化原有排放系统中机动车源排放；同时结合卫星遥感叶面积指数、土地覆盖产品和自然源排放模型 MEGAN[49]，研发了北京生物源排放处理系统（图 6-24）[6]，并扩展至全国生物源排放处理。

计算的 BVOCs 总排放量约 75.9 Gg，异戊二烯、单萜烯、倍半萜烯和其他 VOCs 分别占总排放的 37.6%、14.6%、1.8%、46%。北京 BVOCs 夏季与冬季排放量的比值为 185～295，与前人研究所得珠江三角洲地区的 9.77 和香港的 4.9 形成鲜明对比，表明北京所处的温带地区，BVOCs 排放具有很强的季节特征。模式中加入 BVOCs 可大幅改善 O_3 与 NO_2 的模拟结果：O_3 峰值模拟浓度上升，其中 7 月 1 日、7 月 7 日、7 月 20 日、7 月 23 日、7 月 25 日等几次污染过程的模拟有较显著的改善；未加入 BVOCs 排放时 NO_2 模拟浓度值明显偏高（图 6-25）。

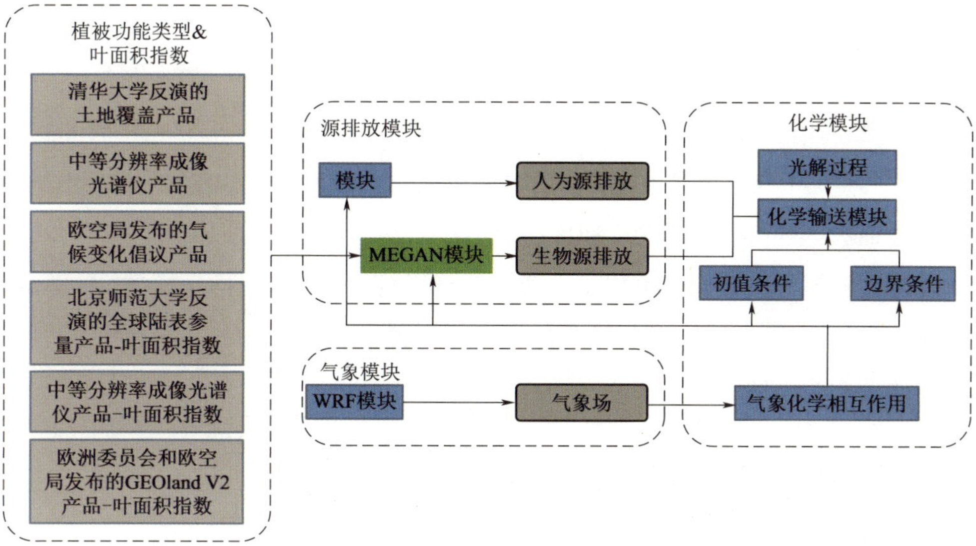

图 6-24　北京 BVOCs 排放及不确定性研究系统框架

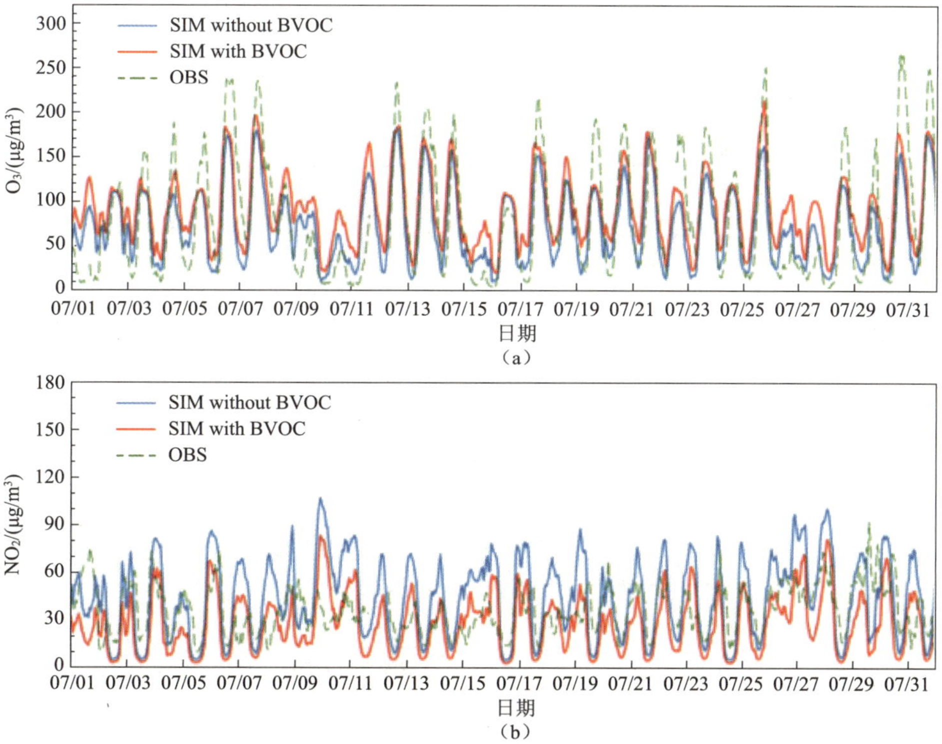

图 6-25　CMAQ 模式中加入与不加入 BVOCs 排放时 2013 年 7 月国控站点 O_3 和 NO_2 模拟与观测对比

2001—2016 年我国 BVOCs 平均排放总量为（34.27±2.06）Tg（1 Tg=10^6 t），土地覆盖变化是引起 BVOCs 年际变化的主要因素。由于森林覆盖率和植被生物量的增高，2016 年 BVOCs 排放水平较 2001 年增加了 11.7%。不考虑气候变率年际变化时，2001—2016 年叶面积指数的变化导致 BVOCs 增长趋势为 0.26% a^{-1}($p<0.05$)。区域尺度上，2013—2016 年热点区域 BVOCs 排放水平较 2001—2004 年高 8.6%～19.3%，主要集中在以下热点地区：我国东北地区、北京及周边燕山-太行山区域、陕西秦岭地区、云南南部、两广地区、海南岛。

现有源排放清单缺失扬尘排放。基于卫星资料，结合风蚀扬尘模型，估算北京裸地扬尘排放（图 6-26）。冬春季裸地风蚀排放因子是夏秋季的 7～8 倍[7]，进一步估算京津冀和关中地区扬尘排放。

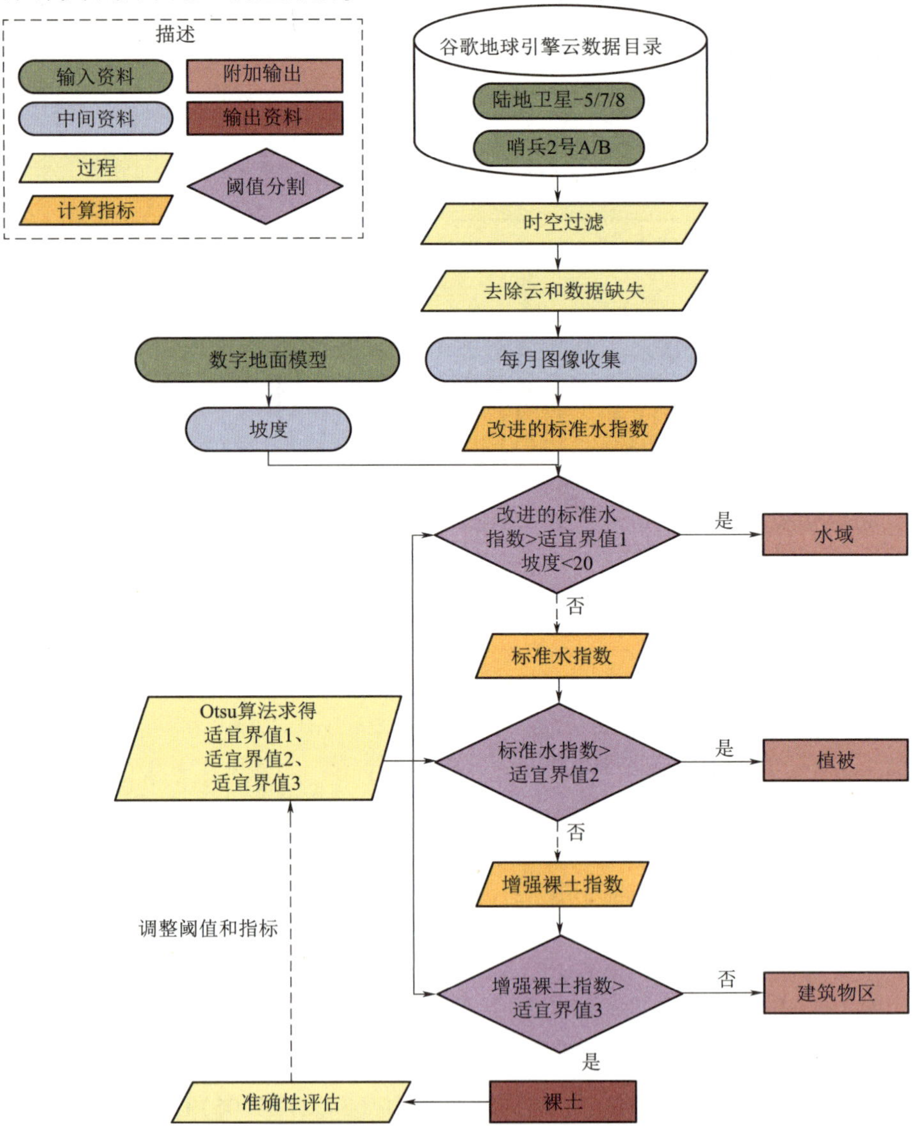

图 6-26　基于谷歌地球引擎云平台识别裸地流程

准确率分析考虑了空气质量分指数和空气质量等级预报结果。空气质量分指数准确率评估是把模式预报的 $PM_{2.5}$ 质量浓度转化为对应的 IAQI，并与实测 $PM_{2.5}$ 质量浓度对应的 IAQI 进行对比。基于调研的参考文献，采用动态浮动范围分类设置，若空气质量为优、良等级时，变化范围设为 10；空气质量为轻度、中度污染时，变化范围设为 15；空气质量为重度、严重污染时，变化范围设为 25。若实测值落入预报值加减变化幅度的范围内，则认为预报准确。

空气质量等级准确率评估是把模式预报 $PM_{2.5}$ 质量浓度转化成 IAQI，依据前述设定的 IAQI 变化幅度加减后转化为对应等级，与实测的 $PM_{2.5}$ 质量浓度对应的空气质量等级比较，计算准确率。若实测等级落于预报等级区间内，则认为等级预报准确。针对跨级预报，如预报为 2～3 级，实测为 2 级或 3 级均为准确；实测为 1 级或 4 级则不准确，属于等级偏差 1 级预报。

参考杨晓春等（2015）[50]文献，设定评分规则，主要考虑了预报级别的正确性和预报空气质量指数的准确性：总分 $=0.5f_1+0.5f_2$，f_1 为预报级别正确性评分，等级预报准确得 100 分，偏差 1 级得 50 分，其余不得分；f_2 为预报空气质量分指数准确性评分，$f_2=[1-(\text{预报值，实测值})/\max(\text{预报值}-\text{实测值})]\times100$。新旧模式系统等级预报 2018 年北京空气质量评分见表 6-9。

表 6-9　新旧模式系统等级预报 2018 年北京空气质量评分

预报天数	1	2	3	4	5	6	7	8	9
new-CMAQ-3 km(BJ03)	80.5	77.4	75.2	73.1					
new-CMAQ-9 km(BJ09)	75.3	71.4	71.0	68.1	67.9	67.0	65.5	64.4	62.6
old-CMAQ-5 km(CN05)	69.7	66.8	65.5	66.9	66.4	63.9	63.1		
old-CMAQ-15 km(CN15)	68.8	66.4	65.5	67.1	66.5	64.6	63.5		

在新研发的模式系统中耦合了气溶胶核化增长机制模块、SOA 简化计算方案（Simple SOA）、多源资料同化模块、二次污染物来源数值解析模块等，新增了自适应网格空气质量模式 Fluidity-Atmosphere，实现 40 档二次粒子、20 档海盐、4 档沙尘以及 28 档的黑炭（BC）和有机碳（OC）气溶胶分档模拟，提升了模式对细粒子分档浓度特征和数浓度的模拟能力[51]，有助于污染-气象反馈的细化研究。

图 6-27 表明，前 4 天预报新系统明显优于原系统，相关系数由原系统的 0.45～0.51 增升至 0.60～0.72，标准平均偏差由原系统的 1.17～1.34 下降为 0.87～1.20，

说明源排放改进显著；后 5 天新系统中改进的 NAQPMS 预报优于 CMAQ 和 CAMx（相关系数），突出了全耦合模式发展和关键过程改进的重要性。

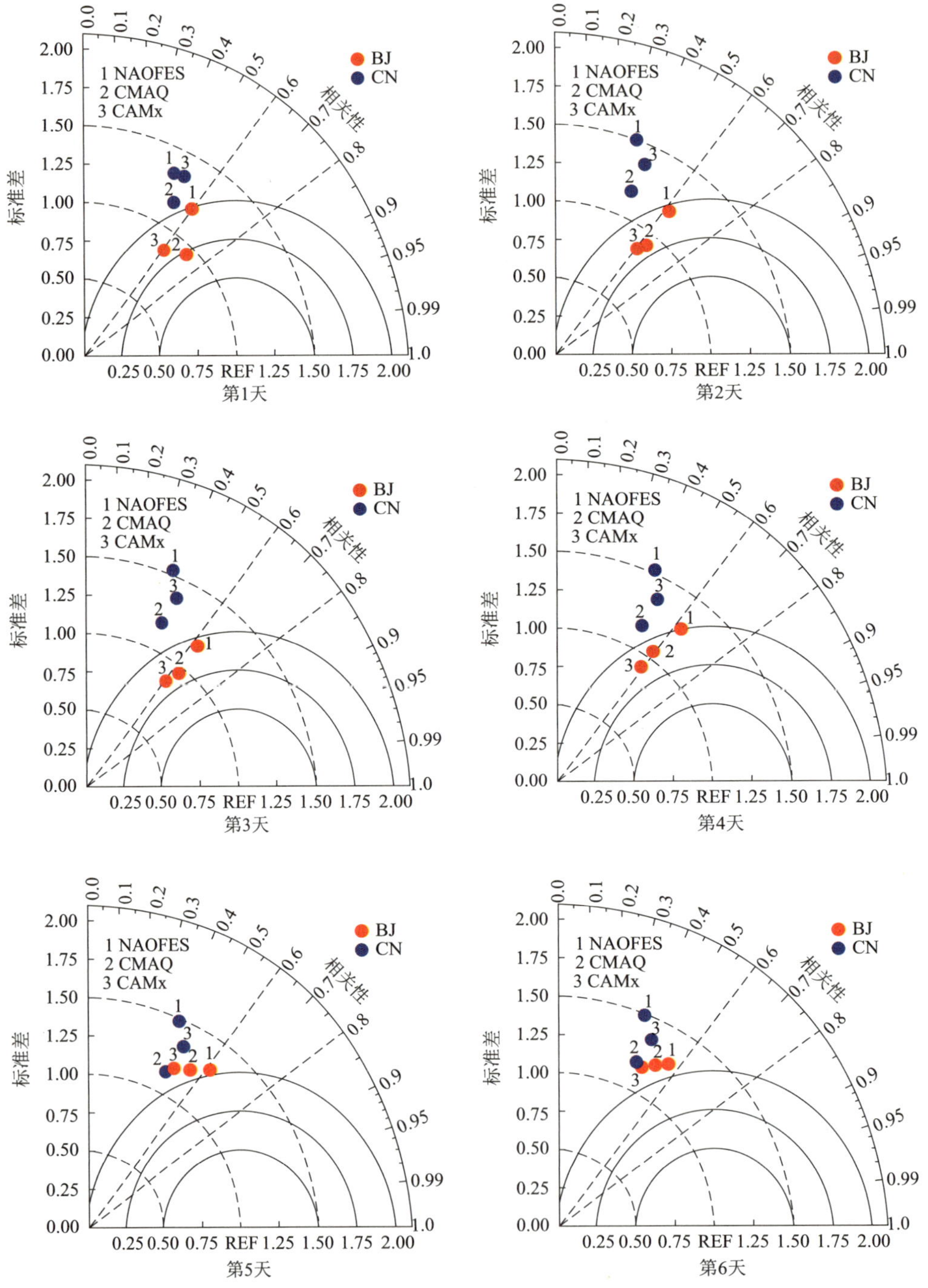

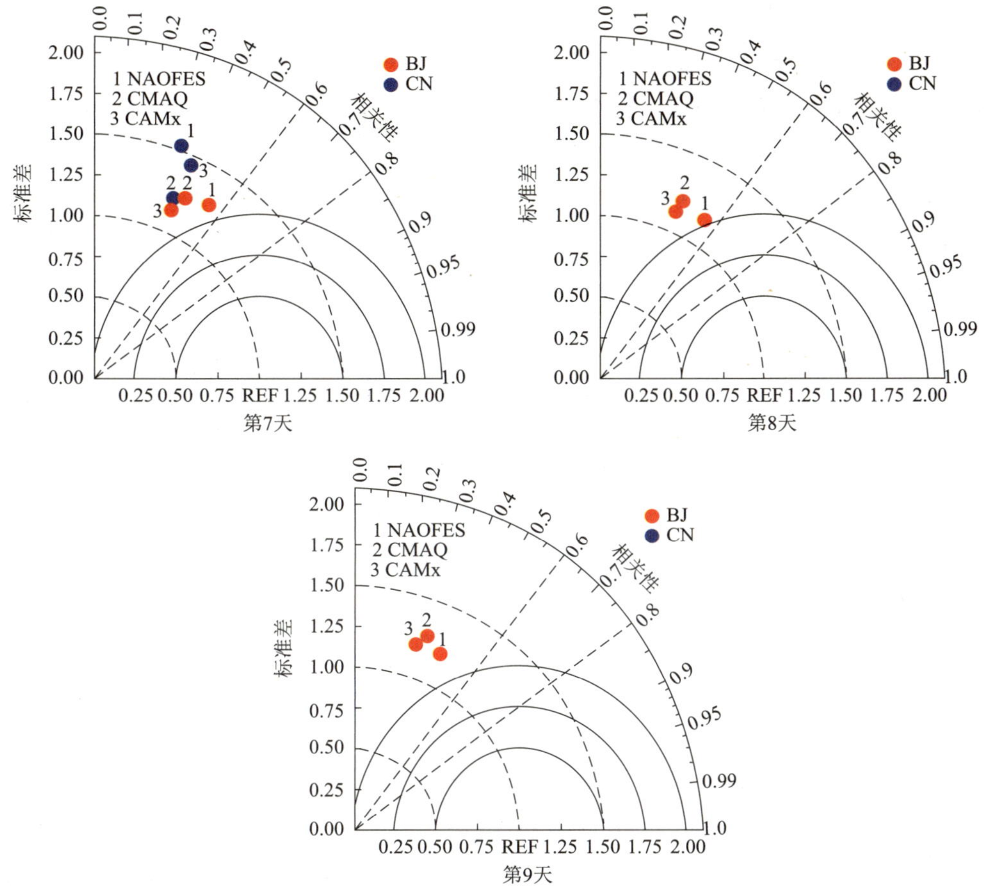

图 6-27　新（原）模式系统预报 2018 年第 1～9 天北京 $PM_{2.5}$ 时均浓度
［BJ：红色新系统；CN：蓝色原系统；（Comprehensive Air Quality Model with Extensions，http：//www. camx. com）］

多元线性回归分析表示两个或两个以上的自变量，且自变量与因变量之间存在线性关系的回归分析。多元线性回归集成就是自变量为参与集成的空气质量模式。利用历史模式数据与实况数据进行线性回归建模，以单模式的预报结果作为回归集成的因子，最终将待预报当天的模式数据输入建好的模型进行集成。设 y 为因变量，即集成结果。x_1，x_2，…，x_k 为自变量，表示有 k 个子模式。共有 n 组历史数据，并且自变量与因变量之间有线性关系如下：

$$y=\beta_0+\beta_1x_1+\beta_2x_2+\cdots+\beta_kx_k+\mu \tag{6-8}$$

式中，β_1，β_2，…，β_k 是 k 个未知参数；μ 为随机误差项，通常假定为 $\mu\sim N(0,\ \sigma^2)$。试验中，基于历史数据开展回归分析求解回归方程权重系数的时长称之为训练时长，训练时长是多元线性回归集成的关键因素，表征需要多长时间的历史观测数据才能构建良好的回归集成模型。为了分析训练时长对多元回归集成预报效果的影响，并寻求最优的训练时长，分析了训练时长对多元线性回归集成预报的均方根误差以及与观测相关系数的影响，分别计算了训练时长为 1～100 d 情况下两个预报性能指标的变化情况。

图 6-28 给出了均方根误差和相关系数随训练时间长度的变化。当训练时长小于 13 d 时，多元线性回归集成预报的均方根误差和相关系数的变化非常不稳定，均方根误差在 30.00～43.64 μg · m^{-3} 波动，相关系数为 0.65～0.76，部分训练时长多元线性回归集成预报的均方根误差高于多模式算术平均的预报均方根误差 30.91 μg · m^{-3}，与观测的相关系数也低于多模式算术平均的预报结果 0.74。该结果表明，如果训练时长过短，多元线性回归集成并不能有效提高 $PM_{2.5}$ 预报技巧。随着训练时间的增加，多元线性回归预报的均方根误差呈现逐步下降趋势，其与观测的相关系数呈现逐步上升趋势，当训练时长大于 12 d 时，多元线性回归集成的预报均方根误差和相关系数两项统计指标同时优于多模式算术平均预报。当训练时长大于 90 d 后，虽然多元线性回归集成预报的相关系数高于多模式算术平均，但均方根误差又比多模式算术平均的预报均方根误差略高。以上试验结果表明，训练时长是影响多元线性回归集成预报效果的关键因素，不恰当的训练时长会导致集成预报技巧显著降低。因此，在利用多元线性回归来集成多模式集合预报系统的预报结果之前，需要通过有效试验分析来确定构建多元线性回归模型的最优训练时长。在本次试验中，在训练时长为 57 d 时的预报均方根误差和相关系数两项指标达到最好，分别为 25.75 μg · m^{-3} 和 0.80，因此选取 57 d 作为多元线性回归集成训练时长。

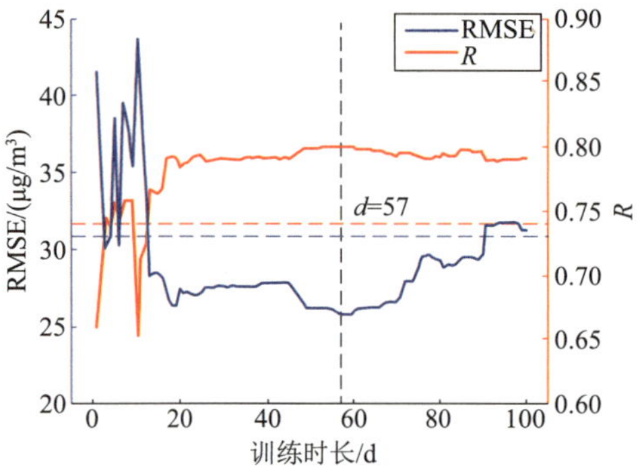

图 6-28　均方根误差（RMSE）与相关系数（*R*）随训练时间长度的变化（蓝色实线为线性回归方法的均方根误差随训练时长的变化，红色实线为线性回归方法的相关系数随训练时长的变化，蓝色虚线为集合平均方法的均方根误差水平，红色虚线表示集合平均方法的相关系数水平）

式（6-9）中 accuracy 代表准确性，mod、obs 分别代表模拟或预报值、观测值。2018 年全年新模式系统多模式集合预报京津冀、关中主要城市 $PM_{2.5}$ 浓度：120 h 内逐时 $PM_{2.5}$ 预报准确率 81%，4～7 d 日均 $PM_{2.5}$ 预报准确率 78%，7～14 d

重污染过程及级别预报准确率 71%（图 6-29）。对于重污染天预报，全耦合模式系统提前 9 d 预报出重污染天，原业务系统提前 6 d 预报出 $PM_{2.5}$ 重污染天；全耦合模式系统提前 7 d 预报出同一连续 3 d 中度及以上污染过程，原业务系统提前 4 d 预报出连续 3 d 中度及以上污染过程（如 2018 年 12 月 1—2 日重污染个例，图 6-30）。

$$\text{accuracy} = 1 - \frac{|\text{mod} - \text{obs}|}{\text{obs}} \tag{6-9}$$

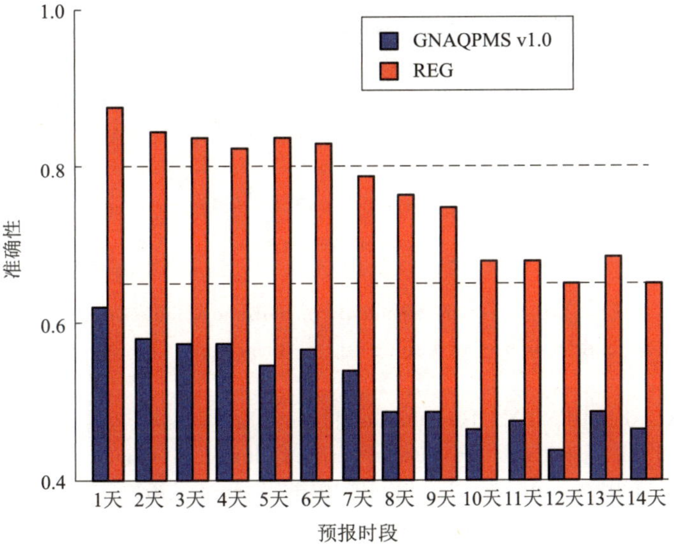

图 6-29　GNAQPMS v1.0 与多元线性回归集成（REG）污染预报准确率对比（黑色点线分别表示准确率 65%、80%）

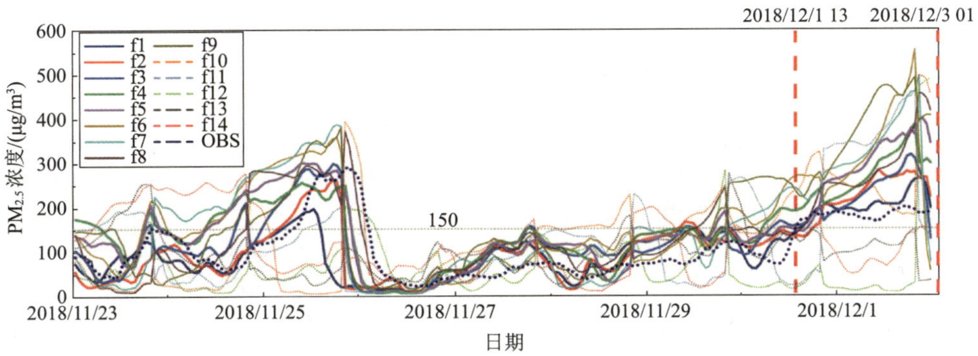

图 6-30　新模式系统连续提前预报 2018 年 12 月 1—2 日重污染过程的 $PM_{2.5}$ 浓度曲线图

参考文献

[1] ZHANG Y, KARAMCHANDANI P, GLOTFELTY T, et al. Development and initial application of the global-through-urban weather research and forecasting model with chemistry (GU-WRF/Chem) [J]. Journal of Geophysical Research, 2012, 117, D20206, doi: 10.1029/2012JD017966.

[2] KAMINSKI J W, NEARY L, STRUZEWSKA J, et al. GEM-AQ, an on-line global multiscale chemical weather modelling system: Model description and evaluation of gas phase chemistry processes [J]. Atmospheric Chemistry and Physics, 2008, 8: 3255-3281.

[3] JACOBSON M Z, KAUFMANN Y J, RUDICH Y. Examining feedbacks of aerosols to urban climate with a model that treats 3-D clouds with aerosol inclusions [J]. Journal of Geophysical Research, 2007, 112, D24205, doi: 10.1029/2007JD008922.

[4] CHEN, X, YANG W, WANG Z, et al. Improving new particle formation simulation by coupling a volatility-basis set (VBS) organic aerosol module in NAQPMS+APM [J]. Atmospheric Environment, 2019, 204: 1-11.

[5] WANG H., LIN J, WU Q, et al. MP CBM-Z v1.0: design for a new CBM-Z gas-phase chemical mechanism architecture for next generation processors [J]. Geoscientific Model Development, 2019, 12: 749-764.

[6] WANG H, WU Q, LIU H, et al. Sensitivity of biogenic volatile organic compound emissions to leaf area index and land cover in Beijing [J], Atmospheric Chemistry and Physics, 2018, 18: 9583-9596.

[7] LIU A, WU Q, CHENG X. Using the Google Earth Engine to estimate a 10 m resolution monthly inventory of soil fugitive dust emissions in Beijing, China [J]. Science of the Total Environment, 2020, 735, 139174, https: //doi.org/10.1016/j.scitotenv.2020.139174.

[8] XIAO H, WU Q, YANG X, et al. Numerical study of the effects of initial conditions and emissions on $PM_{2.5}$ concentration simulations with CAMx v6.1: A Xi'an case study [J]. Geoscience Model Development, 2021, 14: 223-238.

[9] LOCK S J, BITZER H W, COALS A, et al. Demonstration of a cut-cell representation of 3D orography for studies of atmospheric flows over very steep hills [J]. Monthly Weather Review, 2012, 140 (2): 411-424.

[10] ZHENG J, FANG F, WANG Z, et al. A new anisotropic adaptive mesh photochemical model for ozone formation in power plant plumes [J]. Atmospheric Environment, 2020, 229, 117431, doi: 10.1016/j.atmosenv.2020.117431.

[11] PLEIM, J E. A combined local and nonlocal closure model for the atmospheric boundary layer. Part Ⅰ: Model description and testing [J]. Journal of Applied Meteorology and Climatology, 2007, 46 (9): 1383-1395.

[12] BOUGEAULT P, LACARRERE P. Parameterization of orography-induced turbulence in a mesobeta-scale mode [J]. Monthly Weather Review, 1989, 117 (8): 1872-1890.

[13] BYUN D W, CHING J K S. Science algorithms of the EPA MODELS-3 Community Multi-scale Air Quality (CMAQ) modeling system [M], EPA/600/R-99/030, 1999.

[14] GRELL G A, PECKHAM S E, SCHMITZ R, et al. Fully coupled "online" chemistry within the WRF model [J]. Atmospheric Environment, 2005, 39: 6957-6975.

[15] DING H, CAO L, JIANG H, et al. Influence on the temperature estimation of the planetary

boundary layer scheme with different minimum eddy diffusivity in WRF v3. 9. 1. 1 [J]. Geoscience Model Development, 2021, 14: 6135-6153.

[16] KURTENBACH R, BECKER K H, Gomes J A G, et al. Investigations of emissions and heterogeneous formation of HONO in a road traffic tunnel [J]. Atmospheric Environment, 2001, 35: 3385-3394.

[17] SU H, CHENG Y, OSWALD R, et al. Soil nitrite as a source of atmospheric HONO and OH radicals [J]. Science, 2011, 333: 1616-1618.

[18] OSWALD R, BEHRENDT T. ERMEL M. et al. HONO emissions from soil bacteria as a major source of atmospheric reactive nitrogen [J]. Science, 2013, 341 (6151): 1233-1235.

[19] WEBER B, WU D, TAMM A, et al. Biological soil crusts accelerate the nitrogen cycle through large NO and HONO emissions in drylands [J]. Proceedings of the National Academy of Sciences, 2015, DOI: 10. 1073/pnas. 1515818112.

[20] CALVERT J G, YARWOOD G. , DUNKER A M. An evaluation of the mechanism of nitrous acid formation in the urban atmosphere [J], Research on Chemical Intermediates, 1994, 20: 463-502.

[21] AMMANN M, KALBERER M. JOST D T, et al. Heterogeneous production of nitrous acid on soot in polluted air masses [J]. Nature, 1998, 395: 157-160.

[22] SALIBA N A, MOCHIDA M, FINLAYSON-PITTS B J. Laboratory studies of sources of HONO in polluted urban atmospheres [J]. Geophysical Research Letters, 2000, 27: 3229-3232.

[23] GUTZWILLER L, ARENS F, BALTENSPERGER U. Significance of semivolatile diesel exhaust organics for secondary HONO formation [J]. Environmental Science and Technology, 2002, 36: 677-682.

[24] FINLAYSON-PITTS B J, WINGEN L M, SUMNER A L, et al. The heterogeneous hydrolysis of NO_2 in laboratory systems and in outdoor and indoor atmospheres: An integrated mechanism [J]. Physical Chemistry Chemical Physics, 2003, 5: 223-242.

[25] ZHOU X L, GAO H L, HE Y, et al. Nitric acid photolysis on surfaces in low-NO_x environments: Significant atmospheric implications [J]. Geophysical Research Letters, 2003, 30: 2217-2220.

[26] STEMMLER K, AMMANN M, DONDERS C, et al. Photosensitized reduction of nitrogen dioxide on humic acid as a source of nitrous acid [J]. Nature, 2006, 440: 195-198.

[27] YABUSHITA A, ENAMI S, SAKAMOTO Y, et al. Anion-catalyzed dissolution of NO_2 on aqueous microdroplets [J]. Journal of Physical Chemistry A, 2009, 113 (17): 4844-4848.

[28] ZIEMBA L D, DIBB J E, GRIFFIN R J, et al. Heterogeneous conversion of nitric acid to nitrous acid on the surface of primary organic aerosol in an urban atmosphere [J]. Atmospheric Environment, 2010, 44 (33): 4081-4089.

[29] VANDENBOER T C, YOUNG C J, TALUKDAR R K, et al. Nocturnal loss and daytime source of nitrous acid through reactive uptake and displacement [J]. Nature Geoscience, 2015, 8: 55-60.

[30] SARWAR G, ROSELLE S J, MATHUR R, et al. A comparison of CMAQ HONO predictions with observations from the Northeast Oxidant and Particle Study [J]. Atmospheric Environment, 2008, 42: 5760-5770.

[31] LI G. LEI W, ZAVALA M, et al. Impacts of HONO sources on the photochemistry in Mexico City during the MCMA-2006/MILAGO Campaign [J]. Atmospheric Chemistry and Physics, 2010: 10, 6551-6567.

[32] LI Y, AN J, MIN M, et al. Impacts of HONO sources on the air quality in Beijing, Tianjin and

Hebei Province of China [J]. Atmospheric Environment, 2011, 45 (27): 4735-4744.
[33] AN J, LI Y, CHEN Y, et al. Enhancements of major aerosol components due to additional HONO sources in the North China Plain (NCP) and implications for visibility and haze [J]. Advances in Atmospheric Sciences, 2013, 30 (1): 57-66.
[34] ZHANG L, WANG T, ZHANG Q, et al. Potential sources of nitrous acid (HONO) and their impacts on ozone: A WRF-Chem study in a polluted subtropical region [J]. Journal Geophysical Research, 2016, 121: 3645-3662.
[35] ZHANG J, AN J, QU Y, et al. Impacts of potential HONO sources on the concentrations of oxidants and secondary organic aerosols in the Beijing-Tianjin-Hebei region of China [J]. Science of the Total Environment, 2019, 647: 836-852.
[36] ZHANG J, GUO Y, QU Y, et al. Effect of potential HONO sources on peroxyacetyl nitrate (PAN) formation in eastern China in winter [J]. Journal of Environmental Sciences, 2020, 94: 81-87.
[37] KULMALA M, KERMINEN V M. On the formation and growth of atmospheric nanoparticles [J]. Atmospheric Research, 2008, 90 (2): 132-150.
[38] TRÖSTL J, CHUANG W K, GORDON H, et al. The role of low-volatility organic compounds in initial particle growth in the atmosphere [J]. Nature, 2016, 533 (7604): 527.
[39] YAO L, GARMASH O, BIANCHI F, et al. Atmospheric new particle formation from sulfuric acid and amines in a Chinese megacity [J]. Science, 2018, 361 (6399): 278-281.
[40] KOO B, KNIPPING E, YARWOOD G. 1,5-dimensional volatility basis set approach for modeling organic aerosol in CAMx and CMAQ [J]. Atmospheric Environment, 2014, 95 (1): 158-164.
[41] LANE T E, DONAHUE N M, PANDIS S N. Effect of NO_x on secondary organic aerosol concentrations [J]. Environmental Science and Technology, 2008, 42: 6022-6027.
[42] MURPHY B N, PANDIS S N. Simulating the formation of semivolatile primary and secondary organic aerosol in a regional chemical transport model [J]. Environmental Science and Technology, 2009, 43: 4722-4728.
[43] WANG Z B, HU M, PEI X Y, et al. Connection of organics to atmospheric new particle formation and growth at an urban site of Beijing [J]. Atmospheric Environment, 2015, 103: 7-17.
[44] WANG W, LIU M, WANG T, et al. Sulfate formation is dominated by manganesecatalyzed oxidation of SO_2 on aerosol surfaces during haze events [J]. Nature Communications, 2021, 12: 1993, https://doi.org/10.1038/s41467-021-22091-6.
[45] 胡译文，臧增亮，马晓燕，等. 气象资料同化对 $PM_{2.5}$ 预报影响的模拟分析 [J]. 中国环境科学，2019，39 (2)：523-532.
[46] 汪代春，尤伟，臧增亮，等. 气溶胶和气态污染物三维变分协同同化 [J]. 中国科学：地球科学，2020，50，doi：10.1360/SSTe-2019-0182.
[47] LIN J, AN J, QU Y, et al. Local and distant source contributions to secondary organic aerosol in the Beijing urban area in summer [J]. Atmospheric Environment, 2016, 124: 176-185.
[48] KWOK R H F, NAPELENOK S L, BAKER K R. Implementation and evaluation of $PM_{2.5}$ source contribution analysis in a photochemical model [J]. Atmospheric Environment, 2013, 80: 398-407.
[49] GUENTHER A B, JIANG X, HEALD C L, et al. The model of emissions of gases and aerosols from nature version 2.1 (MEGAN2.1): an extended and updated framework for modeling biogenic emissions [J]. Geoscience Model Development, 2012, 5: 1471-1492.

[50] 杨晓春，吴其重，赵荣，等. 西安空气质量预报系统业务运行评估 [J]. 陕西气象，2015，5：41-43.

[51] CHEN X，YU F，YANG W，et al. Global-regional nested simulation of particle number concentration by combing microphysical processes with an evolving organic aerosol module [J]. Atmospheric Chemistry and Physics，2021，21：9343-9366.

第 7 章 大气环境监测技术发展战略

7.1 总体发展战略

针对我国具体国情，以建立体系完备、技术先进、数据获取手段多样、信息处理智能的“天—空—地—海”一体化大气环境监测技术及设备体系为目标，开展针对常规污染物、温室气体、优先污染物、具有潜在生态健康影响污染物和环境污染事故优先污染物的监测方法研究和监测设备开发，健全和完善环境监测方法、监测技术和监测信息标准化体系。突出环境监测高技术创新和系统集成创新，初步建立既有先进性又有实用价值的我国大气环境监测技术服务平台，为我国环境监测网络建设提供关键技术和设备，提升我国大气环境监测仪器和设备的研制水平，促进和带动相关产业发展。

在未来，将面向大气环境污染与气象相互作用机制研究需求，突破高时空分辨率的大气光化学前体物和气象要素地基遥感监测、卫星和机载高光谱分辨率大气遥感、智能多元化环境传感等技术，研发大气光化学前体物（NO_x、SO_2、VOCs 等）和气象要素（温度、湿度等）地基遥感监测技术设备、千米级的高轨卫星污染气体分布探测载荷、智能化环境监测传感器，进行示范和技术验证并达到实用化水平，建立覆盖全国的大气环境立体化、智能化综合关联监测网络，以及大数据融合分析与服务平台，形成具有自主知识产权的大气环境立体监测技术方法和标准体系，为培育具有竞争力的大气环境高端监测与分析仪器产业提供工程化科技成果。

7.1.1 科学问题

大气环境污染物与气象参数的高时空分辨探测原理与技术，多介质环境与气象要素的综合关联监测与大数据融合分析。

7.1.2 战略目标

2025 年：发展大气光化学前体物和气象要素的高时空分辨率立体监测技术，

建立覆盖全国的大气环境立体化监测网络；融合大数据等信息技术与相关学科，实现局域微观精细化监测。

2035 年：创新地基遥感监测手段，突破卫星和机载高光谱分辨率大气遥感关键技术，实现宏观大气环境的立体化、智能化综合关联监测。

2050 年：发展微型智能化传感技术，实现多场景大气环境的精细化、智能化监测。

7.1.3　任务内容

1）研发大气光化学前体物（NO_x、SO_2、VOCs 等）和气象要素（温湿度等）的高时空分辨率立体监测技术设备，获取全面、立体的时空分布数据集。

2）研发大气光化学污染及其前体物的卫星高轨探测技术，实现千米级污染气体分布的卫星遥测。

3）研发高灵敏度、小型化的 VOCs、超细颗粒物、有毒有害气体等在线监测系统，满足环境大气和污染源在线监控及手持式监测等需求。

4）利用智能多元化环境传感器，基于大数据、物联网、云计算等新一代信息技术，建立环境大数据分析与服务平台，形成源头防控、过程监管、综合治理、全民共治的环境管理闭环。

7.2　发展建议

7.2.1　发展先进大气环境监测技术设备

7.2.1.1　大气自由基低干扰的综合立体探测技术

（1）科学问题

大气自由基低干扰的综合立体探测。

（2）战略目标：

2025 年：解决自由基准确探测难题，准确认识大气二次污染成因。

2035 年：开展自由基的立体探测研究，全面准确认识大气二次污染成因。

2050 年：彻底解决大气二次污染问题。

（3）任务内容

1）发展基于激光诱导荧光（FAGE）技术的地基、机载、船载等多平台 HO_x/k_{OH}/RO_x 自由基探测系统，实现白天大气关键自由基的准确测量；

2）研发高反腔多参数活性含氮化合物（NO_3/NO_2/N_2O_5/有机硝酸盐/NH_3等）、活性含氧化合物（甲醛、乙二醛、甲基乙二醛等）等同步高时间分辨高灵敏立体探测技术，突破活性含氮含氧化合物的准确测量难题；

3）开展 OH、HO_2、RO_2、k_{OH}、活性含氮化合物（NO_3 自由基、N_2O_5、有机硝酸盐等）、活性含氧化合物（甲醛、乙二醛、甲基乙二醛等）等自由基及前体物的综合立体观测，分析大气化学过程。

预期在未来10～20年中，我国霾和 O_3 形成机理研究将从目前近地面观测为主过渡到三维立体观测系统，从长寿命痕量气体浓度测量过渡到自由基、反应中间体、反应参数和污染生成潜势的直接测量，将逐步打破现有各种研究手段的界限，通过外场观测、烟雾箱模拟实验以及数值模拟，形成基于量化计算和数值模拟引导的外场反应动力学闭合研究。

7.2.1.2 大气边界层光化学前体物的高时空分辨探测技术

（1）科学问题

为阐明我国大气边界层光化学前体物的高时空分布演变特征，开展大气边界层光化学前体物的高时空分辨率立体监测及数据融合技术研究，实现 NO_x、VOCs 等前体物的多维时空监测，获取全面、立体的光化学前体物时空分布特征。

（2）战略目标

2025年，涵盖主要环境要素（$PM_{2.5}$/PM_{10}、O_3、NO_x、SO_2、VOCs 等）的光学立体监测网络将逐步成熟，并在环保和气象业务部门广泛应用，将大气监测网的探测能力由目前的二维平面推向三维立体。

2035年，解决灰霾和 O_3 及其前体物的卫星高轨探测技术，实现对所关注地区的连续过程立体监测。

2050年，实现"点、线、面"与"地、空、天"相结合的立体监测能力。

（3）任务内容

1）研发光化学前体物的高时空分辨率立体监测及数据融合技术，可精准实现 NO_x、VOCs 等前体物的多维时空监测，获取全面、立体 NO_x、VOCs 的时空分布数据集，实现大面积排放源的精准测算，实现 VOCs 输送通量与界面的立体监控。

2）研发灰霾和 O_3 及其前体物的卫星高轨探测技术，实现对所关注地区的连续过程立体监测。

3）完善涵盖主要环境要素（$PM_{2.5}$/PM_{10}、O_3、NO_x、SO_2 等）的光学立体监测网络，并在环保和气象业务部门开展广泛应用，将大气监测网的探测能力由目前的二维平面推向三维立体，实现"点、线、面"与"地、空、天"相结合的立体监测能力。

7.2.1.3　VOCs 红外光谱高分辨在线监测技术

（1）科学问题

随着对 VOCs 污染监测研究的深入，实现对 VOCs 多因子、多方位、立体化、全污染过程的连续自动监测技术，是当前监测技术的发展重点方向和科学问题。

（2）战略目标

针对频繁出现的污染泄漏、爆炸和无组织排放泄漏的系列环境污染事件，针对我国已开展的基于光学、光谱学技术的 VOCs 监测核心技术开发，完成基于轻小型、高速度、高分辨率的核心光谱仪的关键技术突破。

2025 年：构建高标准的 VOCs 基础光谱测量装置，建设我国完全自主的 VOCs 的超高分辨率指纹光谱库。

2035 年：通过地基超高分辨率组网观测，构建自主知识产权的 VOCs 及各类污染气体成分的区域通量输送观测网络。

2055 年：开展高性能微型红外光谱监测关键应用技术开发，实现我国环境大气和污染源的 VOCs 全方位监测和防控，完善我国现有的环境监测技术体系，占领下一代 VOCs 的连续自动监测技术高地。

（3）任务内容

1）面向无组织排放源泄漏的快速修复检测，开发基于光谱辐射被动遥感的 VOCs 分析仪，实现泄漏环节的精确定位和快速评估。

2）面向污染泄漏事故的应急处置监测，研制开发高灵敏度、小型化、高速 VOCs 光谱分析系统，用于手持和无人机平台搭载监测。

7.2.1.4　大气超细颗粒物高灵敏实时在线测量技术

（1）科学问题

随着我国环保力度的加大，细颗粒物年均质量浓度进入下行区间，空气质量优良以上天数明显增加，但离世界卫生组织 10 $\mu g/m^3$ 的细颗粒物标准仍有较大差距，超细颗粒物贡献 80% 以上颗粒物的数浓度，即使在污染时期也占据 50% 的颗粒物数浓度比例。超细颗粒物生物效应受尺寸、表面积、化学成分等多方面物理化学性质影响。因此，随着环境治理的深入进行，对颗粒物研究的重点应逐渐向超细颗粒物偏移，从解决超细颗粒物理化性质的测量技术的问题着手，为实现超细颗粒物的精准治理及环境健康效应评估提供技术支撑。

（2）战略目标

2025 年：突破超细颗粒物化学组分检测关键技术，研发大气环境和污染源超细颗粒物传感器，关键技术指标达到同期世界先进水平。

2035 年：超细颗粒物相关产业的发展初具规模，物化特性检测核心技术和仪器实现自主知识产权。

2055 年：实现技术引领，集成技术在环境治理及健康风险评估中发挥重要作用。

（3）任务内容

1）研发小至 1 nm 超细颗粒物的高效荷电、富集、计数和筛分等关键技术，建立多维度关键组分的分子水平结构信息测量技术，实现超细颗粒物及转化关键活性物种的物理化学特性高灵敏实时在线测量，形成具有自主知识产权的超细颗粒物物化特性在线监测系统，推动相关产业发展。

2）针对大气环境和污染源超细颗粒物评估与控制需求，研发高精度环境大气超细颗粒物在线监测仪、低成本耐高温超细颗粒物传感器，并在国家大气污染防治重点区域开展应用示范。

3）建立适合我国国情、高效、环保的大气超细颗粒物监测技术体系，推动相应国家标准制定和实施，推进对大气颗粒物形成、衍变和相关控制措施的认识，降低公众因大气污染引发的健康风险。

7.2.1.5 微型化、智能化环境监测传感器

（1）科学问题

环境管理开始从粗放式的管理模式向精细化管理方式的过渡，其核心是实现微型化、智能化环境监测传感器的研发，并利用大数据等技术手段实现广泛应用。

（2）战略目标

2025 年：研发一系列满足大气环境和污染源监控（污染气体、VOCs、颗粒物）的微型化、智能化环境监测传感器，关键技术指标达到同期世界先进水平。

2035 年：发展一系列人体健康生物监测技术，测量和评估人体内环境化学物质（包括天然和人造化学物质）负荷水平。

2055 年：实现环境大气、污染源、健康、生态等领域的综合关联监测，形成基于环境传感器的较大规模环境监测仪器产业。

（3）任务内容

1）研发高精度污染气体、VOCs、颗粒物在线监测传感器，满足环境大气和污染源在线监控要求。

2）发展人体健康生物监测传感器，实现人体内环境化学物质负荷水平的高精度测量和评估。

7.2.1.6　基于大数据融合的大气污染监测与应急联动技术

（1）科学问题

大数据、物联网、云计算等新一代信息技术正在取得重大突破，如何利用多元环境监测数据，实现精细化的大气污染监测与应急联动是环境管理的重要需求。

（2）战略目标

2025 年：形成覆盖全国的大气环境质量网格化监控网络，并建立环境大数据分析与服务平台，实现小散乱污染源的实时管控。

2035 年：建立大气环境立体监测网络与大数据分析平台。

2055 年：形成大气环境多要素的智能化、关联化监测与数据综合分析。

（3）任务内容

利用智能多元化环境传感器，基于大数据、物联网、云计算等新一代信息技术，深度挖掘和模型分析、智能管理决策和信息技术等创新，建立环境大数据分析与服务平台，真正形成源头防控、过程监管、综合治理、全民共治的环境管理闭环，从而实现从“数字环保”向“智慧环保”的跨越。

7.2.2　加强现有环境监测网络建设

7.2.2.1　环境质量监测网络

（1）调整优化国控城市环境空气质量监测网络

调整原则：①科学性：全面客观反映城市建成区环境空气质量整体状况和变化趋势，参与城市空气质量评价及考核。②延续性：现有 1 436 个点位原则不变，以保障监测数据连续性和可比性，应用于空气质量长期变化趋势评价。③代表性：新建地级市、省直管国家级新区新增国控点已有地级市新增建城区适当增加点位，部分清洁对照点撤销，少数原来点位偏多的城市适当减少点位。④差异性：按照城市空气质量达标情况将地级以上城市划分为达标区、一般区、重点区。其中，达标区适量减少现有点位数量、降低点位密度；一般区保持点位数量稳定；大气污染防治重点区域加密布点。

调整安排：2025 年完成国控城市点位调整工作，同步完成事权上收工作，2035 年委托运维公司开展运行，积累“十四五”期间基础监测数据。

站点建设：国家指导、地方负责。

站点运行：国家统一管理运行维护。

加强区域站和背景站的建设和运维，实现区域站点和背景站点的数据联网和在线审核，加大成果产出和数据利用，每月出月度分析报告。

（2）构建环境空气质量大数据融合及综合分析平台

在国家城市环境空气质量平台基础上，升级国家网平台数据库结构和数据框架，全面融合国家—省—市—县各级环境空气质量监测数据、近地面气象数据、卫星遥感监测数据、污染源排放数据等资源，整合空气质量分析诊断模型、颗粒物来源解析模型、人工智能算法等，开展空气污染成因分析，为大气污染防治措施制定提供决策依据。

7.2.2.2 国家大气颗粒物组分监测与光化学监测

（1）大气颗粒物化学组分监测网

初步建成覆盖主要颗粒物超标城市、重点区域的大气颗粒物组分监测网，为研究大气污染成因、溯源提供基础数据，为污染控制及治理提供科学导向。

点位布设：以城市点为主、区域及背景点为辅。城市点的布设以 $PM_{2.5}$ 年均浓度超过 35 μg/m³ 的 185 个城市为主，区域点位在国家区域站中各省选择 1 个代表性点位（26 个），背景点位为国家 16 个背景站，共计 227 个颗粒物组分监测点位。

监测手段：城市点位开展手工及自动监测，区域及背景点位开展手工监测，各重点区域辅助增加移动监测。

监测项目：必测项目为 $PM_{2.5}$ 浓度、9 种水溶性离子、24 种元素、气象五参数；选测项目为有机化合物、单颗粒质谱、气溶胶激光雷达。

站点运行：所有站点统一纳入国家大气颗粒物组分监测网的系统管理，各省级环境监测站建设的站点由省级站负责运行，建立全国性的数据综合运用业务平台。

（2）大气光化学评估监测网

基本实现重点区域各城市和其他臭氧污染严重的城市及重点园区非甲烷总烃（NMHC）和 VOCs 全覆盖监测，并实现数据联网和全过程质量控制。

点位布设：每个城市至少布设 1 个监测点位，逐步优化布设形成 4 类点位（上风向、O_3 高值区、VOCs 高浓度点位、下风向）。

监测项目：非甲烷总烃（NMHC）、PAMS 物质、13 种醛、酮类物质及其他 VOCs 共 117 种物质。

监测手段：自动和手工相结合。

站点建设：国家指导、地方负责。

站点运行：国家指导，地方运维。

7.2.2.3 污染源监控类

（1）路边交通监测

基本建成全国城市路边交通空气质量监测网，在重点区域城市、直辖市和省会城市以及主要国家高速公路开展路边交通空气质量监测。

点位布设：在重点区域城市、直辖市和省会（首府）城市以及国家高速公路［机动车年平均日交通量超过 1 000 辆（当量标准小客车）］开展路边交通站点的空气质量监测。每个城市根据道路交通量、车辆特征等设置 3 000 个一般站点，设置 1 个交通超级站点，城市路边交通监测点位共 300～400 个。

监测手段：自动监测。

监测项目：常规站监测项目为 PM_{10}、$PM_{2.5}$、NO_x、O_3、BC、车流量计数器；超级站监测项目为增测粒径谱仪、有毒空气污染物。

站点建设：国家指导、地方负责。

站点运行：国家指导，地方运维。

（2）工业园区站监测

建成我国工业园区空气质量监测网络，覆盖重点区域经济开发区、工业园区及港口，按照统一要求开展特征污染物的监测与评价，形成特征污染物实时监控能力、突发污染事件分析及预警监测能力，为大气污染治理提供科学依据。

点位布设：在全国重点区域典型经济开发区、工业园区及港口，根据园区类型、区域面积、污染特征、气象因素等条件布设点位，从园区的源排放对周边环境影响考虑，设置园区站（园区内，可设置于区内重点企业厂界）、边界站（产业园区边界）和周边站（产业园区主导风向下风向有代表性的人口集中区）3 类代表性监测点，建设自动监测站。

监测手段：自动监测。

监测项目：必测项目为常规六项、气象五参数；选测项目为特征有毒空气污染物。

站点建设：国家指导、地方负责。

站点运行：国家指导，地方运维。

（3）有毒有害大气污染物监测

初步建成有毒有害大气污染物监测网络，覆盖三大重点区域地级及以上城市。

点位布设：建立重点区域有毒有害大气污染物的监测网络，在京津冀及周边、汾渭平原、长三角等重点区域开展有毒有害大气污染物的试点监测，每个城市至少布设 1 个点，共 80 个点位。

监测项目：11 种有毒有害大气污染物。

监测手段：自动与手工相结合。

站点建设：国家指导、地方负责。

站点运行：国家指导、地方运维。

（4）降尘监测

在京津冀及周边地区、长三角、汾渭平原等重点区域各区县布设降尘量监测点位，形成降尘监测网络，开展长期连续的监测。

点位布设：京津冀及周边、汾渭平原、长三角地区每区县至少1个点位（328+551）共879个。

监测手段：自动和手工相结合。

监测项目：降尘量、部分地区开展总悬浮颗粒物（TSP）比对。

站点建设：京津冀及周边为国家事权、其他城市为地方事权。

7.2.2.4 国际履约监测

（1）温室气体监测

温室气体浓度监测网络包括大气本底、区域2个尺度，生态环境部和中国气象局共同开展温室气体卫星遥感和地面监测，掌握温室气体时空变化情况。

点位布设：全球大气本底站（中国气象局负责）——青海瓦里关。区域大气本底站（中国气象局负责）——在我国华北、华东、华中、东北、西北、西南地区分别建有北京上甸子、浙江临安、湖北金沙、黑龙江龙凤山、新疆阿克达拉、云南香格里拉6个点位。背景和区域监测站点（生态环境部负责）：11个背景站、6个区域站共17个站点。按照国际先进监测经验，加强和提升福建武夷山、内蒙古呼伦贝尔、湖北神农架、云南丽江、广东南岭、四川海螺沟、青海门源、山东长岛、山西庞泉沟、海南永兴岛和美济礁等11个背景站温室气体本底浓度监测能力。在我国北部、东部、中部、南部、西部等地，选择6个代表性强的区域站，开展区域尺度温室气体浓度监测。

监测手段：自动监测（含梯度监测）。

监测项目：CO_2、CH_4、N_2O，部分站点监测 HFCs、PFCs、SF_6、NF_3。

站点建设：国家事权。建设资金由国家统筹，地方配合建设。

站点运维：国家统一运维。

（2）大气汞监测

初步建立我国大气汞的长期在线监测网络，获取我国大气总汞的浓度水平，分布特征及变化趋势情况。

点位布设：京津冀及周边、长三角地区、汾渭平原、珠三角。4个区域背景站、超级站、国控站各选1个站点，共12个进行试点。在1 436个国控监测站点以及大气超级站点中，选取合适的站点增加大气汞的长期在线观测任务。全部汞观测站点中，选取约 50% 的站点进行大气汞形态的连续观测，其他站点观测大气总汞，根据实际需求和条件升级为大气汞形态的连续监测以及增加降水汞的监测。

监测手段：自动监测。

监测项目：4 个站点开展大气汞形态连续监测［气态元素汞（GEM）、大气活性气态汞（GOM）、大气颗粒汞（PBM）］；8 个站点开展大气总汞监测（TGM）。

站点建设：国家事权。建设资金由国家统筹，地方配合建设。

站点运维：国家统一运维。

（3）消耗臭氧层物质监测

建成我国大气中消耗臭氧层物质（ODS）监测网络和综合应用业务平台，为履行《蒙特利尔议定书》提供支撑。

点位布设：按照 ODS 的区域特征，结合 VOCs 监测网络建设，形成由以下两个层次组成的 ODS 监测网络。①按照“重点工业城市为主”的原则，建设 ODS 城市大气监测网络，形成国家城市监测能力；②按照“重点背景区域，并考虑大气传输通道”的原则，建设 6 个 ODS 和 HFCs 背景监测站（包括华东、东北、华南、西南、西北和华中区域），形成背景浓度监测能力。

监测项目：CFCs 和 HCFCs。

监测手段：自动监测与手工监测相结合。

站点建设：国家事权。建设资金由国家统筹，地方配合建设。与 VOCs 监测网络共同建设或分步建设，在 2025 年建成并全部投入运行。

站点运行：国家统一运维。建立统一规范的质量保证与质量控制（QA/QC）业务体系。

7.2.2.5　其他专项监测

延续开展酸雨和沙尘天气影响监测。

7.2.3　加强立体监测体系建设

7.2.3.1　立体监测的发展需求

京津冀地区呈现典型的区域大气复合污染特征，来自不同排放源的各种污染物在大气边界层中发生多种界面之间的理化过程，局地污染与区域传输相互叠加；颗粒物通过影响光辐射通量影响光化学反应过程与 O_3 的形成，光化学反应在产生 O_3 的同时产生二次颗粒物，彼此耦合形成复杂的大气污染。

目前的空气质量数据主要由近地面空气质量监测网提供，指标包括 SO_2、NO_2、CO、O_3、$PM_{2.5}$ 和 PM_{10} 在内的最基本的污染表征数据；这些数据在一定程度上反映了当时的大气环境状况，但缺乏污染物的动态时空演化过程和变化趋势等信息，因而难以说清污染的形成、来源、输送影响等根本问题，不能够为环境污染源解析及预警预报提供有效数据支撑，也不能为政府决策者制定污染控制策略提供必要的依据。

7.2.3.2 立体监测的发展目标

（1）区域立体监测网络的建立

区域立体监测网络建设，可以全面地掌握一个地区空气质量变化。根据我国城市布局、污染源分布、地理条件与大气环流特点，加密布设监测点位，扩展大气监测项目，组建立体监测网络，厘清区域空气质量状况和特征及大气污染物传输规律，为实施重点区域空气污染联防联控提供技术支撑。

立体监测网不仅提供区域污染分布、演变和传输等信息，并能够进行污染的快速溯源。污染物分布数据结合气象风场可以较为准确地分析及判断污染来源、扩散方向和趋势；移动走航车不仅为地面固定站点提供了数据补充，并可应用于污染突发事故的应急监测以及污染排查和溯源，尤其在应对工业企业偷排漏排问题或出现新污染源时。

（2）立体监测的技术发展趋势

近年来，地基立体监测技术得到了广泛的应用和发展，主要体现在颗粒物和气体探测方面。在颗粒物探测方面：激光雷达近些年在硬件设备和算法的改进方面得到了飞速发展，不仅提高了颗粒物的探测精度，也进一步降低了探测盲区，并在沙尘暴、灰霾探测中得到了应用。其作为大气污染空间立体监测技术是对常规地面监测技术的有力补充，可确定污染物从污染源到受体的运动过程、监测大气环境中颗粒物的变化趋势、量化特定地区的污染物排放总量、分析颗粒物的输送过程、区分各地空气污染物的局地和区域输送来源，从而实现对污染物的全指标、全区域监测。在污染气体探测方面：地基污染气体立体探测技术主要有被动差分吸收光谱技术（DOAS）、被动傅里叶变换红外光谱技术（FTIR）、O_3 雷达、多波段光度计遥感和微波辐射计遥感等。被动差分吸收光谱技术是一种以被动太阳光谱测量为基础，利用差分吸收方法结合痕量气体的特征吸收截面获取气体浓度信息的光谱测量分析技术，目前已经在环境监测领域得到了广泛的应用。被动 DOAS 技术除能够获得污染物的柱浓度外，通过对不同俯仰角度的扫描测量并结合大气辐射传输模型，它还能够获得痕量气体的廓线。被动 DOAS 技术是对传统监测方法的有力补充，可确定气态污染物的空间分布特征，了解气态污染物的输送过程及输送高度，结合近地面观测数据及其他辅助数据也可研究污染的成因。

O_3 作为氧化性气体的重要代表，其浓度的时空分布差异较大，可参与大气光化学反应的全过程，是酸雨、光化学烟雾、大气能见度等对流层污染现象的关键成分。大气 O_3 探测激光雷达能够实时在线监测大气 O_3 浓度的垂直分布，通过对大气 O_3 浓度剖面特征进行分析，获取本地大气 O_3 的时空演变特征，准确说清本地光化学烟雾污染现状。结合 O_3 的高空输送和本地形成过程分析，对大气的综合、立体空间监测能够提供强有力的数据信息支持。立体观测技术的一些其他方面的发展趋势主要体现在气象要求的立体探测方面，气象要素的变化对污染的扩散、积累等都有重要影响。以下具体说明。

1）风矢量场遥感探测。风廓线雷达是为在所有天气条件下测量风廓线而设计的多普勒雷达，利用大气对波的散射进行风场的测量。与常规天气雷达不同，它们能够在晴空条件下工作。现有的测风雷达主要可以分为声波风雷达、电磁波测风雷达以及激光测风雷达。多普勒声雷达是一种测量大气对流层低层常用的遥测手段，它可以较好地测量低空由几十米开始到几百米乃至 1 km 范围内的风廓线，还可以用于测量折射率结构常数等湍流参数量廓线。微波风廓线雷达是目前用来测量风廓线的一种主要设备，它通过发射微波脉冲探测大气中湍流涡旋对微波后向散射或待测大气中的云、雨、冰或其他降水粒子等运动粒子的回波信号的多普勒频移来反演大气风廓线，并由它的回波功率可以反演折射率结构常数的廓线。

激光风廓线雷达是近年来新推出的用来测量风廓线的一种新型设备，它以激光器为光源向大气发射激光脉冲，当激光在大气中传输时，大气中的各种组分会对激光产生吸收和散射，从而改变后向散射光的能量、光谱特性、偏振状态等。通过接收大气（气溶胶粒子和大气分子）的后向散射信号、分析其光学特性，反演出相应大气组分的性质及风速、温度等各种大气参数。

2）温、湿度场遥感探测。微波辐射计可以对地球表面提供一个完整的观测，是大气探测的重要手段之一。它可应用于探测大气温度廓线、大气湿度廓线、水汽通量、云水含量、降水和大气成分等重要大气参数。大气温、湿廓线是大气环境的重要参数，探测大气温湿廓线在天气预报、大气科学研究等领域具有重要意义。微波辐射计还可以实现长期连续工作、无人值守和便于组网等独特优势。它不仅能探测路径气柱上的水汽和液态水总量信息，更可贵的是能够连续、高分辨率探测大气温度及湿度廓线；同时能够弥补探空气球的不足，将使液态水廓线探测变为可能。

利用地基微波辐射计不仅可以反演温度廓线，水汽密度剖面，折射率剖面，反演积分水汽含量、云中液水含量、降雨强度等，还可以进行电波折射误差的实时高精度修正，研究大气折射率的时变特性、水平不均匀性和大气稳定度研究等。因此，利用地基微波辐射计测量反演大气环境参数和传输特性参数不仅对电波传播、雷达测控、导航定位、卫星通信以及天气预报，人工影响天气等具有重要意义，而且可实现对中尺度天气系统大气层结的监测和预警、解析逆温层结构，评估大气稳定度，判识雾霾等级，说清灰霾污染的扩散趋势。

构建“地空天一体化”区域污染立体监测体系是实现区域大气污染联防联控的有效途径。以现有地面监测站为基础，根据区域地理、气象条件以及污染源分布的特点，构建区域大气立体监测网络，包括常规地面监测站点、地基遥感监测站点、移动走航监测车以及机载/卫星遥感，重点发展地基颗粒物激光雷达、O_3 激光雷达、气态前体物（SO_2、NO_2、HCHO 等）以及气象参数廓线探测系统以及集成多种立体监测设备的走航监测车技术系统，形成多平台、全方位的大气复合污染立体监测体系（图 7-1）。重污染时段及前后，在固定监测站点的基础上，利用移动走航车进行加密监测，满足全面监控大气复合污染状况和演变的需求。

通过结合大气颗粒物监测激光雷达、大气 O_3 探测激光雷达、风廓线雷达、气态前体物（SO_2、NO_2、HCHO 等）廓线探测系统等地基遥感监测仪器，获取污染物时空演变特征，比对集走航、大气空间（立体与水平空间）污染监测及输送通量监测于一体的移动走航监测车，并结合地面站点污染表征数据、卫星遥感数据、气象场与大气扩散条件数据，构建“地空天一体化”区域污染立体监测体系，揭示区域大气污染物的时空分布、动态演化，污染物的传输通道及影响，污染快速溯源、二次转化以及重污染过程的形成规律等。在重污染时段及前后，通过走航监测车进行加密监测，结合风场、温度场分析，分析污染物扩散趋势，提升区域大气污染预报预测水平。

7.2.3.3 立体监测的建设内容

（1）近地面常规监测站建设

功能定位：常规监测站是常规环境空气质量监测最基础的建设站点，实现大气环境常规数据的监测，包括：

1）环境空气质量评价要求的六参数：SO_2、NO_2、O_3、CO、PM_{10} 和 $PM_{2.5}$；

2）气象五参数：温度、气压、湿度、风向、风速；

3）大气能见度。

其中，SO_2、NO_2、O_3、CO、PM_{10} 和 $PM_{2.5}$ 监测仪器的分析方法参考《环境空气质量标准》（GB 3095—2012）要求。

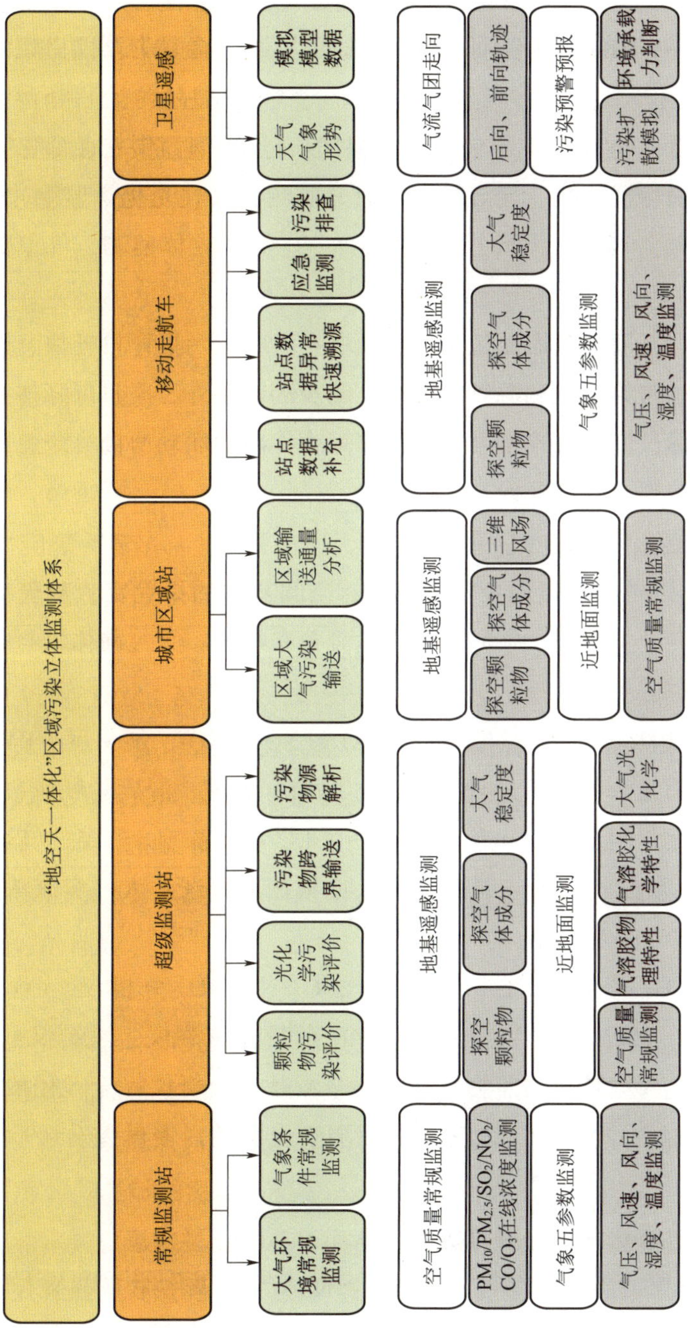

图 7-1　“地空天一体化”区域污染立体监测体系架构

（2）超级监测站建设

从监测对象来看，超级站需要覆盖大气复合污染的全要素、全过程，实现监测能力和效率的最大化，监测结构能够反映本地以及区域的大气复合污染特征及规律，揭示区域污染物的输送特征，为未来的大气综合评估及决策提供数据支持。

从监测层次来看，超级站需要包含两个层次：近地面监测（地面空气质量常规监测、气溶胶物理特性监测、气溶胶化学成分监测、大气光化学监测），地基遥感监测（颗粒物立体监测、气体成分（SO_2/NO_2/O_3 等）立体监测、气象要素立体监测监测）。

从功能模块来看，超级站需要包含 4 个模块：颗粒物污染评价模块、光化学污染功能模块、污染物跨界输送和源解析模块。除观测设备外，质量保障体系还需提供各设备的校准校标，信息共享与发布平台保障多部门的联动协商、应急决策。建议按照功能模块划分来设计和建设超级站。

颗粒物污染评价模块建设内容可包括以下几个方面。

1）功能定位：近地面空气质量常规评价；空间灰霾污染判定；灰霾污染演化过程判识；近地面颗粒物特征；空间颗粒物垂直分布特征；大气前体物与空间细粒子生成关系。

2）监测因子：PM_{10}、$PM_{2.5}$、CO、O_3、SO_2、NO_x；AQI、能见度；PM_1、散射系数、吸收系数、消光系数；近地面的风速、风向、温度、湿度、气压、降水量；颗粒物粒径信息、化学组分、重金属元素分析、EC/OC 解析；整层的气溶胶光学厚度（AOD）；空间颗粒物的消光系数廓线、退偏振度廓线；大气臭氧浓度廓线；前体物 SO_2、NO_2 柱浓度及廓线。

3）监测设备：O_3 分析仪、SO_2 分析仪、NO_2/NO/NO_x 分析仪、CO 分析仪、PM_{10} 颗粒物监测仪、$PM_{2.5}$ 颗粒物监测仪、PM_1 颗粒物监测仪、黑炭仪、浊度仪、能见度仪和气象仪、大气颗粒物监测激光雷达、粒径谱分析仪（全粒径段）、元素碳/有机碳分析仪、太阳光度计、大气臭氧探测激光雷达、多轴差分吸收光谱仪、卫星反演数据。

光化学污染评价模块建设内容可包括以下几个方面。

1）功能定位：厘清高空大气氧化能力、地面大气的氧化能力以及大气氧化能力增强时“气-粒”转化过程对细粒子污染的贡献。

2）监测因子：①近地面：O_3、NO－NO_x－NO_2、VOCs、SO_2、$PM_{2.5}$、PM_{10}、PANS；②空间参数：颗粒物消光系数廓线、SO_2/NO_2/O_3 垂直柱浓度、大气臭氧浓

度廓线、温度廓线、湿度廓线、水汽廓线。

3）监测设备：O_3 分析仪、$NO-NO_x-NO_2$ 分析仪、VOCs 分析仪、SO_2 分析仪 $PM_{2.5}$ 颗粒物监测仪、PM_{10} 颗粒物监测仪、PANs 分析仪、大气颗粒物监测激光雷达、多轴差分吸收光谱仪、大气臭氧探测激光雷达、温湿廓线雷达。

污染物跨界输送模块建设内容可包括以下几个方面。

1）功能定位：研究颗粒物的区域输送和局地污染物之间的复合作用；分析大气污染物的区域输送和局地源排放的相互影响，对污染来源与成因进行精细化诊断，增强重污染事件的源识别、预警和应急监控指导。

2）监测因子：有机碳、无机碳组分；地壳元素、金属元素分析；TSP、PM_{10}、$PM_{2.5}$、PM_1；高空风场参数、温度廓线、湿度廓线；气溶胶的消光廓线、退偏振比廓线；大气臭氧浓度廓线；NO_2、SO_2、O_3 垂直柱浓度。

3）监测设备：EC/OC 分析仪、气溶胶质谱在线分析仪、PM_1 颗粒物监测仪、$PM_{2.5}$ 颗粒物监测仪、PM_{10} 颗粒物监测仪、TSP 颗粒物监测仪、温湿廓线雷达、大气颗粒物监测激光雷达、大气臭氧探测激光雷达、多轴差分吸收光谱仪。

源解析模块建设内容可包括以下几个方面。

1）功能定位：分析清楚当地颗粒态污染物的主要模态特征；建立不同模态下的化学组分谱；手动建立排放来源清单；实时、在线分析当地典型灰霾污染过程中污染来源解析。

2）监测因子：粒径谱信息；SO_4^{2-}、NO_3^-、NH_4^+、Cl^- 等无机水溶性离子特征；

金属元素、地壳元素分析；重金属元素分析；有机组分与无机组分特征；降水化学组分；化学物种采样；颗粒物采样。

3）监测设备：粒径谱分析仪（全粒径）、在线离子色谱仪、气溶胶在线质谱分析仪、重金属分析仪、干湿沉降采集器（降水、降尘）、大气颗粒物车续采样器、四通道化学物种采样器、八级颗粒物采样器。

①城市区域站。区域城市发展的一体化，使得城市之间污染的相互输送非常频繁和复杂。为全面客观反映空气质量状况，了解城市间的大气污染传输规律，城市之间的重要输送通道上需要建设区域边界站，组成区域环境空气质量监测网络。区域站的主要功能是分析跨城市的区域内、区域间大气污染物的浓度分布特征和传输规律，判断区域大气污染发生发展趋势，为区域重污染天气预报预警提供支持（图 7-2）。

②移动走航车。较窄范围的局部监测、单一的点式测量不能全面覆盖大气环境状况，获取数据有限，对重点区域的排放监测无法做到实时监控和排查的目的。移

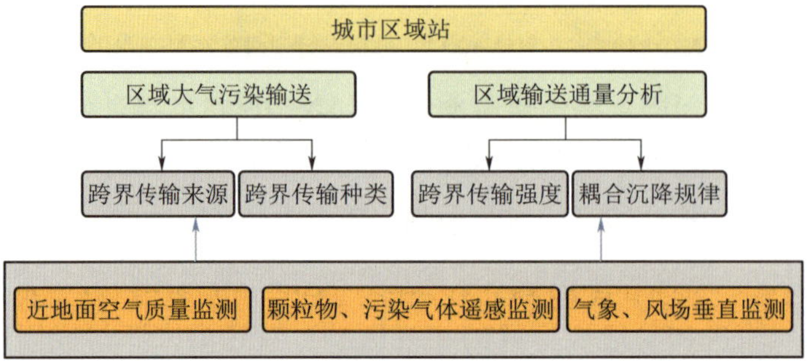

图 7-2　区域站架构

动走航监测方式，可以对大气垂直高度与水平方向上大气结构的变化进行实时监测，分析走航路径上大气垂直高度上各类污染物（颗粒态、气态）的分布趋势。利用走航监测，还能够对重点排放区域进行扫描监测，揭示扫描路径上污染物的排放强度和空间分布，为减排和防治提供数据支撑。

移动走航车可以配备扫描激光雷达、DOAS 系统、臭氧探测激光雷达、风廓线雷达和微波辐射计等大型监测设备，监测大气垂直高度上颗粒物分布、大气光学特性、O_3、SO_2 及风速风向等参数，评估大气污染类型，预判污染物的走向及污染过境时的大气状况（图 7-3）。通过车载移动选择合理部署点位（位于输送界面、输送通道），结合风场数据（风廓线雷达数据）能够获得气溶胶及大气成分等污染物空间分布、区域/跨境输送总量和输送通量监测数据。

同时，在近地面监测数据，尤其国控站点的数据出现异常时，移动走航车可以及时出动，通过对附近区域的扫描和垂直走航监测，及时发现异常情况出现的原因，如工业企业偷排、新污染源的出现或是近地面仪器的异常等。

③卫星遥感。与地基遥感相比，卫星遥感的观测范围更广，受时空限制小，可以弥补空间观测上的不足，特别是在地形复杂、观测点稀疏的地区。卫星遥感可以实现区域大范围污染物分布的监测和反演，提供区域范围内污染物的空间分布、扩散及输送趋势分析，这对大区域尺度灰霾的形成、过程及影响有重要意义。

卫星遥感技术经过几十年的发展，能够提供全球范围内气溶胶、O_3、NO_2、SO_2 等污染物的空间分布，以及云、温度、相对湿度和辐射特性等大气参数信息。遥感数据与地面监测数据相结合，可以更全面地了解大气气溶胶对云和降雨等气候要素的影响，分析区域间的污染输送及扩散趋势，以及局地污染对空气质量的影响机制等，同时提高气象及污染的预警预报能力（图 7-4）。

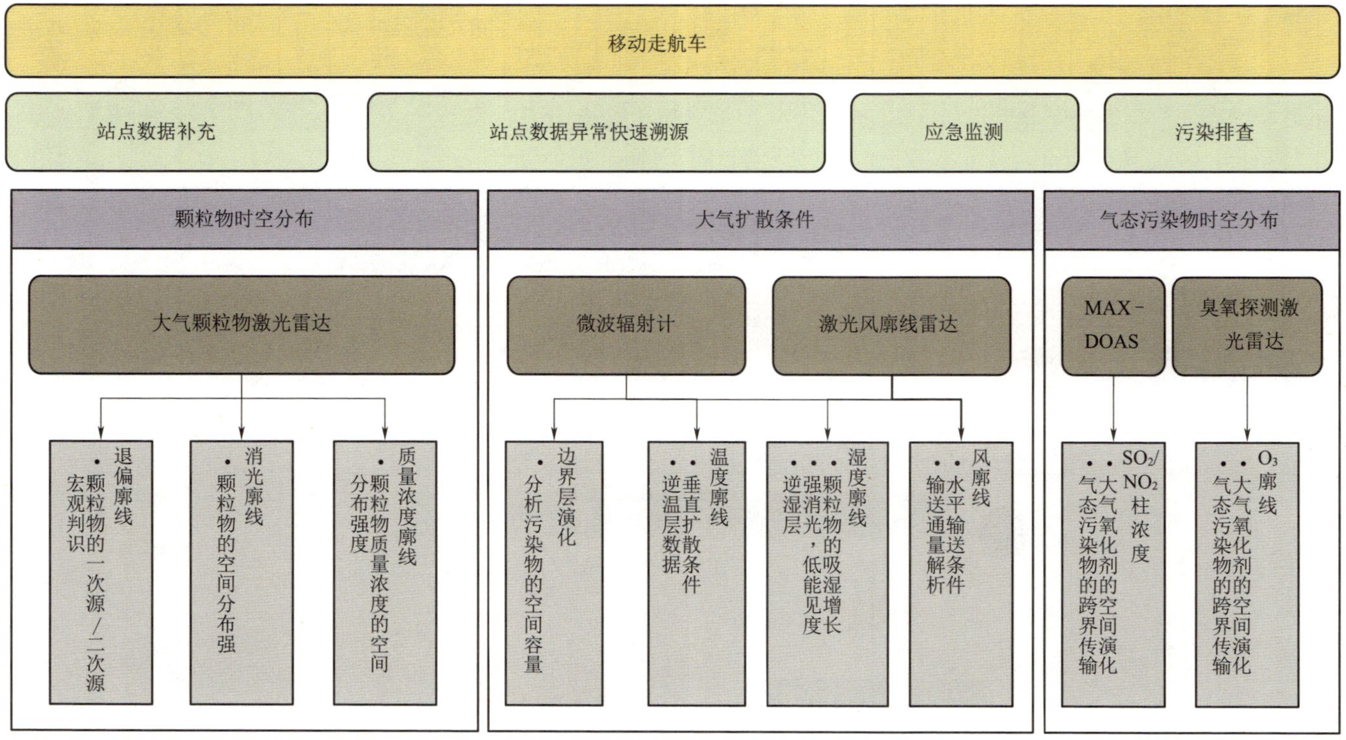
移动走航车
站点数据补充
站点数据异常快速溯源
应急监测
污染排查
颗粒物时空分布
大气颗粒物激光雷达
退偏廓线
• 颗粒物的一次源/二次源
宏观判识
消光廓线
• 颗粒物的空间分布强
质量浓度廓线
• 颗粒物质量浓度的空间
分布强度
大气扩散条件
微波辐射计
激光风廓线雷达
边界层演化
• 分析污染物的空间容量
温度廓线
• 垂直扩散条件
• 逆温层数据
湿度廓线
• 颗粒物的吸湿增长
• 强消光，低能见度
• 逆湿层
风廓线
• 水平输送条件
• 输送通量解析
气态污染物时空分布
MAX-DOAS
臭氧探测激光雷达
SO_2/NO_2柱浓度
• 大气氧化剂的空间演化
• 气态污染物的跨界传输
O_3廓线
• 大气氧化剂的空间演化
• 气态污染物的跨界传输

图 7-3　走航车总体架构

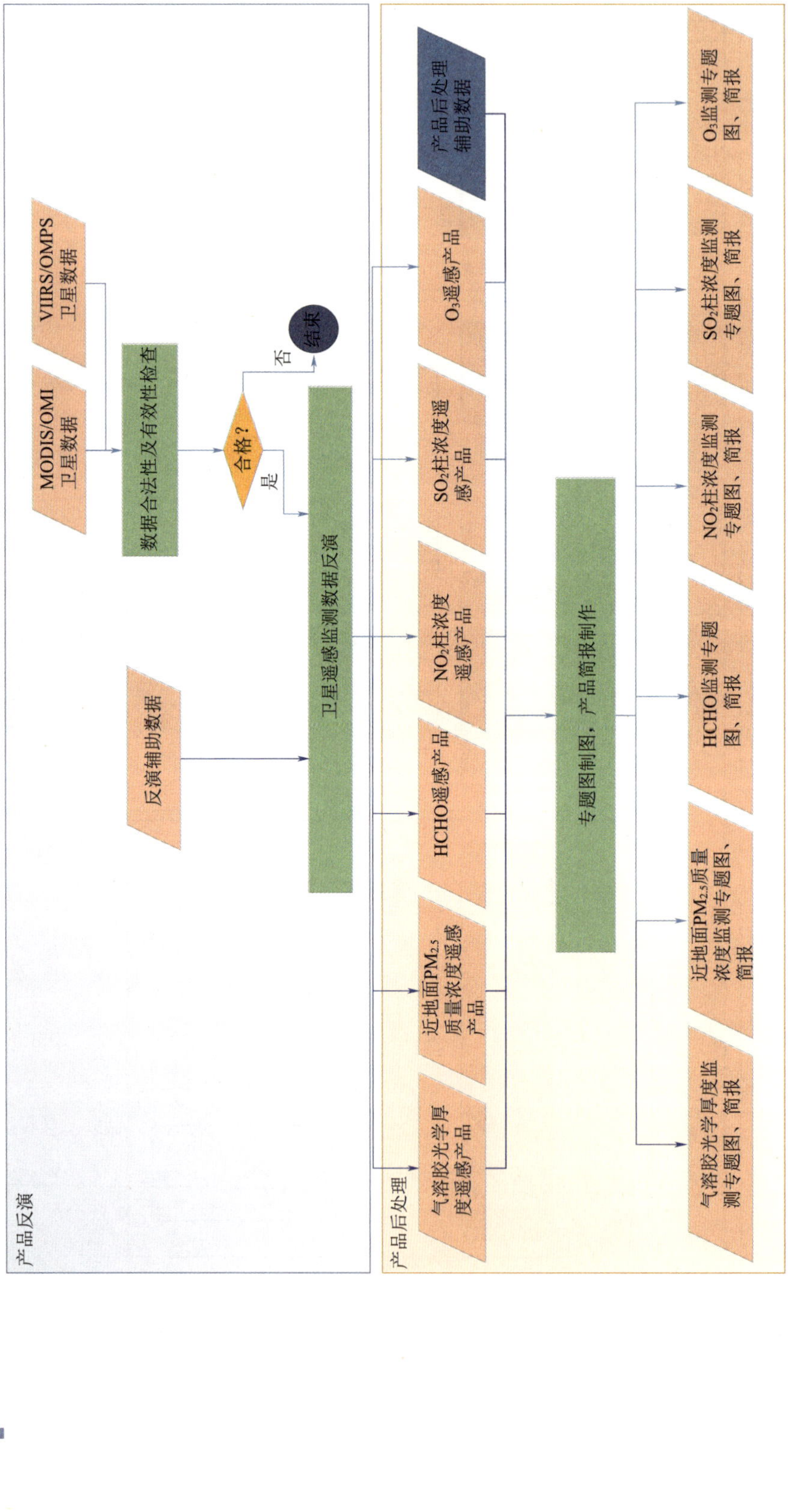

图 7-4 遥感监测业务流程

7.2.3.4　立体监测数据的快速综合分析

立体监测网络的建设，必将带来大量的监测数据，包括常规监测数据、气溶胶物理化学特性数据、雷达遥感数据、卫星遥感数据等，这些监测数据的处理和分析需要不同专业的技术人才消耗大量人力和时间。工作人员在面对这些大数据时，必将遇到各类问题，或处理不及时，或难以分析，导致不少数据处于休眠状态，利用率不高，影响属地政府对站点的重视和投入。面对相对独立又互相关联的立体监测大数据时，怎样快速分析获得结论和报告成为一个难题。

以综合防控对策、区域空气质量管理为突破口，以气象扩散条件、动态源清单技术、污染物的迁移和转化、空气质量预警预报研究为重点，深入挖掘数据内涵，就是要全面分析多维多元数据之间的关联关系，建立分析模型，构建分析方法，形成大气环境大数据分析技术体系（图 7-5）。

说清科学问题，一是要说清空气质量变化的过程、特征、来源和趋势；二是要说清区域污染与局地污染之间的关系、说清气象条件与污染过程之间的关系、说清大气理化特性与空气质量变化之间的关系。

实现定量化与可视化综合决策，就是要围绕说清空气质量与改善空气质量的管理需求，通过大数据平台定量化可视化展示分析结果，实现多层次多手段数据共享，为各级环境管理部门提供有针对性的决策支撑。

7.2.4　加强环境监测质控体系与数据共享平台建设

（1）健全环境监测质控体系

根据环境空气质量新标准的实施以来，环境空气监测质量控制中出现的新问题，尽快修订现行的质量控制技术规范，形成覆盖点位布设、设备选型、安装验收、日常运行、数据采集与传输、监测结果评价全过程的质量控制技术规范体系。

针对颗粒物监测，参考国际通行做法，以手工标准监测方法为基准方法，尽快构建京津冀区域统一的颗粒物自动监测手工比对质控体系，按照统一标准和频次，统一组织对颗粒物自动监测系统进行手工比对，由中国环境监测总站制定统一的手工比对技术方案，统一发放采样滤膜，各运维单位按要求统一实施采样，采样后的滤膜交中国环境监测总站统一称重。根据手工比对结果对京津冀区域颗粒物自动监测数据质量进行综合评估和校正，实现区域颗粒物监测的量值统一。

针对 O_3 监测，尽快依托国家环境监测质量保证重点实验室建立国家—区域—市—县四级业务化的 O_3 量值传递体系，逐级定期开展 O_3 校准仪的量值传递工作，

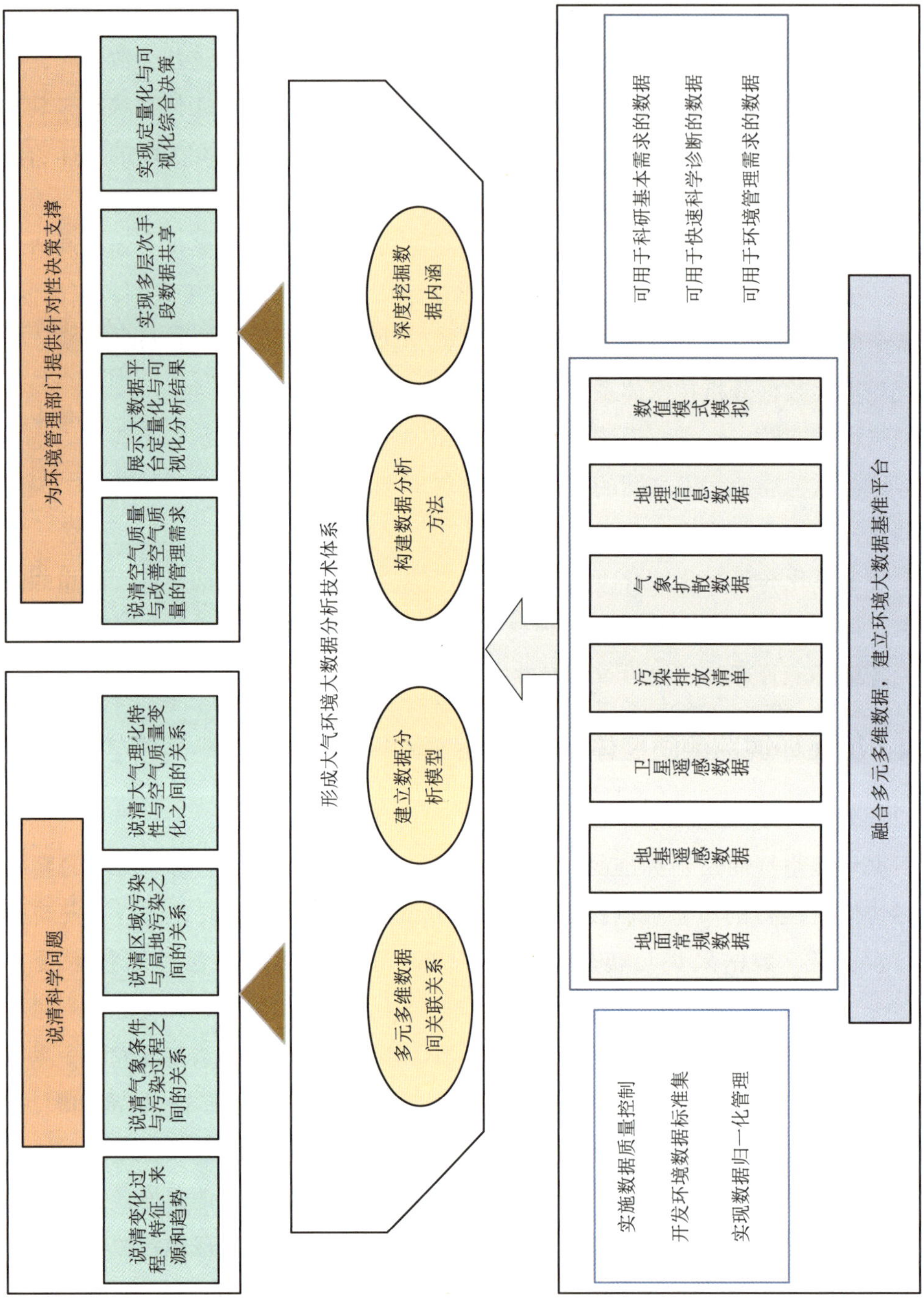
说清科学问题
说清变化过程、特征、来源和趋势
说清气象条件与污染过程之间的关系
说清区域污染与局地污染之间的关系
说清大气理化特性与空气质量变化之间的关系
为环境管理部门提供针对性决策支撑
说清空气质量与改善空气质量的管理需求
展示大数据平台定量化与可视化分析结果
实现多层次手段数据共享
实现定量化与可视化综合决策
形成大气环境大数据分析技术体系
多元多维数据间关联关系
建立数据分析模型
构建数据分析方法
深度挖掘数据内涵
实施数据质量控制
开发环境数据标准集
实现数据归一化管理
地面常规数据
地基遥感数据
卫星遥感数据
污染排放清单
气象扩散数据
地理信息数据
数值模式模拟
可用于科研基本需求的数据
可用于快速科学诊断的数据
可用于环境管理需求的数据
融合多元多维数据，建立环境大数据基准平台

图 7-5 快速分析思路

对京津冀三地的 O_3 校准设备、臭氧监测设备定期开展量值传递和监测比对，确保区域内臭氧监测量值统一。

针对当前环境监测事权上收后，由第三方监测机构对空气监测子站进行日常运维的新工作模式，亟须重新构建国家环境监测网的质量管理体系，尽快形成运维机构负责日常质量控制、区域质控中心负责例行质控检查、国家质控中心负责质控抽查的质控监督新机制。明确由第三方运维单位负责空气监测的日常质控，中国环境监测总站依托部分省（区、市）生态环境部门成立区域质控中心，负责区域内的日常例行质控监督检查，中国环境监测总站按照一定比例定期开展例行质控抽查。

创新环境监测质量控制技术手段，在国家网内全面推行空气站运维痕迹化管理和监测数据审核的信息化管理，实时采集各自动监测仪器的关键状态参数，实时视频监控自动监测仪器运行状况及运维工作状况。创新监测数据质量评估方式，建立空气自动监测数据质量评估专家支持系统，同时引入第三方专业机构对监测数据质量进行客观评估。依托国家网数据管理平台对监测数据实行限时在线审核复核，全面提升质量控制的信息化水平。

严厉打击环境监测数据弄虚作假行为，严格落实《中华人民共和国环境保护法》关于监测机构及其负责人对监测数据的真实性和准确性负责的要求，按照环境保护部《环境监测数据弄虚作假行为判定及处理办法》的相关规定，加强对生态环境部门所属的环境监测机构、社会化环境监测机构、重点排污单位内部的监测机构监测行为的质控检查和考核，对故意违反环境监测技术规范、篡改、伪造监测数据的行为严肃查处。

（2）构建环境监测大数据平台，加强信息公开与共享

加快提升环境空气质量监测信息化水平，加强监测数据综合分析。进一步完善当前的全国环境空气质量监测数据联网管理系统，在对现有 6 项基本污染物监测结果统计分析基础上，综合利用环境、气象、经济、地理信息等多源数据，加强监测大数据关联分析，重点加强污染趋势、污染物传输规律、重污染天气形成原因、污染物来源、污染控制对策建议等方面的深入分析，提高环境监测报告的针对性、丰富性、可读性，全面提升环境监测信息产品价值，充分发挥监测数据与报告服务环境管理和社会公众的支撑与指导作用。

在加强环境信息公开和监测数据共享方面，在现有全国及京津冀三省（市）空气质量信息发布系统基础上，构建京津冀统一的环境信息发布与共享平台，进一步加强信息公开和监测数据共享。根据京津冀区域在空气质量监测与评价、预警预

报、大气污染防治研究等方面的数据需求，针对社会公众、生态环境部门、其他政府部门、科研机构等不同用户群体，明确共享数据的尺度、类型、格式等，形成标准化的共享数据集，尽快制定数据公开与共享相关管理规定，明确数据提供方与获取方在数据共享中的权利和义务，对社会开放共享环境监测数据，在生态环境部门、科研院所、高等院校、社会公众间形成高效、规范的数据共享机制，以最大限度地发挥共享数据在京津冀空气污染联防联控中的技术支撑作用。